普通高等教育“十五”国家级规划教材

选煤厂管理

Xuanmeichang Guanli

主　编　匡亚莉
副主编　董宪姝　陶秀祥　范肖男

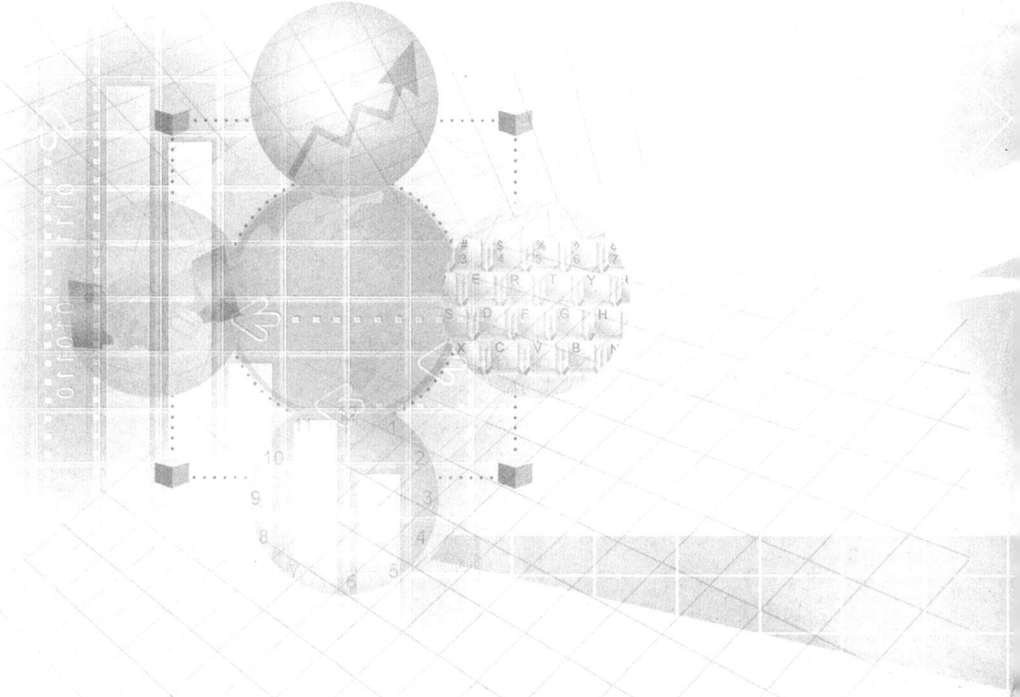

中国矿业大学出版社

内容提要

本书重点编写了选煤厂管理的主要工作内容，包括管理的基本概念，选煤厂的技术检查，选煤过程的预测与优化，选煤厂生产计划与成本管理，选煤生产过程的质量管理，煤炭产品销售，选煤厂的设备管理，选煤厂的资金管理，选煤生产经营情况分析，选煤厂的计算机管理等。

本书可以作为高等学校相关专业本、专科生教材，也可作为相关技术人员的参考书。

图书在版编目(CIP)数据

选煤厂管理/匡亚莉主编. —徐州：中国矿业大学出版社，2018.7

ISBN 978-7-5646-4029-3

Ⅰ. ①选… Ⅱ. ①匡… Ⅲ. ①选煤厂—管理 Ⅳ. ①TD94

中国版本图书馆 CIP 数据核字(2018)第148636号

书　　名 选煤厂管理
主　　编 匡亚莉
责任编辑 周　红　褚建萍
出版发行 中国矿业大学出版社有限责任公司
(江苏省徐州市解放南路　邮编 221008)
营销热线 (0516)83885307　83884995
出版服务 (0516)83885767　83884920
网　　址 http://www.cumtp.com　**E-mail**:cumtpvip@cumtp.com
印　　刷 徐州中矿大印发科技有限公司
开　　本 787×1092　1/16　**印张** 18.75　**字数** 468 千字
版次印次 2018 年 7 月第 1 版　2018 年 7 月第 1 次印刷
定　　价 32.00 元
(图书出现印装质量问题，本社负责调换)

前　言

《选煤厂管理》是普通高等教育“十五”国家级规划教材、2005年江苏省高等学校重点立项建设精品教材。

本书重视国家和行业标准的应用，尽可能引用相关标准原文，许多内容根据最新标准进行阐述，尽可能反映生产管理实际，列举了许多详实的实际数据和案例，利于提高学生分析和解决实际问题的能力。

本书编写分工如下：第一章由中国矿业大学陶秀祥、匡亚莉教授共同编写，第三、六章由中国矿业大学陶秀祥教授编写，第四、七、八、九章和第五章的第四节由太原理工大学董宪姝教授编写，第二章由安徽理工大学范肖男教授编写，第五章的第一至三节和第十章由中国矿业大学匡亚莉教授编写。全书由匡亚莉教授统一协调和统稿。

在编写过程中得到了很多选煤厂、工程公司、科研单位的大力支持，纷纷应邀奉献出了自己的特色成果和管理经验。路迈西教授编著的《选煤厂经营管理》和《选煤厂技术管理》为本书提供了很好的参考，多处被引用。书中还用到了多家选煤厂的实际生产管理数据，涉及保密，不便公布单位名称，谨在此一并表示感谢。

各章节所引用的有关教材、著作和论文内容，一并列于参考书目中，如有遗漏，当属编者疏忽，敬请指正。

编　者
2010年10月

目　录

第一章 管理概论

第一节 管理的基本概念

凡有人群共同劳动的地方，就有管理。管理源于人类的共同劳动，是协作劳动的产物，是社会活动中非常重要的理论和实践问题。在生产力低下的个体劳动时代，劳动者自己管理自己，但随着人类活动范围、共同劳动和集体活动的规模越来越大，只有许多人一起共同劳动，统一步调，相互协作，才能实现和完成预期的目标，于是出现了管理。人们在管理实践中不断积累经验，对管理的认识从感性上升到理性，产生了管理思想，并不断探索和总结管理活动的规律，逐渐形成了管理理论。

管理作为一门新兴学科，还不到100年的历史，但是，随着科学技术和生产力的发展，管理的作用显得越来越重要。今天，管理工作已不仅局限于管理劳动生产过程，而且还涉及市场预测、企业投资、资源分配、宏观控制和决策等方面，使当今社会进入一个全面科学管理的时代。

人们已经清楚地看到，人类的生存与交往，社会的发展与进步，国家的繁荣与昌盛，企业的前途与命运，凡此等等，无一不与管理问题息息相关。一个国家管理水平的高低，能够在很大程度上反映这个国家的生产力和科学技术发展水平，并直接影响其经济建设的速度。倘若把社会发展看做滚滚向前的时代列车，那么可以认为，技术和管理是时代列车的两只飞转的巨轮。

一、管理的概念和内涵

众所周知，管理已渗透到各行各业。管理有许多特殊的领域，例如行政管理、经济管理、企业管理，以及各种行业、部门和过程的管理。由于不同的人在研究管理时的出发点和认识角度不同，因此，对管理一词所下的定义也就不同。

在政治家和行政管理者看来，管理是一种职权系统，他们把为实现国家和社会的目标，依照法律而实施的各种活动，统称为管理，因此认为：管理就是领导，管理就是决策。

在经济学家看来，管理同土地、机器、劳动力、资金一样，都是一种经济因素，管理过程是一种经济增值的过程，因此认为管理是一种生产力要素，管理是一种创造。

在心理学家看来，管理不外乎是调节人的情绪，考虑人的需要以激励其精神的手段。

此外，也有从管理的目的、职能、过程、方法和手段来论述管理的概念。

因此，所谓管理就是人们为了达到某一预定目标而有意识、有组织、不断地进行协调的活动。

管理的内涵有三层意思：

① 管理是一种有意识、有组织的群体活动，不是盲目的、无计划的、本能的活动。

② 管理是一个动态地协调人与人之间的活动和利益关系的过程，它贯穿于整个管理过

程的始终。

③ 管理是围绕某一共同目标而进行的，目标的正确与否直接关系到事业的成败或企业的效益高低。

二、管理的性质和职能

（一）管理的性质

管理具有明显的二重性，具体表现为：一方面是由分工协作的集体劳动所引起的，体现了具有与社会化大生产、生产力相联系的自然属性；另一方面是由监督劳动所引起的，体现了具有与生产关系、社会制度相联系的社会属性。

1. 自然属性

管理的自然属性是为了组织共同劳动而产生的，它反映了社会协作过程本身的要求，是一系列生活经验和科学方法的总结。这种自然属性表现为变化的连续性。一切规模较大的直接社会劳动或共同劳动都需要管理，这是任何有社会结合形态的地方所共有的性质，是不以社会制度性质的变化为转移的。“一个单独的提琴手是自己指挥自己，一个乐队就需要一个乐队指挥”。只要是协作劳动，就需要管理。因此，在管理中有关合理组织社会化大生产的一些形式、方法，虽然是在一定的生产关系下产生的，但并不为某种生产方式所特有。也就是说，一切国家和民族的管理经验和思想，只要是反映大生产的客观规律，而不是由其特有的社会制度所决定的，就可以相互继承。

2. 社会属性

管理的社会属性是由生产关系决定的。社会生产总是在一定的生产方式、一定的生产关系下进行的。管理是维护和巩固社会关系，实现社会生产目标的重要手段，它执行着监督劳动的职能。“凡是建立在作为直接生产者的劳动者和生产资料所有者之间的对立上的生产方式中，都必然会产生这种监督劳动。这种对立越严重，这种监督劳动所引起的作用也越大。”从管理的社会属性来分析，社会主义企业管理是维护和完善社会主义生产关系，发展社会主义生产，满足人们日益增长的物质和文化生活的需要，这和资本主义企业管理具有本质上的不同。

要正确认识管理的双重特性，一方面要学习、借鉴发达国家先进的管理经验和方法，以便迅速地提高我国的管理水平；另一方面又要考虑我们自己的国情，建立自己的管理体系，或者说建立具有中国特色的社会主义管理体系，力争高速地发展我国经济。

（二）管理的职能

为了实现企业和系统的有效管理和运行，管理过程必须具备和完成相应的职责及功能。不同行业、不同部门、不同性质的管理过程，其具体的内容和方法各不相同，但是所表现的管理职能基本上是一致的。

管理的二重性是通过管理职能来体现的，通过对管理职能的研究可以把错综复杂的管理理论和管理方法条理化。由于人们对管理过程的认识不完全一致，因此对管理职能的划分也各不相同。任何企业的管理工作都具有四种最基本的职能，即计划职能、组织职能、领导职能和控制职能。

1. 计划职能

计划，就是在工作或行动之前预先拟定的具体内容和步骤。计划职能是指通过周密的调查研究，预测未来，确定目标和方针，并制订和选择具体行动和实施方案的管理活动。计划的内容既反映出管理目标的各项指标，又规定着实现目标的方法、手段和途径。计划是人们完成任务，进行各项具体活动的依据，是管理中的首要职能。科学的计划工作，主要是正确地规定未来的发展，有效地利用现有的资源，以期获得最佳的使用效益、经济效益和社会效益。确定目标是制订计划的关键。目标选择不对，计划工作即使搞得很周密，也是事与愿违。

计划职能也包含了决策能力，决策是行动的基础，是决定生产经营成败的关键，而一切决策都是通过计划来实现。人们通过预测手段对生产经营活动的内部环境和外部环境的多变情况进行预测和认识，制定决策方案，以增强企业的应变能力。企业中的每一个管理者都在努力实现计划职能。

计划职能为组织职能提供目的和要求，为控制职能提供目标和标准。

2. 组织职能

组织，就是把管理要素按目标要求组成一个有机的整体。组织职能是指为了实现企业的预定目标，对企业的生产经营活动进行合理的分工和协作，合理调配和使用企业的各项资源，正确处理人们相互关系的管理活动。企业要实现生产经营活动的预定目标，就必须把企业生产经营活动的各种要素、各个环节和各个部门，从劳动的分工与协作上，从上下左右、方方面面的关系上，以及从时间与空间的相互结合上合理地组织起来，形成一个有机整体。

组织的职能有两方面的作用：一是按照管理系统的目标合理设置机构，建立管理体制，确定各个职能机构的作用，规定各级权力机构的责任，合理地选择和配备人员，建立一个统一有效的指挥系统；二是根据各个时期任务所规定的目标，合理地组织人力、财力、物力，保证生产、筹措、储备、供应、流通等各个环节互相衔接，以取得最佳的经济效益和社会效果。因此，组织职能是发挥管理功能的重要保证，是完成管理目标的有力工具和手段。

3. 领导职能

领导，就是对整个管理活动的统一指挥和调度。领导职能是指管理者指挥和鼓舞企业全体职工为实现预定目标而努力的管理活动。领导职能具有一定强制性，强调对命令的服从，以提高管理的时效与质量。领导者(管理者)运用权力施展影响，协调各类人员相互之间产生的矛盾和冲突，充分发挥企业中每个职工的积极性，自觉地为实现企业目标而努力。领导工作是管理活动中最富有挑战性的工作。管理者要成为一个好的领导者，必须掌握激励理论，了解个体行为规律和群体行为规律，掌握领导理论，并且不断提高自身素质。

4. 控制职能

控制，是掌握事物发展变化的趋势，使其不超出预定的范围。控制职能是指接受企业内部和外部的有关信息，按既定的目标和标准对企业的生产经营活动进行监督和检查，发现偏差及时采取纠正措施，使工作能按原定计划进行，以达到预期目标的管理活动。

要实行控制，必须具备三个基本条件：① 确立标准；② 及时获得发生偏差的情况；③ 有可以纠正偏差的有效措施。它们之间的逻辑关系是很明显的。没有标准，就没有衡量工作成绩的依据；不了解情况，便无法知道变化的形势；没有纠正偏差的措施，整个活动就失去控制。

标准通常从目标而来，必须反映出目标的特征。管理目标以及各项具体的方针、政策、指标、定额，乃至条令条例、规章制度和工作程序等，都可以用来作为管理的标准。对工作开展的情况进行调查、考核、监督、收集汇报及研究各种报表等，都是发现偏差的重要途径。在计划实施过程中，指挥机构通过各种渠道，运用各种手段，不断地从管理对象那里收集执行的情况，就是现在人们常说的“信息反馈”。有了标准，有了反馈回来的信息，人们便可以分析产生偏差的原因，重新调整部署，修改计划，实施控制。特别需要强调指出的是，控制必须建立在信息准确可靠的基础上。

控制职能的产生是社会化的客观要求，在整个管理职能体系中，控制职能是整个管理职能体系的最终环节，企业的预定目标最终通过控制职能予以实现。

控制职能与计划职能是不可分割的，计划是控制的前提，为控制提供目标和标准，没有计划就不存在控制；控制是实现计划的手段，没有控制，失去控制，计划就不能实现。控制职能在实施过程中还体现了指挥和协调的功能。

在实际管理过程中，以上四项职能是密切联系，相互交叉的，四项职能之间难以划分清楚。一般情况下是先制订计划，组织实施，协调控制整个进程，而且是不断反复地进行，相互交叉渗透。

第二节　管理的基本原理和原则

一、管理的基本原理

管理是一门科学，它有自身的特点和规律。管理原理是管理理论的核心，是对管理过程的客观规律性的表述。随着管理理论的发展以及现代自然科学和社会科学学科的相互交叉渗透，系统论、控制论、信息论、耗散结构论、协同论、突变论在管理中的运用，管理原理日趋丰富，并已形成科学的体系。管理原理源于实践，是在管理实践中观察、分析和处理问题的理论指导和准绳。

1. 系统原理

系统是指由事物间相互依赖、相互作用的各种要素组合而成的，具有特定功能的有机整体。凡是客观存在的，由诸要素组成的各种独立事物，都可以看做一个系统。一个大系统可以根据功能不同的需要再划分成子系统，但它们之间又是相互联系和制约的，是处在一个整体之中。科学的管理就是要运用系统原理，以达到放大所管理系统的功效。

现代企业是一个高度复杂的开放的可控系统，企业管理本身也是一个系统，因此需要运用系统思想和方法，按照系统的基本特征来管理企业。

管理对象系统一般具有如下的特性：① 目的性；② 整体性；③ 层次性；④ 相关性；⑤ 环境适应性。

系统原理主张把管理对象作为一个整体来研究，注重系统内部各要素的合理组合、各层次的合理设置、各子系统的有机联系、系统与外部环境的主动适应，进而寻求系统的优化。

2. 人本原理

管理作为一种社会活动，是以人为本体来进行的。人是管理中最活跃的因素，人既是管理的主体，又是管理的客体，因此现代企业管理强调以人为中心的管理。随着科学技术的高度发展和社会生产力的不断提高，人的因素必须要放到第一位，不能再把人看做是机器的一部分，应看做是机器的驾驭者。一切生产经营活动的实现都是依靠企业全体职工，靠全体职工的主动性和创造性来完成。一切管理活动以调动人的积极性，挖掘人的潜能为根本。人是管理对象中的重要组成部分，是企业生产力中最活跃的因素。

人本原理根据个体和群体的地位和作用的不同，分别采用不同的激励机制和方法。

3. 效益原理

任何管理活动都具有明确的目的性，现代管理要求系统必须实现一定的目标，具有一定的效益。

现代企业的一切活动都要以提高经济效益为核心，讲究经济效益，争取获得更多的盈利。同时还要把社会的整体效益放在首要地位，要切实做到企业经济效益与社会效益相结合，局部利益服从整体利益。

4. 动态调节原理

管理是一个过程，在这个过程中，任何活动始终受制于内在的和外在的多种因素。现代社会是一个信息化社会，最显著的特点是个“变”字。信息量迅速增加，一方面使人们对信息的选择性增加，而另一方面又使人们吸取信息的随意性增加。这一切促使管理过程加快了管理系统内外因素的组合，从而强化了管理的动态性。

可以说，有效管理的每一个步骤都离不开动态调节。假若把管理过程当做一成不变的模式，将必然导致管理的失败。这就是动态调节原理的基本思想。

动态调节原理对于克服僵化和避免管理的盲目性都具有积极的意义。它是一种自觉的行为。动态调节原理要求企业各个层次的管理者既能够辩证地思考问题，认识事物运动发展的规律，又能够在管理活动中把握企业的整体目标。只有正确地运用动态调节原理才能保证管理活动与现代社会生活的高节律相适应，才能使全部的管理活动具有生命力。

二、管理的基本原则

管理原则是观察管理现象和处理管理问题的思维尺度和行动准则。法约尔曾指出：所有的加强社会组织或有利于发挥作用的管理规章和程序都属于原则，至少只要经验证明能够得到这个高度评价时，它就属于原则。管理原则是管理学家最感兴趣的概念之一，几乎所有关于管理的著作，都可以发现管理原则或类似原则的东西。

1. 随机制宜原则

管理活动纷繁复杂，任何管理思想、理论、方法都只能应用于有限的组织活动，不可能存在一种能解决各种管理问题的灵丹妙药。只有知道组织所面临的特定环境之后，才有可能找到最好的管理方式和方法。

管理实践证明，有效的管理是一种随机制宜的或因情况而异的管理。任何管理实践都必须从具体实际出发，而不能凭主观臆断行事。在现代管理理论、管理模式采用中，一定要根据系统的实际，把握特性，因地制宜，采取灵活的原则实现管理目标。

为了适应开放的动态环境，管理系统应具有充分的柔性，在决策和计划的关键环节保持其可调性，预先准备多种调节方案，以提高对外部环境和内部条件变化的应变能力。

2. 能级分布原则

人是管理的最重要的对象。可以把社会比作“管理场”，生活在一定社会中的人、组织机构具有不同的能量，就会与管理场形成不同的关系。这种能量有大有小，是可以分级的。能级分布原则是指按管理层次和岗位的能级要求配备相应的能力的人员并授予相应的权力。

能级分布原则的基本内容是：

① 管理能级必须按层次形成稳定的组织结构。例如，正三角形、倒三角形和菱形三种形态中，正三角形稳定，而倒三角形和菱形则不稳定。

② 不同能级的主体应被授予不同的权力，实现不同的利益。只有这样才能使得各层管理者在其位、谋其权、尽其责、取其值、获其荣。

③ 人的能量依照所在能级的位置应与相应的岗位协调，以达到人尽其才的目的。实现各类管理能级的对应，必须保证人员在各个能级中能够自由运动，通过各个能级的实践，锻炼和检验人员的才能，使其各得其位。而岗位能级又是随客观情况变化而不断变化的。不同的时间，不同的任务，岗位能级也可能不同。

3. 劳动分工原则

劳动分工是人类协作的自然规律，意味着劳动的专业化和权力的分散。正确确定每个个体在集体中的作用和地位是提高管理效能的前提。在整体规划下，建立优化的横向和纵向的结构网络，明确个人分工，在分工基础上进行有效的综合，就是分工分级原则。社会分工的发展是生产力发展的象征，分工的必然结果是任务专业化和职权分散化。

4. 行为激励原则

要达到企业管理系统的目标，就必须使系统中的成员在整体目标下有一定的行为动力，最大限度地发挥人的潜能，这就必须调动人的积极性。行为激励原则正是要求管理者运用艺术的手段激励组织成员在组织的目标上发挥高效率的一条原则。激励是心理学中的一个概念。激励大体上有三类：

① 内容型激励，即以满足人的需要为出发点的激励；

② 行为改造型激励，即把人的消极行为改造为积极行为的激励；

③ 过程型激励，即从行为的产生、发展过程着眼的激励。

5. 统一指挥原则

统一指挥原则也称命令统一原则，要求严格按照命令逐级下达的原则，形成集体内上下级的“指挥链”。要求遵守：从最上层到最基层的等级链不得中断；不允许多头领导；不允许越级指挥；职能机构是参谋部门。在讲究效益的前提下，强调具体目标实现过程中的权力，以避免由多头领导而导致的责权不明、指令重复而矛盾的现象，以形成组织行为的整体效益。

6. 信息反馈原则

面对不断变化的客观实际，管理是否有效，关键在于是否有灵敏、准确、迅速的信息反馈。企业管理系统是一个具有活力的耗散结构，根据耗散结构非平衡是有序之源的原理，在一定条件下，远离平衡的开放系统可能形成稳定、有序的结构，实现由无序向有序转化，达到新的平衡。开放系统的这种动态平衡是依靠反馈控制实现的。控制的基础是信息，一切信息都为控制存在，而任何控制又需通过反馈来实现。没有反馈就没有自动调节，反馈控制是系统实现目标的手段。

信息反馈原则要求在管理活动中，各层管理者必须把握在实现组织目标过程中的实际成效，不断提出新的措施，要求在管理体制上保证信息反馈系统的有效运转，使整个控制系统具有充分的活力。

7. 利益共存原则

在企业系统中，由于人们之间的利益关系而存在多种类型和多种层次的利益群体。利益群体之间以及一定的利益群体内部成员之间的利益往往是不尽一致的，而各种利益的表现又是客观合理的。这就要求管理者以协调各个方面的利益要求为目标，不能单一地肯定某一种利益关系而否定其他的利益关系，也不能采取平均主义的方式。利益共存原则要求既要考虑个体的利益，同时又要兼顾集体、国家的利益。利益分配基本原则是“各尽所能、按劳取酬”。

8．效益最佳原则

效益包括经济效益和社会效益两个方面。经济效益一般指人们在物质生产活动中消耗一定的活劳动和物化劳动后所能实际取得的产品量的大小。社会效益则指人们在消耗了一定的活劳动和物化劳动后实现社会目标的程度。显然，经济效益和社会效益是一个整体，不能片面强调某一个方面而忽视另一个方面。这就是效益最佳原则的基本内容。在现代管理的多目标系统中，管理者只有牢牢树立最佳效益观念，才能开创经得起历史考验的业绩。

第三节　企业管理现代化

一、企业管理现代化的概念

企业管理现代化就是企业为适应现代化生产力发展的客观要求，根据社会主义市场经济规律，运用科学的思想、组织、方法和手段，为企业经营活动提供有效的管理，创造最佳的经济效益和管理效益的过程。它要求在企业管理中应用现代管理的理论和思想，广泛采用系统工程、运筹学、电子计算机、现代通信及其他先进技术手段和方法。

科学技术现代化和管理现代化，被看做是推动时代列车的两只飞转的巨轮。科学技术现代化是实现国民经济快速发展的关键，但其必须与管理现代化相结合，才能形成促进生产力发展的合力。没有管理现代化，就不可能实现科学技术的现代化。管理现代化又是促进科学技术现代化的保证。要改变技术落后、管理更落后的现状，只有把管理现代化放在与科学技术现代化同等的地位，使之相互结合、相互促进，才能加快现代化的进程。

二、企业管理现代化的内容体系

由于管理的基本职能包括合理组织生产力和维护生产关系两个部分，因此，企业管理现代化的内容体系也应从这两个方面建立，此外还应考虑上层建筑必须适应经济基础的问题。企业管理现代化的内容体系主要包括以下五个方面。

1．管理思想现代化

管理思想现代化就是要求我们的管理思想要适应现代化、社会化的大生产和现代技术、市场经济发展要求。要实现管理思想的现代化，就必须彻底摆脱小生产的思想意识和旧的传统思想观念，从思想观念上适应现代化管理需要。

管理思想现代化是企业管理现代化的灵魂和支柱。其基本要求是广泛采用一切人类文明成果，对不适应现代化进程的旧的传统思想文化观念进行变革，以促进社会主义市场经济的发展。为此，必须确立一系列观念，其中包括：中国特色的企业管理观念、市场观念、竞争观念、人才观念、民主与法制观念、时间观念、信息观念、创新与开拓观念、金融观念、效率与效益观念，等等。

2．管理组织现代化

管理组织现代化是实现现代管理方法、手段的前提，是有效开展经营、提高效率和效益的有力保证。管理组织现代化就是根据生产关系适合生产力、上层建筑适合经济基础的原理，按照正确集权分权、职责分工明确、指挥灵活统一的要求，企业应建立适应社会主义市场经济的统一的、强有力的生产指挥和经营管理系统，合理设置组织机构、配置人员，形成各组织环节的最佳组合，实现动态的整体优化，从而使企业具有经营活力，使各类经营要素充分发挥作用。

要做到管理组织现代化，必须重视组织理论的研究应用；必须做好组织设计，确定合理的适合企业情况的组织机构，确定相应的组织系统，规定各部门的职责和权限；控制好组织运动，规定各组织体的工作程序、业务运行的技巧和检查报告制度的建立；协调好组织关系，规定组织机构中各部门之间的相互关系、命令下达和信息反馈的渠道、明确它们之间的协调原则和方法。

3. 管理方法现代化

管理方法现代化是按照生产技术规律和经营管理规律的客观要求，运用现代自然科学和社会科学的某些成果，对生产经营进行有效管理的方法、技术和程序。要做到管理方法现代化，必须重视管理方法的研究和应用。目前广泛采用的现代管理方法主要有：全面经济核算、全面质量管理、全面计划管理（包括目标管理）、全面经济责任制、全员劳动人事管理、全员设备管理、统筹法（网络技术）、系统工程、价值工程、市场预测、决策技术、优选法（正交试验）、线性规划、量本利分析、ABC 管理法和计算机辅助企业管理等。上述管理方法在运用中应根据其适用范围和特点，注意其适用性，提高有效性。

4. 管理手段现代化

管理手段现代化是指在管理中采用以电子计算机为标志的现代设备、工具，实现管理决策和控制的最优化。它是提高管理效能和水平的重要手段。管理手段现代化是管理现代化的重要标志。管理手段现代化还包括积极推广应用先进计量检测手段、显示和监控装置、通讯网络和办公自动化手段等，实现自动化、电子化、数显化。

企业管理过程就是输入信息→信息处理→输出信息，经过反馈，再一次输入、处理、输出的不断循环过程。而信息处理的质量如何，便成为影响管理效率和效益的关键所在。在现代化大生产中，要求对信息处理做到及时、准确、适应、经济四个方面。

5. 管理人才现代化

管理人才现代化是实现管理现代化的关键。管理人才现代化是指企业管理者的科学知识、专业知识、业务能力、政策水平能很好地适应现代化管理的要求。这就要求培养造就一大批具有现代管理思想、精通业务、善于管理的企业家和各类专业管理人才，形成门类齐全、结构合理的社会主义经济管理人才队伍。

管理人才现代化包括人才的选拔、人才的培养、人才的使用和人才的管理。

综上所述，在企业管理现代化的几个组成部分中，管理思想现代化是核心，管理组织现代化是保证，管理方法现代化是基础，管理手段现代化是工具，管理人员现代化是关键。

三、企业管理现代化的标志

① 有一个正确的经营思想和企业发展战略，能适应企业内部和外部环境的变化，能在市场竞争中取胜；

② 有一支德才兼备的领导班子和职工队伍，能熟练地掌握现代管理知识和技能，不断推进企业管理现代化，趋向世界先进水平；

③ 有一套高效率的组织机构和管理制度，能有效地实行统一指挥，有效地协调纵横关系，提高管理工作效率，确保企业目标的实现；

④ 有一套完善的现代化管理方法和管理手段，建立起比较完善的电子计算机管理信息系统，能较好地为管理决策和日常管理服务；

⑤ 有一种高水平的服务精神，能赢得社会信誉。

实现企业管理现代化，既要学习和借鉴外国现代企业管理的经验，又不能机械地照搬别国的模式，要结合我国国情和实际需要，按照我国社会制度、民族传统、经济文化等特点，建立符合我国社会主义市场经济发展规律的现代化管理，创立具有中国特色的企业管理现代化体系。

第四节　选煤企业管理与信息

一、选煤企业管理系统的构成

选煤企业管理系统具有一般现代企业的特点，其管理系统主要由三部分组成，即决策性系统、执行性系统和监督保证系统，如图 1-1 所示。这三个系统是一个有机的整体，缺一不可。

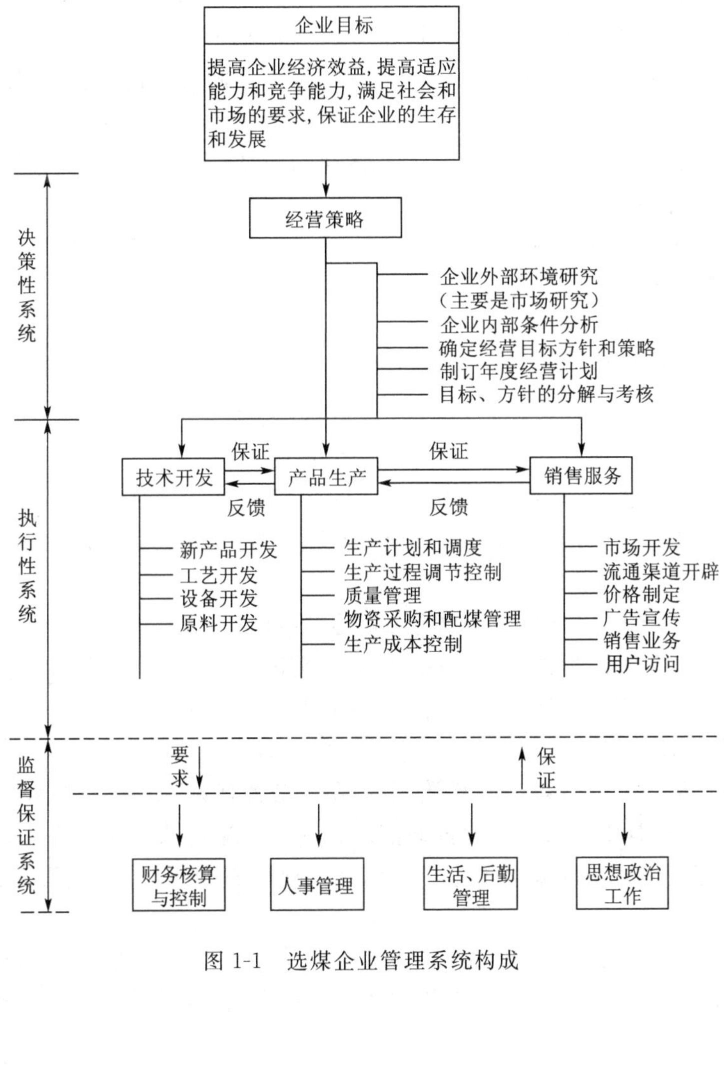

图 1-1　选煤企业管理系统构成

决策系统根据企业的目标，经过对企业的内外环境研究制订计划、作业和经营决策；执行系统根据经营决策进行技术开发、产品生产及销售服务工作；人、财、物管理以及后勤保障等构成监督保证系统。各系统的信息互相联系、相互作用并及时反馈。

二、选煤企业管理内容和特点

1. 选煤企业的任务

选煤企业是根据不同用户的需要，生产不同质量等级和不同粒级规格要求的煤炭加工企业，它的生产能力从每小时处理原煤几十吨到几千吨，生产过程是由多个不同工艺环节和若干台工艺设备和辅助设备完成的，其主要任务有以下几个方面：

① 及时分选加工矿井开采出的煤炭资源，保证矿井生产正常进行；

② 根据煤炭资源特点、生产计划任务和市场需求，生产质量合格、品种适销对路的产品，以满足国民经济各行各业的需要。

③ 降低生产成本，提高劳动生产效率和企业的经济效益。

2. 选煤企业自身的特点

选煤企业与其他企业相比，具有自身的特点，主要有以下几方面：

① 选煤厂的加工对象是煤炭，加工数量大，生产线作业，如在生产中稍有疏忽出现不合格产品，不可能退回去重新加工，所以对管理工作要求高；

② 选煤工艺复杂，生产过程连续，各个作业紧密联系同时又相互制约，任何作业出现问题都将影响全厂生产；

③ 选煤厂的机械化、自动化程度较高，技术装备复杂，且是一个有机整体，因而，对选煤厂的技术要求也较高；

④ 选煤厂包括生产、技术检查、机修、电气、物资、财务、劳动工资等部门。部门内有劳动组织管理问题，部门间有互相区分、互相联系问题，关系复杂。

3. 选煤企业的主要管理内容

根据选煤企业的主要任务及其特点，其具体管理内容是：

① 合理制订生产经营计划建议，为上级决策提供依据；

② 严格进行各生产环节的产品质量控制，保证最终产品质量合格；

③ 不断进行技术创新，合理采用新技术新设备，使生产系统处于最佳技术状态；

④ 采用高新技术手段，及时进行生产经营情况分析，优化产品结构及生产操作条件，使企业生产和经营状况达到最佳；

⑤ 盯紧影响生产成本的因素，采取有力措施，降低生产成本；

⑥ 执行国家相关法律法规，合理利用资源，节能减排；

⑦ 加强培训和教育，提高职工素质和安全意识，保证安全生产。

三、选煤厂管理的信息

按照管理的基本概念，管理是否有效，关键在于是否有灵敏、准确、迅速的信息反馈。

选煤厂在生产过程中实时反馈大量的信息。这些信息反映出生产系统运转状况、产品质量、经济效益等各方面的情况，应当很好地加以分析和利用，以提高管理的科学性和实效性。

选煤厂管理信息可分为在线信息和离线信息。在线信息主要由自动控制和检测设备反馈出来的实时信息（可称为实时生产信息）组成；离线信息是通过人工实验、收集的信息，主要由质量信息、生产系统信息、技术经济信息、人员信息、市场信息与设备信息等方面组成。

1. 实时生产信息

实时生产信息包括自动控制信息、检测信息、视频信息等，其中有一部分是对离线信息的补充。

(1) 自动控制信息

自动控制信息包括设备开停状态、开车时间、设备的控制状态等。这些信息可以在控制屏幕上一目了然。

(2) 检测信息

检测信息种类很多，包括工艺参数、设备工况、保护信号等。

在线检测的工艺参数一般有：入选原煤和精煤的重量和灰分、重介系统循环介质密度、磁性物含量、重介质旋流器入料压力、仓位、液位、流量等。这些数据是快速反映产品质量和系统工作状态的重要参考信息。

设备工况和保护信息主要有：电机电流、温度；胶带跑偏、打滑、撕裂等；风机的风压、温度等。

(3) 视频信息

几乎所有的大中型厂都装有工业电视，监视主要生产岗位和重要场所的实时状态。

2. 质量信息

(1) 原煤信息

原煤信息包括原煤的数量、含矸率、灰分、水分、硫分及可选性的变化等。前几项可以从提供原煤的矿井获得，也可由选煤厂自己进行检测。后一项通常由选煤厂采样通过浮沉试验了解其变化。这些信息以日报、月报、年报及月综合等形式出现。当矿井所报的数质量与选煤厂测定结果有出入时，选煤厂要提出异议，要求仲裁。否则，会因原煤亏吨或原煤质次而降低洗选效率，造成经济损失。

(2) 分选过程质量信息

选煤厂的经济效益在很大程度上取决于分选效率的高低。因此选煤厂要定时(通常 1 h)对分选设备进行采样、分析，用快浮、快灰等方法检查原料及产品的质量，及时对生产过程进行调节，以求达到高的分选效率。

(3) 销售产品数质量信息

产品信息是指选煤厂销售后的产品数量、灰分、水分、硫分、发热量等指标情况。选煤厂除了要将这些信息及时地发送给用户作为结算的依据外，还要以产品等级、批合格率、批稳定率等形式逐日、逐月(旬)、逐年上报。因此产品信息是选煤厂重要的技术信息。

(4) 月综合信息

月综合信息内容主要包括选煤厂一个月的原煤及产品的数质量平衡表、原煤及产品的筛分浮沉实验结果、小筛分及小浮沉实验结果、全月的主要技术经济指标以及成本分析。

3. 生产系统信息

(1) 单机生产状况

当新建厂或改造工程试车时，或为了了解某一台设备的工作状况，选煤厂要对单机如跳汰机、重介质分选机(旋流器)、浮选机以及筛分设备、磁选机等进行全面、详细的检查。通过这类检查能详细了解设备的工作情况，有利于分析设备的工作性能，找出改进措施。也可据此进行生产过程预测优化及建立生产过程数学模型。

(2) 系统技术检查信息

当生产系统存在问题、情况不明时，或为了了解某一工序的工作状况或全厂的生产状况，选煤厂会不定期对系统如煤泥水系统、重选系统甚至整个工艺系统进行检查。系统减产数据要全面进行分析，找出存在的问题，便于进行系统改造和完善。这类检查虽耗费大量的人力和物力，却是完全必要的。

4. 技术经济信息

技术经济信息通常反映选煤厂生产经营情况，是全厂各类信息的全面统计。

(1) 技术信息

技术信息包括各产品数量和质量，主要产品回收率、数量效率，各种材料的消耗量，设备完好率，各种备件消耗周期和贮存数量，重大机电设备事故，全面质量管理的各种统计资料；人员变化、事故及伤亡情况；煤泥出厂率、排放水浓度、排放水量等。

(2) 经济信息

经济信息包括成本、加工费、销售额，全厂流动资金周转速度、固定资产及流动资金总额；资金利税率、人均利税率，全厂税利完成情况，生产工效率、全员效率，原煤及产品价格、各种原材料价格变化以及与同类厂各项技术经济指标对比的情况等。

5. 人员信息

人员信息包括领导人员、管理人员、技术人员以及工人的文化水平、年龄、性别、技术熟练程度、工作态度、出勤率、培训情况等。总之人员信息主要是了解人员的素质及工作组织等信息。

6. 市场信息

市场信息包括各类煤炭产品的市场需求量、变化趋势，各类原材料供应情况及价格变化趋势、用户反馈信息等。

以上信息有的来自厂内，有的来自厂外。选煤厂的各级领导要经常进行内外信息的对比，为决策提供更多可靠的依据。

四、选煤厂管理信息的利用

由上述可知，选煤厂在生产过程中产生了大量信息。这些信息通过分析和加工，可以得到许多有用知识，对生产过程管理形成有利支持。选煤厂管理信息的利用可大致分为三类：① 对生产数据进行分析和评价，以便确定生产过程的水平和查找问题；② 利用历史数据对未来生产进行预测和优化；③ 对积累的海量数据进行数据挖掘，寻找隐含的知识和规律，得到新知识。

1. 生产数据分析和评价

对生产数据进行分析与评价是数据利用的开始。

通过对选煤厂生产数据的分析，可以从日常的基本数据中得知生产过程的基本状况和影响生产的隐患。例如，通过快速检查分析，可以看出设备操作人员或班组的操作水平、操作习惯等，可及时对相关人员进行培训或经验总结。

通过对选煤生产数据进行评价，是将通过数据加工得到的反映生产经营状况的指标与国家和行业标准、企业内标准或者企业最好水平进行对比，以便了解企业生产经营的水平。例如，通过基础数据计算得到各种技术经济指标，与行业协会下发的“质量标准化检查”指标进行对比，得到企业运行水平等。

2. 利用历史数据预测和优化

预测是根据过去和现在推测未来，因此要用到大量的历史和现实数据，通过一定的算法，得到需要的结果。

进行生产过程和重要指标预测和优化，目的是指导生产操作，使之在最佳状态下运行，保证在产品指标合格的情况下，煤炭有用成分回收率最大，从而大幅度提高煤炭资源的利用率，提高企业经济效益。

例如，利用实际分配曲线和原煤资料，进行选煤产品指标的预测和产品结构的优化；通过煤层煤样资料预测矿井毛煤的质量变化等。

3. 数据挖掘和知识发现

数据挖掘是人工智能的研究热点，它把人们对数据的应用从低层次的简单查询，提升到从数据中挖掘知识，提供决策支持。

数据挖掘是一门交叉学科，它使得计算机技术、人工智能技术、数理统计等方面的人员，包括专业应用工程领域的学者和工程技术人员，投身到数据挖掘这一新兴的研究领域。

数据挖掘就是从存放在数据库或其他信息库中的大量的数据中获取有效的、新颖的、隐含在其中而人们事先不知道的、但又是潜在的有用信息和知识的过程。

例如：从原煤快浮和快灰数据中，寻找原煤总灰分变化时，$-1.4\ g/cm^3$ 密度级的产率和灰分变化的规律；从大量在线实时检测数据和日常生产检查数据中，寻找操作指标实时预测的方法等。

思考题

1. 什么叫管理？管理的主要职能有哪些？
2. 管理的基本原理有哪些？
3. 企业管理现代化的主要内容包括哪些？
4. 选煤企业的管理系统由哪几部分组成？它们之间有何关系？
5. 选煤企业管理的主要内容和特点是什么？
6. 选煤厂信息主要由哪几部分组成？
7. 选煤厂的信息应如何利用？

第二章　选煤厂技术检查

第一节　概　　述

技术检查是获取选煤厂工艺技术指标、生产管理信息的重要环节。技术检查就是借助采样、制样、化验、仪器仪表分析，对选煤生产、销售等过程进行监控。通过分析技术检查所获取的资料和数据可以了解各作业产品数量和质量的变化，及时调整分选操作参数。技术检查工作为评定分选效率、了解设备性能、获取生产技术经济指标提供了基础资料。准确和全面的技术检查工作是选煤厂实现全面质量管理的基本条件。

选煤厂技术检查应根据国家和行业相关标准进行。与技术检查相关的采制化标准有很多，例如：

GB/T 211—2007《煤中全水分的测定方法》

GB/T 212—2008《煤的工业分析方法》

GB/T 213—2008《煤的发热量测定方法》

GB/T 214—2007《煤中全硫的测定方法》

GB/T 215—2003《煤中各种形态硫的测定方法》

GB 474—2008《煤样的制备方法》

GB 475—2008《商品煤样人工采取方法》

GB/T 476—2008《煤中碳和氢的测定方法》

GB/T 477—2008《煤炭筛分试验方法》

GB/T 478—2008《煤炭浮沉试验方法》

GB/T 481—1993《生产煤样采取方法》

GB/T 482—2008《煤层煤样采取方法》

GB/T 1574—2007《煤灰成分分析方法》

GB/T 479—2016《烟煤胶质层指数测定方法》

GB/T 483—2007《煤炭分析试验方法一般规定》

GB/T 2565—2014《煤的可磨性指数测定方法(哈德格罗夫法)》

GB/T 4757—2013《煤粉(泥)实验室单元浮选试验方法》

MT/T 808—2008《选煤厂技术检查》

MT/T 109—1996《煤和矸石泥化试验方法》

MT/T 144—1997《选煤实验室分步释放浮选试验方法》

MT 190—88《选煤厂煤泥水沉降试验方法》

国家和行业标准一般会进行不定期修订，上面所列标准号后面都有年份标示，说明是哪一年制(修)订的，例如《选煤厂技术检查》(MT/T 808—2008)，是 2008 年修订的。使用时，应查找标准的最新版本。

选煤厂技术检查工作包括日常生产检查、月综合检查、商品煤检查、单机检查以及全厂系统检查五大项内容，每一项又包括许多子项内容。

一、日常生产检查

日常生产检查包括快速检查、班检查、日检查和不定期检查。

快速检查的目的是为了及时了解原料煤和产品数质量的变化情况，检查结果是分选设备司机调整操作的依据。为了能及时和迅速地反映生产情况，一些检查项目的操作方法可根据标准规定有所简化。随着生产控制技术的发展，放射性同位素自动测灰、测硫、测密度和测浓度的在线分析仪器愈来愈多地应用于生产现场。但由于其检测精度与要求精度有一定差距，多数选煤厂只将在线检查结果作为参考，快速检查仍然是提供生产情况的主要手段。日常生产检查是获得生产信息的重要组成部分，也是获取月综合煤样信息必不可少的手段。

二、月综合检查

月综合检查是对选煤厂产品数质量进行统计检查的主要方法，是月度经营管理统计的基础。

炼焦煤选煤厂一般每月做一次月综合试验，煤质变化不大时每季度至少做一次，动力煤选煤厂每半年至少做一次。

月综合检查的样品来自日常生产检查时所采取的试样，经缩分后留下的月累积样，在月末将全月积累的原煤、精煤、中煤、矸石等煤样进行筛分浮沉试验，用以评定当月的生产情况。月综合检查提供的资料包括：全月分选原煤及产品的数质量平衡表，原煤和产品的筛分浮沉试验结果，煤泥小筛分、小浮沉试验结果，主要技术经济指标以及经济活动分析意见等。每月定期完成月综合检查，也是生产技术检查的经常性工作。

三、商品煤检查

商品煤检查的目的是掌握销售给用户的煤炭产品的数量和质量，销售煤产品的灰分、水分、计量吨数作为供需双方结算依据。

四、单机检查

单机检查的目的是为了解一台设备的工艺性能是否达到设计指标要求。通常是抽查或带有鉴定性质的检查，在新建选煤厂投产或工艺设备、流程技术改造后往往需要实施此项检查。为了保证检查结果的代表性，单机检查应在正常生产情况下进行。

五、全厂系统大检查

全厂系统大检查是对整个工艺流程各个环节的数量、质量进行检查，利用其检查资料可以绘出全厂数质量流程图。通过全厂系统大检查可以深入分析全厂工艺流程的工作状况，各工序环节及产品的数质量是否能达到规定的技术经济指标，研究降低消耗的途径，并提出改进措施。由于这种检查需动用大量人力和物力，在没有特殊原因的情况下，往往几年才进行一次。但是可根据需要对局部流程进行不定期检查。

第二节　技术检查计划的制订

技术检查计划的主要内容包括确定检查的目的、采样点、子样数目、子样质量、采样方法、制样流程、过程记录要求、计量和化验分析项目等。制订技术检查计划是做好技术检查工作的关键步骤。

一、选煤厂技术检查工作的原则

1. 明确检查的目的

选煤厂要进行一项技术检查，首先要明确此项检查的目的，即检查结果要干什么用，由此就能够确定检查的范围、检查的项目及最终应得到的检查结果等。为了达到检查的目的，检查项目必须完整，且有针对性，资料要配套。但是也要避免检查很多不必要的项目，从而造成浪费。

2. 详细记录检查对象的工艺条件

检查资料脱离了检查对象的工艺条件和技术背景，检查时就无法根据它做出确切的分析和判断，资料本身也难以充分发挥作用。例如跳汰机的一套筛分浮沉资料，就必须注明跳汰机的技术规格、性能、操作条件及其与跳汰有关的工艺流程等。这样才能对数据反映的问题做出实质性的分析，并更好地指导跳汰机操作。

3. 采样点及采样时间的确定

选煤厂应根据本标准及本厂的工艺流程、设备情况，在选煤厂的工艺流程图上标明采样点、计量点及试验分析项目等，并制订采制化工作细则。采样是技术检查的基础，采样点位置、煤样总量、采样间隔时间、子样最小质量和采样方法都直接影响试样代表性。所确定的采样点必须符合有关采样要求所规定的原则，应选择样品代表性好，且便于采样和保证安全的地点。采样时要尽量减少采样误差。各采样点的采样时间应当尽可能同时或同步进行。采样方法应保证能采到具有代表性的试样。

4. 确定采样流程

根据检查的对象和目的，按照数质量平衡的原则制订采样流程，确定采样点，并提出检测化验项目，以便根据试样的分析结果算出数质量指标。利用数质量平衡原则计算各产物的数量、质量指标，可以减少大量直接计算的工作量。但在遇到物料加工前后某些性质发生变化如煤发生泥化、解离现象，而用数质量平衡原则计算产物数量指标有困难时，就应当采用直接计量方法来得到数量指标。例如为了获取浮选机组的逐室检查资料，如果仅测定和分析入料、各室精煤灰分和最终尾煤灰分，则不能算出各室浮选精煤的抽出率，也求不出浮选机的处理量。根据数质量平衡原则，除了测定各室的精煤灰分，对各室的尾煤同样进行采样，测定灰分，测定入料或精煤的流量及浓度，这样既可以求出各室精煤的抽出率，也可以得到浮选机组的处理量及矿浆在各室的停留时间。

5. 减少工作量

在能够获得完整、有价值的技术检查结果的前提下，尽可能减少技术检查的工作量，节省人力和物力，避免无谓的浪费。

二、技术检查流程和实施细则

技术检查需要根据生产厂工艺流程的实际情况具体制订检查实施细则。为了保证计划的周密，可以参考同类型选煤厂的类似检查和报告，结合本厂具体情况加以制订。图 2-1 是一个典型选煤工艺的技术检查流程示意图。图中标出了日常生产检查的采样点，各种试样应进行的试验项目，如哪些煤样做快浮，哪些煤样做快灰和班灰等。根据技术检查流程图以图表形式编制实施细则，列出各采样点的采样起始时间、时间间隔、子样质量、采样工具、采样方法，各煤样缩制流程，实验项目、内容、结果、计算等。

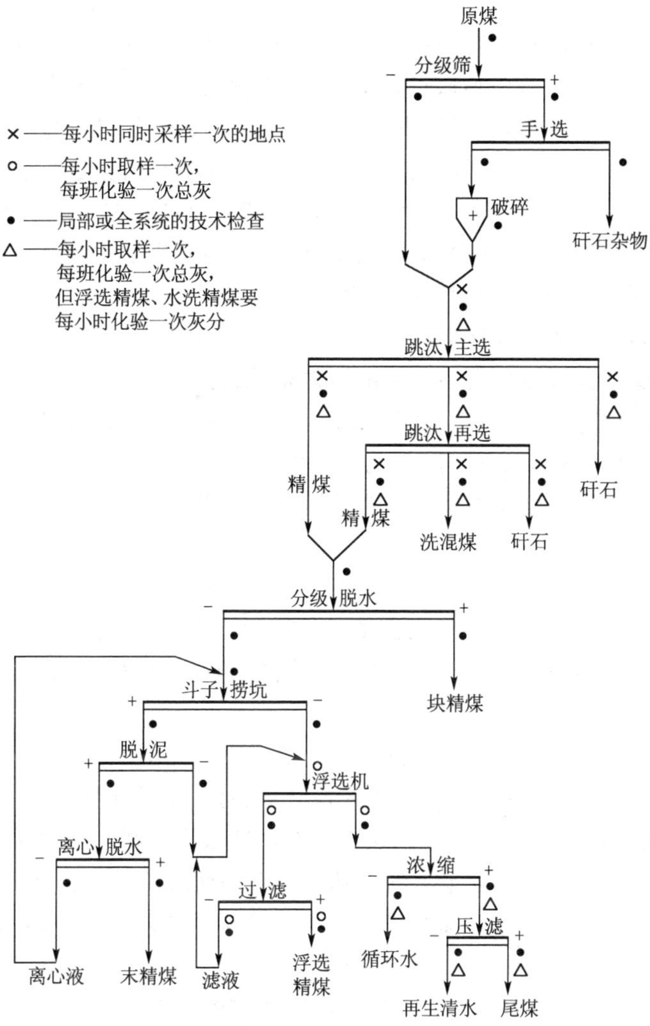

图 2-1　一个典型选煤工艺的技术检查流程示意图

第三节　采样与制样

采样、制样和分析，是获得可靠煤质检测结果的三个相互关联而又相对独立的技术检查环节，无论任何一个环节出现差错，都将会给最终的分析结果带来不利的影响。其中影响最大的是采样，其次就是制样。若采来的煤样无代表性，则制样偏差虽小，最终结果仍然没有代表性。采来的煤样虽具有代表性，但制出的样品没有代表性，最终结果也难有代表性。实践表明：制样程序或操作不当而造成的误差有时并不亚于采样误差。因此，必须全面掌握煤的采样、制样技术，才能保证提供具有代表性的分析试样。

一、采样技术

采样是制样与分析的前提，也是技术检查工作的基础和依据。采样的目的，就是为了获得具有代表性的样品，通过其后的制样与分析，以样品的品质、特性推断总体的品质、特性，从而为生产控制及产品出厂质量提供依据。所谓采样，是指按规定(国家标准或煤炭行业标准)方法从所要确定品质的整批物质中抽取一部分具有代表性的物质，以检验该批物质的质量或确定该批物质的性质，这个抽取过程就是采样。采样代表性就是采集的样品与总体在物理、化学性质上符合的程度，它是以采样精密度来度量的，当采集的样品精密度合格，且又不存在系统误差时，则说明所采样品具有代表性。采样的依据是方差理论。采样的对象取决于技术检查的目的，可以是原料、中间产物、最终产品以及一些辅助材料(如煤泥水、重介质、浮选药剂等)。如果从整批煤中抽取一部分煤进行煤的化学、物理性质的检验，其抽取过程就叫煤炭采样，所抽取的这部分煤就叫煤样。

(一) 与采样相关的名词术语及其说明

① 批——需要进行总体煤质特性测定的独立煤量。

例如一列火车从煤矿运出 1 200 t 原煤前，煤矿按标准规定方法对其采样、制样与分析，作为与用户结算的依据，此 1 200 t 原煤就是一批。

② 采样单元——从一批煤中采取一个总样或几个总样，即一批煤由 1 个或几个采样单元所组成。

例如一列火车 18 节车皮，其中 12 节车皮装精煤 720 t，其他 6 节车皮装原煤 360 t，则此一批煤中就包括 2 个采样单元，精煤采样单元量是 720 t，原煤采样单元量是 360 t。对它们应分别采样，因此，这一批煤就有 2 个总样，然后分别制样和分析，从而对这 2 个采样单元的煤质分别与用户结算。

③ 子样——应用采样工具或机械操作一次所采集的一份煤样。

子样的采集必须符合标准规定的要求才能采集，每一次采样量、采样点的位置及采样工具或机械开口宽度均应符合标准规定。这样才能保证采样的精密度要求。

④ 总样——从一个采样单元采集的全部子样合并而成的煤样。

子样是总样的组成单元，如果采集的子样不符合标准要求，自然由它组成的总样也将失去其代表性。

⑤ 分样——是代表总样的一部分试样，供制备试验室样品(分析煤样)用，通常粒度小于 3 mm。分样应保持与总样一致的性质。

为了某种需要，例如为了进行对比或仲裁试验，就需要将总样充分混合均匀后，分为 2～3 份，这样每一份样品都是一个分样。

⑥ 商品煤样——代表商品煤平均性质的煤样。

例如选煤厂通过分选或筛分作业生产出满足用户需要的煤炭产品，就是商品煤。灰分 $A_d>40\%$的低质煤，不属于商品煤的范畴。

⑦ 随机采样——在采取子样时，对采样部位和时间均不施加人为的意志，能使任何部位的煤都有相同的机会被采出的一种采样方法。

随机采样的核心是任何部位被采集到的概率相等。因此它是一种没有系统误差的采样方法。

⑧ 系统采样——按照相同的时间、空间或质量间隔采集子样，但第 1 个子样在第 1 间隔内应随机采集，其余的子样则按选定的间隔采集。国家标准《商品煤样人工采取方法》(GB/T 475—2008)规定：商品煤采样无论在运输工具上还是在煤流中，均采用系统采样方法。

⑨ 多份采样——从 1 个采样单元中采集若干子样依次放入各个容器中，且每个容器中

的质量相接近，每份煤样均能代表采样单元的煤质特性的一种采样方法。

多份采样方法常在采样精密度计算及核对中加以采用。

⑩ 机械采样——用符合采样要求的机械采样装置进行自动采样的过程。

机械采样常常与机械制样装置组合在一起构成机械采制样装置，即所谓的采制样机，机械采制煤样装置主要包括采样器、给煤机、碎煤机、缩分器及余煤处理装置。

⑪ 试验室煤样——由总样或分样缩分出来的，送往试验室供进一步制备的煤样，通常粒度小于 3 mm。

⑫ 分析煤样——将达到空气干燥状态的煤样按规定缩制到粒度小于 0.2 mm，可用于进行大部分物理与化学特性测定的煤样。

（二）采样工作的依据

国内外制定采样标准均以数理统计原理为基础。在统计学中，将所考察对象的全体称为总体，例如存在于选煤生产过程中的某一部分煤炭、入厂原煤或待发的商品煤都可视为“总体”。自总体中随机抽出的一个或多个个体，称为样本，例如从一批煤中采出的样品即为样本。样本用于提供总体的信息，并作为对总体某种性质判断的基础，也就是说，样本是总体的一部分，能够代表总体的性质，样本中所含的抽样单位的数目称为样本容量。在煤炭采样中，样本容量一般称为子样数。为了使样本具有足够的代表性和可靠性，根据采样规程的要求采取众多子样，子样的最小质量和份数必须符合规定，将所采样品按一定规则合并成一个或几个总样。采样工作必须按照规定（国家标准或行业标准）方法来进行。选煤厂生产检查煤样根据国家标准 GB/T 475—2008 和 GB/T 481—1993 采取。当总体煤量过大时，应将煤炭分批进行采样试验。如对于商品煤，GB/T 475—2008 规定，炼焦用的精煤和特种工业用煤，按煤种、分用户以 1 000 t 为一批，每批数量波动不超过±100 t。当一列火车的发运量超过或不足批量要求时，可按实际发运量视为局部总体，作为采样和化验的单位。

（三）采样精密度

所谓精密度，是指一组观测值的接近程度。采样精密度是指单次采样测定值与同一煤样（同一来源、相同性质）进行无数次采样测定平均值的差值在 95%概率下的极限值，即采样精密度是指采样所允许的偏差程度。

在采样中，产生偏差总是不可避免的，但是这种偏差应在一定限度之内，而且正确的采样不允许存在系统误差。如果能够达到这一要求，就说明所采样品真正具有代表性。也就是指采样精密度符合国家和行业标准规定的要求。子样份数、子样质量和采样方法对煤样的代表性均有影响，但影响的程度不同，其中采样方法不当影响最大，子样份数和子样质量的影响次之。采样精密度可通过计算求得并加以核对，系统误差也可通过一定的方法加以检验。

1. 子样份数

子样份数的多少与采样准确度和整批煤的均匀程度有关，如果子样份数不足，则可能使采样的准确度降低；如果子样份数过多，则会做许多无用的工作，增加了工作量和采样的费用。

在实际工作中，常采用采样精密度 A（95%概率下的采样精密度）表示采样的准确度，用单个子样的标准偏差 S 表示煤的均匀程度，则子样份数 n 与 A 和 S 有以下关系：

$$A(\%) = 1.96\frac{S}{n} \tag{2-1}$$

如果选不同的概率(或称不同的显著性水平 α)，则 $t_{\alpha,\infty}$ 值不同，例如 $\alpha=0.10$，$t_{0.10,\infty}=1.645$，如 $\alpha=0.01$，则 $t_{0.01,\infty}=2.576$。在采样准确度不变的条件下，显著性水平 α 值愈小，需要的子样份数愈多。需要说明的是，显著性水平 α 值是根据要求人为规定的，对一般工程问题，$\alpha=0.05$(即置信系数为 95%)就可以满足要求了。

单个子样的标准差的确定：由一批煤的不同部位采取很多(几十个)子样，每个子样分别制备和化验(在以灰分为精密度指标时测定灰分)，每个子样得出一个干基灰分结果。然后计算单次结果的标准差 S。

$$S=\sqrt{\frac{\sum_{i=1}^{n}(x_i-\overline{x})^2}{n-1}} \quad i=1,2,\cdots,n \tag{2-2}$$

式中 x_i——每个子样的干基灰分；

$\overline{x}$——n 个子样干基灰分的平均值；

n——子样份数。

如果知道采样精密度和单个子样的标准偏差，则可以求出最小子样份数。应当注意的是，所求出的 n 是最小子样份数，只可以增加，不能减少。在实际工作中，通常可以根据实际情况和精密度的要求，按照标准对子样数的规定，制定一个合适的子样数目。

2. 子样的最小质量

子样的最小质量与煤的最大粒度、均匀程度、整批煤的质量等有关。在保证采样具有代表性的前提下，为使所取的最低子样质量符合要求，要考虑以下三个因素：

① 样品粒度的大小：样品粒度越大，则样品的最低质量越大；

② 样品的均匀程度：样品越不均匀，则应取的最低质量越大；

③ 分析的准确度：要求越高，允许误差越小，则最低质量越大。

影响子样质量的主要因素是粒度。如果子样的质量都是 1 kg，对于浮选精煤，可以有无数粒，对于粒度上限为 13 mm 的精煤可能有三四十块，而对粒度大于 50 mm 的精煤可能只有六七块。显然，浮选精煤子样的质量可以减小，而大于 50 mm 精煤的子样质量必须增加。

子样最小质量和粒度间的关系可用下式表示：

$$m=kd_{\max}^{\alpha} \tag{2-3}$$

式中 m——子样的最低质量，kg；

$d_{\max}$——物料中最大粒度的直径，mm；

k,α——系数，通过试验确定。

k 和 α 是经验常数，与物质粒度、均匀程度等有关，在煤炭采样中，k 还与取样器的开口大小等有关。

有的国家用下式确定粒度小于 120 mm 时商品煤子样的最小质量：

$$m=0.06d_{\max} \tag{2-4}$$

我国标准中煤的最大粒度与子样质量的关系，正是根据式(2-4)制定的，但考虑到我国的煤质特性，式中的 0.06 改为 0.04，即：

$$m=0.04d_{\max} \tag{2-5}$$

例如最大粒度为 50 mm，则 $m=2$ kg。

所谓煤的最大粒度，是指在筛分试验中，筛上物产率最接近5%的那个筛子的孔径。不能误认为煤中最大一块煤的直径就称为煤的最大粒度。

煤的最大粒度与子样的最小质量的关系见表2-1。

表2-1　煤的最大粒度与子样最小质量的关系

煤的最大粒度/mm	<25	<50	<100	>100
子样最小质量/kg	1	2	4	5

3. 采样精密度的核对

核对采样的精密度一般以干基灰分的测定结果为依据，在不同的标准中大都规定了采样的精密度。采样的精密度也可以由贸易双方商定，采取某一个合理的数值。核对采样精密度是否符合要求，可用极差法或多份采样法来验证。

(1) 极差法

按采样方案规定的要求采取几个子样，并将其合并成若干个分样，分样数至少应为正常采样时分样数的两倍。然后，将各分样分别制样、化验，以不超差的平行试验结果的平均值为报出结果，得到 i 个结果（i 为分样数），求出这 i 个结果间的极差。如果极差值在与采样精密度有关的某一范围之内，则可以认为精密度达到要求；如果极差值超出规定范围的上限，则认为精密度不够，需要增加子样数；如极差落在规定范围的下限以下，则可认为子样数过多，可适当减少子样数。

例如，对某批煤共400 t，灰分小于10%，采集6个分样，按标准子样数目最少为20个。为了使每个分样中的子样数相同并顺序循环地分别归入6个分样，即子样数应能够被6整除，将子样数增加到24个，则每个分样由4个子样组成。

第1,7,13,19号子样归入第一个分样；

第2,8,14,20号子样归入第二个分样；

⋮

第6,12,18,24号子样归入第六个分样。

将这6个分样单独缩分并化验其水分、灰分，取不超差的平均值为报出结果，算出其干基灰分。

如果6个分样的干基灰分的极大值和极小值之差在5.3A～1.3A之间（A是要求的精密度），可以认为采样已达到所需要的精密度，采样的子样数是合适的。

若上述6个分样各自的平均干基灰分值列于表2-2中，规定采样精密度 $A=\pm1\%$，它们的平均灰分 $\overline{A}_d$ 为：

$$\overline{A}_d = \frac{48.1}{6}\% = 8.01\%$$

表2-2　各分样的平均干基灰分

分样序号	1	2	3	4	5	6	合计
A_d/%	8.2	7.7	8.9	8.2	7.4	7.7	48.1

极差 R 为：

$$R=8.9\%-7.4\%=1.5\%$$

极差的上下限 R_1，R_2 分别为：

$$R_1=1.3A=1.3\times1\%=1.3\%$$

$$R_2=5.3A=5.3\times1\%=5.3\%$$

极差 R 等于 1.5%，介于 1.3%～5.3%之间，这证明采样精密度符合要求，所采子样数目是合适的。

(2) 多份采样法

为了对一采样单元的采样精密度进行计算，通常采用多份采样法。

将全批子样逐个依次装入 A，B，C，…等 n 个容器中，组成 n 个相同的多份样品，分别制样，测定特性值（干基灰分 A_d），计算标准差($\overline{S}$)后，按下式计算采样的精密度 A：

$$A=\pm t_{\alpha,f}\,\overline{S}\times100\% \tag{2-6}$$

式中 $\overline{S}$——n 个分样 A_d 的标准差；

$t_{\alpha,f}$——统计量 t，α 为显著性水平，常取 0.05，f 是自由度，$f=n-1$。

$\overline{S}$可由下式计算：

$$\overline{S}=\sqrt{\frac{1}{n(n-1)}(G-M^2/n)} \tag{2-7}$$

式中 G——各分样灰分值的平方和，即 $\sum A_d^2$；

M^2——各分样灰分值和的平方，即 $\left(\sum A_d\right)^2$；

n——分样数。

例如，对一个采样单元的煤，按要求对所取的 60 个子样按顺序依次循环放进 6 个样品桶中，方法与极差法相同，这样得到由 60 个子样组成的 6 个分样，每个分样由 10 个子样组成。将各个分样分别制样与化验，得到 6 个干基灰分值。设这 6 个分样的干基灰分 A_d 分别为 30.16%，27.13%，28.49%，29.33%，30.45%，30.43%，求 95%概率下的采样精密度？

解 $n=6$

$$G=\sum A_d^2=5\ 170.78$$

$$M=\sum A_d=175.99\text{，则 }M^2/n=5\ 162.08$$

由 t 临界值表查得 $t_{0.05,5}=2.57$（精密度为双侧检验），由式(2-6)得：

$$A=\pm2.57\sqrt{\frac{1}{6(6-1)}(5\ 170.78-5\ 162.08)}\times100\%=\pm1.39\%$$

（四）采样方案的设计

由于每一种标准都不可能对所有的情况作出规定，因此，即使是按采样标准采样，也应当制定一个符合实际的采样方案。通常按照以下几个步骤设计采样方案。

① 确定批量或采样单元。

分选前后煤的赋存状态有较大的差异，因此采样方法、子样量、采样精密度的确定就存在差异。只有确定了对哪一批煤进行采样，才能根据煤的多少确定子样数、子样量等。

② 确定采样的目的。

确定采样的目的也就是应当确定样品的种类。不同类型的样品，具有不同的作用，对其采样的各项要求也就不同，例如商品煤样与生产煤样的采取方法就是按照不同的标准执行的。

③ 确定需要测试的煤的品质指标，列出总方差和采样方差。

需要测试的煤的品质指标与总方差密切相关，也与采样方差有关。只有预先知道了需要测什么指标，才能确定总方差和采样方差，而总方差和采样方差是表明样品代表性的统计数值。因此要使样品代表整批煤，就必须预先确定好采样方差。然后，才能由此决定子样数、采样单元、子样量等必要的采样参数。

④ 确定采样单元数和最小子样数。

在整批煤不均匀性比较大的情况下，需要将其分成几个采样单元，每个单元采若干个子样，由子样合并成几个分样，然后对分样进行测试，从而合理地表达整批煤的品质。因此确定采样单元数和每个单元的最小子样数是十分重要的。

⑤ 确定最小子样量。

如果样品量不够，就不能准确地反映整批煤的品质。但是，采样量过多，也会使工作量增大，同时也是一种浪费。因此，最小子样量必须依据实际情况预先设定，这个量要根据样品的用途及批次、子样数、样品最大粒度等确定。

⑥ 确定在指定条件下样品品质的变异性。

⑦ 确定采样工具。

采样器具的大小和工作方式直接影响着采样的精密度。采样器具的大小、开口、容积等都关系到所采取的子样量和采样的准确性。所以，不同的采样方法应采用不同的采样工具。在实际工作中，可以参考各专业标准中规定的采样工具使用。

⑧ 确定采样位置或采样时间间隔。

在选煤厂技术检查中，要根据工艺检查流程，按不同产品确定采样位置。对于煤流采样，应根据子样数和采样全程时间确定采样时间间隔。

⑨ 确定分样或总样的组合方法。

对于子样数特别多的采样方法，必须将子样合并成几个分样或一个总样进行测试。合并的方法同样影响样品的代表性和测试的准确性，应当根据实际情况选定一个合适的合并方法。

⑩ 进行偏差实验。

一个采样方法是否适用，所采样品是否具有代表性，要经过偏差实验才能最终确定。因此，每个新的采样方法必须用一个经过检验后正确的采样方法做参比，进行偏差实验，才能最后确定样品是否具有代表性，采样是否成功。

（五）采样工具、采样点及方法

煤样的采集都必须按对应采集的子样数、每个子样的质量、采集点的位置及采样器具的要求严格进行操作。这样，采集的煤样才能最大限度地避免系统误差的产生。无论在煤流中还是在运输工具上或是在煤堆中采样，其基本原则都是一致的。但在不同地点就有不同的采样方法，具体操作上也有一些区别，其具体规定如下。

1. 采样工具

在有条件的情况下，应尽可能采用机械化采样。

无论是人工采样工具还是机械采样器，凡满足下列全部条件的均可使用：采样器开口尺寸为被采物料最大粒度的2.5～3倍；能够在标准规定的采样点上采样；采取的子样间隔时间和子样质量满足标准规定的要求，采样时煤样不损失；经鉴定采样无系统偏差，精密度达到标准规定的要求；性能可靠，不影响选煤的正常生产。

选煤厂技术检查中常采用的采样工具包括：

① 采样铲：用于从煤流中和静止煤中采样。铲的长度和宽度均应为被采煤样最大粒度的2.5～3倍。

② 接斗：用于在落煤处截取子样。接斗的开口尺寸应为被采煤样最大粒度的2.5～3倍，接斗的容量应能容纳输送机最大运量时瞬间的全部煤量。

③ 选煤机溢流口采样器：用于在选煤机溢流口采样。采用五面网底的箕斗式采样器，筛网孔径应与选煤机分选下限一致。采样器的高度不应小于溢流层的厚度，宽度应为分选物料最大粒度的2.5～3倍。

④ 煤泥水采样器：采样器的容量应能容纳在煤泥水最大流量时，瞬间煤泥水流全断面的全部流量。

2. 采样时间间隔和子样质量

选煤厂生产技术检查煤样在开机上煤5～10 min后采取，采样最大时间间隔和子样最小质量见表2-3。

表2-3　　生产技术检查煤样采样时间间隔和子样质量

煤样名称	采样最大时间间隔/min	子样最小质量或体积
入选原料煤	20	4 kg
精煤	20	2 kg
中煤、洗混煤	30	4 kg
矸石	30	4 kg
浮选精煤	30	1 kg
浮选入料、尾煤	30	1 L
洗水	120	1 L
煤泥回收筛精煤	20	2 kg
粒级煤	30	2～5 kg

注：当生产时间不足1 h时，采样次数一般不得少于3次。

3. 采样点及采样方法

① 煤流中采样：于移动煤流下落处采取，可根据煤的流量和煤流宽度，1次或分2～3次横截煤流的全断面采取1个子样。分2～3次截取时，按左右或左中右的顺序进行，采样部位不得交错重复。在移动煤流上人工铲取煤样时，胶带的移动速度不能太大（一般不超过1.6 m/s），并且保证安全。

② 在斗子提升机内采取煤样：应在斗子卸料的出口或出口溜槽底开口采样，采样口的宽度应保证能采到煤流的全断面。

③ 选煤机溢流口采样：采样在煤流全断面按左中右顺序进行。采样时采样器底部紧压溢流堰，以接取煤流层的全高，溢流装满采样器后迅速提起，避免已采取的煤样被水冲出，等水通过网底后，将试样倒入煤样桶中。

④ 煤泥水样采取：采样于煤泥水由高向低（或设堰）的流出口处采取，采样时应截取水流全宽或沿水流的全宽以均匀的间隔采取。

二、煤样的制备

选煤厂生产煤样一般质量为 45～60 kg，商品煤样质量为 300 kg 以上，生产大样 5～10 t，月综合累计煤样约 2 t。而浮沉试验用的煤样质量最小为 150 kg（表 2-4），水分样需 250 g，化验灰分样只需 1 g。

表 2-4　　浮沉试验用煤样最小质量

粒级/mm	>100	100～50	50～25	25～13	13～6	6～3	3～1	<1
最小质量/kg	150	100	30	15	7.5	4	2	1

为了保证采样的代表性，所采煤样的质量远远超过试验所要求煤样的质量，因此必须从所采的大量煤样中，通过反复应用筛分、破碎、掺和、缩分操作，逐步减小煤样粒度和减少煤样数量，最后制成在粒度和重量上满足试验要求并且能够代表其组成与特性的分析煤样。破碎和缩分煤样的全部过程称为煤样的缩制。

在缩制煤样过程中，为了保证使制备的煤样在性质和成分上具有足够的代表性，必须严格遵守缩制规程进行，相应的国家标准是《煤样的制备方法》(GB 474—2008)。缩制煤样工作虽然简单，但如果不严格按照标准仔细进行，就可能导致不正确的试验结果。

（一）煤样的掺和

煤样掺和的目的是为了使煤样保持均匀一致。一般用移堆法反复掺和三次，将圆锥堆压平成截锥形煤堆后，在截锥上平面上画十字，将对角两部分舍弃或留备用，余下部分即为缩分后煤样，其过程如图 2-2 所示。移堆时要注意使煤样从锥顶往四方均匀撒下，避免撒在一个方向产生偏析现象。

（二）煤样的缩分

掺和均匀的煤样，取出其中具有代表性的一部分，作为试验、化验或作进一步缩分用。缩分也必须按规定的方法进行，十字缩分法是粗粒物料缩分的基本方法，如图 2-2 所示。

粒度小于 13 mm 的煤样在掺和后用分样器进行缩分。分样器如图 2-3 所示。粒度小于 0.5 mm 的煤样可以采用机械分样器缩分也可采用棋盘法进行缩分。棋盘法缩分是先将煤样掺和均匀，摊成厚度均匀的薄层，在薄层上画大小相等的方格，从每个格子中挖取相等的一部分集中在一起，作为缩分后煤样。

（三）煤样缩制程序

煤样的缩制程序如图 2-4 所示。图 2-4 也称为煤样制备系统图。由图 2-4 可以看出，煤样的缩制实际上是按粒度不同分级进行的，通常分为 25 mm、13 mm、6 mm、3 mm、1 mm 五级，最后制备成粒度小于 0.2 mm 的分析煤样。

每一级制备时，都必须进行筛分、破碎、掺和、缩分等相同的作业，只是在不同粒度级所保留的样品数量不同。煤的粒度越大，所保留的样品量越多。

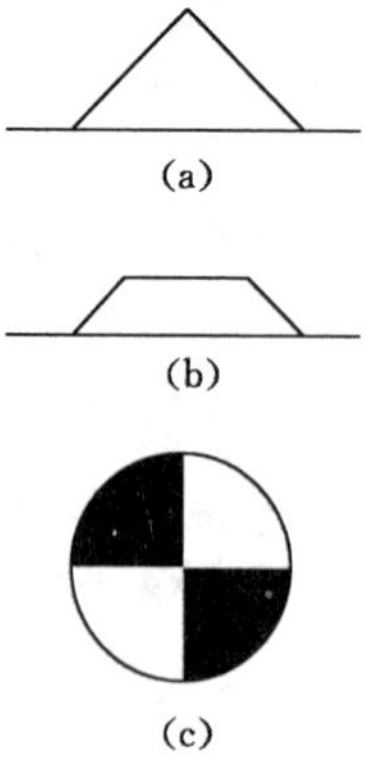

图 2-2 粗粒煤样掺和缩分过程图

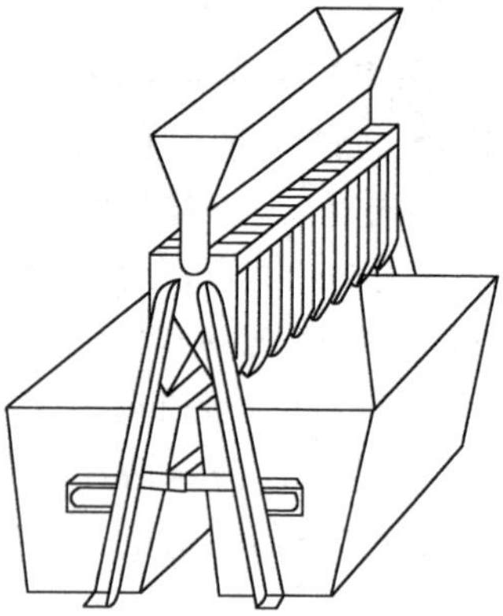

图 2-3 分样器结构示意图

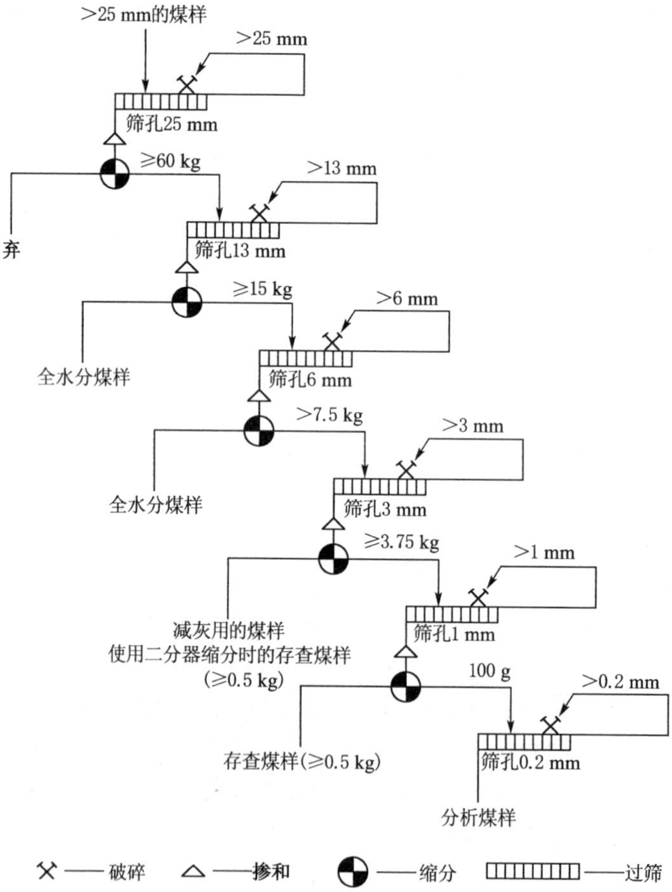

图 2-4 煤样的制备程序

（四）日常生产技术检查煤样的制备

日常生产技术检查煤样，可直接缩分到表 2-5 规定的最小质量，并送至制样室或浮沉室。

表 2-5　　送至制样室、浮沉室的煤样最小质量

粒度上限/mm	100	50	25	13	3
送至制样室煤样最小质量/kg	10	4	2	1	0.5
送至浮沉室煤样最小质量/kg	10	4	2	1	0.5

(1) 灰分煤样制备

根据不同煤样，按图 2-5(灰分煤样制备系统)进行制备。

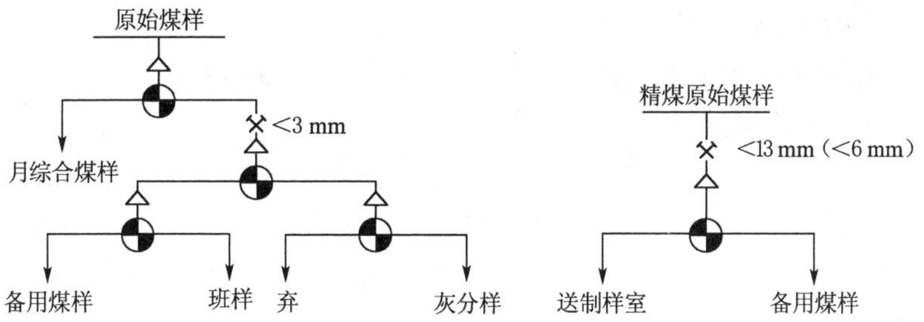

图 2-5　灰分煤样制备系统图

(2) 浮沉煤样制备

根据不同煤样按图 2-6(浮沉煤样制备系统)进行制备。

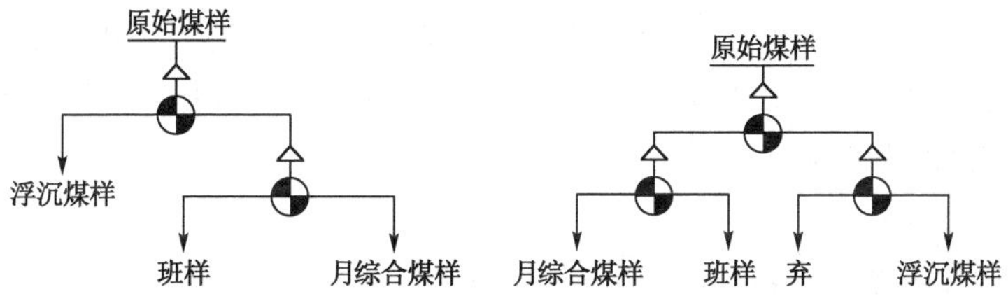

图 2-6　浮沉煤样制备系统图

第四节　煤质分析的一般规定与要求

煤炭具有各种特性，因而可为不同工业所应用。但是不同工业对用煤的质量要求差异很大。如对于炼焦用煤而言，煤的结焦性和黏结性是最为重要的指标；发电用煤则要求用煤的发热量和灰熔融特性符合其煤粉锅炉设计用煤的要求；水泥回转窑用煤则除热值要求外，还要求挥发分超过一定限度。无论何种用途，从环保角度考虑，煤中硫分及其他有害物质含量越低越好。因此，了解煤质特性指标的含义及其表示方法，对学习、掌握煤质特性是必不可少的条件。

一、煤质特性指标

鉴于煤炭成分的复杂性，可采用众多的指标来说明煤质的不同特性，本节主要介绍常用煤炭特性指标的含义及其表示方法等。每一种煤炭特性指标都有相应国家或行业标准的分析方法，应按标准执行。

1. 工业分析特性指标

所谓工业分析特性，是指煤中水分、灰分、挥发分和固定碳四项特性的总称。

煤中水分可以分为外在水分和内在水分。外在水分指在一定条件下，煤样与周围空气湿度达到平衡时所失去的水分；内在水分指在一定条件下，煤样达到空气干燥状态时所保持的水分。煤的外在水分和内在水分的总和，称为全水分，但由于二者基准不同，不能直接相加，应当按一定公式计算出全水分。

分析煤样水分是常用的水分指标，它是指在一定条件下，煤样在实验室中与周围空气湿度达到平衡时所含的水分。

煤中灰分，是指煤样在规定条件下，完全燃烧后所得的残留物。煤中灰分主要来自煤中矿物质，即煤中的无机物质。

煤中挥发分，是指煤样在规定条件下隔绝空气加热，并进行水分校正后的质量损失。而煤样在测定挥发分后的残留物则称为焦渣。其黏结、结焦性状，则称为焦渣特性。

煤中固定碳，是从测定煤中挥发分后的残渣中扣除灰分后的数量值。通常用 100 减去水分、灰分、挥发分后求出。

2. 元素分析特性指标

元素分析特性，是指煤中碳、氢、氧、氮、硫 5 项特性的总称。

碳与氢是煤炭燃烧产生热量的主要来源，每克碳完全燃烧可以产生 34 040 J 的热量，而每克氢完全燃烧时能够产生高达 143 010 J 的热量。

煤中硫根据其赋存形态可分为无机硫和有机硫。无机硫是指煤中矿物质内的硫化物硫、硫铁矿硫、硫酸盐硫与元素硫的总称。有机硫则是指与煤有机质相结合的硫。煤中无机硫和有机硫的总和称为全硫。

3. 发热量特性指标

发热量是煤炭燃烧特性最重要的特性指标。在实验室中，应用氧弹热量计直接测出的发热量，即单位质量的煤样，在充有过量氧的氧弹中完全燃烧时所产生的热量，称为弹筒发热量。由弹筒发热量减去硫酸与二氧化硫生成热及硝酸的生成热之差，称为高位发热量。它可以视为是单位质量的煤样置于氧弹中，在充足空气条件下完全燃烧产生的热量。

单位质量的煤在锅炉中完全燃烧产生的热量，称为低位发热量，应是将高位发热量减去水(煤中原有的水和煤中氢燃烧生成的水)的汽化热。

4. 可磨性指标

煤的可磨性，是指在规定的条件下煤研磨成粉的难易程度。

哈德格罗夫可磨性指数(也称为哈氏可磨性指数)是应用最多的可磨性指标，它是指在规定条件下，用哈氏可磨性测定仪测得的可磨性指数。

5. 煤灰熔融性指标

煤的灰熔融性，是指在规定条件下得到的随加热温度而变化的煤灰灰锥试样变形、软化、呈半球和流动特征的物理状态，用与其对应的四个特征点温度来表示，即变形温度、软化温度、半球温度和流动温度。

6. 煤灰成分特性指标

煤灰成分特性，是指煤灰的元素组成，通常以各种氧化物来表示。

组成煤灰的氧化物主要有：二氧化硅、三氧化二铁、三氧化二铝、氧化钙、氧化镁、氧化钠、氧化钾、二氧化钛等。

二、煤质特性指标的表示方法

煤质特性指标十分繁杂，一般采用其英文名称的第一个字母，以大写来表示，这样既方便应用，又具有国际通用性。如灰分，英文名称为 ash，故采用符号 A 表示；又如固定碳，英文名称是 fixed carbon，因此用 FC 来表示；再如哈德格罗夫可磨性指数，英文名称为 Hardgrove grindability index，故用 HGI 来表示。

由于表征煤质特性时，还有一些特定条件，如煤质特性指标按不同基准时，其值是不相同的，发热量有高、低位之分；硫有全硫、无机硫、有机硫等区别。为了正确地反映某一煤质特性，往往用一个主符号是不够的，还需要用一些辅助符号。例如全水分，英文名称是 total moisture，采用 M 作为水分的主符号，以 t 作为其辅助符号，则全水分用 M_t 表示。要注意的是，所有辅助符号均采用小写字母，并以下标形式书写。如果有多个辅助符号，则其中间用逗号分开。例如高位发热量，其英文名称为 gross calorific value，则其符号以 Q 作为发热量的主符号，gr 作为辅助符号，即高位发热量的符号是 Q_{gr}。而干燥基高位发热量，干燥基的英文名称是 dry basis，则以 Q 作为发热量的主符号，高位 gr 及干燥基 d 为辅助符号，就存在两个辅助符号，干燥基高位发热量的符号就是 $Q_{gr,d}$。煤质特性符号的读写的顺序相反，在读的时候，由后向前读，而写的时候，gr 在前，d 在后。

常用煤质特性指标中英文对照，参见表 2-6。

表 2-6　　常用煤质符号中英文对照表

煤质符号	英文名称	中文名称
M_{ad}	air-dry moisture	空气干燥基水分
M_t	total moisture	全水分
M_{ar}	as-received basis moisture	收到基水分
A_d	dry basis ash	干燥基灰分
V_{daf}	dry, ash-free basis volatile matter	干燥无灰基挥发分
CRC	har residue characteristic	焦渣特征
FC_d	drybasis fixed carbon	干燥基固定碳
Q_{gr}	gross calorific value	高位发热量
Q_{net}	net calorific value	低位发热量
$Q_{b,ad}$	air-dry basis bomb calorific value	空气干燥基弹筒发热量
$Q_{net,ar}$	as-received basis net calorific value	收到基低位发热量
C	carbon	碳
H	hydrogen	氢

续表 2-6

煤质符号	英文名称	中文名称
O	oxygen	氧
N	nitrogen	氮
$S_{t,d}$	dry basis total sulfur	干燥基全硫
$S_{p,d}$	dry basis pyrite sulfur	干燥基硫铁矿硫
$S_{c,d}$	dry basis sulfate sulfur	干燥基硫酸盐硫
$S_{o,d}$	dry basis organic sulfur	干燥基有机硫
HGI	hardgrove grindability index	哈氏可磨性指数
DT	deformation temperature	变形温度
ST	softening temperature	软化温度
HT	hemispherical temperature	半球温度
FT	flow temperature	流动温度
$Q_{net,p}$	net calorific value at constant pressure	恒压低位发热量
$Q_{gr,v}$	gross calorific value at constant volume	恒容高位发热量

三、煤的不同基准之间的关系及换算

煤由可燃体和不可燃体两部分组成，其中不可燃体分为灰分和水分，它们的含量与煤炭所处的状态相关，与之相对应，煤中的可燃体含量也必将随之而变化。也就是说，当煤处于不同状态时，煤的各个煤质指标的数值是不同的。为了确切表示煤的煤质特性指标的含义，就必须明确表明其所处的状态，即表明它的基准。凡是涉及煤质特性的场合均离不开煤的基准的应用。煤的基准含义、分类、换算与应用是煤炭特性中最重要的基础知识。

（一）基准的含义及其表示方法

在进行煤炭分类、签订煤炭合同、进行煤质验收、煤耗计算及用煤设备设计等应用方面，为了使煤质检测结果具有可比性，煤质特性指标必须按一定的基准来表示。

常用的基准有：收到基准、空气干燥基准、干燥基准和干燥无灰基准。

(1) 收到基准(as-received basis)

以到达实验室时，在进行其他任何处理之前的煤的水分状态为基准，用符号 ar 表示。

(2) 空气干燥基准(air-dried basis)

以与当前特定的空气湿度达到平衡状态时煤的水分为基准，用符号 ad 表示。煤质特性指标通常按照基准转化公式转化为该基准。

(3) 干燥基准(dry basis)

以理论上无水状态的煤为基准，用 d 表示。通常用于将收到基指标转化为干燥基指标的计算。

(4) 干燥无灰基准(dry, ash-free basis)

以理论上无水、无灰状态的煤为基准，用符号 daf 表示，可以用于将空气干燥基煤质指标转化为无水、无灰基指标。

基准除了可以用煤所处的状态表示外，也可以用按需要而规定的成分组合表示。如煤炭的组成用工业分析方法表示时，其百分组成如式(2-8)所示：

$$M+A+V+FC=100 \tag{2-8}$$

如果用元素分析法表示时，其百分组成则如式(2-9)所示：

$$M+A+\mathrm{C}+\mathrm{H}+\mathrm{N}+\mathrm{O}+\mathrm{S}=100 \tag{2-9}$$

当对煤质特性指标用不同基准表示时，煤中各成分的含量可以用不同的表达形式表示。

对于工业分析方法：

$$M_{\mathrm{ar}}+A_{\mathrm{ar}}+V_{\mathrm{ar}}+FC_{\mathrm{ar}}=100 \tag{2-10}$$

$$M_{\mathrm{ad}}+A_{\mathrm{ad}}+V_{\mathrm{ad}}+FC_{\mathrm{ad}}=100 \tag{2-11}$$

$$A_{\mathrm{d}}+V_{\mathrm{d}}+FC_{\mathrm{d}}=100 \tag{2-12}$$

$$V_{\mathrm{daf}}+FC_{\mathrm{daf}}=100 \tag{2-13}$$

对于元素分析法：

$$M_{\mathrm{ar}}+A_{\mathrm{ar}}+\mathrm{C}_{\mathrm{ar}}+\mathrm{H}_{\mathrm{ar}}+\mathrm{N}_{\mathrm{ar}}+\mathrm{O}_{\mathrm{ar}}+\mathrm{S}_{\mathrm{c,ar}}=100 \tag{2-14}$$

$$M_{\mathrm{ad}}+A_{\mathrm{ad}}+\mathrm{C}_{\mathrm{ad}}+\mathrm{H}_{\mathrm{ad}}+\mathrm{N}_{\mathrm{ad}}+\mathrm{O}_{\mathrm{ad}}+\mathrm{S}_{\mathrm{c,ad}}=100 \tag{2-15}$$

$$A_{\mathrm{d}}+\mathrm{C}_{\mathrm{d}}+\mathrm{H}_{\mathrm{d}}+\mathrm{N}_{\mathrm{d}}+\mathrm{O}_{\mathrm{d}}+\mathrm{S}_{\mathrm{c,d}}=100 \tag{2-16}$$

$$\mathrm{C}_{\mathrm{daf}}+\mathrm{H}_{\mathrm{daf}}+\mathrm{N}_{\mathrm{daf}}+\mathrm{O}_{\mathrm{daf}}+\mathrm{S}_{\mathrm{daf}}=100 \tag{2-17}$$

（二）基准的换算

收到基准可以理解为实验室收到煤样的原始状态；空气干燥基准是测定煤质特性指标时试样所处的状态；干燥基准是除去了全部水分的干燥状态；干燥无灰基准是理论上不计算不可燃组分，即只有可燃组分的煤所处的状态。

1. 基准换算系数

实际上不同基准之间的关系，就是相差水分或灰分，有时同时相差水分和灰分。根据不同基准的含义，当某一煤质特性指标用不同基准表示时，就有不同的数值。基准间的换算关系汇总于表 2-7 和表 2-8 中。

表 2-7　　不同基准间的换算系数表(A)

已知基	换算后基			
	空气干燥基	收到基	干燥基	干燥无灰基
空气干燥基	1	$\frac{100-M_{\mathrm{ar}}}{100-M_{\mathrm{ad}}}$	$\frac{100}{100-M_{\mathrm{ad}}}$	$\frac{100}{100-M_{\mathrm{ad}}-A_{\mathrm{ad}}}$
收到基	$\frac{100-M_{\mathrm{ad}}}{100-M_{\mathrm{ar}}}$	1	$\frac{100}{100-M_{\mathrm{ar}}}$	$\frac{100}{100-M_{\mathrm{ar}}-A_{\mathrm{ar}}}$
干燥基	$\frac{100-M_{\mathrm{ad}}}{100}$	$\frac{100-M_{\mathrm{ar}}}{100}$	1	$\frac{100}{100-A_{\mathrm{d}}}$
干燥无灰基	$\frac{100-M_{\mathrm{ad}}-A_{\mathrm{ad}}}{100}$	$\frac{100-M_{\mathrm{ar}}-A_{\mathrm{ar}}}{100}$	$\frac{100-A_{\mathrm{d}}}{100}$	1

表 2-8　不同基准间的换算系数表(B)

已知基	换算后基			
	空气干燥基	收到基	干燥基	干燥无灰基
空气干燥基	1	$\frac{100-ADL}{100}$	$\frac{100}{100-M_{ad}}$	$\frac{100}{100-M_{ad}-A_{ad}}$
收到基	$\frac{100}{100-ADL}$	1	$\frac{100}{100-M_{ar}}$	$\frac{100}{100-M_{ar}-A_{ar}}$
干燥基	$\frac{100-M_{ad}}{100}$	$\frac{100-A_{d}}{100}$	1	$\frac{100}{100-A_{d}}$
干燥无灰基	$\frac{100-M_{ad}-A_{ad}}{100}$	$\frac{100-M_{ar}-A_{ar}}{100}$	$\frac{100-A_{d}}{100}$	1

基准之间的转换关系及分析参数如图 2-7 所示。

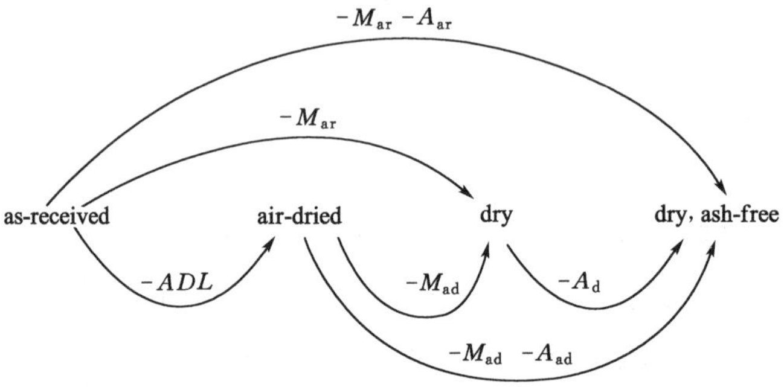

图 2-7　基准之间的转换关系及分析参数

上述基准转换关系适用于以下煤质特性指标：灰分、固定碳、挥发分、发热量、碳、氢、氮、硫及不同形态的硫(如黄铁矿硫、硫酸盐硫和有机硫等)。

转换系数按以下公式进行计算：

$$P_{转换后的基准}=P_{已知基准}\times 换算系数$$

2. 几个特别指标的基准换算

① 收到基水分与空气干燥基水分间的换算，可以采用下式计算：

$$M_{ar}=M_{ad}\times\frac{100-ADL}{100}+ADL \tag{2-18}$$

式中　M_{ar}——收到基水分；

M_{ad}——空气干燥基水分；

ADL——空气干燥损失水分。

② 氢与氧的基准换算。氢与氧的指标即可以包含煤中水的氢和氧，也可以不包含煤中水的氢和氧。

氢和氧报告值中包含煤水分中的氢和氧：

$$H_{ar}=(H_{ad}-0.1119M_{ad})\times\frac{100-M_{ar}}{100-M_{ad}}+0.1119M_{ar} \tag{2-19}$$

$$O_{ar}=(O_{ad}-0.8881M_{ad})\times\frac{100-M_{ar}}{100-M_{ad}}+0.8881M_{ar} \tag{2-20}$$

氢和氧报告值中不包含煤水分中的氢和氧：

$$H_{ar} = (H_{ad} - 0.1119M_{ad}) \times \frac{100 - M_{ar}}{100 - M_{ad}} \tag{2-21}$$

$$O_{ar} = (O_{ad} - 0.8881M_{ad}) \times \frac{100 - M_{ar}}{100 - M_{ad}} \tag{2-22}$$

氢与氧指标在空气干燥基与干燥基间的换算。

$$H_{d} = (H_{ad} - 0.1119M_{ad}) \times \frac{100}{100 - M_{ad}} \tag{2-23}$$

$$O_{d} = (O_{ad} - 0.8881M_{ad}) \times \frac{100}{100 - M_{ad}} \tag{2-24}$$

③ 煤的工业分析指标按不同基准的计算值比较参见表 2-9。

表 2-9　　工业分析指标按不同基准的计算值比较　　%

成　分	收到基	空气干燥基	干燥基	干燥无灰基
水　分	23.24	8.23		
灰　分	3.73	4.46	4.86	
挥发分	33.50	40.05	43.64	
固定碳	39.53	47.26	51.50	
总　和	100.00	100.00	100.00	

注：空气干燥损失水分 $ADL=16.36\%$。

④ 煤的元素分析按不同基准的计算值比较参见表 2-10。

表 2-10　　元素分析按不同基准的计算值①　　%

成分	空气干燥基	干燥基	收到基 1	收到基 2
碳	68.30	73.21	64.48	64.48
氢	5.49	5.08	5.81②	4.48③
氮	1.19	1.28	1.12	1.12
硫	2.60	2.79	2.45	2.45
灰分	7.11	7.62	6.71	6.71
氧	15.31	10.02	19.43②	8.84③
小计	100.00	100.00	100.00	88.08
水分				
空气干燥损失水分	5.60			
空气干燥水分	6.70			
全水分				11.92
总计				100.00

注：① 表中数值以质量百分数计；

② 氢与氧包含收到基水分中的氢和氧；

③ 氢和氧不包含收到基水分中的氢和氧。

四、煤质分析的一般规定与要求

（一）煤质分析的一般规定

1. 样品

对煤的样品的检测结果是评价煤质的依据。因此，用以煤质检测的样品必须具有代表性，应当按照规定的方法进行制备、储存和测定。

（1）分析煤样

分析煤样应按《煤样制备方法》（GB 474—2008）制备。

分析煤样的粒度应小于 0.2 mm，在装瓶前应达到空气干燥状态。

用做煤质分析的直接对象为分析煤样（可磨性、磨损性的测定除外），其分析结果均是以空气干燥基准表示。在制样时，在室温条件下，连续干燥 1 h 后，煤样质量变化不超过 0.1%，则认为达到空气干躁状态。

（2）测定全水分的煤样

按标准规定，对于粒度小于 13 mm 的煤样，煤样质量不低于 2 kg；对于粒度小于 6 mm 的煤样，煤样质量不低于 500 g。

测定全水分的煤样，既可以单独采取，也可以在制备分析煤样的过程中分取。在制备分析煤样过程中分取全水分煤样的操作要点如下：

当煤样破碎到小于 13 mm 的粒度时，稍加掺和（掺和一遍），摊平后按九点法采样，取出的样品量应不少于 2 kg，立即装入密封容器中，贴好标签，送实验室立即测定全水分。

2. 煤质指标测定

（1）重复测定

所谓重复测定，就是指在同一化验室，在短期内连续进行多次测定。标准规定，在煤质检测中，所有项目均应进行重复测定。

重复测定不同于平行测定，如测定灰分时，平行测定是在同一马弗炉中同时测定两个相同煤样；重复测定则要求对相同的 2 个煤样分两炉次分别测定，因此重复测定的要求高于平行测定。

在考核、仲裁等检验中，应该进行重复测定。但在一般性的监督试验中，工业分析项目允许进行平行测定。

（2）需要水分数据检测项目的测定

煤的挥发分，氢、氧含量的测定，需要空气干燥基水分值加以校正。将空气干燥基结果换算成收到基或干燥基时，也需要全水分及空气干燥基水分数据。这种需要水分进行校正或换算的检测项目，最好与水分的测定同时进行。如果不能同时进行测定，前后的测定时间差不应超过 7 天。

（3）快速测定方法的应用

经与常规方法对比，快速测定方法得到的结果均不超过允许误差时，方可用于例行的监督检验。对于水分、灰分、灰渣可燃物等例行监督项目，若经连续 5 次以上检查性干燥或灼烧试验证明其结果均不超过允许误差时，则可免去检查性干燥与灼烧试验。

选煤厂日常检查中应用的快速检查项目主要有快灰和快浮检验试验，主要用于生产过程的煤质指标检查，目的在于快速得到检验结果，以便指导生产。快速测定方法不能用于仲裁性测定。对于尚未列入现行国家标准或行业标准的快速测定方法，使用单位要通过与标准方法的对比试验，提出报告，并委托权威单位复验，确认此方法可用于例行监督试验，还应报上级有关部门审批同意后使用。

3. 检测精密度与准确度

煤质检测结果是依据检测的精密度与准确度来判定的。

(1) 精密度的含义

精密度是检测结果重现的量度，表示对同一试样在完全相同的测定条件下，进行多次重复测定时，其检测结果的分散程度。

精密度的高低反映了检测结果中随机误差的大小，可用检测的重复性来定量表示检测结果的随机误差。所谓检测的重复性，是指在实际相同的测试条件下，对同一被测物理量或化学成分进行多次连续测定时，其测定结果之间的一致性。

(2) 准确度的含义

准确度表示测定值与真值之间的符合程度。由于真值不可知，因此准确度实际上就是测定值与真值估计值之间的符合程度。

测定结果受系统误差和随机误差的影响。经过多次重复测定，随机误差可近于消除，此时所得到的测定平均值与真值估计值之间的差异，即准确度主要由系统误差所决定。

(3) 精密度与准确度

精密度与准确度是两个不同的概念，但它们之间有着密切的联系。精密度高，不等于准确度高；而准确度高，则说明精密度高或至少也符合标准规定的要求。

精密度用偏差来衡量，它是由随机误差决定的；准确度则用误差来衡量，它是由随机误差和系统误差来决定的。如果消除了系统误差，则精密度与准确度就一致了。

(二) 煤质分析的基本要求

1. 检测方法的选用

为了保证煤质检测结果的可靠性，应当选用国家或行业标准所规定的检测方法。对于标准中规定的不同的检测方法，需要根据检测的目的与性质加以选用。如灰分的测定，其中快灰法仅限于生产监督试验，对其他性质的试验，则要选用缓慢灰化法。

2. 计量器具的检定

根据国家计量法的规定，煤质实验室中各种计量器具必须定期送国家计量检定部门或授权检定部门进行计量检定。只有检定合格，并在有效期内的计量器具才可以使用。

热量计——国家规定的强制检定的计量仪器，检定周期为 3 年；与之配套的氧弹，检定周期为 2 年；其他如氧气压力表、温度计等，则检定周期为 1 年。

天平——各类天平均为计量器具，检定周期为 1 年。

热电偶及温控仪——用于高温炉、灰熔融性测定仪上的热电偶及与之配套的温度指示仪表均需定期检定，检定周期为 1 年。

标准试验筛——用于煤样粒度组成及可磨性的测定，按规定应定期检定，检定周期为 1 年。

其他的计量器具如秒表、流量计、各种温度计、滴定管等玻璃仪器均应定期检定，检定周期一般为 1 年。

3. 法定计量单位的应用

法定计量单位是我国计量工作的一个法规，是统一我国计量制度的重要规定，各行各业均须严格执行。

在煤质检测中，使用较多的法定计量单位有：发热量、压力、温度、溶液浓度等。

发热量的法定计量单位是焦/克(J/g)或兆焦/千克(MJ/kg)。

功、热、能的法定计量单位统一用焦耳(J)。

压力的法定计量单位是帕(Pa)或兆帕(MPa)，$1\ MPa=10^6\ Pa$。

温度的法定计量单位是“开尔文”，它是水的三相点热力学温度的 1/273.16，简称开，符号为 K。

热力学温标在温度间隔方面与摄氏温标一致，当表示温差时，二者通用，而摄氏度(℃)专门用来表示摄氏温度。

浓度有各种表示方法，如物质的量浓度，即单位体积溶液中所含溶质物质的量，单位为摩尔每升，符号为 mol/L。如果溶液浓度以质量比或体积比为基础给出时，应以质量分数或体积分数表示。

4. 煤质检验用试剂与水

国产化学试剂的纯度(规格)分为 4 级，可根据测定的具体要求选用。

一级——保证试剂(简称 GR)，用于基准物质；

二级——分析纯(简称 AR)，用于一般分析或要求较高的分析测定；

三级——化学纯(简称 CP)，用于要求较低的分析测定；

四级——实验试剂(简称 LR)，纯度较低，分析测定中很少使用。

选用时要核对试剂标签上所列不纯物含量是否符合分析测定所要求的杂质极限量。

实验室用水应符合国标《分析实验室用水规格和试验方法》(GB/T 6682—2008)的要求。

实验室用水分为一、二、三级。一级水用于严格要求的分析试验，二级水用于无机痕量分析等试验，三级水用于化学分析试验。

在煤质检验中，一般使用三级水，它一般用离子交换方法制取；有时也要用二级水，如用原子吸收法测定煤灰成分时的用水，它可以用多次蒸馏或离子交换法来制取。

各级用水均使用密闭的专用的聚乙烯容器储存。三级水也可以用密闭的专用玻璃容器来储存。

第五节　技术检查的方法

一、检查的内容与项目

(一) 要求

根据《选煤厂技术检查》(MT/T 808—2008)标准规定的采样、制样、试验方法进行快速检查、班检查、日检查、月检查和生产工艺流程检查。利用同一原始煤样进行多种试验所需的试样(除商品煤外)，允许在不足质量的条件下进行缩分。快速检查应尽可能采用在线测定。

(二) 日常生产检查

1. 快速检查

快速检查试验项目、煤样质量及试验的时间间隔见表 2-11。

2. 班检查

班检查项目见表 2-12。

表 2-11　选煤厂快速检查计划

煤样名称		试验项目	试验用煤样质量或体积	试验时间间隔
入选原煤		快速浮沉	3～5 kg	2～4 h
重选	精煤	快速浮沉	2 kg	30～40 min
		快速灰分	2 kg	40～60 min
	中煤	快速浮沉	2 kg	1～2 h
	矸石	快速浮沉	3～4 kg	2～4 h
再选原料煤		快速浮沉	4～5 kg	抽查
入仓精煤		快速灰分	3 kg	40～60 min
浮选、煤泥回收筛精煤		快速灰分	2～3 kg	1～2 h
浮选入料、尾煤		快速灰分	0.5 kg	2～8 h
洗水		固体含量	1～4 L	抽查
浮选入料		固体含量	1 L	1 h
尾煤水		固体含量	1 L	8 h
浓缩设备入料、溢流、底流		固体含量	1 L	根据需要测定
煤泥沉淀池入料、溢流		固体含量、灰分	1 L	根据需要测定
粒级煤		限下率	100 kg	根据需要测定

表 2-12　选煤厂班、日、月检查计划表

煤样名称		试验项目			子样最小质量或体积	采样最大时间间隔/min	月试验煤样最小质量/kg	备　注
		班	日	月				
入厂原料煤		—	灰分	计算灰分	5 kg	20	—	含矸率抽查
手选大块煤		—	灰分	计算灰分	5 kg	20	—	做最终产品时才进行试验
手选矸石		含煤率	灰分	计算灰分	5 kg	20	—	检查性试验
筛选厂各类产品		灰分	灰分	筛分试验	—	20	—	按粒度上限确定子样质量
入选原料煤		灰分、浮沉	计算灰分	筛分、浮沉	5 kg	20	600～800	
洗选精煤	－50 mm	灰分	计算灰分	筛分、浮沉	2 kg	20	500	
	－13 mm				1 kg	20	300	
中煤	－50 mm	浮沉、灰分	计算灰分	筛分、浮沉	2～3 kg	20	500～800	
矸石	－50 mm				3～4 kg	20	500～800	
洗混煤	－13 mm				1 kg	20	300	
浮选	入料	固体含量、灰分	计算	小筛分	1 L	30	2	浮选精煤根据需要测定固体含量
	尾煤							
	精煤							
煤泥回收筛精煤		灰分	计算灰分		2～3 kg	60		

续表 2-12

煤样名称	试验项目			子样最小质量或体积	采样最大时间间隔/min	月试验煤样最小质量/kg	备　注
	班	日	月				
洗水	计算固体含量	计算固体含量	计算固体含量	1 L	120	—	
煤泥沉淀池入料	固体含量灰分	计算灰分	小筛分	1 L	120	2	
煤泥沉淀池溢流	—	固体含量	计算固体含量	1 L	60	—	每 10 天做一次，在生产时间内至少采6 h
煤泥沉淀池煤泥	—	灰分	计算灰分	1 kg	视销售情况确定		每 5 天做一次
最终精煤、离心脱水机和脱水筛脱水后的精煤、浮选精煤、干燥精煤、浮选尾煤的过滤机和压滤机滤饼	灰分	计算	计算	同上	同上		东北、华北、西北各厂在冬季每班测定，夏天不作规定
原煤和中间产品	水分			同上	同上		视各厂情况自行确定
尾煤耙式浓缩机溢流、底流		固体含量	小筛分	1 L	120	2	抽查
筛下水、滤液、离心液		固体含量	小筛分	1 L	120		抽查
选煤厂排放水		固体含量	小筛分	1 L	监测频率按生产周期定，生产周期在 8 h 的，每 2 h 采样一次；生产周期大于 8 h 的，每 4 h 采样一次；对于间断性排放水，每次排放时均要采样		

注：生产时间不足 1 h 时，除精煤外不作班积累样。

① 入选原料煤及各种洗选最终产品班积累灰分测定按 GB/T 212—2008 进行。根据需要还可进行入选原料煤低于分选密度的上浮物灰分测定。

② 浮选入料、精煤、尾煤及煤泥回收筛精煤班积累样进行灰分测定。

③ 煤泥分选机的原料、精煤、尾煤班积累样进行灰分测定。

3. 日检查

日检查项目见表 2-12。

用加权平均或算术平均方法计算入选原料煤、洗选最终产品和中间产物的灰分，洗水、沉淀池溢流的固体含量，浮选入料和尾煤的固体含量，浮选和煤泥分选机原料、精煤、尾煤和煤泥回收筛精煤的灰分。

检查当日入厂原料煤的分煤层或分矿的比例。

4. 不定期检查项目

常见不定期检查项目有过滤机、压滤机、离心脱水机的产物和滤液、离心液，煤泥筛入料、筛上物、筛下物。煤泥沉淀池的入料和溢流都应测定固体含量、水分，并做筛分试验。

（三）月检查（月综合）

月综合试验炼焦煤选煤厂每季至少做一次，动力煤选煤厂每半年至少做一次。

月检查项目见表 2-12。

① 计算入厂原料煤的灰分。

② 筛选厂的最终产品按 GB/T 477—2008 进行筛分试验，其筛分粒级应与分级筛的筛孔相同。

③ 入选原料煤和洗选最终产品（精煤、中煤、矸石等）按 GB/T 477—2008 和 GB/T 478—2008 做筛分浮沉试验。筛分粒级一般为四级。其中一个筛子的筛孔与中煤破碎或洗小块的粒度相符，即 25 mm 或 13 mm；其他两个筛孔分别为 3 mm 和 0.5 mm。

原料煤作全密度级浮沉（密度为 1.30、1.40、1.50、1.60、1.80、2.00 kg/L），分选密度左右的浮沉级别经常细化到 $\delta_p \pm 0.05$ kg/L。无烟煤选煤厂应增加 2.20 kg/L 密度级。对产品的密度级浮沉则可以适当简化，用两个或三个密度级即可，其中一个密度级为精煤的分选密度，另一个密度级是 1.80 kg/L。每季或半年应做一次全级浮沉。

④ 浮选和煤泥分选机原料、精煤、尾煤都应做筛分试验。煤泥分选机原料和产物，每季做一次浮沉试验。当浮选入料发生明显变化时或出现尾煤灰分过低时，应及时做分步释放试验。

⑤ 入选原料煤和最终精煤中小于 0.5 mm 级按 GB/T 19093—2003 做筛分试验；中煤和矸石小于 0.5 mm 级每半年做一次筛分试验。入选原料煤中小于 0.5 mm 级（包括自然级和浮沉煤泥）按 MT/T 4757—2001 做浮沉试验。

⑥ 每季测定并计算最终精煤的数量和质量指标及其构成，测出主选、再选、煤泥回收筛、浮选精煤等占最终精煤的百分比和灰分。

⑦ 由日检查结果用算术平均法计算出洗水和煤泥沉淀池溢流水的固体含量。

（四）商品煤检查

商品煤检查是产品出厂的最后一次检验，检查结果是供需双方结算的依据。

商品煤检验的第一道工序是采样，由于检验的重要性，国家标准 GB 475—2008 对采样过程进行了详细规定。商品煤样可以从煤流中或火车、汽车、船和煤堆上采取。采样原则上应按标准规定的基本采样方案进行。

1. 商品煤采制化总精密度

原煤、筛选煤、精煤和其他洗煤（包括中煤）的采样、制样和化验总精密度（如灰分 A_d）见表 2-13 规定。

表 2-13　　商品煤采样精密度

原煤、筛选煤		精煤	其他洗煤（包括中煤）
$A_d \leqslant 20\%$	$A_d > 20\%$		
$\pm\frac{1}{10}A_d$，但不小于 ±1%（绝对值）	±2%（绝对值）	±1%（绝对值）	±1.5%（绝对值）

2. 商品煤采样基本单元

商品煤分品种以 1 000 t 为一基本采样单元。当批煤量不足 1 000 t 或大于 1 000 t 时，可根据实际情况，以下煤量为一采样单元：① 一列火车装载的煤；② 一船装载的煤；③ 一车或一船舱装载的煤；④ 一段时间内发送或接收的煤。

如需进行单批煤质量核对，应对同一采样单元采样和化验。

原煤、筛选煤、精煤及其他洗煤(包括中煤)的基本采样单元最少子样数列于表 2-14。

表 2-14　　基本采样单元最少子样数

品　种	灰分范围 A_d	采样地点				
		煤流	火车	汽车	煤堆	船舶
原煤、筛选煤	>20%	60	60	60	60	60
	≤20%	30	60	60	60	60
精煤	—	15	20	20	20	20
其他洗煤(包括中煤)	—	20	20	20	20	20

3. 商品煤总样的最小质量

表 2-15 分别列出了一般煤样(共用煤样)、全水分析煤样的总样或缩分后总样的最小质量。

表 2-15　　一般煤样总样、全水分总样或缩分后总样最小质量

标称最大粒度/mm	一般煤样和共用煤样最小质量/kg	全水分煤样最小质量/kg
150	2 600	500
100	1 025	190
80	565	105
50	170①	35
25	40	8
13	15	3
6	3.75	1.25
3	0.7	0.65
1.0	0.10	

注：① 标称最大粒度 50 mm 的精煤，一般分析和共同试样总样最小质量可为 60 kg。

4. 商品煤采样点的确定

移动煤流采样可在煤流落流中或胶带上的煤流中进行。为安全起见，不推荐在胶带上的煤流中进行。煤流采样可采用落流采样法，煤样在传送胶带转输点的下落煤流中采取。该方法不适用于煤流量在 400 t/h 以上的系统。

在静止的火车、汽车、驳船、轮船等载煤和煤堆中的采样，采用静止煤采样方法。

直接从静止煤中采样时，应采取全深度试样或不同深度(上、中、下或上、下)的试样；在能够保证运载工具中的煤的品质均匀且无不同品质的煤分层装载时，也可从运载工具顶部采样。无论用何种方式采样，都应通过偏倚试验，证明其无实质性偏倚。

火车采样点的确定，采用如图 2-8 的方法，将车厢分成若干个边长为 1～2 m 的小块并编上号（一般为 15 块或 18 块，图 2-8 为 18 块示例），然后以随机采样方法或顺序采样方法依次选择各车厢的采样点位置。

其他静止煤（如火车、煤堆）采样采用与火车采样相同的方法。不应直接在静止的、高度超过 2 m 的大煤堆上采样。

1	4	7	10	13	16
2	5	8	11	14	17
3	6	9	12	15	18

图 2-8　火车采样子样分布示意图

5. 商品煤检验项目

商品煤检验项目一般按供货合同中要求的质量指标确定。常用的检验项目有灰分、全水分、硫分等，动力煤还要测发热量，炼焦煤还要测黏结性、挥发分等。

（五）选煤厂工艺流程系统检查

1. 选煤厂工艺流程系统检查

选煤厂工艺流程系统检查应在全厂同时进行。系统检查根据需要决定检查时间，当生产中出现较大问题或进行了较大改造时，应进行系统检查。当生产正常时，也应每 3～5 年进行一次。若条件不允许，也可根据需要分别作重选工艺流程、浮选及煤泥水工艺流程、脱水及干燥工艺流程的检查；若全厂有两套或两套以上的生产系统，也可分别进行。

工艺流程检查应在生产正常情况下采取试样，采样累积时间不少于 4 h。采样、制样和试验应符合国家和行业标准的规定。试验前，应绘制工艺检查流程图，并制定实施细则。试验中要详细记录试验时间和生产条件。试验结束后，要计算主要设备工艺性能的指标，绘制选煤厂工艺流程图，计算数质量平衡表。

2. 重选工艺流程的检查

重选工艺流程的检查内容：入选原料煤、最终产品和中间产物均应作全粒级和全密度级的筛分浮沉试验；对重介工艺流程，还应作产物中磁性物含量、介质密度、磁选机磁选效率的检查；对不同牌号及可选性相差悬殊的入选原料煤，应分别进行检查。图 2-9 是一个典型的重选系统采样流程图。

3. 浮选及煤泥水工艺流程检查

浮选及煤泥水工艺流程检查的内容：测定各个浓缩、澄清设备入料、浓缩物和溢流的固体含量，并做筛分试验；测定浮选机入料、总精煤、各室精煤、总尾煤、各室尾煤的固体含量，并做筛分试验；测定浮选各加药点的添加量，计算浮选药剂耗量；浮选入料还应做分步释放浮选试验。直接浮选采样布置见图 2-10。

4. 脱水及干燥工艺流程的检查

脱水及干燥工艺流程的检查内容：测定各脱水设备（脱水筛、离心脱水机、压滤机、过滤机和火力干燥机）的入料、脱水产物、筛下水、离心液、滤液的浓度或全水分；计算精煤中各组成（如块精煤、末精煤、浮选精煤、煤泥回收筛精煤等）的产率、灰分和水分；记录操作条件，如干燥室温度、风量及处理量、热效率、燃料消耗、蒸发水量、蒸发强度等。东北、华北、西北地区脱水及干燥工艺流程的检查每年冬季进行一次。

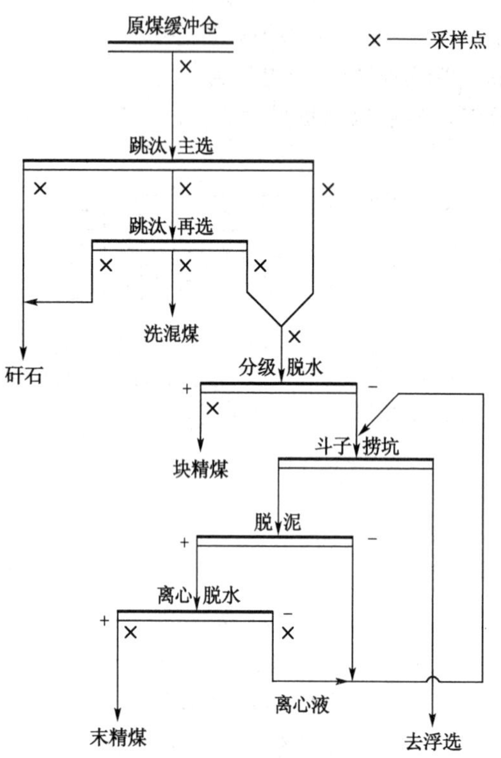

图 2-9　重选系统采样流程图

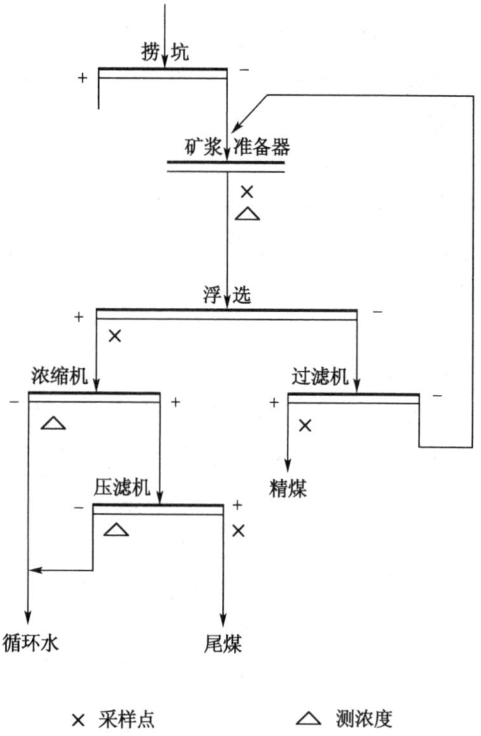

图 2-10　直接浮选采样布置图

（六）选煤厂主要机械设备单机检查

选煤厂主要机械设备单机检查(也称工艺性能评定)应按生产情况和需要不定期进行。评定机械设备工艺性能的试样，应在选煤厂正常生产情况下采取，连续采样时间不得少于 2 h。其采制化工作和试验方法均按标准《选煤厂技术检查》(MT/T 808—2008)进行。

评定方法按 GB/T 15715—2005、GB/T 15716—2005、MT/T 738—1997 等标准执行。试验结果根据试验内容，参照有关标准填写试验报告。

二、原煤和选煤产品的计算

1. 原煤计量

① 以矿车计量的按实际装载量计算，不到半车不予计量。计算矿车装载量时，应扣除车底积煤。煤的堆密度应每季度测定一次。同时，要测定原煤灰分、水分和含矸率。灰分应符合矿井原煤灰分范围，超过规定范围的应重新测定；全水分超过规定指标时，应从煤的堆密度中扣除其超过部分。

② 水采原煤计量应以条件相同旱采原煤水分为基础进行计算。

③ 进入选煤厂的煤炭，铁路运输的用轨道衡逐车复秤或进行抽查，胶带运输的用胶带秤计量，汽车和箕斗运输的用地磅计量。

④ 进入选煤厂的毛煤，应在扣除超过含矸率规定指标部分大于 50 mm 的矸石后，方可作为矿井原煤产量。

⑤ 储煤场应按品种分别储存。要采取措施，避免自燃和水冲等损失。

2. 选煤厂选后产品计算

① 各产品的生产数量，应以当月(日)实际发运数量加上当月(日)库存数量减去上月末(前月)的库存量为准计算。

② 选煤厂的所有产品包括选精煤、混煤、中煤、煤泥及其矸石等均应计量。由铁路运输的用轨道衡计量；由汽车和矿车运输的用地磅计量；由胶带输送机运输的用胶带秤计量。随排放水流失的煤泥、尾煤等，要定期测量流量、浓度，计算损失量。

③ 选煤厂选后产品，凡用矿车、箕斗、管路运输的要定期测定堆密度或浓度，作为计量的依据。

④ 压滤煤泥可用压滤板数计算生产量。排至厂外沉淀池的煤泥减去最终沉淀池溢流带走的煤泥量(损失量)后的量作为生产煤泥量。计算公式如下：

$$Q = W_r \cdot T_r - W_i \cdot T_i \tag{2-25}$$

式中　Q——生产煤泥量，t；

W_r——煤泥沉淀池煤泥水量，m^3；

W_i——串联式沉淀池最后一池的溢流水量，m^3；

T_r——入煤泥沉淀池煤泥水的固体含量，t/m^3；

T_i——串联式沉淀池最后一池的溢流水固体含量，t/m^3。

当有煤泥积存时，每月末要盘存一次。账面生产煤泥量发生亏盈时，应找出原因，并在当月生产煤泥量中增加或扣除。

3. 商品煤计量

商品煤是先用标准衡器称量出实际含全水重量，然后按“煤炭产品质量及出厂价格”中规定的计量水分计算出商品煤量。

三、选煤厂的报表和台账

在选煤厂，技术检查信息会以各种报表的形式反馈给管理人员、技术人员和生产人员。不同选煤厂有不同的报表形式和频度，一般分为班报、日报、旬报、月报、季度报和年报。

日报是班报的合计，两者形式一般相同，主要反映生产过程的基础数据；旬报至年报形式一般相同，主要进行各种数据的统计。台账是形成统计报表的基础数据的记录，主要由各职能科室的统计管理人员进行收集整理。下面主要介绍日报、月报和台账。

1. 日报表

选煤厂的日报一般有以下几种。

(1) 调度(生产)日报

选煤厂调度室是全厂生产的调度中心，全厂的各种数据都会在调度室汇集。调度日报表中一般会列出当日和累计的入选原料煤和选煤产品的计划和实际数量、产率、灰分、水分；开车时间、事故情况、销售数量、仓存以及消耗情况等。

(2) 快灰快水日报

快灰快水日报主要反映入选原煤、生产系统各环节和主要设备的产品质量情况，包括每小时一次的快灰、两小时一次的快水等。

(3) 快浮及其他检验日报

快浮日报主要反映入选原煤、生产系统各环节和主要设备的产品密度组成情况、固体含量、磁性物含量等。各厂指标检测的频度不尽相同。

(4) 质量日报

质量日报反映全厂当日生产和销售产品的各种质量指标,包括灰分、水分、发热量、硫分等。

(5) 销售日报

销售日报反映全厂当日销售产品的数量和质量,包括路运、地销、自用以及进厂原煤数质量情况。

2. 月报表

月报是选煤厂一个月内的生产经营情况的统计。选煤厂的月报主要有以下几种。

(1) 选煤厂数质量平衡表

数质量平衡表主要统计一个月来入选原煤和生产的产品数质量,包括含全水量、商品煤量、折合量、水分、灰分、硫分以及由此计算的产品产率等。

(2) 主要技术经济指标表

主要技术经济指标表统计了全厂的主要生产、经营和管理指标。选煤厂常用的技术经济指标大约有六七十种,不同类型选煤厂关心的指标不一样,一般选煤厂统计20种左右。

(3) 月综合报表

月综合报表是月综合检查资料的整理和分析结果,主要包括筛分浮沉资料、格氏法计算表、可选性曲线和分配曲线等。

(4) 商品煤质量月报

商品煤质量月报反映全厂当月和本年累计销售各产品的数量和质量指标,包括含全水量、商品煤量、折合量、灰分、水分、硫分、发热量等。

(5) 产品销售月报

产品销售月报主要反映地销和自用产品的数质量情况,分用户、分煤种的商品煤数质量情况。

(6) 调度月报

调度月报全面反映生产、销售、库存、设备运行和检修、生产时间和事故、消耗等情况。

(7) 选煤产品分离前成本和分离后成本(财务报表内容)

分离成本主要反映实际生产成本构成、产品的折合成本等。

另外还有国家煤炭管理和国家统计部门颁发的统计报表。

3. 台账

台账主要是由各职能科室统计管理人员自己收集整理的原始数据,都是上述报表的基础原始数据。比较常见的有统计台账、销售台账、质量台账等。

四、典型系统单机检查计划

在选煤厂技术检查工作中,单机检查具有研究的性质,可以用来鉴别操作水平和技术管理水平,能够对问题进行分析,发现某些规律和趋势,通常也作为评定技术效果或作为技术鉴定的依据。因此应当给予单机检查特别的重视。

在进行单机检查试验之前,应当制订周密的检查计划和安排。在明确检查目的的基础上,根据预期达到的要求和结果,确定试验方法、采样流程、采样制度和化验项目。由于试验的实时性,不可能后期补救,若漏掉一个采样点,少化验一个项目或缺少某个数据,就可能影响整个试验结果,甚至使整个检查和试验资料失去使用意义。

（一）跳汰机单机检查

跳汰机是我国多数选煤厂中生产三产品的主要工艺环节。对跳汰机做单机检查的目的是：了解跳汰机的分选效果，分析研究跳汰机的操作，查明跳汰机设备或操作方面存在的问题。在对跳汰机的风阀或排料装置进行改造以后，一般要进行改造前后的对比试验。为了找到主选与再选跳汰机的最佳配合条件，也可以进行跳汰机单机试验。跳汰机单机试验要根据其目的，确定采样地点、采样方法和化验项目。采样点和化验项目的确定应当根据数质量平衡的原则来考虑，全部的检查和试验资料要满足计算和绘出数质量流程图的要求。对于跳汰机在试验过程中的具体工作参数，例如风、水用量，风阀工作参数，床层、水层跳动情况等要详细记录。

1. 采样流程和采样点的确定

主选跳汰机或主选、再选跳汰机联合的跳汰机单机检查，可以参照图 2-11 中所给出的采样流程和采样点进行采样。每个采样点所采煤样都要按照规程进行筛分试验和浮沉试验，化验煤样的总灰分和各个筛分粒度级、浮沉密度级的样品质量和灰分等。为了计量，在各采样点要测定水分或测定液固比。

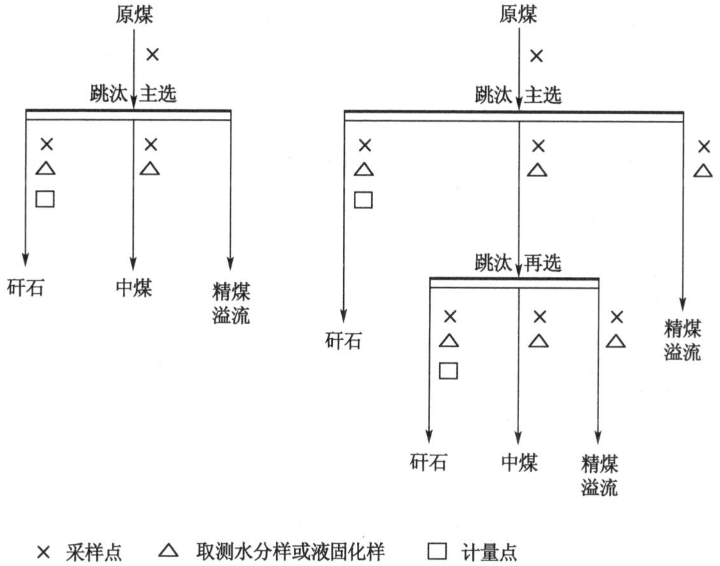

图 2-11 跳汰机检查采样点的布置

2. 采样时间的确定

一般说，延长采样时间有利于使样本具有足够的代表性。但是，在不能保证生产条件稳定不变的条件下，如果任意延长采样时间，所采样本成为不同生产条件下的混合物，反而使样本失去了代表性。因此，在跳汰机生产操作正常后采样工作 2～4 h 内完成。子样的质量根据粒度而定，采样频率根据试验所需样本最小质量确定。跳汰机单机检查采样计划见表 2-16 和表 2-17。

3. 试验和化验项目的确定

根据试验目的确定试验内容和化验项目。通常将原煤及产品进行筛分试验，一般将小于50 mm粒级分为2～3个粒级进行浮沉试验。如果想了解不同粒级的分选效果，可以将粒级分得更细。如果希望了解分选下限，需要进行小筛分和小浮沉试验。如果原煤含硫量低，可以按常规化验灰分，省去硫分的化验。为了计量，一般要测定水分和精煤溢流堰液固比。如果试验涉及煤泥水处理及浮选入料浓度，水分及液固比的测定就更为重要了。

表 2-16　　跳汰机单机检查采样计划

名　　称	总样质重/kg	子样质重/kg	子样份数	间隔时间/min	采样地点	采样工具	试验项目
跳汰原煤	250	10	24	5	原煤刮板机	大方锹取一个断面	筛分、浮沉、小筛分、水分
跳汰溢流（煤样）	250	10	24	5	溢流堰	溢流采样器接取溢流五点	同上
跳汰中煤	250	10	24	5	中煤溜槽	大方锹取一个断面	同上
跳汰矸石	250	10	24	5	矸石胶带	胶带采样机取全宽	同上
跳汰溢流水样	24	1	24	5	溢流堰	采样勺	小筛分
循环水	24	1	24	5	循环水管	采样勺	固体含量

表 2-17　　跳汰机单机检查采样计量计划

名　　称	计量地点	计量方法	间隔时间/min	计量次数
跳汰原煤量	电振给煤机	测煤流断面及速度	10	12
跳汰溢流水量	溢流堰	量水波高度及水速	10	12
跳汰中煤量	中煤流槽	翻板称一个斗子煤重	15	8
跳汰矸石量	矸石斗子	量斗子空高	隔十个斗子量一次	

4. 试验资料的整理和分析

得到完整的试验资料以后，按以下步骤进行整理和分析：

① 审核筛分试验、浮沉试验报表，整理计量和测试数据，确认报表、资料符合要求，作进一步的整理和计算；

② 根据计量或格氏法计算产品实际产率，计算分配率；

③ 绘出分配曲线，确定实际分选密度 δ_p、可能偏差 E 值和不完善度 I 值；

④ 绘出入料原煤的可选性曲线，计算数量效率；

⑤ 将各项分选工艺条件（风、水、床层等）数据登记在分选条件报告表内，记录内容见表2-18、表2-19；

⑥ 填写重选设备工艺性能评定报告表，见表2-20；

⑦ 综合分析评价，全面分析跳汰机的工作效果，指出进一步提高分选效果的途径。

表 2-18　　　　　　　　　　　　**跳汰机工作情况记录表**

		一段					二段							备注
水门开启扣数	顺序号	总	1	2	3	4	总	1	2	3	4	5	6	
	开启扣数													
风门开启角度	顺序号	总	1		2		总	1		2		3		
	开启角度													
水波振幅/mm	风阀侧													
	操作侧													
跳汰室工作参数	项目	物料层厚度/mm		水层厚度/mm		水流速度/$(m \cdot s^{-1})$		物料层厚度/mm		水层厚度/mm		水流速度/$(m \cdot s^{-1})$		
	数据													
循环水浓度/$(g \cdot L^{-1})$														
精煤快灰/%														
产品快浮平均值	产品名称	原煤		精煤			中煤			矸石				
	−1.5 1.5～1.8 +1.8													

表 2-19　　　　　　　　　　　　**跳汰机技术特征表**

	筛板				溢流堰高度/mm	排矸口高度/mm	风阀			
	长×宽/(mm×mm)	面积/m^2	筛板孔径/mm	倾角/(°)			进气期/(°)	排气期/(°)	膨胀期/(°)	进气口面积/cm^2
一段										
二段										
合计										
	风阀			排矸轮				浮标		
	排气口面积/cm^2	频率/(次·min^{-1})	风压/(kgf·cm^{-2})	直径/mm	轮叶高度/mm	垂直闸门开口高度/mm	转数/$(r \cdot min^{-1})$	型式	底距筛面高度/mm	密度/$(g \cdot cm^{-3})$
一段										
二段										
合计										

（二）浮选机单机逐室检查

浮选机单机逐室检查的目的是为了了解不同粒度和不同质量的颗粒上浮速度，从数质量变化的趋势了解和研究浮选的进程，找出最佳入浮条件和加药方法，以提高浮选的分选效果。

1. 吸入式浮选机的检查

(1) 取样点的确定

表 2-20　　重选设备工艺性能评定报告表

<table>
<tr><td>试验编号</td><td></td><td colspan="3">试验地点</td><td colspan="3"></td><td>试验日期</td><td colspan="2"></td></tr>
<tr><td colspan="2">概　　况</td><td colspan="6">分选产品/%</td><td colspan="3">计算入料的可选性</td></tr>
<tr><td>设备型号及规格</td><td></td><td colspan="2">精煤</td><td colspan="2">中煤</td><td colspan="2">矸石</td><td>理论精煤产率/%</td><td colspan="2"></td></tr>
<tr><td>入料煤种</td><td></td><td>产率</td><td>灰分</td><td>产率</td><td>灰分</td><td>产率</td><td>灰分</td><td>理论分选密度/(kg·L^{-1})</td><td colspan="2"></td></tr>
<tr><td>入料粒度/mm</td><td></td><td></td><td></td><td></td><td></td><td></td><td></td><td>±0.1 含量/%</td><td colspan="2"></td></tr>
<tr><td>入料灰分/%</td><td></td><td colspan="2">均方差</td><td colspan="4"></td><td colspan="3">分选效果</td></tr>
<tr><td>作业性质</td><td>主选</td><td colspan="6">分选密度/(kg·L^{-1})</td><td></td><td>一段</td><td>二段</td></tr>
<tr><td>处理能力/(t·h^{-1})</td><td></td><td colspan="3">一段</td><td colspan="3">二段</td><td>可能偏差(E)/(kg·L^{-1})</td><td></td><td></td></tr>
<tr><td>试验历经时间/h</td><td></td><td colspan="3"></td><td colspan="3"></td><td>不完善度(I)</td><td></td><td></td></tr>
<tr><td colspan="8" rowspan="4">备　　注</td><td>数量效率(η)/%</td><td colspan="2"></td></tr>
<tr><td>分配密度下的总错配物含量(m_0)/%</td><td></td><td></td></tr>
<tr><td>等误密度/(kg·L^{-1})</td><td></td><td></td></tr>
</table>

机械搅拌吸入式浮选机在室与室之间都有一个中矿箱，最后有尾矿箱，可以用做采样点，因此每个室的精煤与尾煤可按图 2-12 所示布置采样点。浮选机单机检查的采样计划和计量计划参见表 2-21 和表 2-22。浮选机工作条件记录在表 2-23 中。

表 2-21　　浮选机单机检查采样计划

名　称	总样质量/kg	子样质量/kg	子样份数	间隔时间/min	采样地点	采样工具	试验项目
各室精煤	24	1	24	5	各室精煤刮料口	取样器	浓度、总灰、小筛分
总精煤	24	1	24	5	总精煤溜槽	取样器	同上
各室尾煤	24	1	24	5	各室尾矿槽	取样器	同上
入　　料	24	1	24	5	搅拌桶	取样器	浓度、总灰、小筛分、小浮沉

表 2-22　　浮选机单机检查计量计划

名　　称	计量地点	计量方法	间隔时间
浮选入料	搅拌桶	搅拌桶放空后按正常入料测定装满一定容积的时间	采完样后记两次
第一室精煤	一室精煤刮料口	用容器接取泡沫称重	20 min
起泡剂和捕收剂	各加药点	用量筒接取称重	20 min

表 2-23　　浮选机工作条件记录表

型号	分选槽个数	总容积/m^3	充气量 /[m^3·(min·m^2)$^{-1}$]	快灰			入料平均浓度 /(g·L^{-1})
				原煤	精煤	尾煤	

(2) 取样时间的确定

由于浮选物料粒度细，容易获得代表性好的试样，因此在浮选机工作稳定后即可开始采样，采样时间一般 1～2 h。

(3) 试验和化验项目的确定

各室的浮选精煤和最终尾煤，除化验灰分外，还需要进行小筛分试验。各室的尾煤和浮选机入料只化验灰分，不需要做小筛分试验。各室入料可以通过数质量平衡原则反推得到，避免由于煤泥解离现象严重带来的误差。为了分析细泥对浮选的影响，小筛分至少要做到 200 网目以下，如有条件，应当做到 325 网目。200 网目以下用湿法筛分。用实测法确定浮选第 1 室或第 2 室的小时产量，根据入料、精煤、尾煤数量、质量平衡式计算，可以推算出一台浮选机各室的数质量流程的全部指标。入料与尾煤所测的浓度用来校核计算的结果。

(4) 浮选机单机检查资料整理和分析

① 填写各室精煤和最终尾煤的灰分及小筛分试验报告表；

② 填写浮选入料和各室尾煤灰分化验报告表；

③ 整理测定的数据；

④ 用数质量平衡关系式计算出浮选精煤和尾煤的实际产率；

⑤ 计算出各室浮选精煤占入料的产率；

⑥ 绘出各粒级在各室的分配率图；

⑦ 计算浮选效率。

2. 直流式浮选机的检查

(1) 取样点的确定

直流式浮选机无法对各室直接进行采样分析，但是为了能够找出各室数质量变化规律，必须采用间接反推的方法反推出浮选数量流程。采样点布置参照图 2-12。

(2) 计量方法

直流式浮选机的检查必须对各室精煤计量。在计量时，取一个是浮选室长度 1/5 或1/10的接泡器，在刮泡的边缘上接取一次或两次精煤泡沫，然后将精煤泡沫称量，测出其体积和浓度，用接泡器的速度(次/min)和每个室的宽度计算出单位时间内每个室处理的固体物量(精煤量)。

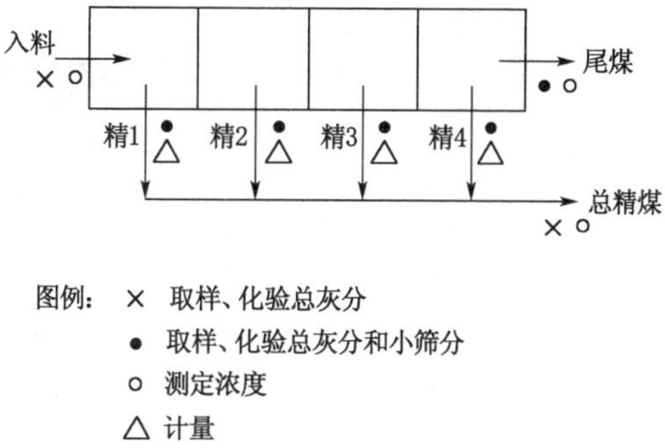

图 2-12　直流式浮选机逐室采样点布置

(3) 采样时间与化验项目

采样时间、试验化验项目和要求与

吸入式浮选机相同。

(4) 资料整理与分析

试验资料整理和要求与吸入式浮选机相同。各室精煤产率可以根据已知的精煤、尾煤灰分,用数质量平衡式计算出浮选精煤产率。由于各室的精煤产量已知,因此可以推算出各室的精煤产率。用各室精煤灰分量之和,校核精煤灰分和试验资料是否准确。以计量结果为根据,可以计算浮选机处理干煤量、矿浆通过能力、药耗量、数量效率、浮选时间等,这样就可以计算出直流式浮选机逐室的数质量流程图。

(三) 重介质系统介质流程检查

为了了解重介质系统介质流程情况、介质性质、介质回收系统效率、介质损耗情况,可以进行重介质系统介质流程测定。

(1) 采样流程和采样点的确定

针对具体的重介质系统,根据试验目的,制订介质流程采样计划。图 2-13 是一典型的介质系统采样流程图。表 2-24 是重介工艺流程采样、试验计划。

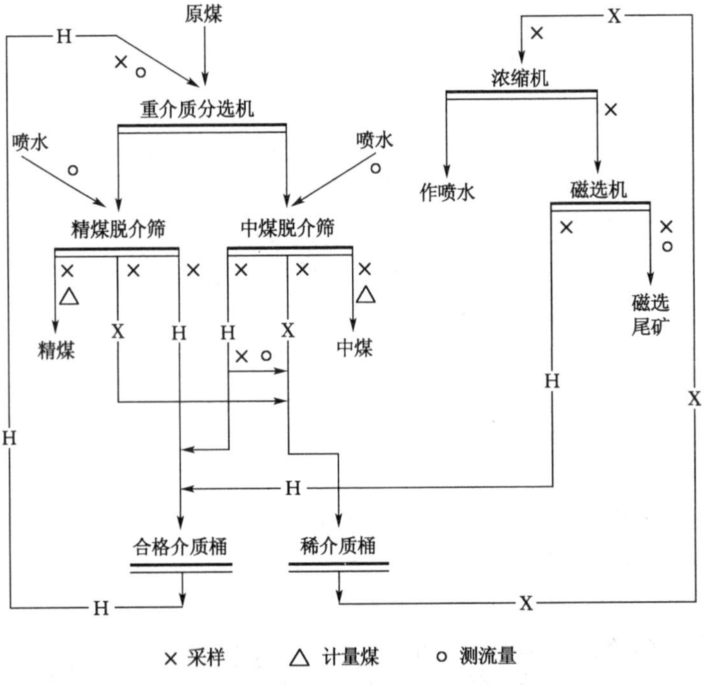

图 2-13 典型的介质系统采样流程图

表 2-24 重介工艺流程采样、试验计划

试样名称	采 样	计 量	试 验 项 目	用 途
精煤	采煤样	计煤量	—0.5 mm 含量、磁性物含量	计算精煤带走磁铁矿量
中煤	采煤样	计煤量	—0.5 mm 含量、磁性物含量	计算中煤带走磁铁矿量
矸石	采煤样	计煤量	—0.5 mm 含量、磁性物含量	计算矸石带走磁铁矿量
合格悬浮液	采水样	计流量	浓度、密度、磁性物含量、小筛分、黏度、稳定性	计算悬浮液循环量、分析悬浮液性质对分选效果的影响

续表 2-24

试样名称	采样	计量	试验项目	用途
精煤合格悬浮液	采水样		浓度、磁性物含量	分析精煤合格悬浮液磁性物含量大小及对磁铁矿损失的影响
中煤合格悬浮液	采水样		浓度、磁性物含量	分析中煤合格悬浮液磁性物含量大小及对磁铁矿损失的影响
精煤稀悬浮液	采水样		浓度、磁性物含量	分析稀悬浮液磁性物含量大小及对磁铁矿损失的影响
中煤稀悬浮液	采水样		浓度、磁性物含量	
总稀悬浮液（浓缩机入料）	采水样		浓度、磁性物含量	用于浓缩机工艺性能评定
磁选机入料（浓缩机底流）	采水样		浓度、磁性物含量	用于浓缩机、磁选机工艺性能评定
浓缩机溢流	采水样		浓度	用于浓缩机工艺性能评定
磁选尾矿	采水样	计流量	浓度、磁性物含量	用于磁选机工艺性能评定
磁选精矿	采水样		浓度、磁性物含量、密度	用于磁选机工艺性能评定
分流量	采水样	计流量	浓度、磁性物含量	了解分流量大小及对介质损失的影响

（2）采样时间与化验项目

在生产正常后，采样时间 2～4 h 一次。

如果需要了解合格悬浮液的性质及其对分选效果的影响，要测定密度、浓度、循环量、磁性物含量、黏度和稳定性，采用小筛分检测粒度分布。对稀悬浮液系统，要检测各回收环节的稀介质的浓度和磁性物含量变化情况。必要时，还要测定喷水量，中煤、精煤脱介筛下合格悬浮液及稀悬浮液的流量，总稀悬浮液的流量，以便于分析问题及绘出介质流程图。

（3）资料分析与整理

① 绘制可选性曲线、分配曲线、计算可能偏差 E 值，计算磁选效率 η_{ms}、磁性物回收率值 ε_0 及浓缩效率等指标。

② 计算重介选工艺流程的数量、质量平衡表。

第六节 技术检查资料的整理与分析

技术检查是选煤厂获取生产技术信息的主要渠道，生产技术信息是从大量技术检查的资料整理和分析计算过程中得出的。

一、技术检查资料的整理

对资料进行分析计算前，必须对原始数据进行核对验证。

① 对于筛分试验及浮沉试验，要按照其相应标准的要求检查误差是否超过规定。

② 对于可疑数据，通过生产实践调查，与历史资料相对照，或用数理统计方法进行取舍。在确认资料有代表性后，才可进行下一步计算。

③ 各类试验分析数据按标准规定进行计算，计算结果按要求进行修改，见表 2-25。

表 2-25　　各类试验结果取值位数

<table>
<tr><th colspan="3">试验项目</th><th>符号</th><th>单位</th><th>计算值</th><th>报告值</th></tr>
<tr><td colspan="2" rowspan="2">筛分试验</td><td>各粒级产物产率</td><td></td><td rowspan="26">%</td><td colspan="2" rowspan="2">小数后二位</td></tr>
<tr><td>各粒级产物产率</td><td></td></tr>
<tr><td colspan="2" rowspan="2">煤粉筛分试验</td><td>各粒级产物产率</td><td></td><td colspan="2">小数后二位</td></tr>
<tr><td>各粒级产物产率</td><td></td><td colspan="2" rowspan="3">小数后二位</td></tr>
<tr><td colspan="2" rowspan="2">浮沉试验</td><td>各密度级产物产率</td><td></td></tr>
<tr><td>各密度级产物产率</td><td></td></tr>
<tr><td colspan="2" rowspan="2">煤粉浮沉试验</td><td>各密度级产物产率</td><td></td><td>小数后二位</td><td>小数后一位</td></tr>
<tr><td>各密度级产物产率</td><td></td><td colspan="2">小数后二位</td></tr>
<tr><td colspan="2">快速浮沉试验</td><td>各密度级产物产率</td><td></td><td colspan="2">小数后一位</td></tr>
<tr><td colspan="2" rowspan="2">小浮沉试验</td><td>产率</td><td></td><td colspan="2" rowspan="5">小数后二位</td></tr>
<tr><td>灰分</td><td></td></tr>
<tr><td rowspan="20">设备工艺效果评定</td><td rowspan="3">筛分设备</td><td>筛分效率</td><td>η</td></tr>
<tr><td>平均分配误差</td><td>PE_m</td></tr>
<tr><td>总错配物含量</td><td>m_0</td></tr>
<tr><td rowspan="2">破碎设备</td><td>破碎效率</td><td>η_p</td><td colspan="2" rowspan="2">小数后一位</td></tr>
<tr><td>细粒增量</td><td>Δ</td></tr>
<tr><td rowspan="2">浓缩设备</td><td>浓缩效率</td><td>η_n</td><td colspan="2" rowspan="4">小数后二位</td></tr>
<tr><td>底流固体回收率</td><td>ε_D</td></tr>
<tr><td rowspan="2">脱水设备</td><td>脱水效率</td><td>η_t</td></tr>
<tr><td>产品水分</td><td>M_t</td></tr>
<tr><td rowspan="2">磁选设备</td><td>磁选效率</td><td>η_{ms}</td><td>小数后三位</td><td>小数后二位</td></tr>
<tr><td>磁性物回收率</td><td>ε_c</td><td colspan="2" rowspan="6">小数后二位</td></tr>
<tr><td rowspan="2">浮选设备</td><td>浮选精煤数量指数</td><td>η_{if}</td></tr>
<tr><td>浮选完善指数</td><td>η_{wf}</td></tr>
<tr><td rowspan="3">水力分级设备</td><td>分级效率</td><td>η</td></tr>
<tr><td>平均分配误差</td><td>PE_m</td></tr>
<tr><td>通过粒度</td><td>S_{95}</td><td>mm</td></tr>
<tr><td rowspan="4">重选设备</td><td rowspan="2">可能偏差或不完善度</td><td>E</td><td>kg/L</td><td colspan="2" rowspan="2">视数据精度和运算精度确定
小数后二位或三位</td></tr>
<tr><td>I</td><td rowspan="3">%</td></tr>
<tr><td>数量效率</td><td>η</td><td colspan="2" rowspan="2">小数后二位</td></tr>
<tr><td>总错配物含量</td><td>m_0</td></tr>
</table>

二、异常数据的剔除

通常对某一特性指标进行多次重复测定时常常会出现偏离平均值的一些可疑数据。如何判断可疑数据，是保留还是舍弃，需要遵循一定的方法，常用的是莱特判据法或肖维勒判据法。

（一）莱特判据法

根据数理统计原理，不管随机变量服从什么分布，随机变量 ξ 的取值落在 $E\xi\pm3\sigma$ 区间的概率不小于 88.89%（$E\xi$ 为 ζ 的数学期望值，σ 为均方差）。又根据随机误差服从正态分布的条件，数据落在该区间的概率应为 99.73%。因此可以认为，观测值 x_i 满足 $|x_i-E\xi|>3\sigma$ 时为异常数据，可以剔除。

当样本容量足够大的时候，可用观测值的算术平均值 $\overline{x}$ 代表数学期望 $E\xi$，用样本偏差 S 代表均方差 σ。因此，当观测值 x_i 与 $\overline{x}$ 的差值大于 $3S$ 时，可以认为该观测值是错误的，即：

$$|x_i-\overline{x}|>3S \tag{2-26}$$

式中　x_i——某观测值；

$\overline{x}$——所有观测值的算术平均值；

S——标准偏差。

$$\overline{x}=\frac{\sum_{i=1}^{n}x_i}{n} \tag{2-27}$$

$$S=\sqrt{\frac{\sum_{i=1}^{n}(x_i-\overline{x})^2}{n-1}} \tag{2-28}$$

式中　n——观测值的个数。

例如：10 个实验室测定同一标准煤样的全硫含量，各试验室 6 次测定的平均值（单位为%）分别为：1.50，1.54，1.64，1.71，1.62，1.83，1.49，1.72，1.61，1.59，试检验是否有异常数据。

检验步骤如下：

① 将 10 个试验测定值按由小至大的顺序排列，分别以 $x_1,x_2,\cdots,x_{10}$ 表示，最大值 $x_{\max}=1.83\%$，最小值 $x_{\min}=1.49\%$，它们都是可疑数据。

② 计算样本均值 $\overline{x}$ 及样本标准差 S：

$$\overline{x}=1.625$$

$$S=0.106$$

③ 计算可疑观测值与样本均值的偏差绝对值 $|x-\overline{x}|$，并与 $3S=0.318$ 加以比较：

$$|x_{\max}-\overline{x}|=|1.83-1.625|=0.205<0.318$$

$$|x_{\min}-\overline{x}|=|1.49-1.625|=0.135<0.318$$

显然本例样本中最大值和最小值的偏差均小于 $3S$，均应予以保留。

（二）肖维勒判据法

莱特判据法用 $\pm\sigma$ 原则来判定可疑数据，有时不够合理。对于大样本情况，可能将正常数据错判为异常数据；对于小样本，可能检验不出异常数据。肖维勒判据法可以避免此类问题。

肖维勒的判别方法是：

$$|x_i-\overline{x}|>uS \tag{2-29}$$

其中，u 是系数，可从表 2-26 中查出。

对于上例，$n=10$，由表 2-26 可查得相应的 $u=1.96$，可以计算出 $uS=0.207\ 76$，根据上例得到的数据，可以判定上例中的可疑数据仍然应当保留。

表 2-26　　肖维勒判据系数 u 值表

n	u	n	u	n	u	n	u	n	u
3	1.38	12	2.04	21	2.26	30	2.39	200	3.02
4	1.53	13	2.07	22	2.28	35	2.45	250	3.11
5	1.65	14	2.10	23	2.30	40	2.50	500	3.29
6	1.73	15	2.13	24	2.32	50	2.58	1 000	3.48
7	1.79	16	2.16	25	2.33	60	2.64	2 000	3.66
8	1.86	17	2.18	26	2.34	80	2.74	5 000	3.89
9	1.92	18	2.20	27	2.35	100	2.81		
10	1.96	19	2.22	28	2.37	150	2.93		
11	2.00	20	2.24	29	2.38	185	3.00		

三、技术检查资料的计算原则

技术检查资料的计算应当遵循以下原则：

① 流程各环节的数量、产率等指标应尽可能采用计量方法获得，在计量有困难或误差较大时，可以采取计算的方法。

② 质量指标如灰分、水分、浓度等均采用试验方法获得，在数据充足情况下，实测值和计算值可以互相验算、校核。

③ 数量、质量平衡原则适用于任何一个选煤作业环节，进入任何一个作业的各物料的数质量总和应当与从该作业排出物料的数质量总和相等。无论是煤量、灰分量、水量、产率、磁铁矿量均服从本原则。

④ 任何数质量计算必须是同一基础的量。如煤量、水量必须是同一单位（例如 t/h，m^3/h）；产率必须换算成占同一产品的产率，绝不能把占精煤的产率与占原煤的产率相加，必须将它们都换算成同一产品（如占原煤）的产率以后才能相加。

⑤ 不同物料混合后的灰分、水分、浓度等指标采用加权平均的方法进行运算。

四、产品产率的计算

（一）利用数质量平衡原则计算产品产率

1. 灰分量平衡法计算产品产率

一种入料分为两种产品的作业，是选煤厂的基本分选作业（图 2-14）。如重介质分选机和浮选机出一种精煤和一种中煤；浓缩机出一个溢流和一个底流。

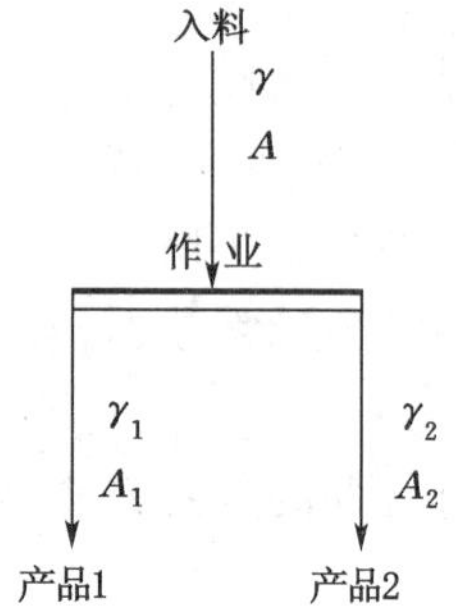

图 2-14　两产品作业

以产率和灰分的数质量平衡关系为依据，可以写出产率的数量平衡式(2-30)和灰分量的质量平衡式(2-31)，即分选机的入料产率应等于各产品产率之和，则有：

$$\gamma_c+\gamma_m=\gamma \tag{2-30}$$

同理，产品灰分量之和应等于入料灰分量，即：

$$\gamma_c A_c+\gamma_m A_m=\gamma A \tag{2-31}$$

式中 γ,γ_c 和 γ_m——分别为原煤、精煤和中煤的实际产率；

A,A_c 和 A_m——分别为原煤、精煤和中煤的灰分。

一般情况下,γ,A,A_c 和 A_m 是已知的,解联立方程：

$$\begin{cases}\gamma_c A_c + \gamma_m A_m = \gamma A \\ \gamma_c + \gamma_m = \gamma\end{cases}$$

得：

$$\gamma_c = \frac{A_m - A}{A_m - A_c}\gamma \tag{2-32}$$

$$\gamma_m = \gamma - \gamma_c \tag{2-33}$$

式(2-30)和式(2-31)表示的数质量平衡关系同样可以应用于其他没有发生化学作用的分离过程,如筛分过程。产率可以用小数、百分数或用吨数等数量指标表示,质量可用灰分、硫分或粒度等质量指标表示,根据研究的对象而定。

2. 污染指标法

在选煤厂,最常见的是出三种产品的跳汰作业和三产品重介质旋流器作业,见图 2-15。因为采集跳汰机或三产品重介质旋流器一段到二段的入料试样很困难,通常只能采到入料和三个产品的试样,无法采用灰分量平衡原则计算三个未知数。在没有准确计量的条件下,就必须采用密度组成作为计算依据。GB/T 15715—2005 规定,在无实测数据的情况下,分选产品产率可按其附录 A 提供的方法(最小二乘法)计算。由于污染指标法相对最小二乘法计算简单,其计算结果也可以与最小二乘法计算结果相互校验,因而将这种方法介绍如下。

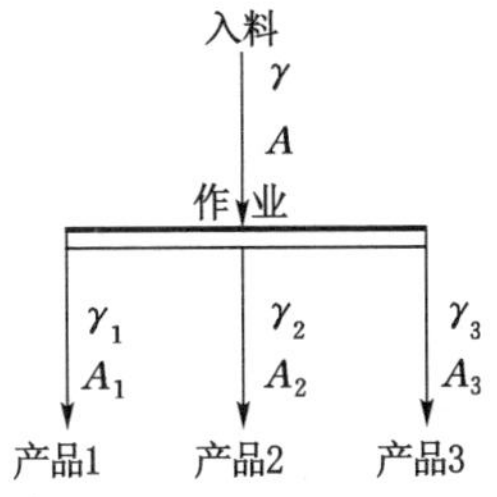

图 2-15 三产品作业

三产品数质量平衡的计算依据入料和三个产品的浮沉试验资料。将资料中各密度级归纳为浮煤(例如为<1.5 g/cm³ 各密度级之和)、中间煤(1.5～1.8 g/cm³)和沉矸(>1.8 g/cm³)。实际上各产品都是由浮煤、中间煤和沉矸组成的,只是在不同产品中它们所占比例不同,将浮沉试验归纳为各产品的污染指标,用符号代表占本级的百分数,见表 2-27。

表 2-27 原煤及各产品污染指标表

组成	原煤/%	精煤/%	中煤/%	矸石/%
浮煤(<1.5 g/cm³)	F_1	C_1	M_1	T_1
中间煤(1.5～1.8 g/cm³)	F_2	C_2	M_2	T_2
沉矸(>1.8 g/cm³)	F_3	C_3	M_3	T_3
合计	100	100	100	100

按照数质量平衡原则,任一密度级在分选前后的灰分量不变且原煤产率应当等于各产品产率之和,因此可建立如下联立方程：

$$\begin{cases}\gamma_c C_1+\gamma_m M_1+\gamma_t T_1=F_1\times 100\% \\ \gamma_c C_2+\gamma_m M_2+\gamma_t T_2=F_2\times 100\% \\ \gamma_c+\gamma_m+\gamma_t=100\%\end{cases} \tag{2-34}$$

或

$$\begin{cases}\gamma_c C_1+\gamma_m M_1+\gamma_t T_1=F_1\times 100\% \\ \gamma_c C_2+\gamma_m M_2+\gamma_t T_2=F_2\times 100\% \\ \gamma_c C_3+\gamma_m M_3+\gamma_t T_3=F_3\times 100\%\end{cases} \tag{2-35}$$

式中 γ_c，γ_m 和 γ_t——分别为精煤、中煤和矸石的实际产率，%。

用联立方程式(2-34)或式(2-35)可解出三个产品实际产率的未知数。

三产品数质量平衡计算是建立在分选过程中原煤不发生破碎解离与泥化的理想条件下的，因此，要尽量选取分选前后产率误差较小的密度级作为计算依据，计算结果应与最小二乘法计算结果或实际计量计算出的指标对照，以判断计算结果的正误。

（二）最小二乘法计算产率

重选设备产物的实际产率，一般都用格氏法进行计算。格氏法，也就是用最小二乘法计算产品实际产率的方法。

格氏法是由荷兰学者克·格鲁姆布雷希特提出的。该法计算的原始资料是原煤和所有产品的密度组成。

在理论上，原煤中任意密度级物料的数量等于产品中同一密度级的数量之和(称为计算入料)。由于原煤在分选成为精煤、中煤和矸石等产品时，总是存在着破碎和解离现象，计算入料某一密度级物料的数量不可避免地与入料中同一密度级物料的数量间存在误差 Δ_i，所有密度级都存在这种偏差。最小二乘法计算产品实际产率就是在偏差平方和最小的条件下，找到解实际产率的关系式。这里引入国家标准 GB/T 15715—2005 附录 A 应用最小二乘原理对该方法的描述，从理论上说，该方法对分选产品的数目没有限制。

1. 一般算法

按照最小二乘法，计算分选产品产率的问题可表达为一个最优化问题，即

目标函数：
$$\sum_{j=1}^{N}\left(G_{0j}-\sum_{i=1}^{M}\gamma_i G_{ij}/100\right)^2=\text{Min} \tag{2-36}$$

约束条件：
$$\sum_{i=1}^{M}\gamma_i=100 \tag{2-37}$$

式中 M——分选产品的数目；

N——浮沉试验得到的产品数；

G_{0j}——实际入料中第 j 个密度的产率，%；

G_{ij}——第 i 种产品中第 j 个密度级占该产品的产率，%。其中产品顺序号按灰分自小到大排列，$i=1$ 代表精煤，$i=M$ 代表矸石，其余代表中煤或中间产品。

γ_i——第 i 种产品的产率，%。

采用拉格朗日乘子法，可将式(2-36)和式(2-37)化为一个无约束的最优化问题。

$$\sum_{j=1}^{N}\left(G_{0j}-\sum_{i=1}^{M}\gamma_i G_{ij}/100\right)^2+\lambda\left(\sum_{i=1}^{M}\gamma_i-100\right)=\text{Min} \tag{2-38}$$

式中 λ——拉格朗日乘子。

引进未知数的向量表达式：

$$X=\left(\frac{\gamma_1}{100},\frac{\gamma_2}{100},\cdots,\frac{\gamma_M}{100},\frac{\lambda}{2}\right) \tag{2-39}$$

将式(2-38)左右端分别对向量 X 的诸元素求偏导数并令其为零，则可得到一个 $M+1$ 阶的线性方程组，其矩阵表达式为：

$$\boldsymbol{AX}=\boldsymbol{B} \tag{2-40}$$

式中，系数阵 $\boldsymbol{A}$ 的诸元素是：

$$a_{kj}=\begin{cases}\sum\limits_{j=1}^{N}G_{kj}G_{ij} & (1\leqslant k\leqslant M \text{ 且 } 1\leqslant i\leqslant M)\\ 0 & (k=M+1 \text{ 且 } i=M+1)\\ 1 & (1\leqslant k\leqslant M \text{ 且 } i=M+1,k=M \text{ 且 } 1\leqslant i\leqslant M)\end{cases} \tag{2-41}$$

右端向量 $\boldsymbol{B}$ 的诸元素为：

$$b_k=\begin{cases}\sum\limits_{j=1}^{N}G_{kj} & (1\leqslant k\leqslant M)\\ 1 & (k=M+1)\end{cases} \tag{2-42}$$

从方程(2-40)中解出 $\boldsymbol{X}$，将其中前 M 个元素代入式(2-39)中右端各对应元素，即可得到分选产品的产率 $\gamma_i(i=1,2,\cdots,M)$

以上所述的一般算法，适用于编成计算机程序求解。

2. 两产品分选实际产率最小二乘法计算

对于两产品分选(即 $M=2$ 的情形)，最优化问题式(2-36)和式(2-37)的解为：

$$\gamma_1=\frac{g_{01}}{g_{11}}\times 100\% \tag{2-43}$$

$$\gamma_2=100\%-\gamma_1 \tag{2-44}$$

式中：

$$g_{01}=\sum_{j=1}^{N}(G_{0j}-G_{2j})(G_{1j}-G_{2j}) \tag{2-45}$$

$$g_{11}=\sum_{j=1}^{N}(G_{1j}-G_{2j})^2 \tag{2-46}$$

二产品实际产率格氏法计算用表格表示见表 2-28。

表 2-28　二产品实际产率计算表

密度/(g·cm⁻³)	原煤及产品浮沉试验			中间变量的计算	
	原煤 G_0	精煤 G_1	中煤 G_2	$(G_0-G_2)\times(G_1-G_2)$	$(G_1-G_2)^2$
-1.3 1.3～1.4 1.4～1.5 … 1.8～2.0 +2.0	G_{0i}	G_{1i}	G_{2i}	$(G_{0i}-G_{2i})\times(G_{1i}-G_{2i})$	$(G_{1i}-G_{2i})^2$
累加和				$g_{01}=\sum$	$g_{11}=\sum$

3. 三产品分选实际产率最小二乘法计算

对于三产品分选（即 $M=3$ 的情形），最优化问题式(2-36)和式(2-37)的解为：

$$\gamma_1=\frac{g_{01}g_{22}-g_{02}g_{12}}{g_{11}g_{22}-g_{12}g_{12}}g\times 100\% \tag{2-47}$$

$$\gamma_2=\frac{g_{02}g_{11}-g_{01}g_{12}}{g_{11}g_{22}-g_{12}g_{12}}g\times 100\% \tag{2-48}$$

$$\gamma_3=100\%-\gamma_1-\gamma_2 \tag{2-49}$$

式中：

$$g_{01}=\sum_{j=1}^{N}(G_{0j}-G_{3j})(G_{1j}-G_{3j}) \tag{2-50}$$

$$g_{11}=\sum_{j=1}^{N}(G_{0j}-G_{3j})^2 \tag{2-51}$$

$$g_{02}=\sum_{j=1}^{N}(G_{0j}-G_{3j})(G_{2j}-G_{3j}) \tag{2-52}$$

$$g_{12}=\sum_{j=1}^{N}(G_{1j}-G_{3j})(G_{2j}-G_{3j}) \tag{2-53}$$

$$g_{22}=\sum_{j=1}^{N}(G_{2j}-G_{3j})^2 \tag{2-54}$$

上述公式算法利用表格进行计算比较方便，三产品实际产率最小二乘法计算表见表2-29，而利用电子表格软件EXCEL制成计算模板更为便利。

表 2-29　　三产品实际产率计算表

密度 /(g·cm^{-3})	原煤及产品浮沉试验				中间变量的计算				
	原煤 G_0	精煤 G_1	中煤 G_2	矸石 G_3	$(G_0-G_3)\times(G_1-G_3)$	$(G_1-G_3)^2$	$(G_0-G_3)\times(G_2-G_3)$	$(G_1-G_3)\times(G_2-G_3)$	$(G_2-G_3)^2$
−1.3 1.3～1.4 1.4～1.5 … 1.8～2.0 +2.0	G_{0i}	G_{1i}	G_{2i}	G_{3i}	$(G_{0i}-G_{3i})\times(G_{1i}-G_{3i})$	$(G_{1i}-G_{3i})^2$	$(G_{0i}-G_{3i})\times(G_{2i}-G_{3i})$	$(G_{1i}-G_{3i})\times(G_{2i}-G_{3i})$	$(G_{2i}-G_{3i})^2$
累加和					$g_{01}=\sum$	$g_{11}=\sum$	$g_{02}=\sum$	$g_{12}=\sum$	$g_{22}=\sum$

4. 数据检验

在确定产品产率之后，应按下式算出计算入料和实际入料各密度级产率的均方差：

$$\sigma=\sqrt{\frac{1}{N-M+1}\sum_{j=1}^{N}(G_{0j}^{c}-G_{0j})^2} \tag{2-55}$$

$$G_{0j}^{c}=\sum_{i=1}^{M}\gamma_i G_{ij}/100 \tag{2-56}$$

式中　σ——均方差；

N——浮沉试验时得到的产品数；

M——分选产品数；

G_{0j}^{c}——计算入料中第 j 个密度级的产率,%;

G_{0j}——实际入料中第 j 个密度级的产率,%;

G_{ij}——第 i 种产品中第 j 个密度级的产率,%;

γ_i——第 i 种产品的产率,%,产品顺序号按灰分自小到大排列。

均方差可以表征产率计算结果的准确性。按 GB/T 15715—2005 的规定,均方差不应超过临界值,临界值的取值原则如下:

① 对于跳汰主选和重介质主选,临界值一般取为 1.4;

② 对于跳汰再选和重介质再选,上述临界值可适当加严;

③ 对于大块排矸或泥化解离比较严重的入料,上述临界值可适当放宽;

④ 在某些情况下,σ 的临界值也可由交收双方在技术文件中约定。

五、选煤产品平衡表的计算

在记录和积累分析生产情况基础资料的条件下,为了能够全面反映生产及生产计划完成情况,选煤厂需要制定选煤产品平衡表,可按表 2-30 格式和内容填写。

表中第 2 列是含实际全水量煤的吨数,含实际全水量煤是原煤和选后产品出厂时含实际全水分状态下称重测得的数量,不能作为供需双方结算的依据,也不能作为计算各项技术经济指标的依据,而只是计算商品煤数量和折合后平衡量的基础。

第 3 列的商品煤量,是与用户结算的依据,按以下公式计算:

$$商品煤量=含实际全水量\times\frac{100-实际全水分}{100-产品要求水分}$$

第 4 列的折合后数量,是为计算产率而按统一基准水分折算的数量,按以下公式计算:

$$折合后数量=含实际全水分数量\times\frac{100-实际全水分}{100-统一基准水分}$$

其中,"产品要求水分"是企业产品目录规定的或与用户商定的产品计价水分;"统一基准水分"取值:炼焦精煤用精煤产品要求水分,动力煤用原煤水分。注意,当产品要求水分或统一基准水分小于实际全水分时,不折算。

用第(4)列的折合后原煤量除该栏各产品量,即得到相应产品产率[第(5)列]。

第(6)列和第(8)列是实际化验得到的灰分和水分。

第(7)列的灰分量用折合后数量与灰分[第(6)列]相乘计算得到,第(9)列的水分量用含实际全水量与实际水分[第(8)列]相乘计算得到。

如果由于原煤与产品的计量水分不同而造成数量的短少,可将亏吨数量计入损失项内。炼焦煤选煤厂和动力煤选煤厂的选煤产品平衡表(见表 2-30 的栏目形式)是不同的,可以根据实际情况列出。

表 2-30　　**选煤产品平衡表**

名称	含实际全水量/t	商品煤量/t	折合后数量/t	产率/%	灰分/%	灰分量/t	水分/%	水分量/t
(1)	(2)	(3)	(4)	(5)	(6)	(7)	(8)	(9)
一、入厂毛(原)煤								
二、入选原煤								

续表 2-30

名称	含实际全水量/t	商品煤量/t	折合后数量/t	产率/%	灰分/%	灰分量/t	水分/%	水分量/t
三、产品总计								
1. 精煤								
(1) 冶炼用精煤								
(2) 其他用精煤								
2. 洗粒级煤								
(1) 洗大块								
……								
3. 洗选煤								
(1) 洗混煤								
(2) 洗末煤								
……								
4. 中煤								
5. 煤泥								
6. 其他产品								
四、洗耗								
1. 矸石								
2. 损失								
……								
五、不计量矸石(>50 mm)								

六、资料整理与分析实例

(一) 两产品产率计算

已知某跳汰机单机检查获取的入料和产品的密度分析结果见表 2-31。

表 2-31 某跳汰机入料及产品密度组成

密度/(kg·L^{-1})	入料		洗混煤		矸石	
	产率/%	灰分/%	产率/%	灰分/%	产率/%	灰分/%
(1)	(2)	(3)	(4)	(5)	(6)	(7)
−1.30	5.64	4.06	7.27	4.10		
1.30～1.40	52.14	7.95	64.73	8.20	0.69	10.50
1.40～1.50	13.43	15.86	15.52	17.50	2.41	17.65
1.50～1.60	5.40	26.26	4.94	27.80	3.09	26.82
1.60～1.80	2.67	37.33	3.01	44.60	3.72	37.03
1.80～2.00	1.35	53.37	1.40	63.40	2.30	56.04
+2.00	19.37	85.24	3.13	83.40	87.79	85.86
合计	100	26.15	100	14.50	100	79.37

(1) 两产品数质量平衡计算方法

写出产率的数量平衡式和灰分量的质量平衡式，解出跳汰两产品的洗混煤产率 γ_1 和矸石产率 γ_2。

$$\begin{cases} 100\% = \gamma_1 + \gamma_2 \\ 100\% \times 26.15 = \gamma_1 \times 14.50 + \gamma_2 \times 79.37 \end{cases}$$

解得：$\gamma_1 = 82.04\%$，$\gamma_2 = 17.96\%$。

用计算得到的产品产率和表 2-32 的本级产率计算出计算入料、偏差。

用表 2-32 数据计算均方差。

$$\sigma = \sqrt{\frac{1}{N-M+1}\sum_{j=1}^{7}\Delta_j^2} = \sqrt{\frac{1}{7-2+1} \times 3.3076} = 0.7424$$

显然，均方差符合规定要求，检测资料数据有效。

表 2-32　　计算入料及偏差计算结果表

密度 /(kg·L⁻¹)	入料	洗混煤		矸石		计算入料	偏差	Δ^2
	产率/%	占本级产率/%	占入料产率/% (4)=(3)×γ_1	占本级产率/%	占入料产率/% (6)=(5)×γ_2	(7)=(4)+(6)	(8)=(2)−(7)	(9)=(8)×(8)
(1)	(2)	(3)	(4)	(5)	(6)	(7)	(8)	(9)
−1.30	5.64	7.27	5.96	0.00	0.00	5.96	−0.32	0.102 4
1.30～1.40	52.14	64.73	53.10	0.69	0.12	53.22	−1.08	1.166 4
1.40～1.50	13.43	15.52	12.73	2.41	0.44	13.16	0.27	0.072 9
1.50～1.60	5.40	4.94	4.05	3.09	0.56	4.60	0.80	0.640 0
1.60～1.80	2.67	3.01	2.47	3.72	0.67	3.14	−0.47	0.220 9
1.80～2.00	1.35	1.40	1.15	2.30	0.41	1.56	−0.21	0.044 1
+2.00	19.37	3.13	2.57	87.79	15.77	18.34	1.03	1.060 9
合计	100	100	82.03	100	17.97	100	0	3.307 6

(2) 最小二乘法计算两产品实际产率

设 G_{0j}，G_{1j} 和 G_{2j} 分别为入料、洗混煤和矸石的第 j 个密度级的产率，γ_1 和 γ_2 分别是洗混煤和矸石的产率。

两产品最小二乘法解可以写为：

$$\gamma_1 = \frac{g_{01}}{g_{11}} \times 100\%$$

$$\gamma_2 = 100\% - \gamma_1$$

式中：

$$g_{01} = \sum_{j=1}^{N}(G_{0j} - G_{2j})(G_{1j} - G_{2j})$$

$$g_{11} = \sum_{j=1}^{N}(G_{1j} - G_{2j})^2$$

采用表格形式计算中间变量。

计算产品产率：

$$\gamma_1 = \frac{g_{01}}{g_{11}} \times 100\% = \frac{9\ 278.644\ 2}{11\ 497.89} \times 100\% = 80.70\%$$

$$\gamma_2 = 100\% - \gamma_1 = 100\% - 80.70\% = 19.30\%$$

用计算得到的产品产率和表 2-33 的本级产率计算出计算入料、偏差，见表 2-34。

表 2-33　　两产品产率中间变量计算表

密度/(kg·L^{-1})	入料	洗混煤	矸石	中间变量			
	产率/% G_{0j}	产率/% G_{1j}	产率/% G_{2j}	$(G_{0j}-G_{2j})$	$(G_{1j}-G_{2j})$	$(G_{0j}-G_{2j})\times(G_{1j}-G_{2j})$	$(G_{1j}-G_{2j})^2$
(1)	(2)	(3)	(4)	(5)	(6)	(7)	(8)
−1.30	5.64	7.27	0.00	5.64	7.27	41.002 8	52.85
1.30～1.40	52.14	64.73	0.69	51.45	64.04	3 294.858 0	4 101.12
1.40～1.50	13.43	15.52	2.41	11.02	13.11	144.472 2	171.87
1.50～1.60	5.40	4.94	3.09	2.31	1.85	4.273 5	3.42
1.60～1.80	2.67	3.01	3.72	−1.05	−0.71	0.745 5	0.50
1.80～2.00	1.35	1.40	2.30	−0.95	−0.90	0.855 0	0.81
+2.00	19.37	3.13	87.79	−68.42	−84.66	5 792.437 2	7 167.32
合计	100	100	100			9 278.644 2	11 497.89

表 2-34　　计算入料及偏差计算表

密度/(kg·L^{-1})	入料	洗混煤		矸石		计算入料 (7)=(4)+(6)	偏差 (8)=(2)−(7)	Δ^2 (9)=(8)×(8)
	产率/%	占本级产率/%	占入料产率/% (4)=(3)×γ_1	占本级产率/%	占入料产率/% (6)=(5)×γ_2			
(1)	(2)	(3)	(4)	(5)	(6)	(7)	(8)	(9)
−1.30	5.64	7.27	5.867	0	0	5.87	−0.23	0.053
1.30～1.40	52.14	64.73	52.237	0.69	0.133	52.37	−0.23	0.053
1.40～1.50	13.43	15.52	12.525	2.41	0.465	12.99	0.44	0.194
1.50～1.60	5.40	4.94	3.987	3.09	0.596	4.58	0.82	0.672
1.60～1.80	2.67	3.01	2.429	3.72	0.718	3.15	−0.48	0.230
1.80～2.00	1.35	1.40	1.130	2.30	0.444	1.57	−0.22	0.048
+2.00	19.37	3.13	2.526	87.79	16.943	19.47	−0.10	0.010
合计	100	100	80.700	100	19.30	100.00		1.260

用表 2-34 数据计算均方差：

$$\sigma = \sqrt{\frac{1}{N-M+1}\sum_{j=1}^{7}\Delta_j^2} = \sqrt{\frac{1}{7-2+1} \times 1.26} = 0.458$$

从本例计算结果看，最小二乘法计算产品实际产率结果的均方差小于数质量平衡计算产率的均方差。

（二）三产品产率计算

已知某跳汰机单机检查获取的入料和产品的密度分析结果见表 2-35。

表 2-35　　某跳汰机入料和产品的密度分析表

密度/(kg·L^{-1})	入料		精煤		中煤		矸石	
	产率/%	灰分/%	产率/%	灰分/%	产率/%	灰分/%	产率/%	灰分/%
(1)	(2)	(3)	(4)	(5)	(6)	(7)	(8)	(9)
−1.30	5.64	4.06	7.97	4.12				
1.30～1.40	52.14	7.95	70.17	8.15	8.07	8.69	0.69	10.50
1.40～1.50	13.43	15.86	16.07	17.51	9.78	17.82	2.41	17.65
1.50～1.60	5.40	26.26	4.55	27.97	8.98	26.62	3.09	26.82
1.60～1.80	2.67	37.33	1.24	48.64	21.48	42.16	3.72	37.03
1.80～2.00	1.35	53.37			15.97	63.40	2.30	56.04
+2.00	19.37	85.24			35.72	83.43	87.79	85.86
合计	100	26.15	100	10.74	100	53.82	100	79.37

1. 污染指标计算产品产率

将表 2-35 的原煤浮沉资料合并成为 3 个密度级，得到污染指标见表 2-36。

表 2-36　　污染指标

密度级/(kg·L^{-1})	原煤	精煤	中煤	矸石
−1.5	71.21	94.21	17.85	3.10
1.5～1.8	8.07	5.79	30.46	6.81
+1.8	20.72	0	51.69	90.09
合计	100	100	100	100

用三产品平衡式解出跳汰三产品的精煤产率 γ_1、中煤产率 γ_2 和洗矸产率 γ_3。

根据污染指标可以列出不同的三产品平衡式：

$$\begin{cases} 94.21\gamma_1 + 17.85\gamma_2 + 3.1\gamma_3 = 71.21 \times 100\% \\ 5.79\gamma_1 + 30.46\gamma_2 + 6.81\gamma_3 = 8.07 \times 100\% \\ \gamma_1 + \gamma_2 + \gamma_3 = 100\% \end{cases}$$

解得：$\gamma_1 = 73.38\%$，$\gamma_2 = 4.06\%$，$\gamma_3 = 22.56\%$。

利用表 2-35 中的数据和求解得到的产品产率，可以得到计算入料，进而计算均方差得：$\sigma = 0.926$。

$$\begin{cases} 94.21\gamma_1 + 17.85\gamma_2 + 3.1\gamma_3 = 71.21 \times 100\% \\ 5.79\gamma_1 + 30.46\gamma_2 + 6.81\gamma_3 = 8.07 \times 100\% \\ 0 \times \gamma_1 + 51.69\gamma_2 + 90.09\gamma_3 = 20.72 \times 100\% \end{cases}$$

解得：$\gamma_1 = 73.38\%$，$\gamma_2 = 8.49\%$，$\gamma_3 = 18.13\%$。

利用表 2-35 中的数据和求解得到的产品产率，可以得到计算入料，进而计算均方差得：

$\sigma=0.525$。

比较不同条件的平衡式方程的求解结果知，在试验数据准确的前提下，尽可能利用试验数据建立平衡方程式，有利于提高精度。

2. 最小二乘法计算三产品产率

设 G_{0j}，G_{1j}，G_{2j} 和 G_{3j} 分别为入料、精煤、中煤和矸石的第 j 个密度级的产率，γ_1，γ_2 和 γ_3 分别是精煤、中煤和矸石的产率。

对于三产品分选最小二乘法求解产率的解可以表达为

$$\gamma_1 = \frac{g_{01}g_{22} - g_{02}g_{12}}{g_{11}g_{22} - g_{12}g_{12}} \times 100\%$$

$$\gamma_2 = \frac{g_{02}g_{11} - g_{01}g_{12}}{g_{11}g_{22} - g_{12}g_{12}} \times 100\%$$

$$\gamma_3 = 100\% - \gamma_1 - \gamma_2$$

式中：

$$g_{01} = \sum_{j=1}^{N}(G_{0j} - G_{3j})(G_{1j} - G_{3j})$$

$$g_{11} = \sum_{j=1}^{N}(G_{0j} - G_{3j})^2$$

$$g_{02} = \sum_{j=1}^{N}(G_{0j} - G_{3j})(G_{2j} - G_{3j})$$

$$g_{12} = \sum_{j=1}^{N}(G_{1j} - G_{3j})(G_{2j} - G_{3j})$$

$$g_{22} = \sum_{j=1}^{N}(G_{2j} - G_{3j})^2$$

中间变量采用表格形式计算较为方便，见表 2-37。

表 2-37　最小二乘法计算三产品产率中间变量计算表

密度/(kg·L^{-1})	原煤及产品浮沉试验				中间变量的计算				
	原煤 G_{0i}	精煤 G_{1i}	中煤 G_{2i}	矸石 G_{3i}	$g_{01}=(G_{0i}-G_{3i})\times(G_{1i}-G_{3i})$	$g_{11}=(G_{1i}-G_{3i})^2$	$g_{02}=(G_{0i}-G_{3i})\times(G_{2i}-G_{3i})$	$g_{12}=(G_{1i}-G_{3i})\times(G_{2i}-G_{3i})$	$g_{22}=(G_{2i}-G_{3i})^2$
(1)	(2)	(3)	(4)	(5)	(6)	(7)	(8)	(9)	(10)
−1.30	5.64	7.97			44.95	63.52	0	0	0
1.30～1.40	52.14	70.17	8.07	0.69	3 574.75	4 827.47	379.70	512.76	54.46
1.40～1.50	13.43	16.07	9.78	2.41	150.53	186.60	81.22	100.67	54.32
1.50～1.60	5.40	4.55	8.98	3.09	3.37	2.13	13.61	8.60	34.69
1.60～1.80	2.67	1.24	21.48	3.72	2.60	6.15	−18.65	−44.04	315.42
1.80～2.00	1.35		15.97	2.30	2.19	5.29	−12.99	−31.44	186.87
+2.00	19.37		35.72	87.79	6 006.59	7 707.08	3 562.63	4 571.23	2 711.28
累加和	100	100	100	100	9 784.98	12 798.24	4 005.52	5 117.78	3 357.04

由表 2-37 得到中间变量，按照产率解的表达式计算产率：

$$\gamma_1=\frac{g_{01}g_{22}-g_{02}g_{12}}{g_{11}g_{22}-g_{12}g_{12}}\times 100$$

$$=\frac{9\ 784.98\times 3\ 357.04-4\ 005.52\times 5\ 117.78\times}{12\ 798.24\times 3\ 357.04-5\ 117.78^2}\times 10=73.63(\%)$$

$$\gamma_2=\frac{g_{02}g_{11}-g_{01}g_{12}}{g_{11}g_{22}-g_{12}g_{12}}\times 100$$

$$=\frac{4\ 005.52\times 12\ 798.24-9\ 784.95\times 5\ 117.78}{12\ 798.24\times 3\ 357.04-5\ 117.78^2}=7.07(\%)$$

$$\gamma_3=100-\gamma_1-\gamma_2$$

$$=100-73.62-7.07=19.30(\%)$$

利用表 2-35 中的数据和求解得到的产品产率，可以得到计算入料，进而计算均方差得：$\sigma=0.458$。

显然采用最小二乘法计算产品产率较污染指标法更为精确。

（三）相关报表

① 重选设备工艺效果评定报告表见表 2-38。

② 产品数质量平衡表见表 2-39。

③ 生产日报表见表 2-40 至表 2-42。

表 2-38　　　　重选设备工艺效果评定报告表

试验编号		试验地点		××矿业集团××选煤厂				试验日期	1996.09.11
概况		分选产品/%						计算入料的可选性	
设备型号及规格	永田 27M²	精煤		中煤		矸石		理论精煤产率/%	77.63
入料煤种		产率	灰分	产率	灰分	产率	灰分	理论分选密度/(kg·L⁻¹)	1.67
入料粒度/mm	50～0 mm	73.63	11.52	7.07	56.37	19.3	79.10	±0.1 含量/%	4.59
入料灰分/%	26.15	均方差		0.458				分选效果	
作业性质	主选	分选密度/(kg·L⁻¹)						一段	二段
处理能力/(t·h⁻¹)	379.9	一段		二段		可能偏差(E)/(kg·L⁻¹)		0.262	0.077
试验历经时间/h		2.14		1.663		不完善度(I)		0.23	0.116
备　注						数量效率(η)/%		94.85	
						分配密度下的总错配物含量(m_0)/%			
						等误密度/(kg·L⁻¹)			

表 2-39　　　　选煤产品平衡表计算

名称		含实际全水分产品		商品产品		折合后平衡量		产率/%	灰分/%
		数量/t	水分/%	数量/t	规定水分/%	数量/t	规定水分/%		
(1)		(2)	(3)	(4)	(5)	(6)	(7)	(8)	(9)
		实际计量	实测水分	按(5)栏水分计算折合量	产品目录水分(精煤为计量水分)	按(7)栏水分计算折合量	产品目录的精煤计量水分	按(6)栏内数据计算	
一、入厂原煤		145 524	5.4						
二、入选原煤		145 188	5.4			144 576	5	100	24.62
1. 精煤		124 402	14.38	112 119	5	112 119	5	77.55	11.56
2. 中煤		11 027	13.74	10 689	11	10 012	5	6.93	57.8
3. 煤泥		3 229	34.5	2 855	26	2 226	5	1.54	42.14
4. 矸石	选矸	20 229	8.6	—	—	19 786	5	—	—
	洗矸	336	5.4	—	—			13.68	79.10
5. 损失						432.6	5	0.30	58.84

表 2-40　　　　选煤生产日报表(一)

洗煤生产							
		当日	本月累计			当日	本月累计
入选原煤	计划入选量/t			生产精煤	产量/t	4 146.8	
	实际入选量/t	5 318.6			灰分/%	11.56	
	毛煤灰分/%				全水分/%	14.38	
	原料煤灰分/%	24.18			产率/%	77.55	
洗煤其他	洗混煤灰分/%			浮选	入料灰分/%	15.94	
	中煤灰分/%	53.82			精煤灰分/%	10.99	
	洗矸灰分/%	79.37			精煤水分/%	30.25	
					尾煤灰分/%	55.77	

密度组成/%	$r_{-1.5}$	$r_{1.5\sim1.8}$	$r_{+1.8}$
入选原料煤	71.21	8.07	20.72
跳汰机溢流口精煤	94.21	5.79	0
中煤	17.85	30.46	51.69
洗矸	3.10	6.81	90.09

表 2-41　　**选煤生产日报表(二)**

产品销售						
		当日	本月累计		当日	本月累计
计划销售量/t	精煤			洗矸		
实际销售量/t						
灰分/%						
全水分/%						
发热量/(MJ·kg^{-1})						
全硫分/%						
销售量/t	中煤					
灰分/%						
全水分/%						
进厂原煤	矿	矿	矿	矿	合计	本月累计
吨数/t						
灰分/%						
全水分/%						

表 2-42　　**选煤生产日报表(三)**

		生产时间/h		停产时间/h						消耗/(kg·t^{-1})	
		当日	本月累计	检修	机械故障	电气事故	仓满	欠煤	其他	重介质	
设备运转	夜班	7								起泡剂	0.45
	白班	7								捕收剂	1.59
	中班			7							
	合计	14									

思　考　题

1. 选煤厂的技术检查工作包括哪几项？每一项的基本内容和作用是什么？
2. 技术检查计划的主要内容有哪些？各项内容的具体做法是怎样的？
3. 如何进行采样？采样的依据是什么？精密度应如何确定？
4. 煤样制备应经过哪些步骤？缩制不同粒度煤样时需注意什么？
5. 煤炭质量指标有哪些？各是什么含义？各自用什么符号表示？
6. 煤炭质量指标的换算基准有哪些？相互之间如何换算？
7. 煤质分析的样品怎样才能具有代表性？
8. 技术检查的计划项目有哪些？其要求得出什么结果？
9. 技术检查的结果如何处理？各自形成哪些主要报表？
10. 技术检查资料中的产率如何计算？最小二乘法实质是解决什么问题？
11. 熟悉各种报表的计算方法。

第三章　选煤过程的预测优化与效果评价

选煤生产过程中，各个工艺环节及整个系统的运行状况分析、分选效果的分析评定及生产系统的优化是选煤厂生产技术管理的核心工作，也是选煤厂质量管理和成本管理工作的基础。只有经常对选煤厂实际生产效果、主要工艺技术指标、分选设备性能指标等进行分析与评定，并不断地根据不同入选原煤性质和生产条件作出正确的预测与评判，才能及时发现问题，特别是在主要工艺技术指标上的差距和水平，如选煤效率、分选精度、设备单位负荷和单位消耗指标等，找到问题的内部和外部原因，提出改进方案与措施，为领导正确决策提供依据，使选煤厂生产处于最佳的运行状态。

选煤厂的最终产品是由不同分选作业产品混合而成的。具体到某一种产品，各分选作业选出的灰分和产率都不尽相同，这就出现了在满足其质量要求的前提下，寻求最佳的不同分选作业产品的质量搭配方案的问题，换言之，就是根据产品质量要求，预测不同分选作业的分选指标，寻求最佳的分选配合方案。这项工作对提高选煤厂的经济效益有重要的意义。

第一节　预测的基本概念

一、预测的基本概念

（一）预测的意义与作用

预测是根据历史资料和现实情况，运用科学方法和手段，对事物的未来发展作出的估计和评价。预测的目的在于为正确决策提供依据，为将来的不确定因素提供信息和数据，为制定政策和规划、确立经营目标等重大决策服务。

对未来状况的科学估计，要依赖于对社会、经济、科学技术和自然环境发展规律的认识和了解，同时还要掌握科学的预测技术。科学预测是在一定的理论指导下，以事物发展的历史和现状为出发点，以调查研究所取得的资料和统计数据为依据，在对事物发展过程进行深刻的定性分析和严密的定量计算基础上，研究并认识事物的发展变化规律，进而对事物发展的未来变化预先做出科学的推测。科学的预测，可以帮助人们揭示和认识事物发展的规律，工作中对未来状况估计越准确，做出的决策才能越正确。所以，科学的预测是正确决策的前提和依据。

在工业发达的国家，由于竞争的需要，企业对预测都十分重视。它们把预测看做是关系企业成败的关键和生存条件。各个国家都设有大型的从事预测的公司，向政府和大企业提供预测资料和各项情报。不少企业内部都设有预测机构，预测企业的生产质量指标、产品销售趋势、竞争地位、市场潜力、经济动态和资源供应状况等，以期通过预测，将市场经济中的未知状态转变为已知状态，使企业少担风险，少受损失，在竞争中求得生存和发展。

在我国，为了适应国民经济的快速发展，满足国内市场不断增长的需求和国际市场的需要，科学预测在生产经营决策中的地位和作用已逐步为各个部门和企业所认识，并且，不少部门和企业在预测应用技术上取得了明显的经济效果。

（二）预测的特点

预测具有如下特点：

① 预测是把过去、现在和未来视为不可截然分开的整体，根据过去和现在预测未来，根据已知推断未知。因此，预测是探索事物发展的必然性和可能性的一种活动，而这种活动是有充分根据的。

② 预测本身不是最终目的，是对社会进行改造和提高科学管理水平的一种重要手段。它的功能在于提供关于未来的信息，在于提高人们的决策水平，以便人们去追求和努力争取实现有利的未来，尽力减少或避免不利的未来所带来的损失。

③ 预测的结果具有近似性和随机性的特点。预测的对象是现实事物的未来状态和未来发生的事件，显然这些事件和状态具有不确定性，因此预测的结果往往带有近似性和随机性。预测结果往往会与实际发生的结果有偏差，所以人们很难使预测结果百分之百的准确。

④ 预测工作具有科学性，也具有艺术性。预测的科学性表现在预测有充分的理论依据，基于能指导实践的理论，基于详尽的调查研究，基于系统而可靠的资料，基于科学的方法和计算工具等。预测的艺术性则表现在预测工作的质量很大程度上取决于预测工作者进行调查研究、收集资料、分析数据、提出假设、选择方法、建立模型、推理判断的技巧以及预测工作者自身的素质、经验及能力。任何预测方法都不是灵丹妙药，成功的预测绝不是仅仅依靠数学模型所能办到的。

对于选煤企业来说，要制定合理的选煤产品结构，就必须通过预测及优化，找到一个实现利税的最佳方案；要达到一个理想的生产技术指标，就必须通过生产过程工艺参数的预测与优化，实现生产系统间的最佳配合；要想了解某一产品在未来几年的销路情况，也要进行预测，并通过预测的结果去指导企业中长期计划的制订。因此，选煤企业为了求得生存和发展，获得最佳的经济效益，就必须重视经济和技术的预测、优化工作。

（三）预测的分类

预测技术的种类繁多，其分类的方法也是各种各样。

按预测范围不同，有宏观预测和微观预测两大类。

按预测对象不同，有社会预测、科学预测、技术预测和经济预测等。

按期限长短不同，有短期、中期和长期预测。但期限划分的标准很不统一，长期预测的期限一般在五年以上，中期预测的期限为三年左右，预测期限在一年以下，以季、月计的为短期预测。

按预测方法的不同，有定性预测和定量预测。

定性预测主要是利用直观材料，通过对历史资料分析和对未来条件的研究，凭借预测者主观经验和逻辑推理能力，去对事物未来状况进行推测和判断。这种方法又称直观预测法。

定量预测是根据历史资料，运用数学模型求得定量结果的方法，如对总产值、销售量、利润额等的预测。定量预测是在历史数据和统计资料的基础上，运用数学或其他分析技术建立可以表现数量关系的数学模型，并利用它来计算预测对象在未来可能达到的数量。

凡利用历史数据来推算事物发展趋势的叫外推法，常用的有时间序列分析法。凡利用事物内部因素发展的因果关系来预测事物发展趋势的叫因果法，常用的有回归分析法等。

二、预测系统组成要素

预测是一个复杂的过程，主要由以下五个基本要素组成：预测者，预测对象，信息，预测理论、方法和手段，预测结果。

预测系统的基本结构见图3-1。

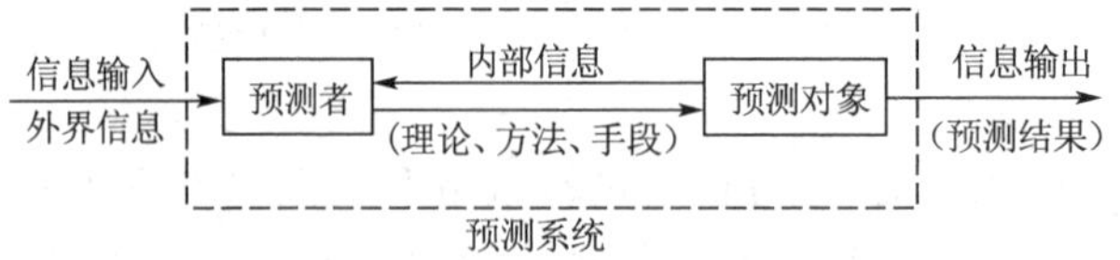

图3-1　预测系统的基本结构

三、预测步骤

预测的基本步骤因预测对象、预测目标的不同而各有不同，一般的预测工作包括以下六个基本步骤。

1. 确定预测目标及预测内容

预测的第一个环节是确定预测目标，目标明确才能有的放矢。确定目标包括确定预测的范围、领域和预测的时间要求。预测内容包括技术经济指标、产品需求及技术发展趋势的预测等。预测前，对目标和期限的长短必须有一个明确的规定。例如，对选煤厂最佳产品结构的预测，其目标可能是最大利润、最高产率或最低成本。经分析后，应该是最大利润而不是其他。如果把目标定错了，定为精煤最高产率，那么有时会出现精煤产率最高，但产品结构不合理，而使最终利润有可能下降。对产品市场的预测，一方面要明确产品用户的对象；另一方面要确定时间的长短，是预测一年，五年，还是十年。时间不同，预测的方法也各有所异。

2. 收集资料

资料是进行预测的依据。预测所需要的信息资料可以分为两种：一种是关于预测对象本身的资料，称为内部信息；另一种是预测对象的背景资料，称为外部信息。内部信息与预测对象的历史和现在的发展状况有关，外部信息与影响预测对象发展过程的各种因素有关。在收集外部信息时，应当注意收集那些能对预测对象未来发展起重大影响的背景材料。

应收集整理分析较为可靠的历史信息，作为预测的基础资料。

3. 建立预测模型

预测模型是对预测对象发展规律的近似模拟，在预测时，应根据预测目标的演变规律和占有的信息资料，建立适当的预测模型。对于定量预测，必须建立准确的易于应用计算机预测的模型；对于定性预测，要设定一些逻辑思维和推理程序，或将两者结合起来综合应用。

4. 分析评价

由于模型是利用历史资料得出的，它反映的是事物发展的历史规律。因此，应根据收集到的有关未来情况的资料，对所得到的预测模型加以分析研究，评价其是否能够应用于对未来实际的预测。例如，利用回归技术得到的数学模型能否通过各种有关的检验，通过检验的模型是否能反映出事物发展的未来规律；事物未来发展的趋势是否还保持趋势外推公式所表现出来的形式；事物发展的概率分布是否将发生较大的变化等。

对模型预测结果的分析评价，重点应放在影响未来发展的新因素方面，而且要尽可能把这些新因素转化成数量概念，再分析它们对未来事件的影响范围及影响程度，以找出预测结果与未来实际之间可能产生误差的大小。

5. 修正预测值

对预测结果出现的误差要进行修正，修正时，也可建立数学模型。例如用季节性指数修正产品需求量的预测值；用非线性优化程序确定选煤厂最佳产品结构并综合考虑改变产品结构所造成的成本变化以及增加某一产品后，产品的运输贮存能力的适应性。如果不适应，要考虑增加投资进行改扩建。总之，要对预测结果进行修正，最后作出正确的决策。

6. 编写预测报告

根据预测工作的最后结果，应写出预测报告。有水平的预测报告还应附上决策的初步建议。

第二节　预测的基本方法

一、直观预测法

(一) 专家预测法——德尔菲法

专家预测法是以专家为索取未来信息的对象。这些专家不仅在该预测对象方面，而且在与其相关学科方面都具备相当的学术水平，同时也具备在大量感性经验资料中看到事物"本质"的能力。此法主要是组织各领域的专家，运用专业方面的知识和经验，根据预测对象的外界环境(社会环境、自然环境)，通过直观归纳，对预测对象的过去和现状的变化发展过程进行综合分析与研究，找出它的运动规律，对其未来的发展趋势及状况作出判断。

德尔菲法概括地说就是函询调查法。即将所要预测的问题和必要的背景材料，用通信的形式向专家们提出，得到答复后，把各种意见经过综合、归纳和整理再反馈给专家，进一步征询意见，再次进行综合、整理和反馈，如此反复多次，直到预测的问题得到较为满意的结果。

这种方法有三个特点：一是匿名性，在调查过程中，专家互不见面，直接与评委会的领导人联系，因而可消除相互间心理上的影响，做到自由充分地发表意见；二是反馈性，德尔菲法采用多轮调查的方式，即在每一轮调查表收回后，通过整理、归纳与分类后，再随同下一轮调查表发给专家，使专家们知道对所研究问题的多种见解及其依据是什么，以便再思考，做出新的判断；三是收敛性，多轮调查与反馈的过程，也是专家们在匿名状态下相互影响和说服的过程，分散的意见趋于集中，呈现出收敛的趋势。在实际预测过程中，当很多实际问题无法用定量预测法时，均可用德尔菲法进行预测。

德尔菲预测法的基本程序如下：

① 明确选择题目范围，并制定征询意见调查表。

调查表是德尔菲法的主要调查形式，表中要提出预测目标、实现目标的各种手段或方案。表内提出的问题力求明确、清楚和简单。为了使专家们对所预测的问题有一个共同的认识起点和基础，要向专家们提供有关预测事物的背景材料，并且要求评委领导们不带任何倾向和掺杂个人意见。

② 选择专家。在应用德尔菲法时，专家的选择是预测的关键，也是评委会领导人的主要工作。在选择专家的过程中需要明确三个问题：一是确定什么叫专家；二是怎样选择专

家;三是选择什么样的专家。所选择的专家要精通技术,有一定名望,有代表性,同时要选择边缘学科、社会学和经济学方面的不同专业的专家。还有一点值得注意,聘请时要专家自愿,本人乐于承担任务,能坚持到底。

专家小组的人数一般为10~50人,对重大问题的预测,专家人数可扩大到100人以上。

③ 向专家函询调查,将调查表发给每位专家,综合归纳专家所填写的调查表。第一轮的咨询调查表完全没有框框,允许任意回答。将第一轮的调查结果匿名反馈给各个专家,再次征求意见。返回后再加以综合,再匿名反馈。经过多次反复循环,即可得到一个比较正确和可靠的意见。实践表明,反复的次数一般为四轮。

④ 预测结果的分析处理。对返回的调查表,要统计出每一事件的得分或概率的分布情况。检查是否达到预期的预测目标,预测误差是否在允许的范围之内,预测结果是否合理等。

⑤ 提出预测报告。预测结果经过分析确认无误后,便可提出预测报告,供有关管理人员参阅。预测报告中至少应包括预测结论和建议两项内容。

(二) 主观概率预测法

主观概率预测法是指在对某一事件发生的可能性进行预测时,由各位专家根据他们的经验及对事件的了解情况,给出事件可能发生程度的一种主观估计。主观概率法与一般的投票表决不同,它有概率层次,如0.1,0.2,…,0.8,0.9等。对预测来说,概率是对未来不肯定性的一种主观说明。

设概率为P_i,其值为$0<P_i<1$。归纳后求出N位专家的主观概率预测值的平均值就是该事件发生的概率$\overline{P}$。

$$\overline{P}=\frac{\sum P_i}{N} \tag{3-1}$$

如某公司要开发一项新产品,把此计划附上目标说明及实际资料分发给10名专家。经专家分析和判断,对成功概率的估计是:3人0.7,4人0.6,2人0.8,1人0.2。10名专家预测成功可能性的平均概率是:(3×0.7+4×0.6+2×0.8+1×0.2)/10=0.62,最后加上领导意见,决定是否开发此新产品。

二、时间序列预测法

时间序列就是利用过去的历史数据,按时间顺序排列起来的一组数字序列。例如,煤矿按年度排列的年产量,选煤厂按月份或季度排列的精煤产品销售额等。时间序列是日常统计工作中经常遇到的概念。时间序列预测法是经营管理工作中经常运用的一种方法,它有下面两个基本特点:

一是承认事物发展的延续性。假定预测事物的未来同过去一样,它过去的状况也会延续到未来。因此,只要利用过去的历史数据,就能推测事物的未来发展趋势,并作出预测。这种由过去推测未来的方法,称为外推法。这种方法简单方便、计算容易。但是,事物的发展不可能只是它过去的简单重复,这类方法只适用于短期预测,用于长期预测时准确性较差。

二是承认事物发展的不规律性。它不考虑事物发展的因果关系,因此,这种方法本身着眼于如何消除事物发展不规律因素(偶然性因素)的干扰和影响,把时间序列作为随机变量序列,运用数学平均或加权平均的方法,作出趋势预测。

时间序列所反映的客观事物的发展变化，是各种不同因素共同作用的结果，因而，不同的时间序列，其变化规律也就不同，表现出的特征也不同。通常，根据其引起的变动来看，大致可分趋势变动、季节性变动、周期性循环变动和不规律性变动等。不同的时间序列特征，应该用不同的方法对未来进行预测。

（一）移动平均法

移动平均法是假定预测事物的未来状况只与邻近时期的状况有关，而与较远期的状况无关，因此，只要选用近期的几个数据加以数学平均，即可预测下期的数据。

假设已知某选煤厂近三个月（一月、二月、三月）的灰分数据分别为 X_1，X_2，X_3，那么，四月份的预测值 F_4 就可用算术平均的方法计算如下：

$$F_4=\frac{X_3+X_2+X_1}{3} \tag{3-2}$$

同理，五月份预测值 F_5 就应为：

$$F_5=\frac{X_4+X_3+X_2}{3} \tag{3-3}$$

按此顺序滑动，就可得到不同月份的预测值。如果收集的数据量大，应用 n 个月的数据加以平均，则预测模型的形式如下：

$$F_{t+1}=\frac{X_t+X_{t-1}+\cdots+X_{t-n+1}}{n} \tag{3-4}$$

式中 X_t——第 t 个周期的实际值；

F_{t+1}——第（$t+1$）个周期的预测值；

n——与预测期邻近的有关的周期（月）数。

式（3-4）运用的是简单算术平均法，所以称之为简单移动平均法。一般来说，距预测期越近的数据的影响作用越大。为了加强近期数据的作用，提高预测的准确程度，将简单移动平均法修正为加权移动平均法，则式（3-2）计算方法修正如下：

$$F_4=\frac{3X_3+2X_2+X_1}{3+2+1}=\frac{1}{2}X_3+\frac{1}{3}X_2+\frac{1}{6}X_1 \tag{3-5}$$

式中，前面等式的 3、2、1 为加权数，根据实际经验加以选择。

从上式可看出：三月份距预测期最近，分配了较大的权重 1/2；一月份距预测期最远，分配了较小的权重 1/6；二月份居中，分配的权重为 1/3。这样就可以使预测较快地趋于实际值的变化，从而改进了简单移动平均法。如果选用几个相邻数据给予加权移动平均，则加权移动平均法的模型形式为：

$$F=\frac{\sum_{i=1}^{n}W_iX_i}{\sum_{i=1}^{n}W_i} \tag{3-6}$$

式中，W_i 是与 X_i 对应的权重。

下面举例说明移动平均两种方法的实际应用与误差对比。

例如，某煤矿 2008、2009 年度产品月销售量的实际情况如表 3-1 所列，现用简单移动平均法（$n=3$，$n=6$）和加权移动平均法（$n=3$，权重分别为 3、2、1）计算 2010 年各个月份的预测值。

表 3-1　　　　移动平均值

周期		实际值 F' /万 t	简单移动平均法 $F_{t+1}=\frac{X_t+X_{t-1}+\cdots+X_{t-n+1}}{n}$		加权移动平均法 $F_{t+1}=\frac{3X_t+2X_{t-1}+X_{t-2}}{6}$
			$n=3$	$n=6$	$n=3$
2008年	7 月	45			
	8 月	47			
	9 月	46			
	10 月	54			
	11 月	45			
	12 月	48			
2009年	1 月	44	49.0	47.5	48.0
	2 月	39	45.7	47.3	45.5
	3 月	38	43.7	46.0	42.2
	4 月	36	40.3	44.7	39.3
	5 月	38	37.7	41.7	37.2
	6 月	47	37.3	40.5	37.3
	7 月	51	40.3	40.3	42.2
	8 月	48	45.3	41.5	47.5
	9 月	50	48.7	43.0	48.8
	10 月	50	49.7	45.0	49.5
	11 月	53	49.3	47.3	49.7
	12 月	46	51.0	49.8	51.5

根据表 3-1 描绘的时间序列预测图，如图 3-2 所示。

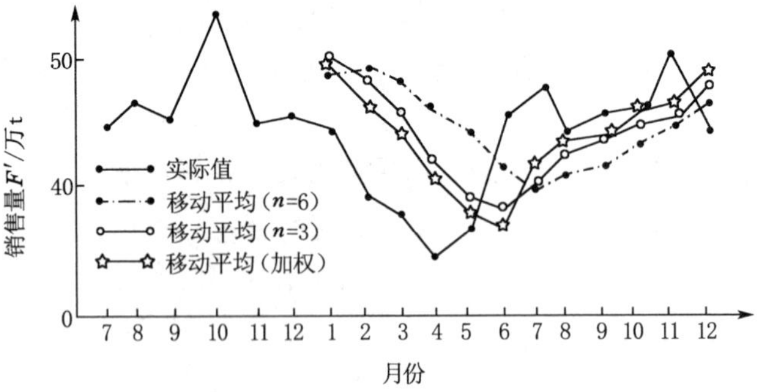

图 3-2　时间序列预测结果

从表 3-1 和图 3-2 可以看出：

① 移动平均法对偶然性因素（或数据变化）的敏感程度决定于周期 n 值。n 值越大，预测曲线越平滑，对偶然性因素影响的敏感程度越差，只能反映预测事物的发展趋势，但与实际值相比偏差较大。n 值较小，预测值就比较接近于实际值，对偶然性因素的影响敏感程度

较强，适应数据变化的周期较短。所以，n 值大小可根据预测事物变化的复杂状况、历史数据的多少和预测的目的与要求进行选择。

用简单移动平均法对时间序列进行预测时，移动周期 n 的选择可用 MSE 检验法来确定。方法是首先计算不同周期 n 的均方差，然后进行比较，确定使均方差最小的周期 n 为移动平均法的周期。

② 加权移动平均法计算的预测值比简单移动平均法的预测值更接近于实际值，但仍有一定偏差。

（二）指数平滑法

加权移动平均法可以克服简单移动平均法的不足，但是不难发现，要给各个时期确定一个合适的权重，并不是一件简单的事，需要反复试验、调整，才可能得到一个满意的结果。指数平滑法通过对权数加以改进，为我们提供了更加快捷而准确的预测方法。

这种方法的基本原则是强调近期数据对预测值的作用，可以任意选择近期数据的权值，但是并未完全忽视远期数据的作用。这种方法也可以说是移动平均法的一种改进型。

指数平滑法的模型如下：

$$F_{t+1}=F_t+\alpha(X_t-F_t)$$

又可写成：

$$F_{t+1}=\alpha X_t+(1-\alpha)F_t \tag{3-7}$$

式中，α 为平滑系数，其值介于 0 与 1 之间（$0<\alpha<1$）。

式(3-7)中的 F_t 又可写成：

$$F_t=\alpha X_{t-1}+(1-\alpha)F_{t-1}$$
$$F_{t-1}=\alpha X_{t-2}+(1-\alpha)F_{t-2}$$
$$\cdots\cdots$$

如此连续推算下去，然后再将不同期的预测值代入式(3-7)，展开后得：

$$F_{t+1}=\alpha X_t+\alpha(1-\alpha)X_{t-1}+\alpha(1-\alpha)^2X_{t-2}+\cdots \tag{3-8}$$

式中 α 值的大小，要根据实际情况选取，如果要加强近期数据的作用，α 值可取得大些。假设令 $\alpha=0.9$ 代入上式，可得：

$$F_{t+1}=0.9X_t+0.09X_{t-1}+0.009X_{t-2}+\cdots$$

可以看出，近期数据在上式中起着主要作用，其余各项历史数据的作用按等比级数（公比为 $1-\alpha$）的权值迅速下降。在实际运用中 α 值的选择，可根据经验来定，如果数据波动不大，α 值应取大一点。这样使预测值对实际值的变化能得到迅速的反应，从而减小预测值与实际值的偏差。

现仍以表 3-1 的实际数据为例，应用指数平滑法，分别按 $\alpha=0.1$ 和 $\alpha=0.9$ 计算 2009 年各个月份的预测值，如表 3-2 所列。

图 3-3 所示为指数平滑法 α 取值不同时的两条预测曲线。可以看出：由于实际数据不稳定，波动较大。在这种情况下，当 $\alpha=0.9$ 时，预测曲线比较接近于实际值；当 $\alpha=0.1$ 时，预测曲线只反映出数据变化规律趋势，与实际值偏差较大。

指数平滑法是通过人工对 α 值的调节来加强不同时期的数据作用，改进了滑动平均法的缺点，能适应比较复杂的变化情况，要求历史数据也较少。

表 3-2　　　　　　**指数平滑法**

周期		2008年						2009年											
		7	8	9	10	11	12	1	2	3	4	5	6	7	8	9	10	11	12
实际值		45	47	46	54	45	48	44	39	38	36	38	47	51	48	50	50	53	46
预测值	$\alpha=0.1$	45	45	45.2	45.3	46.2	46.1	46.3	46.1	45.4	44.7	43.9	43.3	43.7	44.4	44.8	45.3	45.8	46.5
	$\alpha=0.9$	45	45	46.8	46.1	53.2	45.8	47.8	44.4	39.5	38.1	36.2	37.8	46.1	50.5	48.2	49.8	50.0	52.3

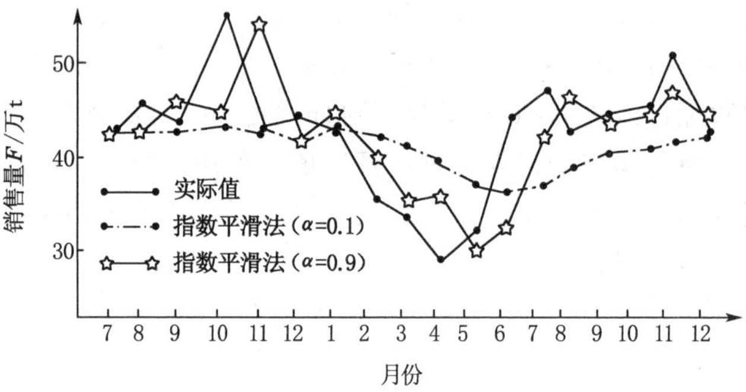

图 3-3　指数平滑法预测结果

（三）季节性变动预测法

在企业的经营管理活动中，经常会出现季节性变动的现象。例如，水电生产部门由于气候（旱季和雨季）对电力生产的影响；动力煤产品在冬季需求量明显高于其他季节。为了适应不同生产部门和消费供应部门的这种季节性或周期性变动要求，搞好均衡生产和适时供应，就必须掌握这些部门的变动规律。

季节性变动比较复杂，它既包括有趋势性变化（如需求量或消耗量的逐年增长），也可能包括有季节性变化，或者还有其他偶然性变化等。因此，对具有这种变化事物的分析和预测，需要应用多种可行的方法进行综合分析。

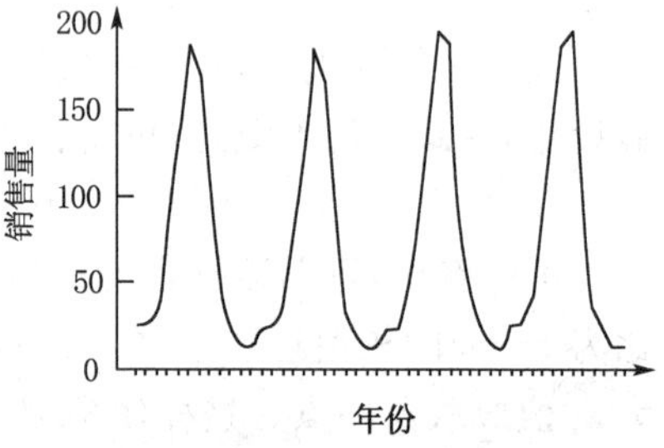

图 3-4　产品历年销售量

例如，图 3-4 中所示的某产品月销量是一个不变季节指数的时间序列。从图中可以看出，虽然该产品的月销量随着季节的不同出现周期性波动，但同一季节中波动的幅度大致相同。如果时间序列没有明显的趋势变动，而主要受季节变化和不规则变动影响时，可用季节性水平模型进行预测。预测模型为：

$$\hat{y}_t = \bar{y} \cdot f_t \tag{3-9}$$

式中　$\hat{y}_t$——时间序列的趋势值；

　　　f_t——季节指数。

对季节性水平模型可用不同的方法确定其参数，下面主要介绍序列平均值法。

序列平均值法是用时间序列的平均值作为序列的平均趋势值；用同月或同季的平均值

与序列平均值的比作为季节指数的方法。计算公式为：

$$\bar{y}=\frac{1}{n}\sum_{t=1}^{n}y_t \tag{3-10}$$

式中　$\bar{y}$——时间序列的平均值；

y_t——时间序列的观测值；

n——观测值个数。

$$f_t=\frac{\bar{y}_t}{\bar{y}} \tag{3-11}$$

式中　$\bar{y}_t$——同月或同季的平均值；

f_t——季节指数。

预测模型中，用 $\bar{y}$ 作为时间序列的平均水平，目的是消除时间序列中的季节变动和不规则变动。用 $\bar{y}_t$ 作为相同季或月的平均水平，目的是消除各季或月中的随机干扰。在含有季节变动的时间序列中，显然同季或同月具有相同方向的变动。用$\bar{y}_t/\bar{y}$作为季节指数。当某月或季的平均水平高于序列平均水平时，季节指数大于 1；当某月或季的平均水平低于序列平均水平时，季节指数小于 1。显然用序列的平均水平乘以季节指数，可得到时序的估计值。

例如，表 3-3 是某产品 2006 年 1 月至 2009 年 12 月的月销量。根据已知数据，预测 2010 年该产品的月销量。

表 3-3　　某产品历年销售量　　万台

年＼销量＼月	1	2	3	4	5	6	7	8	9	10	11	12	年合计
2006	24	25	36	100	140	188	168	88	36	20	12	12	849
2007	22	24	35	88	122	186	166	86	31	19	10	11	800
2008	22	22	40	86	135	196	188	90	40	21	12	10	862
2009	24	25	40	90	142	188	196	89	36	22	12	12	876
同月合计	92	96	151	364	535	758	718	353	143	82	46	45	3 387
同月平均	23	24	37.8	91	134.8	189.5	179.5	88.3	35.8	20.5	11.5	11.3	
季节指数	0.33	0.34	0.54	1.29	1.91	2.69	2.54	1.25	0.51	0.29	0.16	0.16	

(1) 绘出数据点的分布图，确定变动的形式

首先绘制表 3-3 数据的季节性指数变化图，见图 3-5。从图中可以看出，这是一个不变季节指数的时间序列，无趋势变动。因此，可用季节性水平模型进行预测。

(2) 建立模型

建立季节性水平模型，计算$\bar{y}$和 f_t 值。根据表 3-3 中的实际观察值，可得到：

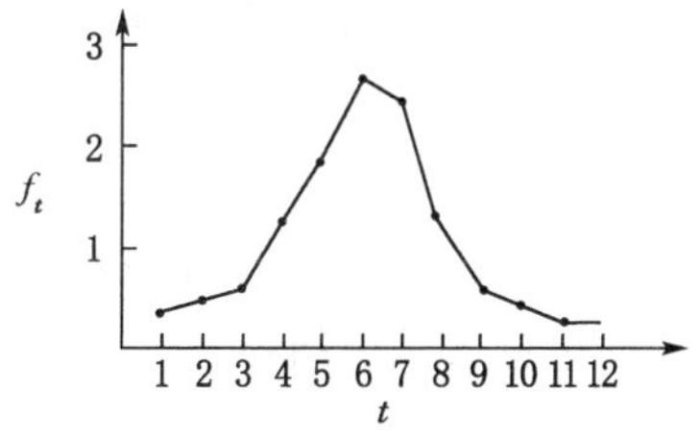

图 3-5　季节指数

$$\bar{y}=\frac{1}{n}\sum_{t=1}^{n}y_t=\frac{1}{48}\times 3\ 387=70.56$$

$$f_t=\frac{\text{同月平均值}}{\text{总平均值}}=\frac{\bar{y}_t}{\bar{y}}$$

计算结果见表 3-3。从表中可以看出，1～3 月是销量淡季，季节指数小于 1；4～8 月是销量旺季，季节指数大于 1，6 月进入高峰期，季节指数为 2.69，表明 6 月份销量是年平均销量的 2.69 倍；9 月份销量开始下降，11 月和 12 月是全年销量最低的两个月。将季节指数绘成图 3-5，从图中可以更清楚地看出销量随季节的变动规律。

根据计算结果，季节性模型为：

$$\hat{y}_t=70.56f_t \tag{3-12}$$

（3）预测

用式(3-12)计算 2010 年 1 月至 12 月销量预测值，计算结果列于表 3-4 中。

表 3-4　　2010 年销量预测结果　　万台

月	1	2	3	4	5	6	7	8	9	10	11	12
销量	23.28	23.99	38.10	91.02	134.77	189.81	179.22	88.2	35.99	20.46	11.29	11.29

当时间序列既有季节性变动又有趋势性变动时，如图 3-6 所示，就不能再用水平预测模型进行预测。通常采用趋势剔除法，先将趋势变动从时间序列中剔除掉，再计算季节指数和建立预测模型。

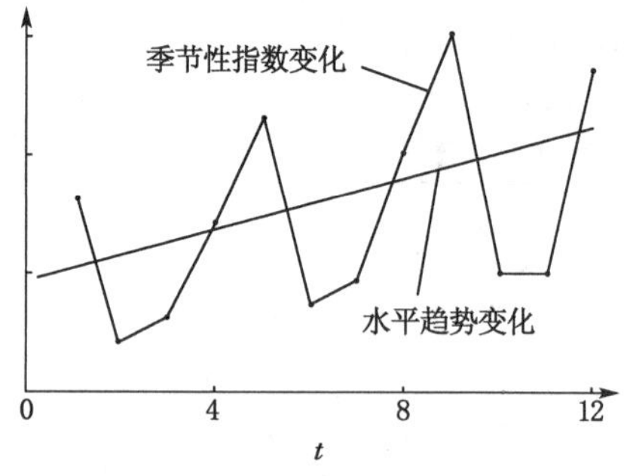

图 3-6　有季节性变动的时间序列

季节性趋势预测模型为：

$$\hat{y}_t=\hat{y}'_t\cdot f_t=(a+bt)\cdot f_t \tag{3-13}$$

式中　$\hat{y}'_t$——各期的趋势估计值；

f_t——季节指数。

季节性趋势预测方法的具体步骤，请参考相关书籍，这里不再详细介绍。

三、回归分析预测法

回归分析预测法是因果法中常用的一种方法。它是以事物发展的因果关系为依据，抓住事物发展的主要因素以及它们之间的相互关系，通过建立数学模型来进行预测的，也是经济预测和技术预测中常用的方法。

回归预测法数学模型可分为线性回归和非线性回归两种，线性回归又可分为一元线性回归和多元线性回归。

（一）一元线性回归预测模型

如果过去某一指标与时间变化的关系近似成一条直线，可用方程表示为：

$$y=a+bx \tag{3-14}$$

用最小二乘法按实际观测值求出误差最小时的参数 a 和 b，再代入新的 x，便可预测未来不同时间该指标的变化。

设 ε_i 为各点实际值与计算值的误差，可表示为：

$$\varepsilon_i = y_i - a - bx_i$$

根据最小二乘法的原理，其误差的平方和为：

$$\sum \varepsilon_i^2 = \sum (y_i - a - bx_i)^2$$

根据极值原理，分别对 a 和 b 求偏微分，并令其为 0，则：

$$\frac{\partial \sum (\varepsilon^2)}{\partial a} = -2\sum (y_i - a - bx_i) = 0$$

$$\frac{\partial \sum (\varepsilon^2)}{\partial b} = -2\sum x_i (y_i - a - bx_i) = 0$$

解联立方程：

$$\begin{cases} \sum (y_i - a - bx_i) = 0 \\ \sum x_i (y_i - a - bx_i) = 0 \end{cases}$$

得：

$$a = \frac{1}{n}\sum y_i - \frac{b}{n}\sum x_i \tag{3-15}$$

$$b = \frac{n\sum x_i y_i - \sum x_i \sum y_i}{n\sum x_i^2 - \left(\sum x_i\right)^2} \tag{3-16}$$

例如：某企业要求预测 2010 年的产品销售总额。现统计了 1999～2009 年的实际销售总额的数据，见表 3-5。

表 3-5　　产品销售总额历史资料

年份	1999	2000	2001	2002	2003	2004	2005	2006	2007	2008	2009
	1	2	3	4	5	6	7	8	9	10	11
产品销售总额/百万元	16.5	22.2	24.9	25.2	31.1	36.5	41.1	46.2	53.1	61.5	66.9

预测步骤和结果如下：

（1）根据表 3-5 的数据绘制散点图（图 3-7）

由月销售额的数据点分布规律看出，呈近似于线性关系，因此，可以运用一元线性回归模型。

（2）建立模型

已知一元回归模型为

$$y = a + bx$$

按式（3-15）、式（3-16）计算 a，b 得：

$$a = 8.884；b = 4.962$$

将 a，b 值代入式 $y = a + bx$，得：

$$y = 8.884 + 4.962x$$

（3）应用模型进行预测

2010 年的产品销售总额为：

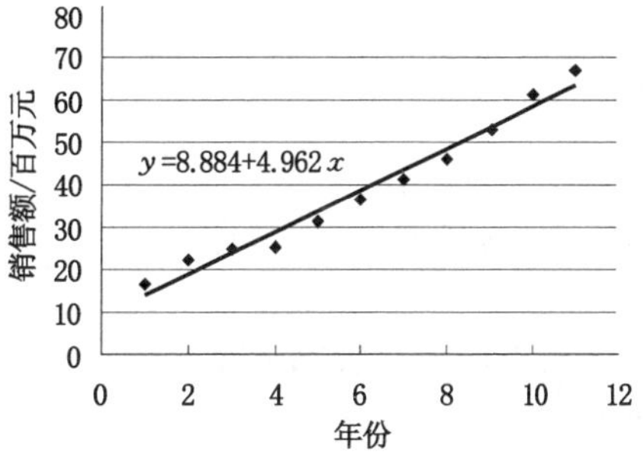

图 3-7　产品销售额预测直线与已知点

$$y=8.884+4.962\times 12=68.428(\text{百万元})$$

（4）拟合误差

模型所求得的预测值与实际值之间存在一定的拟合误差，一般要求误差越小越好，通常用标准误差 $S_{y,x}$ 表示：

$$S_{y,x}=\sqrt{\frac{\sum(y-y')^2}{n-k}} \tag{3-17}$$

式中 y——每个数据点 x 值对应的实际值；

y'——每个数据点 x 值对应的预测值（回归直线上的点）；

n——数据点数；

k——回归方程变量的数目（一元回归为 2，二元回归为 3）。

将数据代入式(3-17)可得：

$$S_{y,x}=0.97$$

（二）一元非线性回归预测模型

在实际问题中，随机量 y 与自变量 x 之间的关系往往不是线性的，而是非线性的。这种情况下，我们只能拟合一条相应的曲线方程，称之为非线性回归。对于这类问题，很多情况下可以通过变量替换，化为线性回归问题，从而可确定出一条直线方程，然后经过变量替换再得到所需的曲线方程。

1．常用的曲线模型

在进行拟合曲线方程工作之前，首先要确定曲线类型。这可以依靠专业知识和过去积累的经验来确定，也可以作散点图进行分析推断。

常用的曲线及其图形有如下几种：

（1）幂函数 $y=cx^b$（c、b 为参数）（图 3-8）

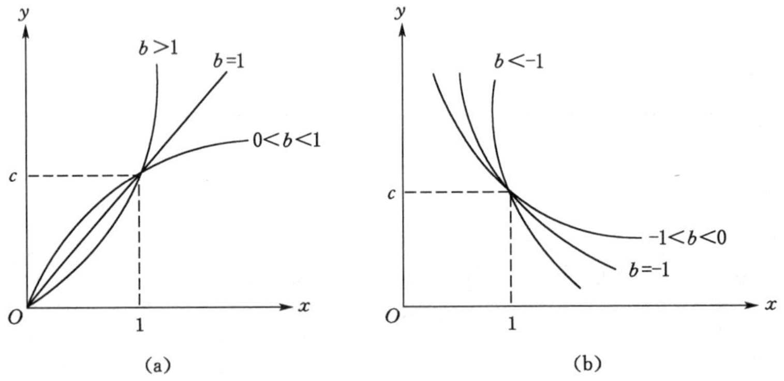

图 3-8　幂函数

变量替换：令 $y'=\ln y$，$x'=\ln x$，$a=\ln c$，则有：

$$y'=a+bx'$$

对坐标平移后幂函数 $y=cx^b+c_0$（c，c_0，b 为参数），函数图形与 $y=cx^b$ 类似，令 $y'=\ln(y-c_0)$，$x'=\ln x$，$a=\ln c$，同样有：

$$y'=a+bx'$$

（2）指数函数 $y=ce^{bx}$（c，b 为参数）（图 3-9）

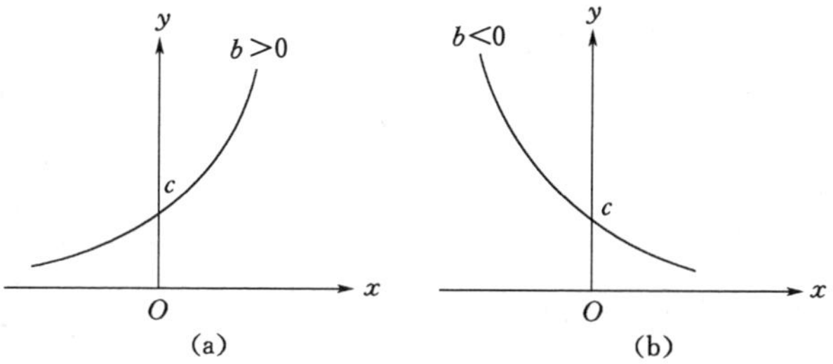

图 3-9　指数函数 $y=ce^{bx}$

变量替换：令 $y'=\ln y$，$x=x'$，$a=\ln c$，则有：

$$y'=a+bx'$$

对 $y=ce^{bx}+c_0$ 也可做类似处理。

(3) 指数函数 $y=ce^{\frac{b}{x}}$（c，b 为参数）（图 3-10）

变量替换：令 $y'=\ln y$，$x'=\dfrac{1}{x}$，$a=\ln c$，则有：

$$y'=a+bx'$$

(4) 对数函数 $y=a+b\ln x$（图 3-11）

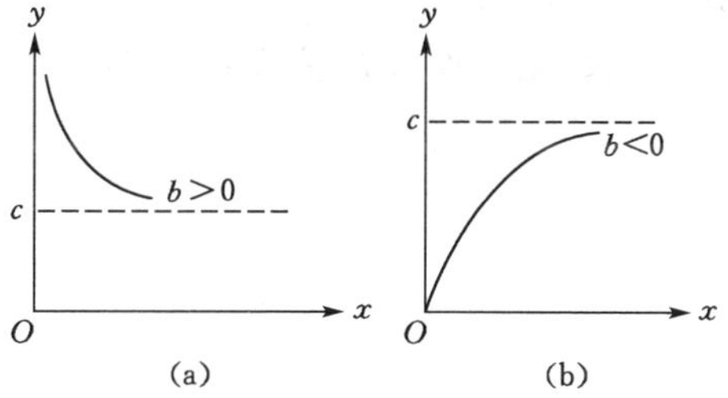

图 3-10　指数函数 $y=ce^{\frac{b}{x}}$

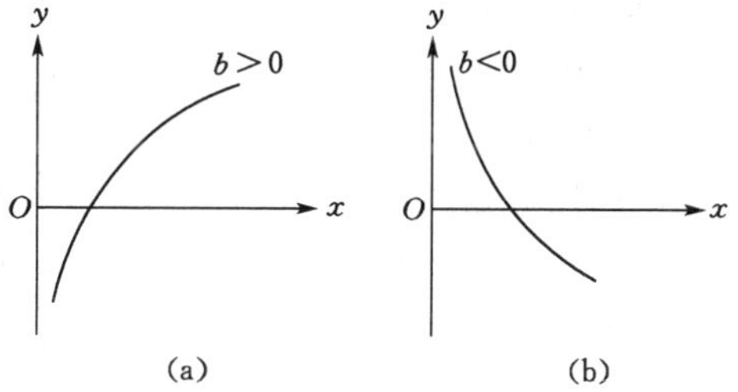

图 3-11　对数函数

变量替换：令 $x'=\ln x$，则有：

$$y=a+bx'$$

(5) 双曲函数 $\dfrac{1}{y}=a+\dfrac{b}{x}$（图 3-12）

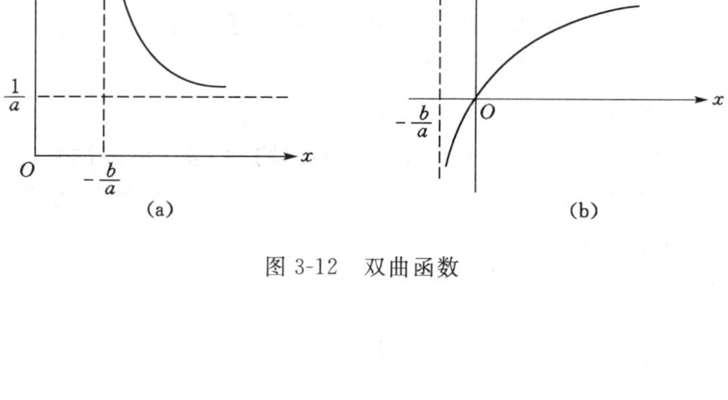

图 3-12　双曲函数

变量替换：令 $y'=\frac{1}{y}, x'=\frac{1}{x}$，则有：

$$y'=a+bx'$$

(6) S型曲线 $y=\frac{1}{a+be^{-x}}$（图 3-13）

变量替换：令 $y'=\frac{1}{y}, x'=e^{-x}$，则有：

$$y'=a+bx'$$

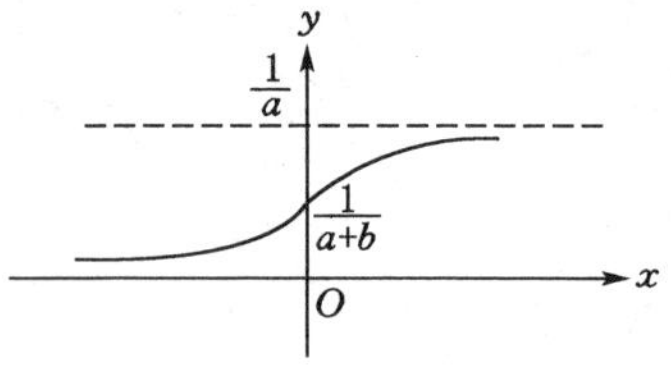

图 3-13　S 型曲线函数

2. 曲线模型的选取依据

曲线的模型有许多种，那么究竟选用哪一种更合适呢？选取的依据有两个：

第一，模型所求得的曲线与已知值之间的拟合误差最小。

如果确定曲线类型时，散点图和几种曲线都类似，那么可以利用计算机对这几种类型曲线进行试算，从中选出一条拟合误差较小的曲线类型。为此，对每一种进行试算的曲线类型计算它的标准偏差：

$$S=\sqrt{\frac{\sum(y-y')^2}{n-2}} \tag{3-18}$$

S 取最小值时的曲线就是所要选定的曲线类型。

曲线拟合前，要对原始数据进行检查，剔除不可靠的数据。如拟合误差大，其原因可能有以下几个方面：

① 原始数据的误差较大，有时有反常数据；

② 所选模型不符合已知数据的分布规律；

③ 参数的初值选的不好。

应针对不同情况采取不同的解决措施。

这里还要指出，对线性回归，效果好坏可用相关系数 R 来衡量。对一元非线性回归，可用下式来衡量：

$$R=\sqrt{1-\frac{\sum(y-y')^2}{\sum(y-\bar{y})^2}} \tag{3-19}$$

作为衡量所选曲线拟合原始数据效果好坏的指标，R 愈接近 1，所选曲线拟合效果愈好。

第二，所选曲线模型曲线的形状要符合规律。

在进行曲线拟合时，有时会出现所选取的曲线模型形状与实际点的分布规律不一致，特别是曲线的两头，往往出现突变现象，应当避免。

（三）二元线性回归预测模型

在很多情况下，事物的变化要受到多个方面的制约，要考虑到多因素的因果关系。其中二元线性回归就是反映两个自变量（x_1, x_2）与一个因变量（y）的线性关系。由于多考虑了一个变量，可能使预测结果更能符合实际。

二元线性回归模型：

$$y=a+b_1x_1+b_2x_2 \tag{3-20}$$

式中　y——因变量；

x_1——自变量 1；

x_2——自变量 2；

a——回归系数；

b_1, b_2——偏回归系数。

回归系数的 a, b_1, b_2 计算公式同一元线性回归模型回归系数求法一样，也可利用最小二乘法的原理来求解三个回归系数。

假设采集一组统计数据为(y_i, x_{i1}, x_{i2})，$i=1,2,\cdots,n$，则回归系统计算公式为：

$$b_1=\frac{S_{1y}S_{22}-S_{12}S_{2y}}{S_{11}S_{22}-S_{12}S_{21}} \tag{3-21}$$

$$b_2=\frac{S_{2y}S_{11}-S_{21}S_{1y}}{S_{11}S_{22}-S_{12}S_{21}} \tag{3-22}$$

$$a=\overline{y}-b_1\overline{x}_1-b_2\overline{x}_2 \tag{3-23}$$

式中

$$S_{11}=\sum(x_{i1}-\overline{x}_1)^2$$

$$S_{22}=\sum(x_{i2}-\overline{x}_2)^2$$

$$S_{12}=S_{21}=\sum(x_{i1}-\overline{x}_1)(x_{i2}-\overline{x}_2)$$

$$S_{1y}=\sum(x_{i1}-\overline{x}_1)(y_i-\overline{y})$$

$$S_{2y}=\sum(x_{i2}-\overline{x}_2)(y_i-\overline{y})$$

二元线性回归系数求解公式的推导过程，请参见有关数理统计教材，此处从略。

第三节　重力分选作业效果的评定与预测

重力选煤是主要的选煤方法，世界各国 70%以上的原煤都是用重选法分选，因此，对重选作业效果的评定与预测是非常重要的。

一、重力分选的评价基础与依据

重力选煤的分选原理主要是按照煤和脉石的密度差异进行分选的，所以，可选性曲线和分配曲线是评定、预测、优化重选效果的基本依据和最基本的曲线。

（一）可选性曲线

1. 概述

煤炭的可选性曲线是根据煤炭浮沉试验的结果绘制的一组曲线，它反映了该煤炭各密度级或任一密度物的数量与质量分布规律，用以表示煤炭的可选性。

煤炭的可选性指通过分选来改善煤炭质量的可处理性。即按所要求的煤炭产品质量指标，从原料中分选出产品的难易程度。

目前有两种可选性曲线：一种叫亨利(H-R)曲线，另一种叫迈耶尔(M)曲线。其中 H-R 曲线应用更为普遍。可选性曲线作为分析入选原煤可选性的一种手段，在选煤工艺中是必不可少的。

H-R 曲线由五条曲线组成，包括浮物累计曲线(β 曲线)，沉物累计曲线(θ 曲线)，灰分特性曲线[亦称基元灰分曲线(λ 曲线)]，密度曲线(δ 曲线)，$\delta\pm0.1$ 含量曲线(ε 曲线)。H-R

曲线是根据表 3-1 的数据在 200 mm×200 mm 坐标纸上绘制，如图 3-14 所示。

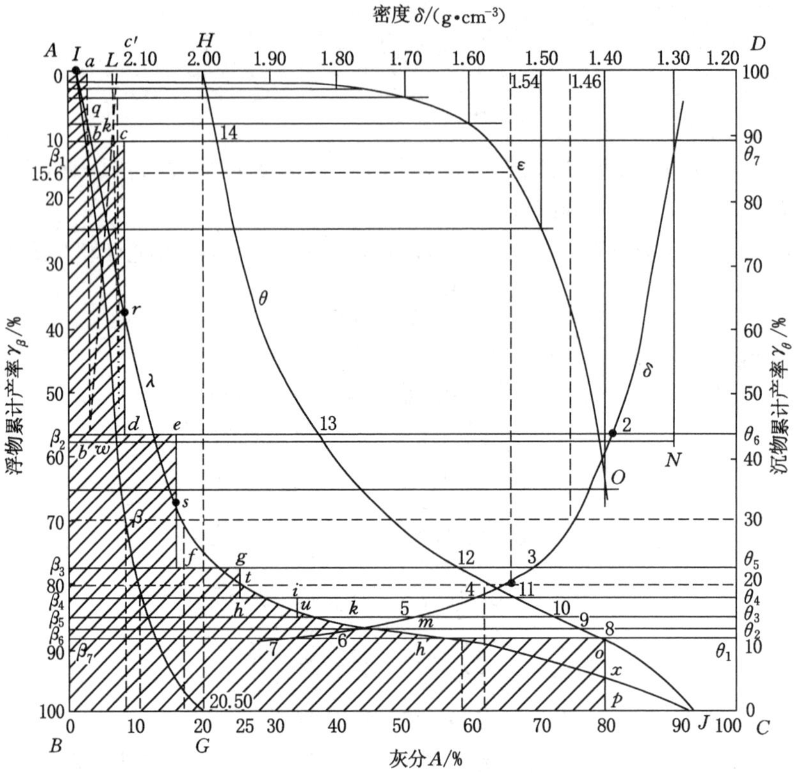

图 3-14　入选原煤 50～0.5 mm 粒级 H-R 可选性曲线

H-R 可选性曲线的应用主要是：评定原煤的可选性，确定重力选煤产品的理论指标，为评定分选效果而计算选煤数量效率和质量效率时提供精煤的理论产率及理论灰分，确定选煤各环节及不同煤合理指标的配合等方面。

迈耶尔曲线（M 曲线）绘制简单，一条曲线有多种功能，由于 M 曲线信息量丰富，横坐标精度高，所以被广泛用于可选性数据的计算机处理。

M 曲线绘制在 200 mm×350 mm 坐标纸上。M 曲线在功能上代替了 H-R 曲线中的 λ、δ 和 θ 三条曲线。为了使用方便，绘出 M 曲线后，可在同一坐标纸上，上方横坐标代表密度 δ，再绘出密度曲线 δ 和密度±0.1 曲线，见图 3-15。

虽然迈耶尔曲线绘制简单，但查阅数据复杂，而且不直观。亨利曲线的绘制虽然复杂，但使用方便直观，尤其是利用现有技术成熟的软件，可以很方便地绘制。因此，我国选煤界仍然普遍使用亨利曲线。

2. 可选性曲线的计算机模拟

可选性曲线手工绘制，不但费时费力，而且精度低，查阅困难。随着计算机的广泛应用，开始采用数学模型拟合可选性曲线，从而大大提高了绘制的精度和速度。

亨利曲线有五条，包括浮物累计曲线、沉物累计曲线、密度曲线、基元灰分曲线和密度±0.1含量曲线，但是关键的曲线只有密度曲线和浮物累计曲线，其他曲线均可根据这两条曲线推算出来。

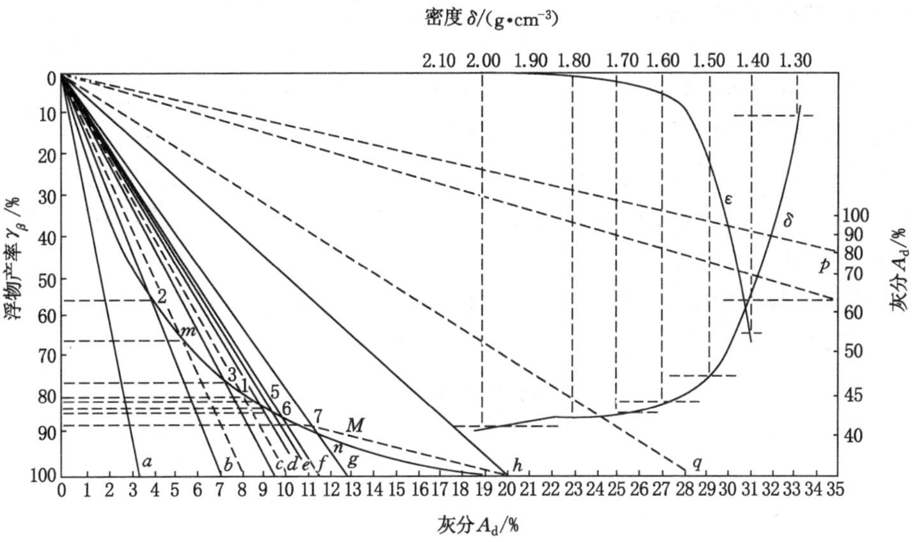

图 3-15　迈耶尔曲线(M)曲线

图 3-16 为几种不同原煤的可选性曲线。由图 3-16 可知，浮物累计曲线(曲线 1)表明，随着密度的增加，原煤中小于该密度的浮物累计产率和灰分均相应增加。不同的原煤，其浮

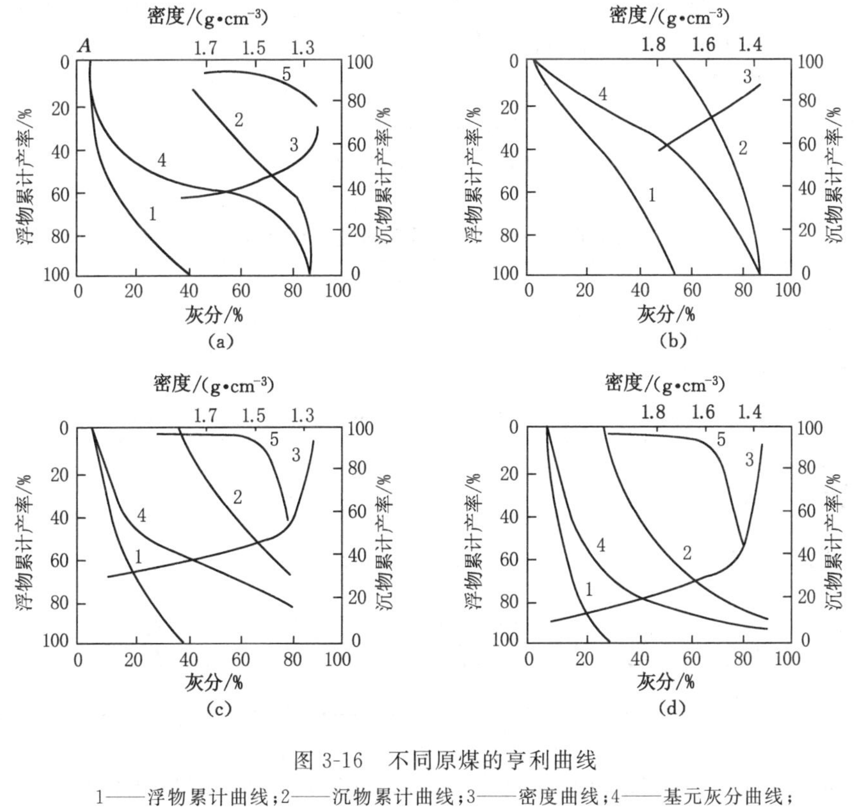

图 3-16　不同原煤的亨利曲线

1——浮物累计曲线；2——沉物累计曲线；3——密度曲线；4——基元灰分曲线；

5——密度±0.1 含量曲线

物累计曲线的形状各异,但也有其共性,它们都是单调下降的曲线。曲线的形状一般呈凹形,有时也有拐点,上半部呈凹形,下半部呈凸形。上部一般比较直,即产率和灰分基本呈线性关系。随后,由于各点灰分增加的速度逐渐大于产率的变化而使曲线呈凹形。由于浮沉试验的最高密度一般只到 2.0 g/cm³,曲线下部的试验点很少,特别是原煤中矸石含量多时更为突出,所以最后一段曲线往往按趋势画成凹形,但有时接近下端时变成凸形。

图 3-16 中曲线 3 为密度曲线,表示密度与浮物累计产率的关系。该曲线也是单调上升曲线,但两端往往趋于直线。

根据亨利曲线的形状,可采用以下三种数学模型模拟可选性曲线。

① 反正切模型

$$y=100\{t_2-\arctan[k(x-c)]\}/(t_2-t_1) \tag{3-24}$$

② 双曲正切模型

$$y=100\{a+c\cdot \mathrm{th}[k(x-x_0)]] \tag{3-25}$$

式中,$\mathrm{th}(U)=(e^U-e^{-U})/(e^U+e^{-U})$,$U=k(x-x_0)$。

③ 复合双曲正切模型

$$y = 100\{a + bx + c\cdot \mathrm{th}[k(x - x_0)]\} \tag{3-26}$$

式中,x 为浮物累计灰分或密度,y 为浮物累计产率,其他均为模型的参数。参数由实际原煤的可选性资料确定。模型的参数可用非线性拟合的方法求得,需要预测分选效果时,只要把密度曲线及浮物累计曲线的模型名称及参数输入计算机即可。

表 3-6 是某选煤厂 50～0.5 mm 原煤可选性计算表。表 3-7 为用复合双曲正切对密度曲线和浮物累计曲线的拟合结果,包括所用模型和拟合误差,拟合结果与实验结果很接近。图 3-17 是按照这个模型用计算机绘制的原煤可选性曲线。

表 3-6　　某选煤厂 50～0.5 mm 原煤可选性计算表

密度/(g·cm⁻³)	浮沉级		浮物累计		沉物累计	
	产率/%	灰分/%	产率/%	灰分/%	产率/%	灰分/%
−1.3	31.76	3.96	31.76	3.96	100	28.07
1.3～1.4	23.24	8.77	55.00	5.99	68.24	39.3
1.4～1.5	7.47	17.66	62.47	7.39	45.00	55.06
1.5～1.6	4.53	26.91	67.00	8.71	37.53	62.51
1.6～1.8	5.97	37.99	72.97	11.10	33.00	67.40
+1.8	27.03	73.89	100	28.07	27.03	73.89
合计	100	28.07				

可选性曲线是千变万化的,对同一种数学模型,曲线的差别主要体现在参数的选取上,拟合的过程就是参数的优化和调整过程。寻找最优参数的方法是迭代法,由于寻优过程很复杂,必须用计算机进行拟合,图 3-18 为计算机程序"拟合"的框图。

表 3-7 原煤可选性曲线拟合结果

密度曲线				浮物累计曲线			
模型名称:复合双曲正切				模型名称:复合双曲正切			
拟合误差:0.165				拟合误差:0.181			
密度/($g\cdot cm^{-3}$)	已知产率/%	拟合产率/%	绝对误差/%	灰分/%	已知产率/%	拟合产率/%	绝对误差/%
(1)	(2)	(3)	(4)	(5)	(6)	(7)	(8)
1.3	31.76	31.83	−0.07	3.96	31.76	31.89	−0.13
1.4	55	54.94	0.06	5.99	55	54.85	0.15
1.5	62.47	62.72	−0.25	7.39	62.47	62.62	−0.15
1.6	67	66.75	0.25	8.71	67	67.23	−0.23
1.8	72.97	73.03	−0.06	11.1	72.97	72.75	0.22
				28.08	100	100	

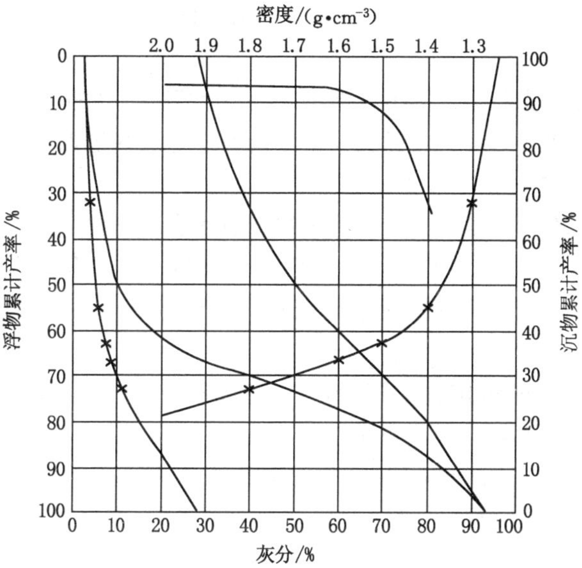

图 3-17 根据模型用计算机绘制的可选性曲线

拟合时,程序首先自动设定一组参数初值,计算拟合误差。当拟合误差大于要求时,用阻尼最小二乘法及 0.618 法等优化方法寻找参数变化的最优方向,改变参数值,重新计算拟合误差,直到拟合误差小于规定值时,完成迭代过程。如果迭代始终不收敛,当迭代次数超过规定值时,自动退出迭代。

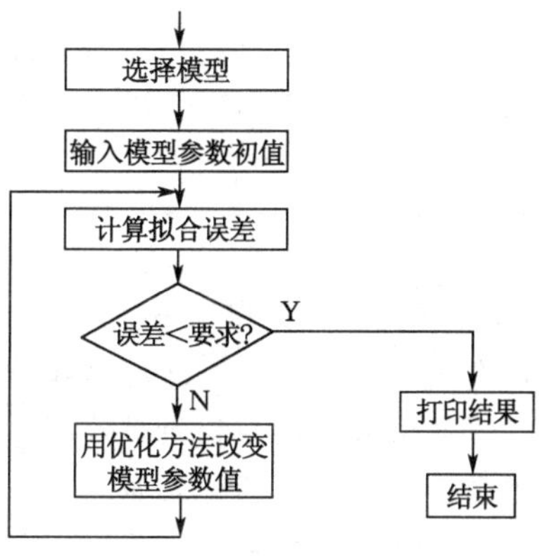

图 3-18 计算机程序"拟合"框图

评定拟合效果的标准是拟合误差。拟合误差 F 的定义如下:

$$F=\sqrt{\frac{1}{n}\sum_{i=1}^{n}[y_i-f(x_i)]^2} \tag{3-27}$$

式中 n——密度级个数；

x_i——密度或浮物累计灰分；

y_i——与对应的试验所得的浮物累计产率；

$f(x_i)$——由拟合曲线 $f(x)$计算出的对应于 x_i 的浮物累计产率。

拟合误差越小越好，《评定煤用重选设备工艺性能的计算机算法》MT/T 145—1997 要求拟合误差小于 5%。采用"选煤工艺计算软件包"对十几座选煤厂原煤可选性曲线的计算机拟合结果表明，平均拟合误差小于 0.3%，最大拟合误差为 0.68%，大大低于行业标准要求。

可选性曲线的非线性拟合过程是对多峰、多谷或多维的超曲面系统的优化过程，在拟合过程中可能快速收敛，迭代成功，也可能振荡发散或误差较大，拟合失败。影响拟合效果的主要因素有：模型的形状是否与拟合对象吻合、初值的选取是否接近最优点、优化方法是否正确等。

较好的优化方法有带阻尼的最小二乘法、模型搜索法等。通常用多个模型对同一份资料进行非线性拟合，选取误差最小、形状较好的模型作为最终选取的模型。

3. 煤炭可选性评定方法与标准

煤炭可选性曲线的形状可以反映其分选的难易程度，但这只是直观定性的判断，而不能定量的评价。为此，制定了有关煤炭可选性的评定标准。各国因煤质与技术发展水平存在差异，所制定的标准也不相同。我国根据自己的国情制定了中国煤炭可选性评定方法及可选性等级。

国家标准《煤炭可选性评定方法》(GB/T 16417—1996)规定煤炭可选性评定采用"$\delta\pm0.1$ 含量法"。这是因为邻近分离密度的物料含量越多，分选时错配量也越大，相应就难选。所以采用分选密度±0.1邻近物含量来评定可选性的难易。

按照分选的难易程度，把煤炭可选性划分为五个等级，各等级的名称及对应的 $\delta\pm0.1$ 含量指标见表 3-8。在实际应用 $\delta\pm0.1$ 含量法评定煤炭可选性过程中，当理论分选密度小于 1.7 g/cm^3 时，要扣除大于 2.0 g/cm^3 含量后为 100%计算 $\delta\pm0.1$ 含量，当理论分选密度大于或等于 1.7 g/cm^3 时，要扣除小于 1.50 g/cm^3 含量后为 100%计算 $\delta\pm0.1$ 含量。

表 3-8　煤炭可选性等级的划分指标

$\delta\pm0.1$ 含量/%	≤10.0	10.0～20.0	20.1～30.0	30.1～40.0	>40.0
可选性等级	易选	中等可选	较难选	难选	极难选

4. 可选性曲线的应用

可选性曲线主要应用于评定原煤的可选性；确定重力选煤产品的理论指标；为评定分选效果而计算选煤数量效率和质量效率时提供精煤的理论产率及理论灰分；确定选煤各环节及不同煤合理的配合指标等方面。

(1) 评定原煤的可选性

评定原煤可选性，是指判断煤炭在重力分选时的难易程度，可依据灰分特性曲线、密度

曲线及 $\delta \pm 0.1$ 曲线形状进行分析。

灰分特性曲线的形状能直观地反映煤中可燃物和灰分物质的结合特性。图 3-19 是几种特殊煤炭的可选性曲线。

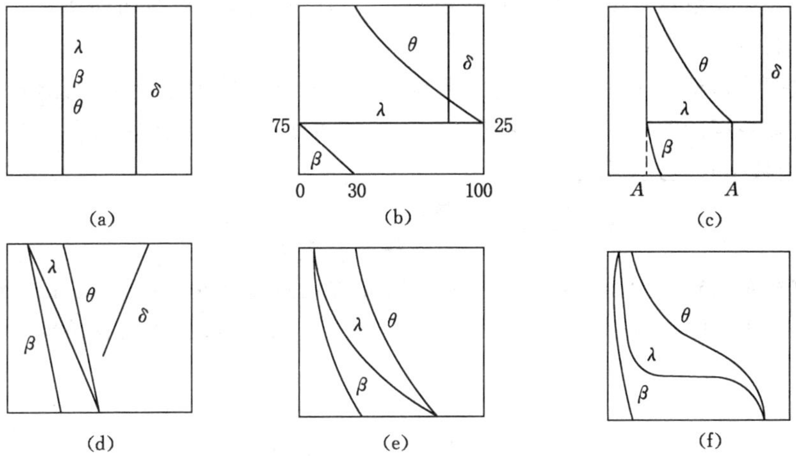

图 3-19　几种特殊煤炭的可选性曲线

(a) 无法分选物物料；(b) 极易分选的物料；(c) 极易分选的物料

(d) 极难分选的物料；(e) 难以分选的物料；(f) 接近实际优质煤

密度曲线的形状反映了原煤中密度和数量的变化关系。如图 3-19 中 δ 曲线上段陡直，表明原煤中低密度煤很多。分选密度稍有变化时，浮煤产率增减很大；曲线下部平滑，变化缓慢，表明煤中矸石含量小，在此处分选密度稍有变化时沉煤量变化不大；曲线中段(1.40～1.80 g/cm^3 密度区间)的范围与斜率变化的快慢，说明中间密度物的多少，对可选性有直接的影响。用全量中煤法(1.40～1.80 g/cm^3 或 1.50～1.80 g/cm^3 密度级含量)也是评定煤可选性难易的一种方法。

$\delta \pm 0.1$ 含量曲线直接用于评价在某一密度进行分选时的可选性，这种方法比全量中煤法更科学更接近分选实际。

(2) 用可选性曲线确定重力选煤理论分选指标

如出精煤和矸石两种产品时，要求精煤灰分为 10%时，可利用一组可选性曲线查得其他各项理论指标。

用图 3-14 原煤可选性曲线，具体步骤是在 BC 坐标轴上找出灰分为 10%的点，由此点向上作一条垂线与 β 曲线相交。过交点再作一平行 BC 的横线，该横线与 AB 轴的交点就是精煤理论产率，为 80%；与 λ 曲线的交点在 BC 坐标轴的读数是边界灰分，为 25%；与 θ 曲线的交点在 BC 坐标上读数即矸石灰分为 61.5%，从 CD 纵坐标上知矸石产率为 20%；横线与 δ 曲线的交点，由此交点引垂线，在 DA 坐标轴上读数 1.54 g/cm^3，即为理论分选密度；横线与 δ 曲线交点处向上引垂线，并与 ε 曲线相交，其交点在 AB 纵坐标轴上的读数为 15.6%，这就是当分选密度为 1.54 g/cm^3 时，$\delta \pm 0.1$ 邻近密度物产率。从原煤可选性划分标准中可查得属易选煤。如所引垂线不与曲线相交，此时可通过 δ 曲线在(1.54±0.1) g/cm^{3}密度范围内在 AB 坐标轴上找出该区间产率。

采用两段重力选煤出精煤、中煤、矸石三产品时，各项理论指标可用曲线与计算相结合的方法。先通过可选性曲线查得精煤与中煤加矸石两产品的各项指标，再结合计算将中煤与矸石分开，有的指标还需补充一条中煤曲线才能获得。

(3) 重力选煤作业数量效率(η_l)和质量效率(η_z)的计算

重力选煤作业数量效率(η_l)和质量效率(η_z)是评价分选效果的两项指标。在计算中需通过可选性曲线查得理论产率和灰分。

数量效率是指精煤实际产率与相当于精煤实际灰分时的理论产率的比值，可用代号 η_l 表示。当已知精煤的实际灰分后，在图 3-14 中的 β 曲线上，找出在该实际灰分时的精煤理论产率，可用数学式表述如下：

$$\text{数量效率}\ \eta_l=\frac{\text{精煤实际产率}\ \gamma_j}{\text{精煤理论产率}\ \gamma_{jo}}\times 100\% \tag{3-28}$$

质量效率是指相当于精煤实际产率时的精煤理论灰分与精煤实际灰分的比值，可用代号 η_z 表示。当已知精煤的实际产率后，利用图 3-14 中的 β 曲线，找出在该实际产率时的精煤理论灰分，可用数学形式表述如下：

$$\text{质量效率}\ \eta_z=\frac{\text{精煤理论灰分}\ A_{jo}}{\text{精煤实际灰分}\ A_j}\times 100\% \tag{3-29}$$

(4) 选煤合理指标的配合

在选煤过程中要遵循的一个重要原则是“最大回收率原则”，其实质是等边界灰分(等 λ)分割原则。

在选煤过程中，组成精煤的各部分应符合等边界灰分原则，产率才是最大的；同样，一个选煤厂处理几种不同煤时，各自产品指标的制定也应满足等边界灰分原则。

通过 λ 曲线及其他几条曲线确定其产率、灰分、分选密度等指标。

(二) 分配曲线

1. 概述

分配曲线是表示分离效果的特性曲线，它反应不同成分(密度级)在某一产物中的分配率。分配曲线是通过各个密度级的分配率绘制的一条光滑的曲线。

分配率是指原料中某一密度级物料为 100%时，进入重产物或轻产物的百分比。可用下式计算：

$$\text{重产物中分配率}=\frac{\text{重产物中本密度级占全样的产率}}{\text{计算原煤中本密度级产率}}\times 100\% \tag{3-30}$$

$$\text{轻产物中分配率}=100\%-\text{重产和中分配率} \tag{3-31}$$

式(3-30)中分母采用计算原煤的原因是由于采制样与计算的误差，以及分选过程中物料碎裂解离的原因，计算原煤中某密度级产率不等于实际原煤相同密度级产率，只有采用计算原煤才能保证在轻、重产物中分配率之和为 100%。

对于跳汰机这种经过二段分选作业出三产品的设备，必须将其看成串联的两段重选作业，第一段的轻产物是第二段的入料，见图 3-20。

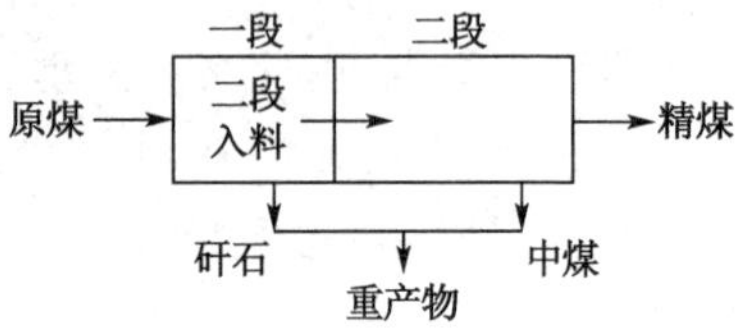

图 3-20 跳汰机分配率框图

表 3-9 为某选煤厂跳汰机单机检查时产品分配率计算表。跳汰第一段 1.3～1.4 g/cm^3 密度级物料进入重产物的分配率为 0.24，跳汰第二段 1.3～1.4 g/cm^3 密度级进入重产物的分配率为 17.14%。显而易见，

1.3～1.4 g/cm³ 密度级物料进入轻产物的分配率分别为 99.76%(一段)和 82.86%(二段)。

表 3-9　某选煤厂跳汰机单机检查产品分配率结果

密度级 /(g·cm⁻³)	原煤	精煤		中煤		矸石		计算原煤		重产物中分配率			偏差 /%
	占本级 /%	占本级 /%	占全样 /%	占本级 /%	占全样 /%	占本级 /%	占全样 /%	一段 /%	二段 /%	一段 /%	二段 /%	综合 /%	
(1)	(2)	(3)	(4)	(5)	(6)	(7)	(8)	(9)	(10)	(11)	(12)	(13)	(14)
−1.3	9.13	19.42	11.15	3.72	0.92	0.26	0.05	12.12	12.07	0.41	7.62	8.00	2.98
1.3～1.4	48.10	66.45	38.15	31.88	7.89	0.62	0.11	46.15	46.04	0.24	17.14	17.34	−1.95
1.4～1.5	10.76	10.19	5.85	20.90	5.17	0.50	0.09	11.11	11.02	0.81	46.91	47.34	0.35
1.5～1.6	3.19	2.48	1.42	10.77	2.66	2.93	0.52	4.60	4.08	11.30	65.14	69.07	1.41
1.6～1.8	5.95	0.94	0.54	11.21	2.77	3.03	0.54	3.85	3.31	14.03	83.69	85.98	−2.10
+1.8	22.87	0.52	0.30	21.52	5.32	92.66	16.55	22.17	5.62	74.66	94.69	98.65	−0.70
合计	100.00	100.00	57.41	100.00	24.72	100.00	17.86	100.00	82.14				

分配曲线的原始资料来自入选原煤及产品的浮沉试验结果。通常，浮沉试验只能做到 6～8 个密度级，通过不同密度级产物的分配率绘制的曲线就是分配曲线。图 3-21 是根据表 3-9 的重产物中一、二段分配率绘制的。由图 3-21 可知，随着密度的增加，重产物中的分配率增加，但轻产物在重产物中也有一定的分配量，这是符合规律的。

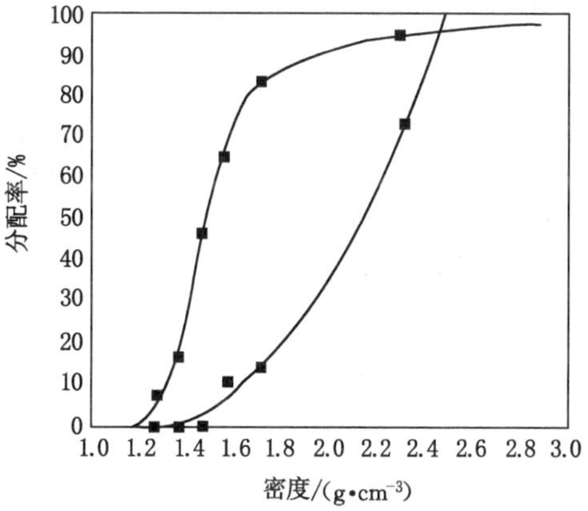

图 3-21　跳汰机一、二段分配曲线图

理想的分配曲线应该是一条折线，即密度小于分选密度的物料全部进入轻产物，而大于分选密度的物料全部进入重产物，分选效率为 100%。但实际分选效率不可能为 100%，不可避免地存在误差，有一部分轻物料误入重产物，还有一部分重物料又混杂到轻产物中，从而使分配曲线呈 S 形。显而易见，曲线越缓，错配物越多，分选效果越差。

早在 1937 年，Tromp 就提出分配曲线的概念，并用曲线表达了不同密度物料在分选产物中的分配情况。1938 年，Terra 提出用正态分布的特性参数概率误差作为度量分选误差的指标——“可能偏差”。后来，Belugou 等人认为正态分布函数应是分配曲线的数学模型。1950 年，法国 Cerchar 研究机构提出用“不完善度”作为度量跳汰或重介的分选误差，并得到广泛应用。

如果以正态累计分布曲线作为分配曲线的数学模型，就相当于把密度看成随机变量，该变量的分布以 μ 为均值，以 σ 为方差的正态分布，即 $D \sim N(\mu, \sigma^2)$。

与正态累计分布曲线相对照，可能偏差 E 恰好对应于正态分布的概率误差，分选密度对应于正态分布的均值，不完善度 I 是正态分布 $\lg(D-1) \sim N(\mu, \sigma^2)$ 的概率误差。

可能偏差或不完善度可代表分配曲线的斜率，能形象地表明分选效率的高低。但是它们只考虑了分配率从75%到25%之间的偏差，而没有顾及分配曲线两端的形状。实际上，分配曲线两端形状差异较大，图3-22所示为几组实际的分配曲线，其中有的分配曲线两端与坐标轴距离较远。

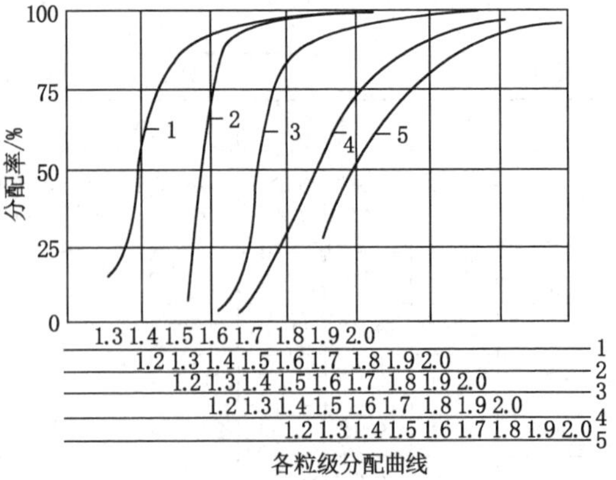

图 3-22　几组实际的分配曲线

事实上，分配曲线是由若干分配率数据点连接起来的一条曲线，它同统计学中的样品、样本之类的概念并无内在联系。把分配曲线同正态分布曲线联系在一起，只是考虑了两者的“形似”而已，并不意味着分配曲线符合正态分布。

根据对分配曲线的形状分析可知，分配曲线由三部分组成：密度小于某一密度的物料和密度大于某一密度的物料在重产物中的分配率分别为0和100%；中部是一条S形曲线，曲线单调上升，只有一个拐点，曲线的两端与坐标轴相交或相切，分配密度不一定对称。

2. 各密度级平均密度与端部平均密度的确定

(1) 各密度级平均密度的确定

用手工绘制分配曲线时，各密度级的平均密度一般用算术平均值代表。如密度级1.3～1.4 g/m^3 的平均密度为1.35 g/m^3。

用计算机绘制分配曲线时，按《评定煤用重选设备工艺性能的计算机算法》(MT/T 145—1997)规定，根据质量守恒原理，原煤或产品浮沉组成中第二个密度级至倒数第二个密度级的平均密度按下式确定：

$$\overline{\rho_i} = \frac{y_i - y_{i-1}}{\int_{y_{i-1}}^{y_i} \frac{1}{\rho} \mathrm{d}y} \tag{3-32}$$

式中　$\overline{\rho_i}$——第 i 个密度级的平均密度，g/cm^3；

y_i——第 i 个密度级的浮物累计产率，%；

y_{i-1}——第 $i-1$ 个密度级的浮物累计产率，%；

$\frac{1}{\rho}$——密度的倒数，可视为浮物累计产率的函数，即：$\frac{1}{\rho}=f(y)$，用拉格朗日分段插值或分段拟合方法确定。

对大多数资料来说，算术平均密度与按式(3-32)计算的平均密度很接近。

(2) 端部平均密度的确定

分配曲线两端(−1.3，+1.8或+2.0)平均密度的确定，对分配曲线的形状有一定的影响。当分选密度较高时，高密度端的平均密度选取对分配曲线形状的影响尤为显著。过去对高密度端常定为2.0或1.9，明显偏低。因为+1.8 g/m^3 或+2.0 g/m^3 密度级的物料中含有大量矸石，矸石的密度通常在2.6 g/m^3 左右，再加上黄铁矿密度在4.0 g/m^3 以上，所以高密度端的平均密度取2.2～2.4 g/m^3 为宜。

端部密度级的确定方法可按照 MT/T 145—1997 标准执行。第一个密度级的平均密度和最后一个密度级的平均密度可按《煤炭视比重测定方法》(GB 6949—1986)确定;在不具备试验值的情况下,上述两个密度值可利用“计算原煤”的可选性数据,通过中间各密度级的平均密度对灰分的线性回归方程外推获得。当第一个密度级的平均密度的外推值高于浮沉试验的第一个密度时,其平均密度按下述原则取值:

当 $\rho_1 \geqslant 1.3$ 时,取 $\bar{\rho}_1 = \rho_1 - 0.02$;

当 $\rho_1 < 1.3$ 时,取 $\bar{\rho}_1 = \rho_1 - 0.01$。

式中,ρ_1 为浮沉试验的第一个密度;$\bar{\rho}_1$ 为第一个密度级的平均密度。

3. 分配曲线的平移方式

对已投产的选煤厂预测其重选分选效果时,最好用该厂的单机检查资料绘制分配曲线。但所遇到的问题是当分选密度改变时,如何平移分配曲线?按原煤炭工业部标准,当分选密度改变时,对于重介质选煤方法,按 E 值不变平移分配曲线;对于以水为介质的选煤设备,按 I 值不变平移分配曲线。在平移后的分配曲线上查得需要的分配率。

当 E 值不变时,分配曲线的斜率不变,只要移动密度坐标便可得到新的分配曲线,如图 3-23 所示。

当 I 值不变时,由于 $I = E/(\delta_{50} - 1)$,那么,当 δ_{50} 增加时,E 值必定相应增加,分配曲线越来越缓,如图 3-24 所示。

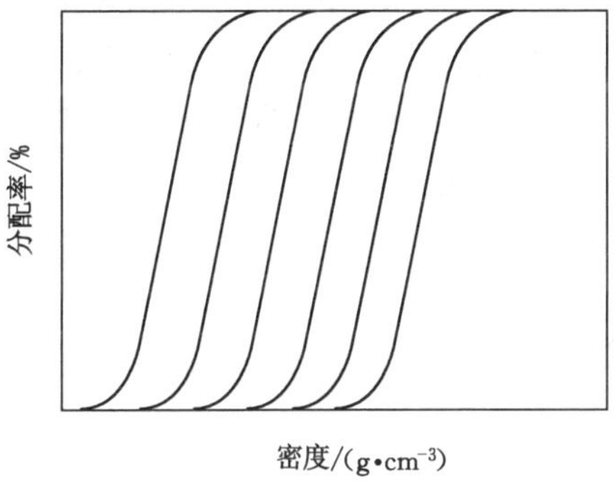

图 3-23 平移分配曲线(E 值不变)

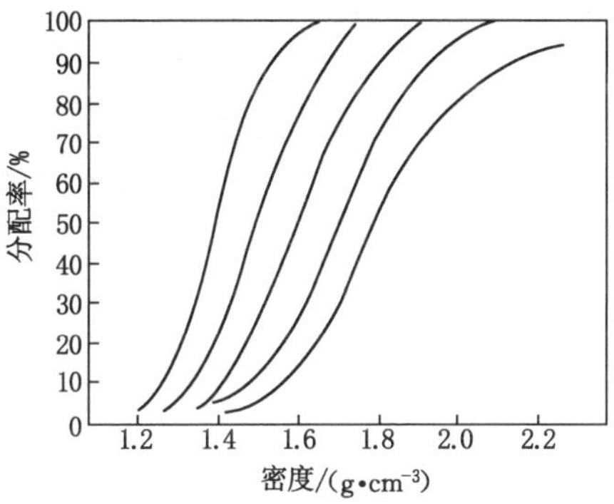

图 3-24 平移分配曲线(I 值不变)

国外在预测重力分选效果时,按 E/δ_{50} 不变平移分配曲线。此法随分选密度提高,E 值也相应增加。三种平移方法的可能偏差变化规律见图 3-25,由图中可看出,按 I 值不变平移分配曲线时,E 值随 δ_{50} 变化的幅度最大;按 E/δ_{50} 不变时,随 δ_{50} 值增加,E 值也增加,但变化的幅度比 I 值不变要小。

用计算机预测时,可通过密度坐标变换实现对分配曲线的平移。其计算公式如下:

(1) 可能偏差 E 值不变

$$\delta' = \delta - \delta_2 + \delta_1 \tag{3-33}$$

(2) E/δ_{50} 不变

$$\delta' = \delta \cdot \delta_1 / \delta_2 \tag{3-34}$$

(3) 不完善度 I 值不变

$$\delta' = (\delta - 1)(\delta_1 - 1)/(\delta_2 - 1) + 1 \tag{3-35}$$

式中 δ'——转换后的密度坐标；

δ——实际分配曲线的分配密度；

δ_1——平移前的分配密度；

δ_2——平移后的分配密度。

例如，设平移前的分配密度为 1.4，平移后的分配密度为 1.5，现要求平移后密度为 1.6 时物料的分配率。按 E 不变平移，$\delta'=1.6-1.5+1.4=1.5$。也就是说，原有分配曲线不动，但要从原有分配曲线上，密度坐标为 1.5 时查到的分配率代表分配密度平移到 1.5 时，密度为 1.6 的分配率。

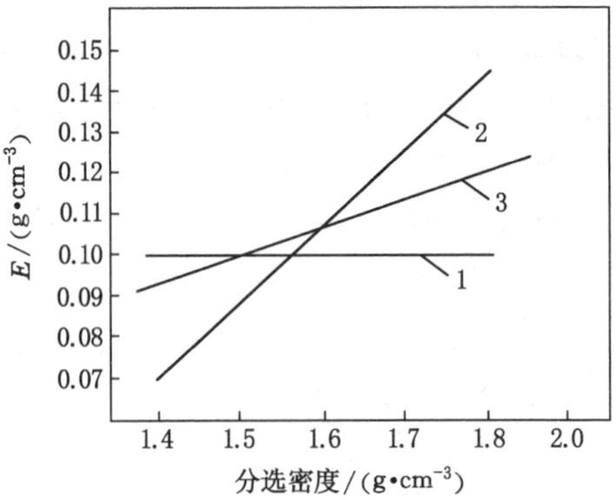

图 3-25 不同平移方法 E 值的变化

1——E 不变；2——I 不变；

3——E/δ_{50} 不变

值得注意的是，分选密度变化后，按上述三种方法平移分配曲线也是有误差的。分配曲线平移的距离越大，误差越大，因此，要尽量利用分选密度相近的分配曲线作为预测模型。例如对一段和二段分选效果进行预测时，要分别采用一段和二段的分配曲线资料作为预测模型。

4. 分配曲线的近似计算公式

在重选过程分选效果预测时，如果缺少实际分配曲线资料或遇到分配曲线平移困难时，可采用正态累计分布曲线作为分配曲线的数学模型（近似公式法）。只要给定 E 值或 I 值以及分选密度，就可以从变换了的正态累计分布曲线上求出各密度级的分配率。虽然该法有一定误差，但由于使用方便，一直沿用到现在。

正态累计分布曲线可以表示为：

$$Y=f(x)=\frac{1}{\sigma\sqrt{2\pi}}e^{-\frac{(x-\mu)^2}{2\sigma^2}} \tag{3-36}$$

式中 Y——概率密度；

μ——分布中心，随机变量 x 的平均值；

σ——均方差。

令：

$$t=\frac{x-\mu}{\sigma} \tag{3-37}$$

则：

$$dx=\sigma dt$$

将 t 代入式(3-36)，并对其积分得：

$$F(t)=\frac{1}{\sqrt{2\pi}}\int_{-\infty}^{t}e^{-\frac{t^2}{2}}dt \tag{3-38}$$

式(3-38)为标准正态积分曲线，如图 3-26 所示。

实际上，正态分布积分曲线与分配曲线有以下差别：

① 正态分布积分曲线的形状是对称的，中心在 $t=0$ 处。而分配曲线是不对称的，尤其是跳汰机等以水为介质的重选分配曲线，不对称于拐点，通常密度大的一端较为平缓。

② 分配曲线的拐点不在 $t=0$ 处，而在分选密度 δ_{50} 处。

③ 正态分布积分曲线的形状比分配曲线平缓。

为了缩小两者的差距，用正态分布积分曲线代替分配曲线，需按以下步骤进行变换：

① 改变横坐标的比例，使分配曲线对称于拐点。对于重介选的分配曲线，横坐标可以不改变。对于跳汰选的分配曲线，将横坐标 δ 改为 $\lg(\delta-1)$。这样变换的目的是密度越大，间距越小，使密度大的一端变得较陡，从而使曲线对称于拐点。

② 通过移轴转换使分配曲线的拐点平行地移到 Y 轴上，移轴后的坐标为：

$$t=[\lg(\delta-1)-\lg(\delta_{50}-1)]/\sigma$$

这样，就可以使分配曲线与正态分布积分曲线的对称点均在 $t=0$ 处。

③ 扩大横坐标刻度的间距，使分配曲线平缓。

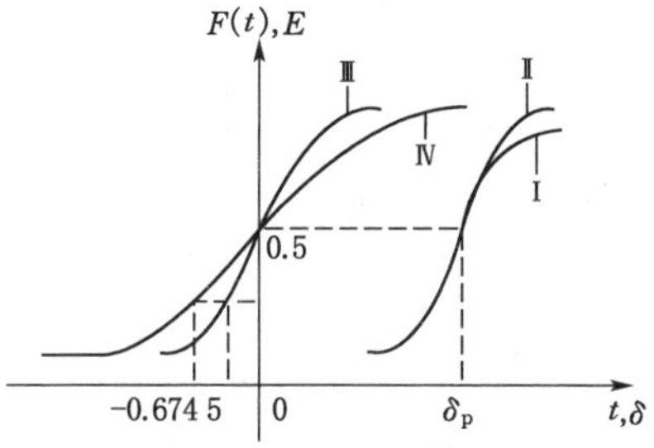

图 3-26　正态分布积分曲线和分配曲线

Ⅰ——跳汰机的分配曲线；

Ⅱ——重介机的分配曲线；

Ⅲ——移轴后的分配曲线；

Ⅳ——正态分布积分曲线

经上述变换后，分配曲线与正态分布积分曲线基本接近重合，这样就可以利用正态分布积分曲线的数据作为计算选煤产品分配率的基础。

采用 $\lg(\delta-1)$ 横坐标后，其可能偏差为：

$$E'=\frac{1}{2}\lg[(\delta_{75}-1)/(\delta_{25}-1)]$$

因 $E\approx\delta_{75}-\delta_{50}$，所以：　　$\delta_{75}-1\approx\delta_{50}-1+E$

因 $E\approx\delta_{50}-\delta_{25}$，所以：　　$\delta_{25}-1\approx\delta_{50}-1-E$

将其代入上式，得：

$$E'\approx\frac{1}{2}\lg\frac{\delta_{50}-1+E}{\delta_{50}-1-E}=\frac{1}{2}\lg\frac{1+\dfrac{E}{\delta_{50}-1}}{1-\dfrac{E}{\delta_{50}-1}}=\frac{1}{2}\lg\frac{1+I}{1-I}$$

又因为：

$$t=(x-\mu)/\sigma=[\lg(\delta-1)-\lg(\delta_{50}-1)]/\sigma=\frac{1}{\sigma}\lg\frac{\delta-1}{\delta_{50}-1}$$

同时：

$$\sigma=E'/0.675;\lg\frac{1+I}{1-I}\approx 0.868\,6I$$

所以：

$$t\approx\frac{0.675}{E'}\lg\frac{\delta-1}{\delta_{50}-1}=\frac{0.675}{\dfrac{1}{2}\lg\dfrac{1+I}{1-I}}\lg\frac{\delta-1}{\delta_{50}-1}=\frac{1.553}{I}\lg\frac{\delta-1}{\delta_{50}-1}\tag{3-39}$$

因此，对于跳汰等以水为介质的分选作业，t 值用式(3-39)计算。

对于重介分选作业，横坐标仍用正常密度的刻度，而 t 值则按下式计算：

$$t=\frac{x-\mu}{\sigma}=\frac{\delta-\delta_{50}}{\sigma}=\frac{0.675}{E}(\delta-\delta_{50})\tag{3-40}$$

根据以上分析，只要确定不完善度 I 值、可能偏差 E 值及它们的分选密度 δ_{50}，便可求出

不同密度时的 t 值。查 $t—F(t)$ 表(数学手册),便可求出某一密度级物料在产物中的分配率。

当用计算机预测时,可以用近似计算方法计算正态分布积分函数值。

设 $x^2=t^2/2$,则:

$$x=t/\sqrt{2} \tag{3-41}$$

$$\mathrm{d}t=\sqrt{2}\,\mathrm{d}x$$

将 $t=\sqrt{2}x$ 代入式(3-37),可得:

$$F(t)=\frac{1}{\sqrt{2\pi}}\int_{-\infty}^{x}\mathrm{e}^{-x^2}\cdot\sqrt{2}\,\mathrm{d}x=\frac{1}{\sqrt{\pi}}\int_{-\infty}^{x}\mathrm{e}^{-x^2}\,\mathrm{d}x=\frac{1}{\sqrt{\pi}}\int_{-\infty}^{0}\mathrm{e}^{-x^2}\,\mathrm{d}x+\frac{1}{\sqrt{\pi}}\int_{0}^{x}\mathrm{e}^{-x^2}\,\mathrm{d}x$$

因为正态分布积分函数从 $-\infty$ 到 0 的概率为 0.5,同时 e^{-x^2} 的泰勒级数为:

$$\mathrm{e}^{-x^2}=1-x^2+\frac{x^4}{2!}-\frac{x^6}{3!}+\frac{x^8}{4!}-\frac{x^{10}}{5!}+\frac{x^{12}}{6!}+\cdots$$

这个级数是收敛的,所以:

$$F(t)=0.5+\frac{1}{\sqrt{\pi}}\int_{0}^{x}\left(1-x^2+\frac{x^4}{2!}-\frac{x^6}{3!}+\frac{x^8}{4!}-\frac{x^{10}}{5!}+\frac{x^{12}}{6!}+\cdots\right)\mathrm{d}x$$

$$=0.5+0.564\ 189\ 5\left(x-\frac{x^3}{3}+\frac{x^5}{10}-\frac{x^7}{42}+\frac{x^9}{216}-\frac{x^{11}}{1\ 320}+\frac{x^{13}}{9\ 320}+\cdots\right) \tag{3-42}$$

当 t 确定后,由公式 $x=t/\sqrt{2}$ 求出 x,再由式(3-42)求出分配率。

由于按公式计算很麻烦,可以根据不同的 I 值和 E 值,对不同的分选密度编制分配指标表,为用近似公式法预测重选效果提供方便。

事实上,实际分配曲线并不符合正态分布,它的两端在概率坐标中往往偏离直线较远,所以用它预测的分选效果与实际相差较大。

根据几个选煤厂实际分配曲线预测的结果与相同不完善度情况下用近似公式法预测结果的对比表明,前者要好于后者,因此,在设计选煤厂缺乏原始资料时,可用近似公式法计算分配率,其结果偏好。

5. 插值法模拟分配曲线

行业标准《评定煤用重选设备工艺性能的计算机算法》(MT/T 145—1997)中规定,可用插值法模拟分配曲线。

插值法较简单,易于实现。但用样条插值、抛物线插值和拉格朗日插值法模拟的分配曲线都不够光滑(图 3-27、图 3-28、图 3-29)。

插值法有以下缺点:

① 观测点是经过采样、制样、化验、分析等过程得到的,不可避免地存在着试验误差。插值法要求曲线通过试验点,保留了试验误差,使曲线不够光滑。

② 插值法能处理的观测点个数与参数个数相同。所以,对观测点个数多于参数值的数据只能进行分段插值。虽然有的插值法考虑了两段曲线间一阶及两阶导数的连续性,但曲线仍不够理想。

③ 插值过程中,实验误差或计算过程的舍入等可能被扩散和放大。插值的最终误差在基本区间内即内插时呈波动状,在基本区间外按距离的 n 次幂放大。所以,当 n 趋大时,插值过程对于样点的数据误差非常敏感,换言之,高次插值具有数据不稳定性。

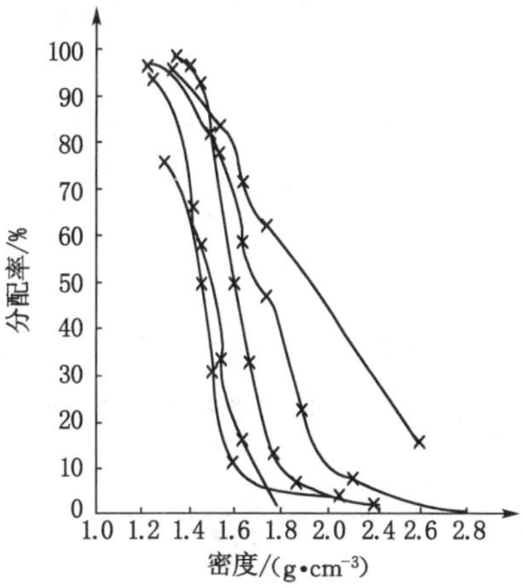

图 3-27　样条插值法模拟的 5 条分配曲线

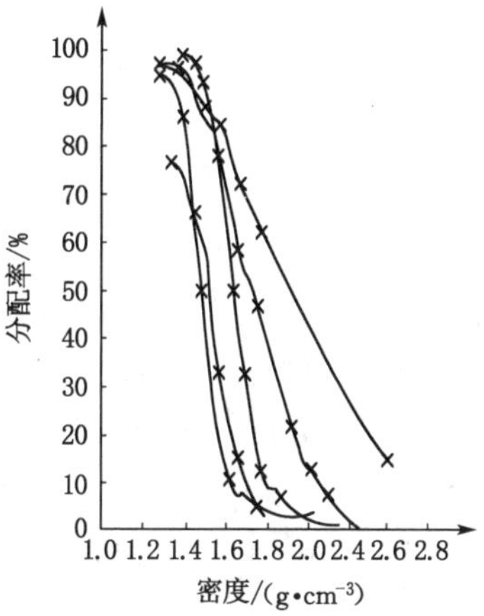

图 3-28　抛物线插值法模拟的 5 条分配曲线

根据以上分析，用插值法模拟分配曲线应该慎重。

6. 拟合分配曲线的常用数学模型

根据实际分配曲线的观察，由于所用的选煤方法、设备性能、操作水平、原煤性质及分选密度等方面的差异，实际分配曲线的形状经常有变化。所以，只用一个模型代表变化的分配曲线是有困难的，用一组不同的模型代表不同的分配曲线才是合理的。

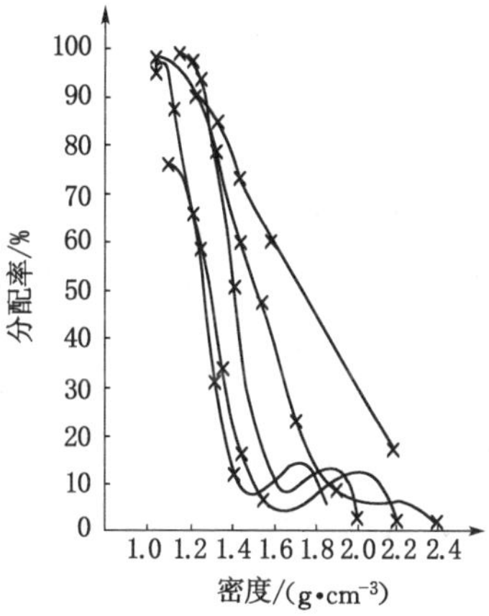

图 3-29　拉格朗日插值法模拟的 5 条分配曲线

随着计算机的普及和选矿数学模型研究的深入，人们开始采用计算机模拟分配曲线，并运用计算机进行重选效果的评定、预测及优化。1983 年，路迈西教授采用 6 种不同的数学模型拟合分配曲线，编制了相应的非线性拟合程序及预测重选效果的计算机程序。1986 年，原煤炭部部颁标准《评定煤用重选设备工艺性能的计算机算法》(MT 145—1997)中规定对分配曲线可用不同的数学模型进行拟合。

拟合分配曲线的模型很多。除了前面介绍的拟合可选性的反正切、双曲正切和复合正切模型外，还有指数模型、正态积分、复合正态积分和韦伯模型等。

指数模型：

$$y = b_0 + b_1 \exp[-(b_2/x)^{b_3}] \tag{3-43}$$

正态积分模型：

$$y = 100\left\{a + c\int_{1.2}^{x} \exp[-k(x - x_0)^2 \mathrm{d}x]\right\} \tag{3-44}$$

复合正态积分模型：

$$y = 100\left\{a - b(x - 1.2) + c\int_{1.2}^{x} \exp[-k(x - x_0)^2 \mathrm{d}x]\right\} \tag{3-45}$$

韦伯模型：

$$y = 100\{y_0 + a \cdot \exp[-(x - x_0)^b / c]\} \tag{3-46}$$

以上模型中，x 代表密度，y 代表密度为 x 的物料的分配率，其他为模型的参数。

曲线的拟合过程与原煤可选性曲线相同。

《评定煤用重选设备工艺性能的计算机算法》(MT/T 145—1997)中规定可用非线性拟合方法来拟合分配曲线。选取模型的原则是拟合误差小，具有合理的形状。用不同的模型拟合，最后选取一个最优的模型。

拟合误差的计算方法同式(3-27)。

用数学模型模拟分配曲线为重选效果的评定和预测带来了很大方便，模拟的分配曲线随意性减小，预测分选效果时，很容易通过计算机按 E 值或 I 值不变平移分配曲线。

7. 通用分配曲线

通用分配曲线是针对近似公式预测误差大，但又缺少实际分配曲线时而提出的一种新的分配曲线模型。

由于分配曲线的形状受分选设备性能的影响，与原煤可选性关系不大。同一类型的设备，不同分选密度的分配曲线是离散的，但经过平移，将分选密度变成同一相对分选密度后，便可归一到一条分配曲线上，用数学模型模拟归一化的试验点，所得到的曲线称为通用分配曲线。

通用分配曲线是由美国匹兹堡大学 B. S. Gottfried 教授于 1978 年首先提出来的。他将分配曲线的密度坐标 δ 转换为相对密度 δ/δ_{50}，使不同分选密度的分配曲线平移到同一相对分选密度“1”下，用韦伯模型对分配曲线进行拟合，从而获得通用分配曲线。使用时，再将相对密度还原成实际密度，求得不同密度的分配率，这种通用分配曲线在美国、加拿大、印度、澳大利亚等国家得到了广泛应用。但是该曲线在平移方式及拟合误差方面还存在一些缺陷。

我国也开展了跳汰通用分配曲线模型的相关研究，主要针对跳汰机研究了筛侧、筛下式跳汰机的一段、二段 4 条通用分配曲线模型，结果见图 3-30、图 3-31。

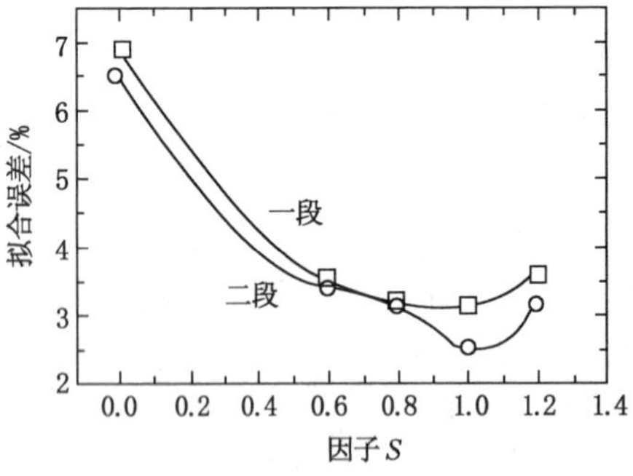

图 3-30　不同归一化方式的拟合误差
(筛下跳汰机)
因子 S 表示 $E/(\delta_{50}-1.0)$

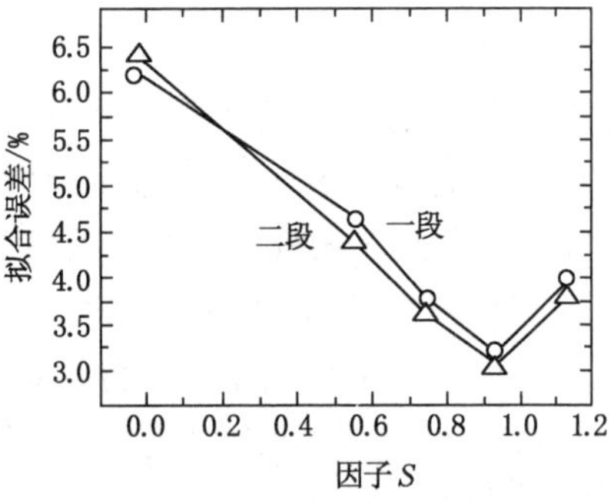

图 3-31　不同归一化方式的拟合误差
(筛侧跳汰机)
因子 S 表示 $E/(\delta_{50}-1.0)$

二、重选分选效果的评定

评定重力分选作业效果的指标较多，国家标准《煤用重选设备工艺性能评定方法》(GB/T 15715—2005)中有三项规定：① 以分配曲线为基础的可能偏差和不完善度；② 以入选原煤可选性曲线为基础的数量效率；③ 以产品的错配物曲线为基础的错配物总量。

（一）可能偏差和不完善度

可能偏差 E 值可按下式计算：

$$E = \frac{1}{2}(\delta_{75} - \delta_{25}) \tag{3-47}$$

式中　δ_{75}，δ_{25}——分别表示产品分配曲线上对应于分配率为 75%、25%时的密度，g/cm^3。

不完善度 I 值可按下式计算：

$$I = \frac{E}{(\delta_{50} - 1)} = \frac{(\delta_{75} - \delta_{25})}{2(\delta_{50} - 1)} \tag{3-48}$$

通常用可能偏差 E 值评定重介质分选设备的工作效果，用不完善度 I 值评定以水为介质的重选设备（如跳汰机、摇床等）的分选效果。

E 值和 I 值均与原煤的密度组成无关，而与粒度组成有关，同时受设备性能、操作水平的影响。当操作水平基本稳定时，E 值和 I 值则表示设备的分选性能。对于重介分选方法，E 值一般在 0.02～0.06 g/cm^3 之间波动；对于跳汰分选方法，I 值一般在 0.12～0.3 之间波动。数值越低，分选效果越好。

分选密度 δ_{50} 仅反映分选时的分割点，而不是评定分选效果的指标。例如改变了悬浮液的密度也就是改变了分选密度。分选密度的改变，意味着精煤灰分的改变，对 E 值或 I 值影响不大。

（二）数量效率

数量效率 η_1 的计算公式为：

$$\eta_1 = \frac{\gamma_1}{\gamma_{10}} \times 100 \tag{3-49}$$

式中　γ_1——精煤产率，%；

γ_{10}——理论精煤产率，%，其值从计算的可选性曲线上获得。

数量效率不但与设备性能、操作水平有关，还与原煤的可选性、密度组成、粒度组成密切相关。当设备相同、操作水平相同、原煤的粒度组成相同时，不同可选性煤分选后其数量效率有显著的差异。例如，表 3-10 为同一原煤在不同分选密度时，可选性由极难选变为易选，精煤实际产率由 45.96%增加到 71.76%，在相同的 I 值（0.20）下分选时，数量效率由 72.87%增加到 95.54%。因此，数量效率只适用于对同一可选性原煤分选效果的评定，对可选性不同的原煤，就没有可比性，不利于正确评定选煤分选效果。

表 3-10　　不同可选性原煤的分选效果

分选密度 /(g·cm⁻³)	不完善度	精煤		去矸 δ±0.1 含量/%	理论产率 /%	数量效率 /%
		产率/%	灰分/%			
1.40	0.20	45.96	9.10	56.66	63.07	72.87
1.45	0.20	54.50	9.76	33.00	66.65	81.77
1.50	0.20	60.91	10.35	18.26	69.55	87.57
1.55	0.20	65.61	10.91	11.30	71.77	91.42
1.60	0.20	69.10	11.46	7.33	73.59	93.90
1.65	0.20	71.76	12.01	5.10	75.11	95.54

（三）错配物总量

在重力分选过程中，由于设备性能、操作水平等原因，往往会出现轻、重产物相互污染的情况，在两个产品中的错配物总量也是评定重选效果的主要指标之一。

错配物总量 m_0 可用下式计算：

$$m_0 = m_l + m_h \tag{3-50}$$

式中 m_l——密度小于分选密度的物料在重产品中的错配量（占入料），%；

m_h——密度大于分选密度的物料在轻产品中的错配量（占入料），%。

表 3-11 为入选原煤和产品的密度组成，首先求得精煤、中煤和矸石的产率分别为 52.46%，19.21%和 28.33%。表 3-12、表 3-13 分别为第一段、第二段的错配量计算结果。

表 3-11　入选原煤和产品的密度分析　粒度：50～0.5 mm

密度级/(g·cm⁻³)	入料		精煤		中煤		矸石	
	产率/%	灰分/%	产率/%	灰分/%	产率/%	灰分/%	产率/%	灰分/%
−1.25	0.38	4.79	0.35	3.72	0.00	—	0.00	—
1.25～1.40	57.68	8.37	95.82	7.10	41.98	9.53	0.12	8.83
1.40～1.45	5.54	15.61	2.60	15.52	17.69	16.97	0.02	14.87
1.45～1.50	2.88	20.66	1.01	20.01	11.84	21.56	0.21	19.99
1.50～1.60	2.03	27.38	0.21	24.95	13.48	28.81	0.27	30.55
1.60～1.80	2.67	40.80	0.01	34.90	9.17	39.12	0.84	39.47
1.80～2.00	0.85	55.14	0.00	—	1.54	53.35	1.98	53.66
+2.00	27.97	89.57	0.00	—	4.30	81.18	96.59	88.12
合计	100.00	33.47	100.00	7.48	100.00	21.34	100.00	86.64

表 3-12　第一段错配量计算

密度级/(g·cm⁻³)	占入料/%				密度级/(g·cm⁻³)	错配量/%		
	精煤	中煤	矸石（重产品）	轻产品		轻产品中的沉物	重产品中的浮物	合计
(1)	(2)	(3)	(4)	(5)=(2)+(3)	(6)	(7)=$\sum$(5)↑	(8)=$\sum$(4)↓	(9)=(7)+(8)
					δ_{min}	71.67	0.00	71.67
−1.25	0.18	0.00	0.00	0.18	1.25	71.49	0.00	71.49
1.25～1.40	50.27	8.06	0.03	58.33	1.40	13.16	0.03	13.19
1.40～1.45	1.36	3.40	0.01	4.76	1.45	8.40	0.04	8.44
1.45～1.50	0.53	2.27	0.06	2.80	1.50	5.60	0.10	5.70
1.50～1.60	0.11	2.59	0.08	2.70	1.60	2.90	0.18	3.08
1.60～1.80	0.01	1.76	0.23	1.77	1.80	1.13	0.41	1.54
1.80～2.00	0.00	0.30	0.56	0.30	2.00	0.83	0.97	1.80
+2.00	0.00	0.83	27.36	0.83	δ_{max}	0.00	28.33	28.33
合计	52.46	19.21	28.33	71.67				

表 3-13　　　　　　　　　　　　第二段错配量计算

密度级 /(g·cm^{-3})	占入料/%		占本段入料/%		密度级 /(g·cm^{-3})	错配量/%		
	精煤	中煤	轻产品	重产品		轻产品中的沉物	重产品中的浮物	合计
(1)	(2)	(3)	(4)	(5)	(6)	(7)=$\sum$(4)↑	(8)=$\sum$(5)↓	(9)=(7)+(8)
					δ_{min}	73.19	0.00	73.19
−1.25	0.18	0.00	0.25	0.00	1.25	72.94	0.00	72.94
1.25～1.40	50.27	8.06	70.14	11.25	1.40	2.80	11.25	14.05
1.40～1.45	1.36	3.40	1.90	4.74	1.45	0.90	15.99	16.89
1.45～1.50	0.53	2.28	0.74	3.17	1.50	0.16	19.16	19.32
1.50～1.60	0.11	2.59	0.15	3.61	1.60	0.01	22.77	22.78
1.60～1.80	0.01	1.76	0.01	2.46	1.80	0.00	25.23	25.23
1.80～2.00	0.00	0.30	0.00	0.42	2.00	0.00	25.65	25.65
+2.00	0.00	0.83	0.00	1.16	δ_{max}	0.00	26.81	26.81
合计	52.46	19.21	73.19	26.81				

对第一段，矸石中的浮物累计量[第(8)列]为损失物量，由第(6)、(8)列数据绘制的曲线为损失曲线。精煤和中煤中的沉物累计量[第(7)列]为污染物量，由第(6)、(7)列数据绘制的曲线为污染曲线。损失物量和污染物量的总和[第(9)列]为错配物量，由第(6)列及第(9)列数据绘制的曲线即为错配物总量曲线(图 3-32、图 3-33)。损失曲线与污染曲线交点处的密度为等误密度。由分配曲线求得的分配率为 50%时的密度称为分选密度，分选密度与等误密度通常相接近，但不相等。例如在图 3-32 中，第一段的分选密度为 1.847 g/cm^3，等误密度为1.94 g/cm^3。

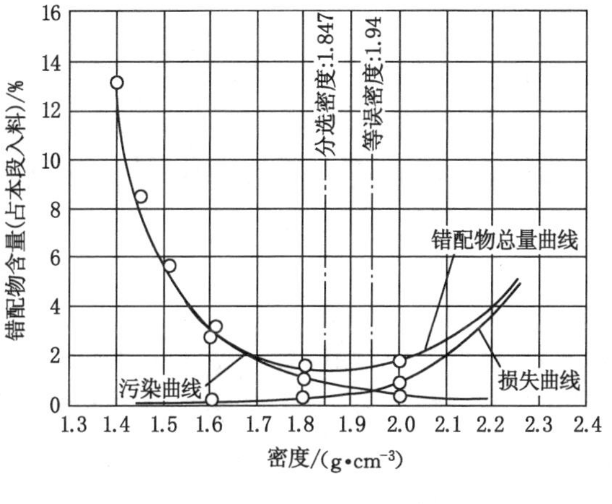

图 3-32　第一段的错配物曲线

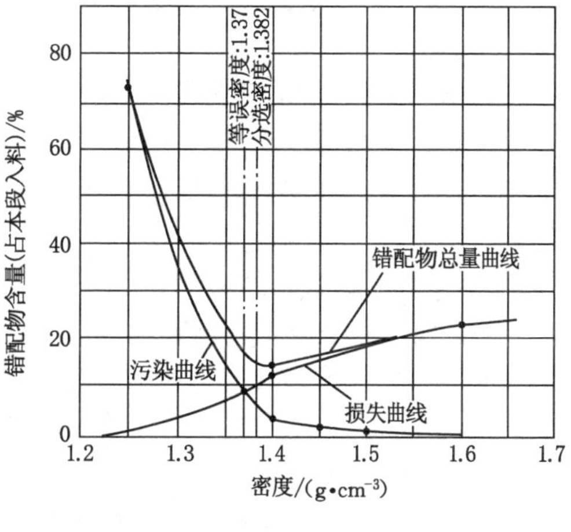

图 3-33　第二段的错配物曲线

计算第二段错配量时，将第二段视为一个单独的分选过程，把第一段的轻产物看成是第二段的入料，要将其浮沉结果换算成占本段入料的百分数，计算方法与第一段错配物量的计算方法相同。

绘制错配物曲线时要注意以下几点：

① 在多段分选时，错配物曲线应分段绘制。

② 每段的错配量按占本段计算入料的百分数计算。

③ 错配物曲线包括损失曲线、污染曲线及由这两条曲线叠加而成的错配物总量曲线。损失曲线为重产品各密度级占计算入料的浮物累计产率曲线，污染曲线为轻产品各密度级占计算入料的沉物累计产率曲线。损失曲线和污染曲线的横坐标是密度，纵坐标为重产品（或轻产品）对应于该密度占计算入料的浮物（或沉物）的累计产率。

④ 损失曲线和污染曲线的交点对应于等误密度，错配物总量曲线的最低点对应于分选密度。

错配物总量是从产品的角度来评价分选效果的，其概念与分配率不同。分配率是把每个密度级物料看成 100%，它的大小与原煤中该密度级的含量关系不大；而错配物总量与原煤的密度组成密切相关。因此，错配物总量与数量效率相似，并不是一种客观的评定分选效果的方法。

（四）污染指标

在选煤厂生产中，也常用污染指标评定分选设备的工作效果，以指导司机操作。表3-14为某厂跳汰机分选污染指标的实例。

表 3-14　　某厂跳汰机分选的污染指标

密度级/(g·cm^{-3})	原煤/%	精煤/%	中煤/%	矸石/%
−1.5	61.94	96.59	59.37	0.90
1.5～1.8	12.15	3.08	22.24	9.14
+1.8	25.91	0.33	18.39	89.96
合计	100.00	100.00	100.00	100.00

污染指标是将产品按两个密度分成三个密度级，算出各密度级占本组的百分比。当原煤的可选性、分选密度不变时，各产品的污染指标变化不会太大，污染指标可通过快速浮沉试验获得，计算很简单。因此，绝大多数选煤厂在日常生产中，仍然采用污染指标指导司机操作。

三、重选分选效果的预测

（一）重选分选效果预测的原则

如前所述，分配曲线和原煤密度组成关系不大，根据这一特点，当原煤密度组成和要求精煤灰分改变时，可以平移分配曲线，求得各密度级的分配率，再利用原煤可选性曲线及各密度级的分配率预测轻、重产物的产率和灰分。

表 3-15 为重选分选效果预测的实例。

表 3-15　　　　　利用原煤可选性资料及分配率预测重选分选效果

密度级/(g·cm^{-3})	原煤		分配率/%	精煤		中煤	
	产率/%	灰分/%		产率/%	灰分/%	产率/%	灰分/%
(1)	(2)	(3)	(4)	(5)=(2)×(4)	(6)=(3)	(7)=(2)-(5)	(8)=(3)
-1.30	12.9	5.1	99.6	12.8	5.1	0.1	5.1
1.30～1.35	10.0	7.1	99.5	9.9	7.1	0.1	7.1
1.35～1.40	17.6	8.6	99.0	17.4	8.6	0.2	8.6
1.40～1.45	18.5	11.6	98.5	18.2	11.6	0.3	11.6
1.45～1.50	13.9	15.5	88.7	12.3	15.5	1.6	15.5
1.50～1.55	9.7	20.1	54.0	5.2	20.1	4.5	20.1
1.55～1.60	5.4	25.3	15.6	0.8	25.3	4.6	25.3
1.60～1.65	3.2	30.1	6.3	0.2	30.1	3.0	30.1
1.60～1.70	1.9	33.8	3.0	0.1	33.8	1.8	33.8
+1.70	6.9	48.5	0.0	0.0	48.5	6.9	48.5
合计	100.0	15.45		76.9	10.68	23.1	31.30

表 3-15 中的第(1)、(2)、(3)、(4)列数据已知，第(4)列是原煤中各密度级在精煤中的分配率，第(5)列是原煤中各密度级在精煤中的产率，它是第(2)列和第(4)列相乘而得。第(7)列是原煤中各密度级在中煤中的产率，它由原煤中各密度级的产率减去精煤中相应密度级的产率求得。将各密度级的产率相加后得到精煤产率为 76.9%，中煤产率为 23.1%。设产品中各密度级的灰分与原煤中相应密度级的灰分相等，加权平均后求得精煤的灰分为 10.68%，中煤的灰分为 31.30%。

在预测重选分选效果时，要注意以下问题：

① 一次只能预测两种产品的分选效果。对多产品，要分解成多个二产品作业的串联流程。如图 3-34(a)所示，把三产品的跳汰作业分解成两段跳汰机串联，第二段的入料为第一段的轻产物；如图 3-34(b)所示，把四产品的跳汰作业分解成三段跳汰机串联，前一段的轻产物为后一段的入料。

当不需要详细了解三产品跳汰作业的重产物质量时，为了简化计算，可以把三产品作业看成是二产品作业，此时，必须有综合段的分配曲线资料，即把一、二段的重产物看成一种产品，精煤看成另一种产品，如图 3-35 所示。

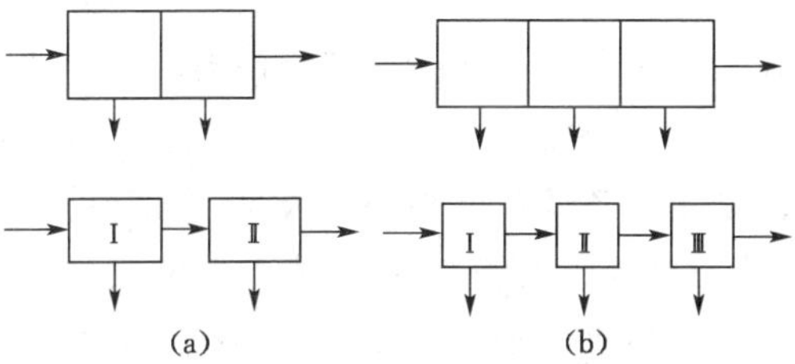

图 3-34　三产品及四产品跳汰作业的分解

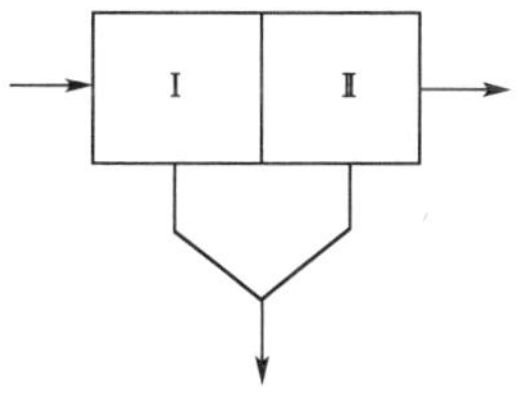

图 3-35　三产品作业看作二产品跳汰作业

② 假定每一密度间隔的物料有相同的性质，即精煤或尾煤中的灰分、平均密度不变。

③ 假定每一密度间隔物料的平均分配率不变。在表3-23中，1.45～1.50 g/cm^3 密度间隔的物料在精煤中的平均分配率为88.7%。

严格地讲，以上假设是不正确的。因为同一密度间隔，如1.3～1.4 g/cm^3 的物料仍然是不同密度物料的混合物，其中有些物料接近1.3 g/cm^3，有些物料接近1.4 g/cm^3，它们具有不同的灰分及分配率，该密度级的灰分及分配率只占它们的平均值。实际生产中，精煤中某一密度级的灰分低于原煤和矸石中相同密度级的灰分，见表3-16。因此，当密度间隔较宽时，预测结果有一定误差。

表 3-16　　某选煤厂 2008 年 3 月月综合资料

密度级/(g·cm^{-3})	原煤		精煤		中煤	
	产率/%	灰分/%	产率/%	灰分/%	产率/%	灰分/%
−1.3	33.93	5.69	65.14	5.32	27.24	5.22
1.3～1.4	23.75	10.35	23.19	10.06	26.25	11.27
1.4～1.5	6.55	17.98	8.76	17.76	12.79	19.25
1.5～1.6	4.21	26.15	1.59	24.77	8.70	28.98
1.6～1.8	3.29	36.36	0.41	33.65	6.75	37.52
+1.8	28.27	80.17	0.71	59.08	18.27	69.16
合计	100.00	30.57	99.80	8.32	100.00	24.53

（二）分配曲线与重选分选效果预测的关系

分配曲线上的各点表示了某一密度级产物进入重产物（或轻产物）的概率（分配率），它只和设备性能、操作水平及原煤的粒度组成有关，而与原煤的密度组成关系不大。因此，只要有了某一重选设备的分配曲线，便可求得该设备对该粒度级不同分选密度的分配曲线，用于预测新的分选密度时的分选效果。

当原煤密度组成确定后，分选效果的好坏就由分配率来确定。这里有两个含义：一是当分选密度确定后，可能偏差或不完善度增大，精煤产率降低，灰分升高；二是当可能偏差或不完善度不变，分选密度增大时，精煤的产率和灰分均升高。根据表3-17中的原煤可选性计算结果，表3-18和图3-36分别列出和绘制了当分选密度为1.5 g/cm^3 时不同 I 值的预测结果。

表3-19和图3-37也是根据表3-17中的原煤，按 I 值为0.18时不同分选密度的预测结果。对比发现，得到了两种不同的结果，其原因是可以理解的。当分选密度不变，I 值增加时，混杂及污染量增加了，此时由于高灰分物料污染精煤及低灰分物料损失，精煤灰分升高，产率降低；当 I 值不变时，混杂及污染的概率不变，随分选密度的升高，进入精煤的高密度物料增加，此时既提高了精煤产率，也增加了精煤灰分。因此，预测重选效果的最关键问题是如何确定各密度级的分配率。

表 3-17　　原煤可选性计算表

密度级 /(g·cm^{-3})	占本级		浮物累计		沉物累计	
	产率/%	灰分/%	产率/%	灰分/%	产率/%	灰分/%
−1.30	2.72	2.450	2.72	2.450	100.00	23.118
1.30～1.40	54.80	7.890	57.52	7.633	97.28	23.695
1.40～1.45	11.03	14.030	68.55	8.662	42.48	44.085
1.45～1.50	5.71	18.910	74.26	9.450	31.45	54.626
1.50～1.60	4.76	25.760	79.02	10.433	25.74	62.549
1.60～1.80	3.70	33.100	82.72	11.670	20.98	70.895
1.80～2.00	2.29	54.400	85.01	12.821	17.28	77.917
+2.00	14.99	81.510	100.00	23.118	14.99	81.510
合计	100.00	23.118				

表 3-18　　分选密度为 1.5 g/cm^3 时不同 I 值的预测结果

不完善度 I	精煤		理论产率 γ/%	数量效率 η/%	中煤	
	γ_j/%	A_j/%			γ_z/%	A_z/%
0.15	68.35	9.54	74.78	91.40	31.65	52.45
0.18	66.18	9.64	75.37	87.80	33.82	49.49
0.20	64.76	9.74	75.89	85.34	35.24	47.71
0.22	63.46	9.84	76.42	83.04	36.54	46.18
0.24	62.22	9.97	77.01	80.79	37.78	44.78
0.26	61.15	10.12	77.72	76.68	38.85	43.58
0.28	60.13	10.29	78.44	76.66	39.87	42.46
0.30	59.29	10.49	79.21	74.85	40.71	41.51

表 3-19　　不完善度为 0.18 时不同分选密度的预测结果

分选密度 /(g·cm^{-3})	精煤		理论产率 γ/%	数量效率 η/%	中煤	
	γ_j/%	A_j/%			γ_z/%	A_z/%
1.40	47.64	8.63	68.23	69.82	52.36	36.30
1.45	58.37	9.15	72.37	80.65	41.63	42.69
1.50	66.18	9.64	75.37	87.80	33.82	49.49
1.55	71.62	10.10	77.63	92.26	28.38	55.97
1.60	75.34	10.51	79.28	95.04	24.66	61.65
1.65	77.93	10.90	80.59	96.70	22.07	66.27
1.70	79.81	11.28	81.69	97.69	20.19	69.91
1.75	81.20	11.66	82.66	98.23	18.80	72.62
1.80	82.35	12.06	83.57	98.54	17.65	74.71

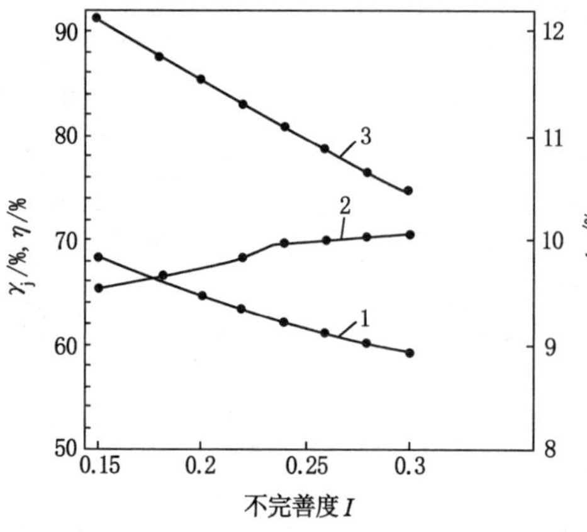

图 3-36 分选密度不变时不同 I 值的预测结果
1——精煤产率;2——精煤灰分;3——数量效率

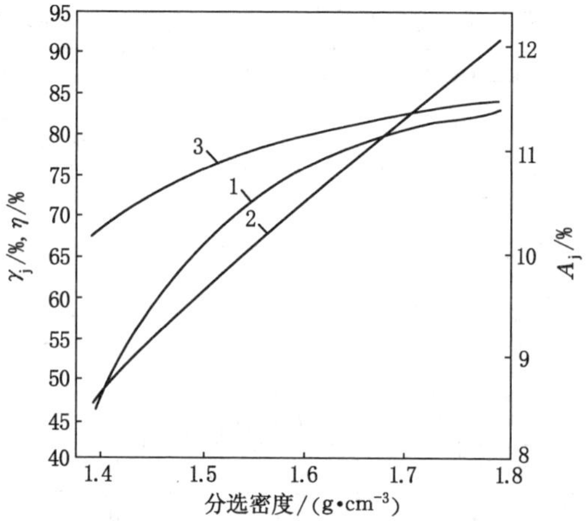

图 3-37 I 值不变时不同分选密度的预测结果
1——精煤产率;2——精煤灰分;3——数量效率

在重选分选效果预测中,可以用三种方法代表分配曲线:近似公式法、实际分配曲线和通用分配曲线。前面已提到,用近似公式法预测的误差较大。表 3-20 是利用实际分配曲线和近似公式法对我国 6 个选煤厂重选分选效果的预测结果,近似公式法的预测误差比实际分配曲线大得多,预测结果明显偏好。因此预测时,采用本厂的实际分配曲线才能减小预测误差,真正起到对生产的指导作用。当缺少实际分配曲线时,对于跳汰选可以采用通用分配曲线。

表 3-20　　实际分配曲线和近似公式法预测结果的对比

厂名	实际结果		实际分配曲线预测结果		近似公式法预测结果	
	产率/%	灰分/%	产率/%	灰分/%	产率/%	灰分/%
马头	62.25	11.18	61.03	10.48	66.04	10.84
株洲	74.96	10.66	74.71	10.64	74.34	10.15
龙凤	55.16	6.23	55.77	6.27	57.34	6.39
荣昌	52.24	8.99	52.24	9.66	51.63	7.76
滴道	24.94	14.00	25.72	14.32	26.75	14.52
汪家寨	45.16	13.04	45.31	13.60	49.48	12.93
误差平方和			2.55	1.36	41.81	2.20
产率、灰分总均方差			0.59		2	

(三) 预测重选分选效果时应注意的问题

为了使预测的重选分选效果符合实际,应注意以下问题:

(1) 分选密度的限制

有些原煤质量不好,不能选出灰分很低的精煤,于是就把分选密度降到很低。但对于某些分选设备来说,由于设备本身性能和工作条件的制约,难以达到很低或很高的分选密度。

比如利用跳汰机把分选密度降到 1.3 g/cm^3，即使计算结果证明分选密度为 1.3 g/cm^3 时可以得到低灰精煤，但是，在实际中也不可能达到，跳汰机的分选密度低于 1.35 g/cm^3 时就难正常工作。再如第一段分选密度一般为 2.0 g/m^3 左右，不可能高到 2.4 g/cm^3，如果分选密度这么高，预测结果也是不正确的。

(2) 分配曲线平移的距离

根据前面介绍，当分选密度改变时，分配曲线可以按 E 值或 I 值不变平移。但是，实际上这种平移是有误差的。因此，要尽量减小分配曲线的平移距离。对于高、低分选密度的分选作业，要分别选用第一段分配曲线或第二段分配曲线进行平移。

(3) 分析预测结果的可靠性

一般来说，预测结果与实际是有一定误差的，因此，在预测后要认真分析一下预测结果，看其逻辑上是否合理，与实际的差距大不大。如果差距大，不合逻辑，则要找明原因，修正预测结果。

第四节　浮选作业效果的评定与预测

随着采煤机械化程度的提高，原煤中的粉煤(−0.5 mm)含量急剧增加，目前已达到25%左右，有的甚至更高。在选煤厂，这些−0.5 mm 粉煤主要是利用浮选方法来回收精煤的。目前，浮选已成为炼焦煤选煤厂不可缺少的分选方法，而且，在动力煤选煤厂也开始使用，以改善煤炭质量，提高资源利用率。因此，对浮选作业分选效果进行正确的分析评定和预测已成为选煤厂技术管理的一个重要部分。

一、煤炭的可浮性

不同的选煤厂，其浮选入料的可浮性是不同的，根据《煤炭可浮性评定方法》(MT/T 259—1991)，采用灰分符合要求条件下的浮选精煤可燃体回收率作为评定可浮性的标准。

煤炭可浮性的等级如表 3-21 所示。

表 3-21　　煤炭可浮性等级

可浮性等级	极易浮	易浮	中等可浮	难浮	极难浮
浮选精煤可燃体回收率 E_j/%	≥90.1	80.1～90.0	60.1～80.0	40.1～60.0	≤40.0

浮选精煤可燃体回收率 E_j 的计算公式为：

$$E_j = \frac{\gamma_j(100 - A_{d,j})}{100 - A_{d,r}} \times 100 \tag{3-51}$$

式中　E_j——浮选精煤可燃体回收率，%；

γ_j——浮选精煤产率，%；

$A_{d,j}$——浮选精煤干基灰分，%；

$A_{d,r}$——浮选入料干基灰分，%。

浮选精煤产率按《煤粉(泥)实验室单元浮选试验方法》(GB 4757—2001)所绘制的精煤产率曲线确定。

显然，浮选精煤可燃体回收率随浮选精煤灰分的变化而变化，一般情况下，精煤灰分增加，可浮性变得容易。与+0.5 mm粒级原煤可选性一样，对同一种煤，可浮性随产品质量要求的变化而变化。

二、浮选作业分选效果的评定方法

目前，有关煤炭浮选效果评定方法有很多种，各国的评定方法也不一致，见表3-22。我国煤炭行业标准《选煤厂浮选工艺效果评定方法》(MT 180—2008)中规定有浮选精煤数量指数和浮选完善指标两种。

(一) 浮选精煤数量指数 η_{if}

浮选精煤数量指数用于评定不同煤之间的浮选工艺效果，计算公式如下：

$$\eta_{if}=\frac{\gamma_j}{\gamma_j'}\times 100 \tag{3-52}$$

式中 γ_j——实际浮选精煤产率，%；

γ_j'——精煤灰分相同时，标准浮选精煤产率，%。

按《选煤实验室分步释放浮选试验方法》(MT/T 144—1997)所绘制的精煤产率曲线确定。

该指标与重力分选的数量效率相近似，不过理论产率由分步释放浮选试验方法确定。

部分选煤厂计算的浮选精煤数量指数列于表3-22。

表3-22　各国对浮选效果及可浮性的评定方法

评价方法	表达式
浮选效果评价方法	
德工标(德)	$\eta_{NG}=\frac{2\times 10^2(A_y-\lambda_j)(A_w-A_y)}{[(A_{max}-A_y)(A_y-A_j)+(A_w-A_y)(A_y-A_{min})]}$
浮选效率(美)	$F=\frac{\gamma_j(100-A_j)}{(100-A_y)-\gamma_j A_j/A_y}$
效率指数(美)	$E=\gamma_j A_w/A_j$
浮选程度指数(波)	$S_w=A_y/A_j$
选分系数(苏)	$K=(A_w-A_j)/A_y$
选择性指数(苏)	$X=(100-A_j)A_w/(100-A_w)A_j$
精煤数量效率	$\eta=\gamma_j/\gamma_0\times 100\%$
可燃体回收率	$\eta_s=\gamma_j(100-A_j)/(100-A_y)$
选择性系数	$C=2(A_y-A_j)\gamma_j/A_y$
浮选效率 η_0	$\eta_0=\lg\frac{\gamma_j(100-A_j)\times 10\times(A_y-A_j)}{(100-A_y)A_y}$
浮选效率 k_H	$k_H=\sqrt{\gamma_j(100-A_j)\times\gamma_w A_w/[A_y(100-A_y)]}$

续表 3-22

评价方法	表达式
部颁标准	$\eta_{if}=\gamma_j/\gamma_0\times100\%$ $\eta_{wf}=\gamma_j(A_y-A_j)/[A_y(100-A_y)]\times100\%$
可浮性评定方法	
变动系数	$V_s=\sqrt{\sum\lambda_1-\gamma_j/100-a^2}/a$
可燃体回收率	$E=\gamma_j(100-A_j)/A_y$
浮选分类指标	$Q=(E'-W')-(E-W)$
T 值	$T=E/A_j$
F 值	$F=E/Z$
H 值	$H=A_y-A_j$

表中精煤、尾煤、入料的灰分为实测结果，实际 γ_j 由二产品灰分平衡式算得。分步释放，按 MT 144—1997 中试验方法确定。

由表 3-23 可知，浮选精煤数量指数 η_{if} 有超过 100%的现象，其原因是分步释放浮选实验的结果并不一定是最佳的浮选结果，所以出现实际分选结果优于分步释放浮选实验的情况。

表 3-23　　不同方法评定浮选效果指标表

序号	厂名	实测灰分/%			产率/%			评定指标			
		精煤 A_j	尾煤 A_w	入料 A_y	实际 γ_j	分步释放 γ_j'	计算原煤 γ_k	浮选精煤数量指数 η_{if}	浮选完善指标 η_{wf}	计算原煤数量效率 η_k	可燃体回收率 η_ε
1	株洲	10.00	66.50	12.50	95.58	96.50	97.60	99.05	21.85	97.93	98.31
2	*	8.29	46.63	9.95	95.67	95.50	—	100.20	17.72	—	97.43
3	邯郸	9.97	73.48	15.98	90.52	85.80	92.30	105.51	40.53	98.08	97.01
4	卢岭	10.13	64.04	17.37	86.57	82.80	88.70	104.55	43.67	97.60	94.16
5	马头	11.01	54.37	16.98	87.01	84.50	91.20	102.97	36.42	95.41	92.86
6	青龙山	12.89	64.60	21.45	83.23	75.00	86.00	110.97	42.39	96.78	92.45
7	*	9.48	51.10	17.60	80.49	—	86.00	—	45.07	93.53	88.42
8	庞庄	13.37	47.48	20.25	79.83	81.30	—	98.19	34.01	—	86.72
9	*	9.43	46.45	19.59	72.61	78.00	—	93.10	46.80	—	81.78
10	*	9.17	37.73	17.93	69.33	78.00	—	88.90	41.27	—	76.73
11	*	11.51	45.26	23.57	65.26	71.00	—	91.95	43.02	—	75.59
12	焦作	7.36	49.10	23.11	62.27	47.56	67.50	130.93	55.19	92.25	75.03
13	*	9.84	42.22	22.92	59.60	78.50	—	75.90	44.13	—	69.71

续表 3-23

序号	厂名	实测灰分/%			产率/%			评定指标			
		精煤 A_j	尾煤 A_w	入料 A_y	实际 γ_j	分步释放 $\gamma_{j'}$	计算原煤 γ_k	浮选精煤数量指数 η_{if}	浮选完善指标 η_{wf}	计算原煤数量效率 η_k	可燃体回收率 η_ε
14	*	12.24	30.69	20.22	56.75	—	81.00	—	22.07	70.06	62.43
15	*	10.62	23.11	15.87	57.97	89.50		64.80	22.79		61.59
16	*	21.62	67.80	53.76	30.41	60.30		50.40	39.31		51.55
17	*	15.66			41.60						47.60
18	*	12.68			70.65						76.42
19	*	10.95			85.00						93.20
20	*	7.85			95.51						99.33

（二）浮选完善指标

浮选完善指标 η_{wf} 用于评定同一煤在不同工艺条件下的分选完善程度。可按下式计算：

$$\eta_{wf} = \frac{\gamma_j}{100 - A_y} \times \frac{A_y - A_j}{A_y} \times 100 \tag{3-53}$$

式中 A_y——计算入料灰分，%；

A_j——浮选精煤灰分，%。

由式(3-53)可以看出，$\frac{\gamma_j}{100-A_y}$ 为实际产率与理论产率近似值的关系，$\frac{A_y-A_j}{A_y}$ 为相对降灰率。η_{wf} 实际上就是选煤厂广泛应用的汉考克效率公式。浮选完善指标一般小于 50%，与其他指标相关性很差。

浮选精煤数量指数、浮选完善指标与原煤性质均有很密切的关系。例如可浮性好的煤，在相同的浮选机和工艺条件下操作，将得到高的浮选精煤数量指数与浮选完善指标，反之就低。

除了煤炭行业标准外，还可用以下指标评定浮选效果。

(1) 可燃体回收率 η_ε

可燃体回收率 η_ε 按下式计算：

$$\eta_\varepsilon = \frac{\gamma_j(100 - A_j)}{100(100 - A_y)} \times 100 \tag{3-54}$$

式中 $100(100-A_y)$——入浮原料中的可燃体；

$\gamma_j(100-A_j)$——实际精煤中的可燃体。

可燃体回收率越高，分选效果越好。

表 3-23 也列出了一些选煤厂的可燃体回收率指标。很显然，可燃体回收率与原煤可浮性也是有关的。

(2) 计算原煤数量效率 η_k

计算原煤数量效率 η_k 按下式计算：

$$\eta_k = \frac{\gamma_j}{\gamma_k} \times 100 \tag{3-55}$$

式中 γ_k——计算原煤理论产率，%。

根据浮选精煤及尾煤的小浮沉试验结果，按实际产率 γ_j 求出计算原煤，在计算原煤的浮煤累计曲线上，按与精煤相同的灰分求得计算原煤的理论产率。计算原煤数量效率也与原煤的可浮性有关。

以上四种评定浮选效果的指标均与重力分选的数量效率相类似，只是理论产率的取法不同。除了效率指标外，在达到对浮选工艺要求的条件下，还可以用单位体积（浮选机）处理量，浮选药剂用量，入料及产品的小筛分、小浮沉结果分析等方法评定浮选效果。

三、浮选作业分选效果的预测

浮选是利用煤和矸石表面的物理化学性质差异的机理进行分选的。由于对浮选作业分选效果预测的研究工作起步不久，目前还没有像对分配曲线那样的评定指标，因此浮选效果的预测结果也不如重力分选那样准确。常用的预测方法有以下几种。

（一）小浮选试验

利用小浮选试验或逐槽取样试验结果，绘制实际浮物累计曲线，再用数学模型拟合该曲线。预测时，根据要求的精煤灰分或产率，求得各产品的其他指标。

表 3-24 为某厂浮选机逐槽取样的产品灰分，按照产品数质量平衡原则，可算出各室精煤、尾煤的产率。图 3-38 为该厂浮选的数质量流程图。表 3-25 为某厂浮选实际可选性计算表，以表中第(4)，(5)列资料，用复合双曲正切模型对其进行非线性拟合，得到实际的可选性曲线如图 3-39 所示，拟合误差为 1.30。模型参数为：$k=6.310\ 73$，$x_0=0.596\ 03$，$a=1.959\ 21$，$c=-1.551\ 85$，$b=-0.188\ 33$。

表 3-24　　某厂浮选逐室取样的产品灰分

产品	一室	二室	三室	四室	五室	六室	入料灰分
精煤	7.21	7.78	8.47	10.58	16.10	18.29	21.65
尾煤	25.31	27.39	35.45	39.75	60.52	60.73	

表 3-25　　某厂浮选实际可选性计算表

	浮沉级		浮煤累计	
	γ/%	A_d/%	$\sum_d$/%	A_d/%
(1)	(2)	(3)	(4)	(5)
一室	20.22	7.21	20.22	7.21
二室	8.46	7.78	28.68	7.38
三室	21.31	8.47	49.99	7.84
四室	7.37	10.58	57.36	8.20
五室	19.94	16.10	77.30	10.23
六室	0.11	18.29	77.41	10.25
尾煤	22.59	60.73	100.00	21.65
合计	100.00	21.65		

预测时，可根据要求的精煤灰分从浮物累计曲线上查到它的实际产率，从基元灰分曲线上查到边界灰分。反过来，也可根据要求的精煤产率求得精煤灰分及边界灰分。

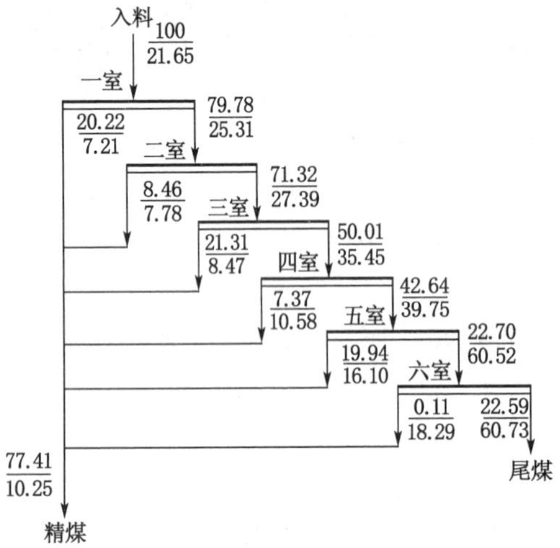

图 3-38 某厂浮选数质量流程图

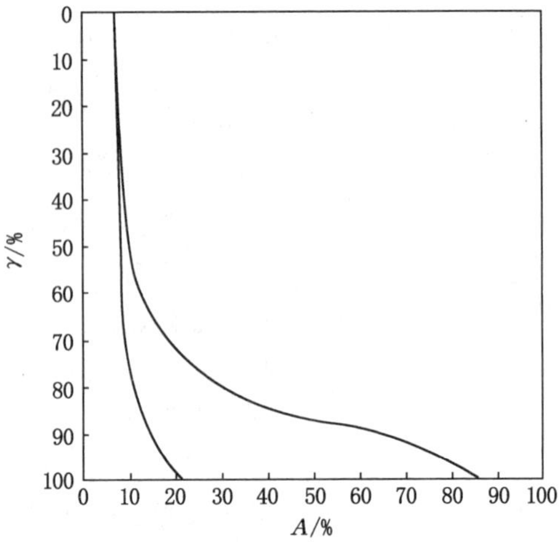

图 3-39 浮选实际可选性曲线

如果用小浮选试验资料绘制了实际可选性曲线，而且分选效果又优于实际效果，使用时精煤产率仍必须考虑乘一个小于 1 的系数。

（二）根据小浮沉试验预测浮选效果

当缺少浮选试验资料时，可用原生粉煤的小浮沉试验结果代替。虽然浮选是按照煤和脉石表面的物理化学性质差别分选的，但煤的可浮性与密度也有一定的相关关系，密度小的灰分低，可浮性好。实验表明，$-1.8\ g/cm^3$ 密度级上浮速度很快，可以用 $-1.8\ g/cm^3$ 密度级累计灰分作为浮精灰分。因为小浮沉试验是在理想条件下按密度分离的结果，是理论指标。要使预测结果接近实际，应用数量效率进行校正。当精煤灰分不变时，实际精煤产率等于理论产率乘数量效率。数量效率按经验选取，一般为 70%～90%。

（三）采用数学模型预测浮选效果

对浮选数学模型的研究还不够成熟，在实际应用中还有一定问题，在此仅作一般性介绍，供进一步研究参考。

1. 浮选动力学模型

浮选动力学是研究浮选泡沫产品随时间变化的规律。单相浮选动力学模型把浮选槽看成理想的混合器，其基本动力学方程类似于化学反应动力学，即：

$$dc/dt = -k_1 c \tag{3-56}$$

式中 c——浮选槽中欲浮矿物的浓度；

t——浮选时间；

k_1——一级浮选速率常数。

k_1 含义是，在浮选过程中，进入精煤中的欲浮矿物成分（浮选速度）正比于煤浆中该成分的浓度。

将式(3-56)积分后得：

$$c = c_0 e^{-k_1 t} \tag{3-57}$$

式中 c_0——浮选开始时，槽内欲浮矿物的浓度。

式(3-57)又可写成：

$$\ln\frac{c_0}{c}=k_1t \tag{3-58}$$

事实上，在煤浆中往往存在着不可浮部分，如果经过长时间浮选，留在槽中未被浮起的矿物浓度为 c_∞，则式(3-58)可以写成：

$$\ln\frac{c_0-c_\infty}{c-c_\infty}=k_1t \tag{3-59}$$

若用产率表示，则最大产率 $\gamma_\infty=c_0-c_\infty$，即原矿浓度 c_∞ 减去留在槽中浮不起来的矿物浓度 c_∞，设 t 时的产率为 γ，则 $\gamma_\infty-\gamma=c-c_\infty$，将其代入式(3-59)，可得：

$$\ln\frac{\gamma_\infty}{\gamma_\infty-\gamma}=k_1t \tag{3-60}$$

$$\gamma=\gamma_\infty(1-e^{-k_1t}) \tag{3-61}$$

式中 γ——欲浮矿物的产率；

γ_∞——欲浮矿物的最大产率。

由式(3-61)可知，γ 是浮选时间 t 的函数，欲浮矿物的最大产率是 γ_∞。产率增长速度与浮选速率常数 k_1 有关，当 k_1 增大时 e^{-k_1t} 变小，γ 变大。

式(3-59)表明，凡是能以一级浮选速率模型描述的浮选过程，浮选时间 t 与 $\ln\frac{\gamma_\infty}{\gamma_\infty-\gamma}$ 之间的关系均是一条直线，而且该直线的斜率就是 k_1。

因此，只要已知欲浮矿物的最大产率及浮选速率常数，便可求出不同浮选时间的产率。

实际应用中，有人认为浮选槽中欲浮矿物浓度的下降速率不与槽内该矿物的浓度成正比，而是与其 n 次方成正比，则式(3-56)变成：

$$\mathrm{d}c/\mathrm{d}t=-k_nc^n \tag{3-62}$$

这就是 n 级浮选速率模型。

在一组连续工作的浮选机中，在稳定的状态下取出一个槽，分析这个浮选槽的工作，可以得到：

浮选速率＝$k\times$(槽中欲浮矿物成分的数量)

若用欲浮矿物的产率 γ 与煤浆在槽中停留时间 t 的比值表示浮选速率，浮选槽中欲浮矿物的数量为 $1-\gamma$，上式可写成：

$$\frac{\gamma}{t}=k(1-\gamma)$$

$$R=\frac{kt}{1+kt} \tag{3-63}$$

这就是连续浮选动力学的基本方程式。式中煤浆在浮选槽中的停留时间 t，称为标称浮选时间。

经过多人研究证明，浮选速率常数 k 实际上并不是常数，它与矿石的性质和浮选条件有关，同时受浮选时间 t 的影响。k 有不同的分布，如 Γ 分布、β 分布、立方抛物线分布、双峰分布等。

对于选煤来说，浮选入料的粒度从 0.5 mm 到 0 mm，粒度级别较宽，组分有镜煤、亮煤、暗煤、丝炭，也有脉石颗粒及泥质，因而矿浆的可浮性不尽相同。在实际选煤过程中，用浮选动力学模型来预测浮选效果是比较复杂的，这方面的研究工作还要进一步探讨。

2. 混合模型

煤浮选的一个显著特点是精煤量很大，浮选槽内煤浆浓度变化的速度很快，因此用动力学模型预测的浮选产率与实际误差较大。澳大利亚昆士兰大学矿物研究中心 J. K. Lynch 教授和荣瑞煊等人提出煤浮选中泡沫过负荷对浮选过程的影响和用线性回归模型及浮选动力学模型两者的混合模型来预测浮选效果:用线性回归模型模拟存在泡沫过负荷的槽及受其影响的前后槽,用浮选动力学模型预测其他各槽。线性回归模型及浮选动力学模型的参数均按试验结果用回归分析或拟合方法求得。求出模型参数后,就可以用此模型预测该厂浮选的分选效果。当然这些模型的使用是有局限性的,只能在该厂的可浮性、分选机性能、加药制度及操作水平不变时使用。

(1) 线性回归模型

对可燃体:

$$RC = L_1 \cdot RW + L_2 \cdot MC + L_3 \cdot CC$$

或

$$RC = L_1 \cdot RW + L_2 \cdot MC + L_3$$

对非可燃体:

$$RI = m_1 \cdot RW + m_2 \cdot MI + m_3 \cdot CI$$

或

$$RI = m_1 \cdot RW + m_2 \cdot MI + m_3$$

或

$$RI = m_1 \cdot RW + m_2 \cdot CI + m_3$$

式中 RC,RI——分别为可燃体和非可燃体某粒级的质量产率,kg/min;

RW——水的质量产率,kg/min;

MC,MI——浮选入料中可燃体和非可燃体流量,kg/min;

CC,CI——分别为可燃体和非可燃体某粒级在浮选入料中的质量流量,kg/min;

L_1,L_2,L_3,m_1,m_2,m_3——参数。

由回归方程可知,在泡沫过负荷条件下,固体颗粒的移动速度与水的回收速度成正比。也就是说,当泡沫过负荷存在时,水的质量产率是影响浮选精煤产率的一个重要因素。

表 3-26 为某选煤厂浮选机第 1~4 槽的线性回归方程。

表 3-26　拟合可燃体与非可燃体质量产率的线性回归模型

		粒级(网目)	模　　型	剩余标准偏差
马家沟厂槽 1—4	可燃体	+40	$RC=0.009\,534RW-0.021\,06MC+0.478\,9CC$	0.047
		40~60	$RC=0.027\,57RW-0.055\,13MC+0.438\,5CC$	0.308
		60~80	$RC=0.039\,08RW-0.074\,65MC+0.453\,5CC$	0.002
		80~100	$RC=0.046\,96RW-0.109\,2MC+0.557\,4CC$	0.883
		100~120	$RC=0.020\,3RW-0.024\,7MC+0.275\,19CC$	0.027
		−120	$RC=0.300\,0RW+0.143\,6MC-13.10$	0.296
	非可燃体	+40	$RI=0.000\,249\,5RW-0.006\,395CI+0.207\,6$	0.009
		40~60	$RI=0.000\,177\,6RW-0.531\,1CI+0.676\,1$	0.003
		60~80	$RI=0.001\,343RW-0.402\,1CI+0.821\,6$	0.050
		80~100	$RI=0.000\,647\,9RW-0.545\,7CI+1.764$	0.123
		100~120	$RI=0.002\,412RW-0.203\,5CI+0.371\,9$	0.009
		−120	$RI=0.054\,7RW+0.011\,82CI-1.379$	0.129

(2) 动力学模型

将式(3-63)转换后得：

$$R_n=\frac{k_1\alpha^{n-1}T_n}{1+k_1\alpha^{n-1}T_n} \tag{3-64}$$

式中　R_n——某粒级可燃体或不可燃体的产率；

k_1——浮选速率常数；

n——参数(根据生产实践经验取值)；

T_n——第 n 个槽的矿浆标称停留时间。

$$T_n=\frac{浮选槽中矿浆容积}{尾矿容积流量}$$

引入参数 α 的原因是为了使模型更切合实际。

浮选机的第 5～6 槽为没有泡沫过负荷的浮选槽，采用动力学模型模拟求得的参数值列于表 3-27。

表 3-27

	粒级(网目)	可燃体		非可燃体	
		k_1	α	k_1	α
马家沟厂 槽 5—6	+40	0.487 3	6.027 1	0.378 7	6.628 1
	40～60	0.584 1	5.129 9	0.430 4	5.857 4
	60～80	0.613 0	4.795 1	0.417 9	5.574 2
	80～100	0.773 1	3.520 0	0.493 5	4.089 5
	100～120	0.577 9	1.088 2	0.142 6	1.018 6
	−120	0.572 7	1.042 0	0.120 8	0.795 4
	总粒级	0.850 8	1.214 5	0.450 4	0.427 6

第五节　最高产率与最大经济效益原则

一、研究最高产率与最大经济效益原则的意义

获得最高精煤产率和最大经济效益是选煤厂经营管理人员追求的两大主要目标。只有取得最高精煤产率，才能最有效地利用煤炭资源，取得最佳社会效益；只有取得最大经济效益，才能使企业获得高额利润，为职工多谋福利，为国家多上缴利税，从而增强企业的竞争力。

选煤厂的生产系统是由不同的分选作业组成的，其最终产品由这些作业的产品混合而成。具体到某一种产品，各分选作业选出的灰分和产率都不尽相同，这就要求在满足质量要求的前提下，寻求最佳的不同分选作业产品的质量搭配方案，也就是寻求最佳的分选密度的配合方案，这对提高选煤厂的经济效益有着重要的意义。然而对于选煤厂出多个产品的方案来说，如有一号精煤、二号精煤、优动煤，还有洗混煤等，有时其精煤产率最大时，不一定经济效益最好，利润最大。

例如，表 3-28、表 3-29 为某选煤厂精煤组成的两个方案，显然两种方案的经济效益是不

同的，如果方案一的总销售额比方案二多0.5元/t原煤，那么，年处理200万t原煤，一年则可多获利润100万元。当然，还可寻求更佳的精煤搭配方案，如果把中煤、洗混煤筛分后可得到不同的粒级煤，销售额还有可能增加。因为在质量相同的情况下，中块、小块、大块、粒煤的售价均比混煤和末煤高。

表3-28　某选煤厂精煤组成方案一

产品名称	产率/%	灰分/%
末煤跳汰精煤	30.29	9.37
块煤跳汰精煤	9.32	11.58
浮选精煤	12.95	11.79
煤泥筛上精煤	2.02	14.01
总精煤	54.58	10.49

表3-29　某选煤厂精煤组成方案二

产品名称	产率/%	灰分/%
低灰精煤	30.29	9.37
其中：末煤跳汰精煤	30.29	9.37
高灰精煤	24.29	11.89
其中：块煤跳汰精煤	9.32	11.58
浮选精煤	12.95	11.79
煤泥筛上精煤	2.02	14.01

一个选煤厂虽然已经确定了设备及流程，但只要对操作制度做一些调整，或是对流程做一些简单的变动，如增设一台筛子或胶带输送机，或是对产品的灰分做些调整，都会使选煤厂增加收入，而且增收效益十分显著。因此，选煤厂的经营管理者要经常考虑厂内各作业处分选指标的合理配合问题，要经常对市场进行调查研究，确定各作业最合理的分选密度、精煤灰分、污染指标以及最终产品的最佳组合问题。

二、最高产率原则及其应用

（一）最高产率原则

所谓最高产率原则（或称最大回收率原则），即等λ原则，是指当从两种或两种以上的煤中选出一定质量的综合精煤时，必须按相等的边界灰分分选，才能使综合精煤的产率最大。

按等λ原则分选的含义是当基元灰分为A_λ的时候，低于基元灰分的物料全部进入精煤，高于A_λ的物料全部进入重产物。例如按$A_\lambda=18\%$分选，那么各个分选作业灰分小于18%的煤全部进入精煤，大于18%的煤全部进入重产物，此时总精煤的产率最大。

如果跳汰的边界灰分为14.00%，浮选的边界灰分为22.00%，尽管总精煤灰分仍然不变，但精煤产率必定要降低，因为在总精煤中丢失了跳汰作业中灰分从14%到18%的好煤，而多回收了浮选作业中灰分为18%到22%的高灰分煤。（由于每增加一个百分点，对跳汰精煤和浮选精煤来说，其灰分量是不同的，其灰分量之比约为2∶3）。

例如，某选煤厂大于13 mm和13～0.5 mm块末煤的比例为40%和60%，当分别按等边界灰分、等精煤灰分和不等边界灰分三种不同方案配合时，得到的精煤产率和灰分是不同的，见表3-30。结果表明，方案Ⅰ总精煤的产率最大，方案Ⅲ次之，方案Ⅱ较差。以该厂入选块末煤能力300万t/a计算，一年要多回收精煤3 900 t，如每吨精煤售价800元，则一年获利312万元。

表3-30　三种不同方案的分选结果

方案	物料名称	占原煤比例	精煤			边界灰分 A_λ/%
			$\gamma_{本级}$/%	$\gamma_{原煤}$/%	A/%	
Ⅰ	+13 mm	40	43.95	17.58	10.50	18.00
	13～0.5 mm	60	60.75	36.45	8.75	18.00
	总精煤			54.03	9.32	
Ⅱ	+13 mm	40	35.50	14.20	9.32	14.50
	13～0.5 mm	60	63.50	38.10	9.32	21.50
	总精煤			52.30	9.32	
Ⅲ	+13 mm	40	48.50	19.40	11.26	20.75
	13～0.5 mm	60	57.50	34.50	8.23	15.20
	总精煤			53.90	9.32	

由于各分选作业入选原煤的性质不同，按等边界灰分分选时，精煤灰分可能有较大差距。例如，都按边界灰分18%分选，块精煤灰分为10.50%，末精煤灰分为8.75%，两者相差1.75%。如果看不到问题的实质，就会误认为末精煤灰分太低，片面降低块煤灰分而提高末精煤灰分，致使总精煤产率降低。

在实际应用最高产率原则时，应注意避免单纯根据等理论边界灰分来确定各作业的分选指标。由于各分选作业的分选效率不同，即使理论边界灰分相同，但实际边界灰分也不一定相等。因此必须采用实际可选性曲线来确定指标。

（二）最高产率原则的应用

1. 重力分选实际可选性曲线的确定

从浮沉试验得到的可选性曲线称为理论可选性曲线，在该曲线上得到的指标均为理论指标。重力分选的实际可选性曲线，要通过分配曲线对理论可选性曲线进行修正后才能获得。具体来说，就是根据原煤的浮沉组成，预测不同分选密度的精煤产率和灰分，其结果见表3-31。将不同分选密度的精煤产率和灰分综合后便得到实际可选性资料，见表3-32和图3-40。

实际可选性曲线与理论可选性曲线的关系见图3-41，由于在实际分选过程中有损失和污染，相同灰分精煤的实际产率要比理论产率低，因此，实际β曲线始终在理论β曲线之上。由于是同一原料煤，所以两条β曲线在E点相交。

表 3-31　不同分选密度的预测结果

密度/(g·cm⁻³)	原煤		分选密度 1.3 g/cm³			分选密度 1.4 g/cm³			分选密度 1.5 g/cm³			分选密度 1.6 g/cm³			分选密度 1.7 g/cm³		
	γ/%	A_d/%	ε/%	$\gamma_{全}$/%	A_d/%	ε/%	$\gamma_{全}$/%	A_d/%	ε/%	$\gamma_{全}$/%	A_d/%	ε/%	$\gamma_{全}$/%	A_d/%	ε/%	$\gamma_{全}$/%	A_d/%
	(1)	(2)	(3)	(4)=(1)×(3)	(5)	(6)	(7)=(1)×(6)	(8)	(9)	(10)=(1)×(9)	(11)	(12)	(13)=(1)×(12)	(14)	(15)	(16)=(1)×(15)	(17)
−1.3	18.37	4.91	68.0	12.49	4.91	89.5	16.44	4.91	94.8	17.41	4.91	99.0	18.19	4.91	100.0	18.37	4.91
1.3～1.4	28.37	8.72	30.5	8.65	8.72	67.0	19.00	8.72	88.0	24.97	8.72	95.5	27.09	8.72	98.8	28.03	8.72
1.4～1.5	4.02	20.91	9.5	0.36	20.91	35.0	1.40	20.91	64.0	2.57	20.91	82.5	3.32	20.91	92.5	3.72	20.91
1.5～1.6	3.59	31.77	2.5	0.09	31.77	15.0	0.54	31.77	37.5	1.35	31.77	60.0	2.15	31.77	78.0	2.80	31.77
1.6～1.8	5.31	42.31	0.3	0.02	42.31	3.7	0.20	42.31	14.0	0.74	42.31	30.5	1.62	42.31	50.0	2.66	42.31
+1.8	40.34	79.21	0.1	0.04	79.21	0.3	0.12	79.21	0.6	0.24	79.21	1.0	0.40	79.20	2.0	0.81	79.21
合计	100.00	39.56		21.65	6.98		37.70	8.24		47.28	9.52		52.77	10.68		56.39	12.02

表 3-32　重力分选实际可选性曲线

密度级/g·cm⁻³	浮沉级		浮煤累计	
	γ/%	A_d/%	γ/%	A_d/%
−1.3	21.65	6.98	21.65	6.98
1.3～1.4	16.05	9.94	37.70	8.24
1.4～1.5	9.58	14.56	47.28	9.52
1.5～1.6	5.49	20.67	52.77	10.68
1.6～1.7	3.62	31.55	56.39	12.02
+1.7	43.61	75.17	100.00	39.56

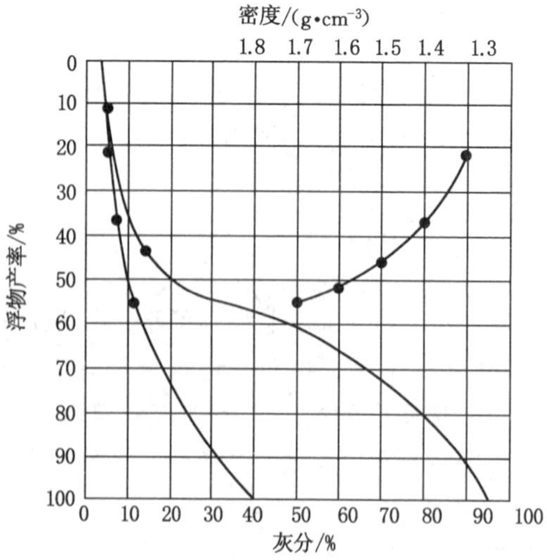

图 3-40　重力分选实际可选性曲线

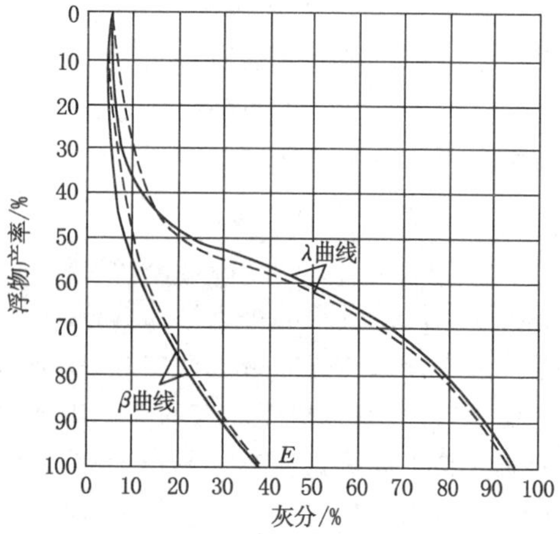

图 3-41　理论可选性曲线与实际可选性曲线的关系

——理论可选性曲线；……实际可选性曲线

因为在低密度段，有高灰物料污染，使相同分选密度的λ增高；而在高密度段，有低灰物料损失，使相同分选密度的λ降低。两条λ曲线与坐标包围的面积即原煤的灰分量应该相等。分选效率越高，实际曲线与理论曲线越接近。当分选效率为100%时，两条曲线就重合了。

2. 浮选实际可选性曲线及精煤灰分的确定

通常根据小浮选试验或逐槽取样试验结果，所绘制的可选性曲线即为浮选实际可选性曲线。

对于采用重选和浮选作业生产混合精煤时，要想得到最高精煤回收率，应按等边界灰分原则分选。

设要求跳汰与浮选精煤及精煤泥组成的总精煤灰分小于10.50%，现要确定跳汰与浮选的精煤灰分。精煤泥为一常量，产率为2.29%，灰分为16.00%。设边界灰分为18.00%，先求出跳汰与浮选精煤的产率、灰分，再计算出总精煤灰分为10.17%，这个灰分比要求偏低。为此，将边界灰分增加到22.00%，求出的总精煤灰分为10.71%，此时灰分又偏高。再调整边界灰分到20.00%，求得总精煤灰分为10.46%，符合要求。计算实例见表3-33。

表3-33　　用计算法确定分选指标的实例

选煤方法	入料占原煤比例/%	边界灰分18.00%			边界灰分22.00%			边界灰分20.00%		
		$\gamma_{本级}$	$\gamma_{原煤}$	A	$\gamma_{本级}$	$\gamma_{原煤}$	A	$\gamma_{本级}$	$\gamma_{原煤}$	A
跳　汰	78	47.90	37.36	9.90	51.00	39.78	10.40	49.70	38.77	10.20
浮　选	17	75.00	12.75	10.00	80.00	13.60	10.80	77.70	13.21	10.10
精煤泥	2.29		2.29	16.00		2.29	16.00		2.29	16.00
总精煤			52.40	10.17		55.67	10.71		54.27	10.46

以上计算过程，采用计算机编制程序计算比较方便准确，图3-42为确定分选指标的程序框图。

ε为给定的误差标准，通常取值0.05。ε值变小，迭代次数增加，精度增加。但ε值太小时，没有实际意义，因为在实际生产中不可能将灰分控制得非常精确。同时，由于计算过程中有误差存在，可能达不到要求的精度，造成死循环。α为步长，通常取值0.05～0.1。α值越小，迭代次数越多，精度越高。α与ε值之间有一个配合问题，ε小，α也要小。如出现死循环，可调整α值。当然，程序也可自动调整α值。此外，程序给定的边界灰分初值"λ"要尽量接近实际。

3. 最高产率原则的主要用途

① 从两种或两种以上的原煤中选出一定质量的综合精煤。

② 主再选配合或重选与浮选配合。

③ 在设计选煤厂时，考虑几种原煤是混合入选还是分组或分级入选。

④ 进行配煤。

当几种原煤混合入选时意味着按等密度分选。等分选密度时，如果几种不同原煤的λ值相近，则混合入选是可行的，可获得最高精煤产率，否则应考虑分组入选。同样在考虑是否分级入选时，也要遵循最高产率原则。

最高产率原则在确定主再选配合、重选与浮选指标配合、不同重选作业分选指标搭配最佳方案上起了很大作用。

三、最大经济效益原则

评价一个企业经营管理的好坏，一个很重要的方面是看其是否能获得最大经济效益。

表 3-34 及图 3-43 为某厂利润与精煤产率、洗混(中)煤灰分之间的关系。产率与利税在一定范围内呈单调上升，但到了某一点时出现马鞍形，其原因是产品的结构发生变化，造成价格骤减。

因此，在考虑产品结构或分选制度时，应以最大利润原则为依据，也就是所谓的最大经济效益原则。

选煤厂的利税是由总销售收入减去总成本而得到的。总销售收入为精煤、混煤、中煤、煤泥等产品的销售收入总和。总成本包括入选原煤费及加工费。为了提高经济效益，可从降低成本及增加销售收入两方面入手。

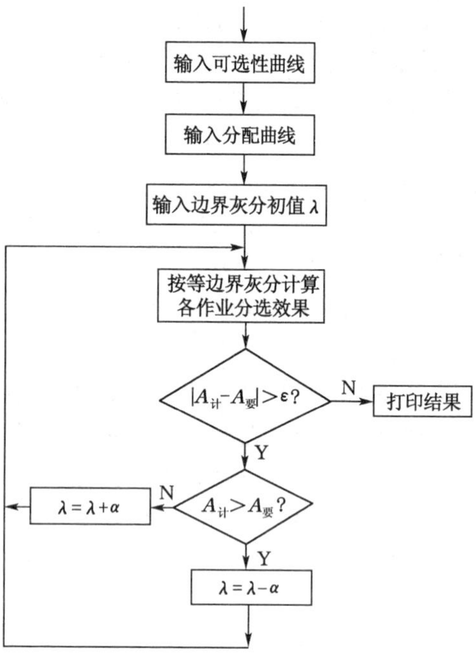

图 3-42 用最大产率原则确定分选指标的程序框图

表 3-34 某选煤厂利税与精煤产率、混煤灰分的关系

精煤产率/%	46.66	54.62	60.33	63.79	65.00
混煤灰分/%	24.95	28.04	31.16	33.49	33.96
利税/万元	4.26	4.98	6.08	4.41	4.84

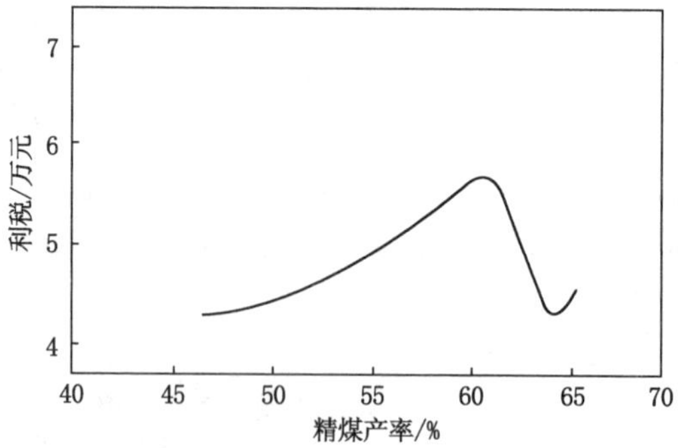

图 3-43 某选煤厂利税与精煤产率的关系

增加销售收入的渠道有以下两个方面：

① 提高各作业的分选效率，增加产品特别是高价格产品的产率或提高产品的质量；

② 调整产品结构及分选指标，使不同产品的总销售额最大。

当分选效率基本保持不变时，决定各作业的合理分选制度及各产品的搭配方案是选煤厂技术管理工作的一个重要方面。选煤厂的生产实践表明，调整选煤厂的产品结构可带来明显的经济效益。例如有的选煤厂把原来生产的中煤分为混煤和低热值煤，由于混煤的价格比中煤高得多，全厂的销售额大大提高。

第六节　主再选配合问题

一、主再选配合的不同观点

关于主再选之间的合理配合问题，从理论上分析应当遵循最高产率原则，即在等基元灰分的条件下进行分选。但在实际做法上尚有很多不同观点，有人认为主再选分选的是同一种原煤的不同部分，密度相等的煤炭其基元灰分也相等。因此，主再选要实现等基元灰分分选，则必须实行主再选等密度分选；也有人主张原煤经过主选之后，所得中间产品进入再选机，再选入料比主选煤的可选性要难，主再选之间要实现等基元灰分分选就不能等比重分选。主选的分选比重要高些，再选的分选比重要低些。此外，还有人认为主再选获得最大指标产率的前提是二者精煤段 I 值相等。

近年来，随着计算机及优化方法在选煤厂管理中的应用，出现了各种主再选配合的计算机程序。有人通过模型计算和优化方法分析证明主再选的最佳配合方案既不是按等边界灰分分选，也不是按等密度分选。

以往有关等基元灰分原则的论证，都是以并联作业为出发点的。也就是说首先假定各作业相互独立，互不相关。而主再选的配合问题，是串联作业，见图 3-44，它的特点是前一作业参数的变化，会影响以后所有作业。由于再选的入料是主选的中煤，有人在数学上证明，主再选不应按等边界灰分选，而是再选的边界灰分大于主选。

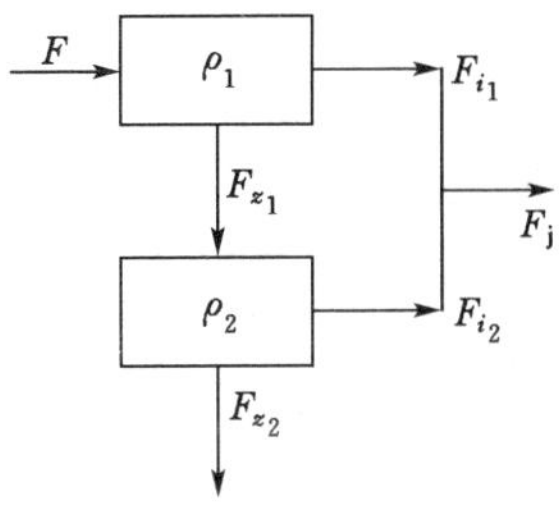

图 3-44　主、再选串联流程示意图

二、主再选配合的原则

根据以上不同的观点，可将关于主再选配合的问题归纳如下：

① 主再选之间的合理配合问题，从理论上讲遵守最高产率原则是正确的，以上几种观点从本质上讲是一致的，但在实践上存在分歧，这主要是由于对入选煤性质、分选效率和使用条件的认识不同，特别是对 λ 曲线的理解不同所引起的。

② 主再选等密度分选获得最大精煤产率的必要条件是主再选精煤段的不完善度 I 值相等。I 值的差值越大，等密度分选越得不到最大精煤产率。

③ 如果主再选精煤段 I 值不相等，要想获得最大精煤产率，必须在不等密度条件下进行分选。如果 $I_{主} > I_{再}$，则 $\delta_{主} < \delta_{再}$；如果 $I_{主} < I_{再}$，则 $\delta_{主} > \delta_{再}$，也就是说哪一台分选机的性能好，则哪台分选机的分选密度就高，这样可发挥好设备的效能。但在生产上应用较少。

④ 在主选机多、再选机少的情况下，应当充分发挥各台设备的效能，主再选的分选比重应相等或相近。而在主再选机台数相等的条件下，为了充分发挥设备功能，应当有意识地压低主选机的分选比重，增加中煤排量，保证再选机有足够、合适而稳定的负荷，以便再选机也得到好的分选效果。

三、主再选最佳配合的计算机算法

主再选最佳配合的计算机程序有以下两类：

一类是穷举法，就是固定一个主选二段分选密度，求出再选一连串不同分选密度时的分选效果，再固定一个主选二段分选密度，求出再选一连串不同分选密度时的分选效果，可得到如图 3-45 所示的不同分选密度下的总精煤灰分与总产率的关系图。图中的密度为主选二段的分选密度，横坐标为总精煤灰分，纵坐标为总精煤产率。根据要求的精煤灰分，可求出总精煤产率、主选二段及再选二段的分选密度。穷举法计算时间长，而且当步长较大时，有可能漏掉最优解。

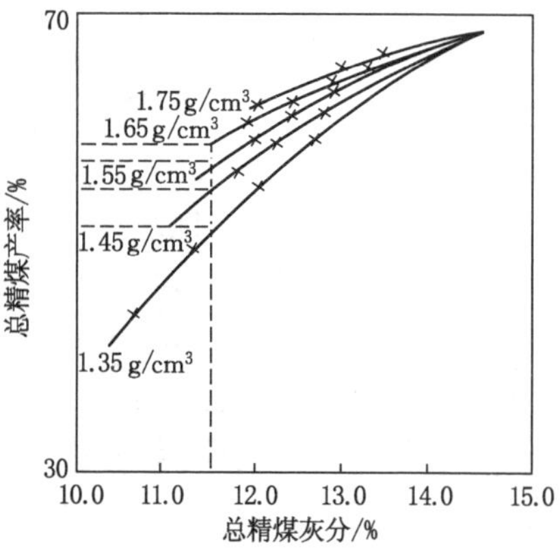

图 3-45 主、再选跳汰配合的优化计算结果

另一类是用优化方法寻找满足总精煤灰分要求时主再选的最佳配合方案。此处的优化方法可为0.618 法、二分法等。如“选煤工艺计算软件包”中的“主再选”程序，该程序框图如图 3-46 所示。为了简化寻优过程，该程序首先要求用户输入一个适宜的主选一段分选密度，把两段再选简化为一段，即认为再选一、二段的重产物是混合的。参加选优的只有主选二段与再选的综合分选密度。

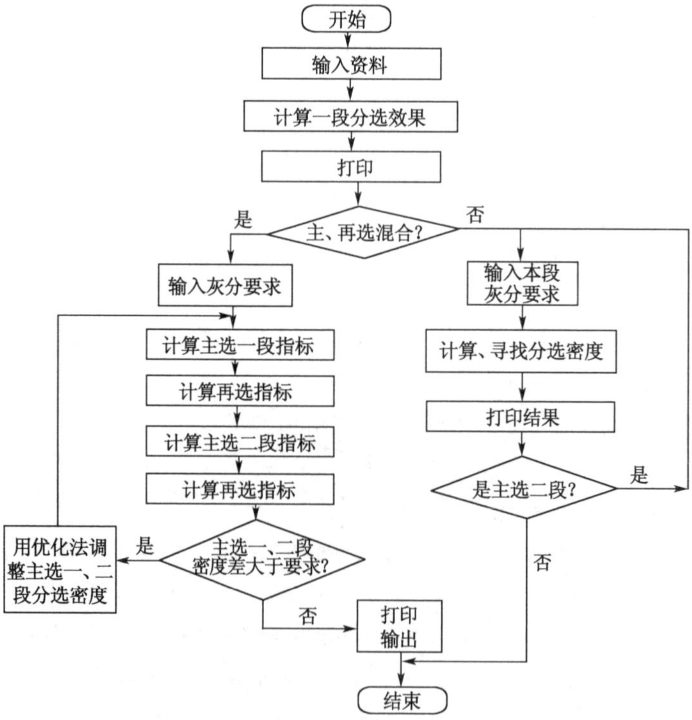

图 3-46 “主再选”程序框图

此外，程序首先要求输入原煤及其分配曲线的数学模型，按用户指定的分选密度计算、打印一段的分选效果。然后，程序有一个选择项：主再选精煤混合或分开。如主再选精煤分开，程序按用户对主选或再选精煤灰分的要求，分别寻找达到要求灰分时的分选密度及精煤产率；如主再选精煤混合，则进行优化。

当总精煤灰分一定时，若主选分选密度确定了，则主选精煤的产率、灰分以及再选入料的性质就都确定了，这样，再选的分选密度即再选精煤的产率、灰分也就随之确定了。

第七节　各作业环节最佳配合及工艺流程的优化

在选煤厂生产管理中，为了使选煤厂获得最大利润，必须确定各作业的最佳分选制度及产品的合理搭配方案。但是，由于选煤厂是一个复杂的大系统，各变量之间的关系大部分是非线性的，给生产系统的优化带来较大困难。对此，各国学者做了很多研究。随着计算机及相关学科的发展，基本上解决了这些复杂过程的非线性优化问题。

一、选煤厂生产优化的系统分析

原煤进入选煤厂后，采用什么样的分选方法和加工工艺是一个非常复杂的问题。对于多种原煤，首先要考虑是混合入选还是分组入选或分级入选。原煤在选煤厂中要经过多种分选作业，选后产品有时要进行分级，各分选作业生产的产品有可能掺和到一起做最终产品，也有可能分别发运。总的说来，选煤工艺分为两个大的阶段：一是分选阶段，二是产品搭配阶段。这两个大阶段对最终产品的数量和质量均有显著的影响。

分选阶段又可分为重选和浮选两大类。由于原煤可选性曲线和分配曲线是非线性的，所以重选和浮选产品的数量和质量的变化规律也是非线性的。

在产品搭配阶段，如果不考虑分选过程，单纯考虑产品的搭配方案，可以用线性规划求出最优解；如果要同时考虑分选过程及产品搭配，必须用非线性方法寻优。将有关优化过程中需要解决的方案和问题归纳后，可得到如图 3-47 所示的关系图，其中“入选原煤结构”是指多种原煤的配煤方案。

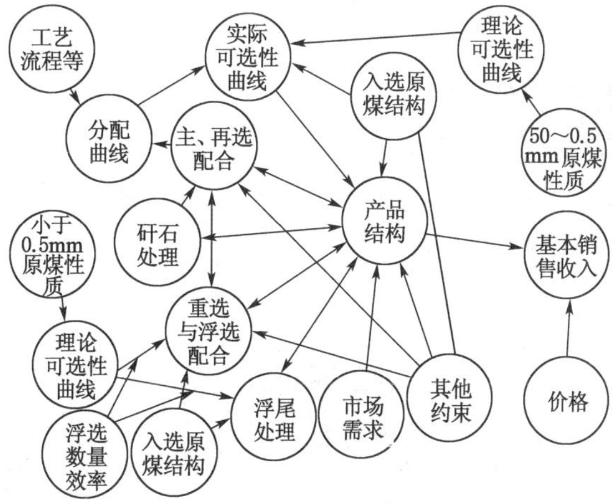

图 3-47　选煤厂优化关系图

图 3-47 为各类问题之间的相互影响关系，其中双向连线表示两个问题之间相互影响，单向连线表示两个问题之间是因果关系。通过细致分析，还可以找到各因素之间更详细的关系，如图 3-48 所示。图 3-48 说明，实际可选性曲线和原煤性质、入选原煤结构、分配曲线、工艺流程这几个方面相关联。

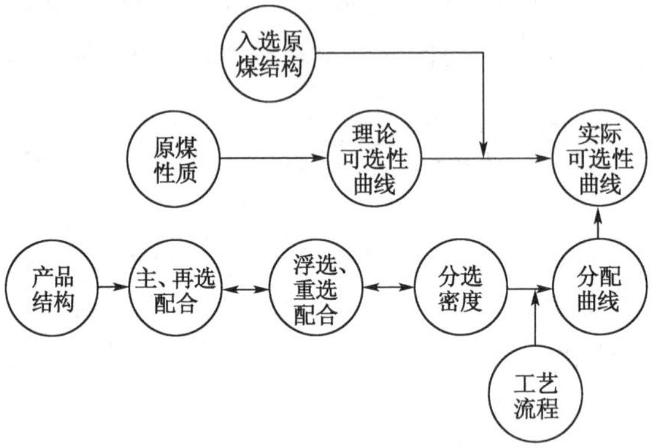

图 3-48　实际可选性曲线与其他因素的关系

二、分选作业的合理分选制度确定

在选煤厂设计或生产过程中，当选煤流程确定后，还需要进一步明确各分选作业最佳分选制度的配合方案。其配合方案可应用正交设计表方法进行优化，优化的目标函数是经济效益最好，并可通过“选煤工艺计算软件包”进行相关的具体优化工作。

通常，对于分选作业，可由用户预先确定几个分选密度或浮选分选指标，以正交设计表排列组合，按最大利润原则确定最佳组合方案。如对于图 3-49 的流程，需寻找作业(3)、(6)、(7)及(8)的最佳配合方案。选取四个可变作业，每个作业改变三种操作条件的正交表，

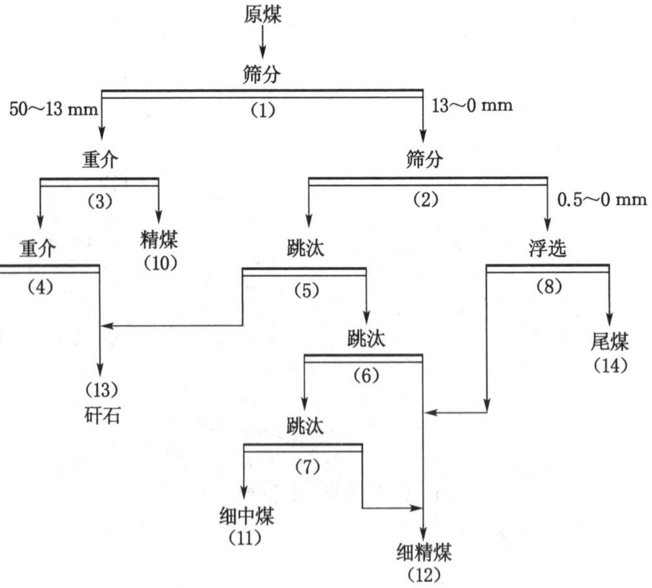

图 3-49　某厂选煤流程

自动计算 9 次即可得到结果。按正交表安排试验，可以使各因素、各水平以同等的机会相通，并合理进行组合，减少试验次数。

表 3-35 为用户输入四个作业的分选密度或浮选灰分的三种操作条件，表 3-36 为程序自动按正交表排列组合的 9 个方案。计算后自动打印每次的计算结果，并指出利润最大的方案。

表 3-35　　用户给定的可变分选条件

作业号	作业性质	可选条件		
		1	2	3
3	重介斜轮	1.45	1.50	1.56
6	跳　汰	1.46	1.51	1.56
7	跳　汰	1.42	1.47	1.52
8	浮　选	11.50	12.00	12.50

表 3-36　　可变作业分选条件组合方案

试验号	作业(3)重介	作业(6)跳汰二段	作业(7)跳汰再选	作业(8)浮选
1	1.45	1.46	1.42	11.50
2	1.45	1.51	1.47	12.00
3	1.45	1.56	1.52	12.50
4	1.5	1.46	1.47	12.50
5	1.5	1.51	1.52	11.50
6	1.5	1.56	1.42	12.00
7	1.55	1.46	1.52	12.00
8	1.55	1.51	1.42	12.00
9	1.55	1.56	1.47	11.50

表 3-37 为最佳方案的计算结果。

表 3-37　　最佳方案的计算组案

计算次数 8									
作业	原煤		种类	分选密度	分配曲线	精　煤		矸　石	
	产率/%	灰分/%				产率/%	灰分/%	产率/%	灰分/%
1	100.00	28.07	筛分			40.00	24.33	60.00	30.57
2	40.00	24.33	筛分			14.00	26.59	26.00	23.12
3	60.00	30.57	重选	1.50	7.2	35.61	9.47	24.39	61.37
4	24.39	61.37	重选	1.85	7.2	9.56	30.20	14.84	81.44
5	26.00	23.12	重选	1.90	7.3	21.78	12.77	4.22	76.58
6	21.78	12.77	重选	1.56	7.3	18.72	10.05	3.07	29.39
7	3.07	29.39	重选	1.47	7.3	1.20	16.47	1.86	37.74

续表 3-37

计算次数8									
作业	原煤		种类	分选密度	分配曲线	精　煤		矸　石	
	产率/%	灰分/%				产率/%	灰分/%	产率/%	灰分/%
8	14.00	26.59	浮选			10.36	12.00	3.64	68.11

最终产品									
节点	产品	产率/%	灰分/%	产量/万 t	售价/万 t	销售收入/万元	加工费/万元	原煤费/万元	总收入/万元
9	块中煤	9.555	30.20	9.555 1	20.00	191.101 6			
10	块精煤	35.607	9.47	35.607 0	99.00	3 525.092 5			
11	末中煤	1.864	37.74	1.864 5	9.50	17.712 7			
12	末精煤	30.280	10.97	30.280 1	90.00	2 725.204 8			
13	矸石	19.053	80.37	19.053 4	0.00	0.000 0			
14	尾煤	3.640	68.11	3.640 0	0.00	0.000 0			
	合计					6 459.111 6	500.000 0	4 000.000 0	1 959.111 6

“选煤工艺软件包”的相关程序可以绘出一个较优的各作业指标配合方案，对生产有一定的指导意义。但该程序仍有一定的局限性，其选优结果受给定可变分选条件的限制，是一个近似的选优程序。

三、选煤流程的优化

在进行选煤厂设计时，可用计算机程序对几种不同的选煤流程进行优化计算，将每种方案的最优结果进行对比，选择最佳的工艺流程及产品结构。在进行方案设计时，用该程序对跳汰机主再选，跳汰主选，粗精煤重介旋流器再选，三产品重介旋流器，全重介选及煤泥浮选或煤泥不浮选等多种流程进行选优计算，用该程序对每种流程求出最佳分选制度及产品结构方案，再对这多种方案进行比较，最终推荐出一个最佳的选煤流程。

图 3-50 为某厂的选煤工艺流程图，该厂采用块煤重介、末煤跳汰、煤泥浮选流程。块煤(50～13 mm)重介作业第一段分选出精煤，第二段分离出中煤和矸石。末煤(13～0.5 mm)跳汰作业为主、再选，主选一段(作业 5)、二段(作业 6)，再选用一段代表两段(作业 7)。末煤(0.5～0 mm)进入浮选(作业 8)出两个产品，浮选精煤与跳汰主、再选末精煤合并成为最终末精煤。

为了便于计算机对流程的记忆，规定每一个作业均为出二产品，出三产品的作业可以分解为串联的两个二产品作业，如图 3-50 中作业(5)、(6)串联的两个跳汰作业就是一个出三产品的作业。

表 3-38 为 6 种选煤流程的最高销售额及产品结构。根据各流程的销售额，再考虑到加工费、投资的高低，最后选择一最佳流程(跳汰主、再选和浮选流程)，并找出该流程的最佳操作制度及产品结构。

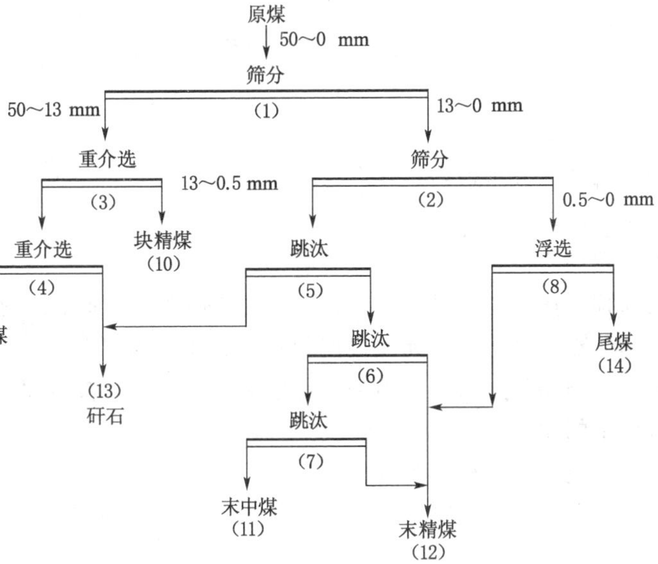

图 3-50　某选煤厂的选煤工艺流程简化图

表 3-38　　6 种流程的最高销售额及产品结构

序号	流　　程	该流程最高基本销售额/万元	最终产品		
			产品名称	出　量/万 t	灰　分/%
1	二段重介浮选	5 753.59	低灰精煤	27.17	7.88
			高灰精煤	34.35	15.97
			矸　石	31.23	82.62
2	二段重介不浮选	5 282.22	精　煤	39.66	9.9
			混　煤	29.00	27.35
			矸　石	24.09	89.84
3	跳汰主再选浮选	5 324.64	精　煤	36.62	9.72
			高灰精煤	12.36	14.45
			中　煤	20.61	39.87
			矸　石	23.16	85.79
4	三级跳汰浮选	5 486.38	精　煤	39.90	10.02
			高灰精煤	17.23	16.00
			沸腾煤	7.22	54.63
			矸　石	28.41	80.03
5	三级跳汰不浮选	5 100.85	精　煤	36.72	9.32
			混　煤	3.29	22.29
			中　煤	32.49	35.64
			矸　石	20.25	87.40
6	二级跳汰不浮选	5 094.54	精　煤	38.11	9.97
			混　煤	31.87	31.68
			矸　石	22.77	86.08

思 考 题

1. 什么叫预测？它有何特点？

2. 预测过程由哪几部分组成？

3. 预测有哪几个步骤？

4. 什么叫专家预测法？它的预测程序有哪些？

5. 什么叫时间预测法？它的基本特点是什么？有哪几种时间预测法？

6. 什么叫回归分析预测法？一元线性回归主要有哪些步骤？

7. 什么叫非线性回归？选取曲线模型的标准是什么？造成拟合误差大的原因有哪些？

8. 评定拟合效果的拟合误差如何表示？

9. 煤炭可选性评定方法及标准是什么？

10. 根据曲线的形状，可采用哪三种数学模型拟合可选性曲线？可采用哪几种数学模型拟合分配曲线？

11. 什么叫分配曲线？如何绘制分配曲线？

12. 评价重力分选作业效果的指标主要有哪些？这些数据从何而来？它们的主要影响因素及适用范围？E_p、I 值及数量效率与哪些因素有关？

13. 正态分布积分曲线与分配曲线有何区别？为了缩小两者的差别，需要作哪些变换？

14. 为了使预测的重选分选效果符合实际，应注意哪些问题？各密度级平均密度与端部平均密度是如何确定的？

15. 什么叫等误密度？什么叫分配密度？它们有何关系？

16. 选煤厂浮选工艺效果评定的方法有哪些？浮选作业分选效果的预测方法有哪些？

17. 什么叫最高产率原则？实际应用时应注意什么？它的主要用途是什么？

18. 如何实现主再选的最佳配合？谈谈你的看法？

19. 最高产率原则与最大经济效益原则有何关系？如何提高选煤厂的经济效益？

20. 实际分选密度与理论分选密度有何关系？两者的差值与什么有关？

第四章　计划与成本

第一节　选煤厂的计划

选煤厂的计划一般分为长期经营计划和年度生产经营计划。

一、计划制订的依据

选煤厂的长期经营计划要根据国内外经济形势、科技发展水平、市场需求、企业的发展状况和目标制订。

选煤厂的年度生产经营计划要根据长期经营计划的要求、市场需求、企业上一年运行的情况、矿井生产计划等制订。

选煤厂年度生产经营计划的制订要注意以下问题：

① 生产计划要参考上一年的生产情况，用预测的方法计算入选原煤量、产品的数量和质量，避免照搬或套用。

② 精煤产率与原煤质量的变化关系密切，如果原煤的矸石含量增大，精煤产率会随之呈指数级下降，因此制订计划时要充分考虑矿井开采计划和原煤的质量变化趋势。

③ 成本与原煤入选量、原煤质量有密切关系，原煤数量增加或质量下降，都会使成本增加。制订成本计划时，尤其是用吨煤成本作为考核指标时，一定要充分考虑原煤数量和质量的改变。

二、经营计划的内容

经营计划是根据社会发展需要和选煤厂内外部环境的变化，以实现预期经营目标和提高经济效益为目的，为实现全面计划管理而编制和执行的，指导选煤厂全部生产经营活动的综合性计划。选煤厂经营计划是指选煤厂在国家宏观调控下，根据市场和用户的需求，从实际出发，对未来生产经营的目标，通过计划形式所作出的统筹安排。企业的经营计划，由于计划期限不同，其内容也有所不同。

（一）长期经营计划的内容

选煤厂长期经营计划是站在战略的高度，为企业的发展方向、发展速度和水平确定一个战略目标，它关系到企业的生存和发展，是选煤厂全体职工的奋斗纲领，是企业具有方向性、战略性和纲领性的指导文件，其内容并无统一规定，一般来说，主要包括以下内容。

① 产品发展方向及科学研究规划。产品发展方向规划包括主要产品品种和新产品的发展，产品质量的提高，产品标准化、通用化、系列化的推行以及专业化、协作化程度的提高等内容。科学研究规划本着选煤厂对原煤及市场需求改变有较强的应变能力，应与有关科研单位和高等学校合作进行单项或多项研究，储备技术力量，改善生产，不断提高经营管理水平。

② 选煤厂生产的发展规模。该项包括生产能力的扩大、固定资产的更新、职工人数的

变化、组织机构的调整、企业的联合等内容。

③ 技术改造、设备投资计划及工艺技术发展规划。技术改造的主要内容有：改变工艺流程，更换先进设备或增加新设备等扩大生产能力，提高分选效率，改变产品结构，提高产品质量和自动化水平；每项技术改造要有明确的目的、技术组织措施、资金的筹集和可行性研究报告。工艺技术发展规划包括新技术、新工艺、新设备、新材料的采用，机械化、自动化水平的提高。

④ 市场经营方向的发展规划。如市场开拓，市场占有率的提高，销售渠道的选择和发展，促销的改善等内容。

⑤ 选煤厂管理水平提高规划。包括选煤厂管理组织和劳动组织的改进与完善，管理方法的科学化和管理手段的现代化等。

⑥ 职工培训规划。包括职工文化、技术培训、思想政治教育，专业技术水平及经营管理水平的提高等。

⑦ 主要技术经济指标规划。包括选煤厂的利润、劳动生产率的提高。产量产值的年递增速度、原材料消耗、设备利用、资金周转、成本下降等方面的变化。

⑧ 其他规划。包括工资增长、劳动安全、福利设施、外部协作、原材料供应、环境污染治理等方面的规划。

由于长期经营计划跨度长，不确定因素较多，因而制订长期经营计划时要注意具有连续性、稳定性和预见性，并能很好地把长期经营计划与年度经营计划衔接起来，从而提高计划工作的科学性。

（二）年度经营计划的内容

年度经营计划是根据选煤厂的长期经营计划和近期市场需求情况而编制的年度综合计划，是选煤厂全体职工在计划年度内生产经营活动的行动纲领。它是选煤厂长期经营计划的执行计划，也是编制季度、月度作业计划的依据。选煤厂年度经营计划的内容视选煤厂的类型、规模及自身行业特点的不同而有所不同。一般情况下，年度计划包括：选煤生产、产品销售、物资供应、科学研究、技术改造、设备维修、职工培训、劳动组织、成本、财务、利润计划等内容。

（1）选煤生产计划

选煤生产计划包括产品产量、质量及品种计划，根据每月提供的原煤数质量情况，用预测方法来确定。要考虑当年采用的新工艺、新设备的影响。

预测的方法为：对于重选设备用分配曲线进行预测，可以利用上一年的资料或月综合资料；对于浮选可根据以往浮选实际资料或小浮选试验资料决定。根据历史资料，加入煤泥在各产品中的污染量，求出一个比较切合实际的全厂数质量平衡方案，填入计划表中。

（2）产品销售计划

产品销售计划按年生产计划制订，确定需销售的品种、数量、质量、销售收入以及对不同用户的销售计划。

（3）物资供应计划

物资供应计划规定选煤生产、维修、新产品试制等所需要的各种原料、材料、燃料以及设备、工具等的需要量和各种物资的来源。

（4）科研计划

科研计划包括:项目名称,任务来源,主要指标,技术经济效果,研制与开发的起止时间,经费预算,负责单位及协作单位等。这是根据长期经营规划的任务而安排的某一年的具体计划。

(5) 其他

其他还有技术改造计划、设备维修计划、职工培训计划、劳动组织计划、成本计划、财务计划、利润计划等。

经营计划除上述各项计划为基本组成部分外,还可根据选煤厂的状况,编制一些其他计划。如质量计划、设备修理计划、产品开发计划、外贸出口计划等。选煤厂经营计划中的各项专业计划,各自都有特定的内容和作用,它们之间互相联系形成一个有机整体,指导选煤厂生产经营活动的顺利进行。年度经营计划的内容及相互间的关系如图 4-1 所示。

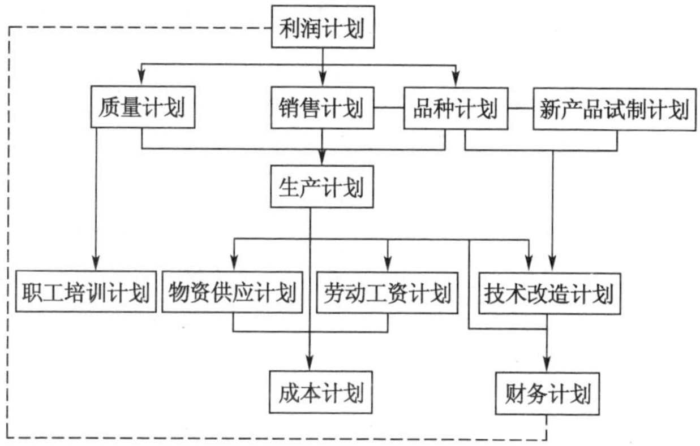

图 4-1　经营计划的内容及相互关系图

(三) 季度、月度生产作业计划内容

季度、月度生产作业计划是选煤厂年度经营计划的具体执行计划,它是选煤厂用以指导和组织日常生产经营活动的重要手段。

在年度计划下达后,选煤厂要将年度计划分解到各个季度和月度,细化每一项工作的具体实施步骤和内容。

(四) 选煤厂生产计划实例

选煤厂年计划、月计划见表 4-1、表 4-2。

表 4-1　　选煤厂年生产经营指标计划表

序号	指标名称	数量/万 t	灰分/%	产率/%	硫分/%
一	入厂原煤量	180.00	21.4	100.00	0.868 68
1	2#,3#煤	55.50	24.0	30.83	0.63
2	8#煤	70.00	18.0	38.89	1.25
3	4#煤	9.50	26.0	5.28	0.60
4	火车煤	15.00	20.0	8.33	0.60
5	自购汽车煤	30.00	23.5	16.67	0.60

续表 4-1

序号	指标名称	数量/万 t	灰分/%	产率/%	硫分/%
二	入选原煤量	180.00			
1	精煤产量	113.40	10.00	63.00	
2	中煤产量	59.40	35.00	33.00	
三	销售量情况				
A	精煤销售	113.40	10.00	63.00	
1	外销	88.40	10.00	49.11	0.868 7
2	去焦化厂	25.00	9.50	13.89	0.80
B	中煤销售	59.40	35.00	33.00	
1	外销	51.40	32.00	28.56	
2	地销	8.00	39.42	4.44	

表 4-2　选煤厂月生产经营指标计划表

序号	指 标 名 称		数 量	备 注
一	工业总产值/万元		1 317.20	
二	入厂原煤数量/万 t		15.00	
三	入厂原煤质量			
1	一矿 2,3#	灰分/%	24.00	
		硫分/%	0.75	
	8#	灰分/%	18.00	
		硫分/%	1.80	
	4#	灰分/%	26.00	
		硫分/%	0.60	
2	二矿 2,3#	灰分/%	24.00	
		硫分/%	0.65	
三	入选原煤/万 t		15.00	

序号	指 标 名 称		数 量	备 注
	生产精煤/万 t		9.75	
四	综合产率/%		97.00	
	精煤产率/%		65.00	
五	精煤	灰分/%	10.00	
		水分/%	12.00	
六	中煤热值/(MJ·kg^{-1})		19.00	
1	磁铁矿粉/(kg·t^{-1})		3.80	
2	油耗/(kg·t^{-1})		1.40	
3	水耗/(m^3·t^{-1})		0.21	
4	电耗/(kWh·t^{-1})		15.00	
七	精煤成本/(元·t^{-1})			
	利润/万元			

三、经营计划的编制程序

由于选煤厂根据具体情况来确定计划，其编制程序因选煤厂的性质特点不同而不完全相同。一般情况下，一个较大规模的选煤厂，其经营计划的编制程序可依据需要进行如下设定：

① 总公司或总厂计划，包括营销、生产、采购、研究、人力、公关、财务计划等部分；

② 分公司或分厂计划，其内容与总公司或总厂计划一致；

③ 利润、成本中心分别制订计划；

④ 职能部门分别制订计划；

⑤ 地区分别制订计划；

⑥ 对产品分别制订计划。

以上各组织阶层计划，是以选煤厂内部管理为着眼点的，如果是股份公司，除总公司（或总厂）计划应提交董事会和职工代表大会讨论外，其他计划规则都用于总公司（或总厂）以下负实际盈亏责任者指导生产的过程中，不必经董事会或股东会（若国有企业则上报有关上级机关）核准。因为总公司（或总厂）以下的这些单位的投入及产出的数字都已反映于总公司（或总厂）的计划及预算中，所以董事会或股东会不必过问，以免给总经理或部门经理带来不必要的工作障碍。

（一）长期经营计划的编制

1. 准备阶段

准备阶段的任务是调查研究，分析归纳选煤厂的内外情况，为编制计划提供基本情况与资料。

(1) 外部环境的调查与预测

调查研究政治、经济发展形式，政府各项经济政策和法令；国内外选煤科学技术水平和发展趋势；预测国内外的需求量和可供物资数量。

(2) 企业内部能力的评估

对本厂现有的工艺、技术、设备、物资等条件，工人的技术水平、文化素质以及选煤厂的内部能力作出正确评价。避免能力利用不足或能力利用过度，扬长避短，抓住外部环境变化带来的“机会”，并回避环境变化带来的“风险”。因此，重点要了解以下几点：

① 五年至十年内，可供入选原煤矿井的采煤计划，以解决原煤数质量的变化情况，预测出选煤厂的产量、品种变化的趋势。

群矿型、中央型、中心型选煤厂的入选原煤通常由几个固定的煤矿供给，每个矿有几个不同的采区。对于一个煤田，由于开采深度不同而有较大差异。例如一座中央型选煤厂的入选原煤由三个矿井提供。

表 4-3 为这三个矿的原煤浮沉试验结果。由表 4-3 可知，一矿质量最差，原煤灰分高达 47.04％，三矿煤质量最好，灰分为 30.72％。根据矿井开采计划，在最近十年内，三个矿的原煤比例及煤质变化情况列于表 4-4 中。由表 4-4 可知，质量最好的三矿煤在十年内产量由 50％减少到 25％；质量最差的一矿则由 10％增加到 55％。十年中各年综合原煤的浮沉结果如表 4-5 所列。表 4-6 为三个矿十年煤质变化情况汇总表。很明显十年内，入选原煤灰分将由 34.44％增加到 40.74％；原煤含矸量由 32.43％增加到40.74％，原煤中－1.5 密度级含量将由 60.15％降低到 51.58％。另外随着机采比例的增加，原煤中的末煤也会随之增大。

针对上述入选原煤质量变化的情况，在制定规划时必须考虑工艺流程作进一步改进，否则如生产同样质量的精煤，其产率必然下降，全厂税利也将下降。总之，原煤性质是最关键的基础资料，它直接关系到产品的数质量指标及选煤厂的利润大小。

② 五到十年内用户对不同种类煤炭要求的变化趋势。我国大部分煤炭产品供国内使用，也有少量煤炭出口。要了解随着科学技术进步和新节能措施的不断出现，煤炭用户对煤炭产品的品种、数量、质量的新要求及变化趋势，以此来确定选煤厂的生产计划、销售计划和技术改造计划。

表 4-3 某选煤厂各矿入选原煤浮沉试验表 g/cm³

密度	一矿		二矿		三矿	
	占本级	灰分	占本级	灰分	占本级	灰分
−1.30	24.598	4.470	38.268	5.610	44.980	5.110
1.30～1.40	13.047	11.410	15.673	13.490	15.522	11.300
1.40～1.50	5.322	23.240	4.750	23.910	4.310	24.110
1.50～1.60	3.544	33.700	3.053	33.810	3.082	35.030
1.60～1.80	4.439	45.660	4.331	45.390	4.188	48.310
+1.80	49.050	81.530	33.925	81.210	27.917	80.680
合计	100.00	47.036	100.00	35.946	100.00	30.718

表 4-4 矿井十年原煤开采计划 万 t

年份	2003	2004	2005	2006	2007	2008	2009	2010	2011	2012
一矿	10	15	20	25	30	35	40	45	50	55
二矿	40	40	35	35	30	30	25	25	20	20
三矿	50	45	45	40	40	35	35	30	30	25

表 4-5 十年内原煤质量情况

密度	1998		1999		2000		2001		2002	
	γ/%	A/%	γ/%	A/%	γ/%	A/%	γ/%	A/%	γ/%	A/%
−1.3	40.26	5.26	39.24	5.25	38.56	5.20	37.54	5.18	36.84	5.14
1.3～1.4	15.34	12.21	15.21	12.22	15.08	12.21	14.96	12.13	14.83	12.02
1.4～1.5	4.59	23.93	4.64	23.88	4.67	23.84	4.72	23.79	4.75	23.76
1.5～1.6	3.12	34.40	3.14	34.32	3.16	34.32	3.19	34.25	3.21	34.24
1.6～1.7	4.27	46.85	4.28	46.72	4.29	46.73	4.30	46.60	4.31	46.01
+1.8	32.43	31.00	33.49	81.08	34.25	81.11	35.30	81.15	36.06	81.18
合计	100.00	34.44	100.00	35.26	100.00	35.18	100.00	36.63	100.00	37.16

密度	2003		2004		2005		2006		2007	
	γ/%	A/%	γ/%	A/%	γ/%	A/%	γ/%	A/%	γ/%	A/%
−1.3	35.82	5.12	35.15	5.07	34.13	5.04	33.45	4.99	32.43	4.96
1.3～1.4	14.70	12.04	14.57	11.93	14.45	11.94	14.32	11.83	14.19	11.84
1.4～1.5	4.80	23.71	4.83	23.68	4.88	23.63	4.90	23.60	4.96	23.56
1.5～1.6	3.24	34.18	3.26	34.17	3.28	34.10	3.31	34.09	3.33	34.03
1.6～1.7	4.32	46.48	4.32	46.49	4.34	46.36	4.34	46.37	4.36	46.24
+1.8	37.12	81.22	37.87	81.24	38.93	81.28	39.69	81.30	40.74	81.33
合计	100.00	38.00	100.00	38.55	100.00	39.37	100.00	36.63	100.00	40.74

表 4-6　　选煤厂十年煤质变化情况

年　份	1998	1999	2000	2001	2002	2003	2004	2005	2006	2007
原煤灰分/%	34.44	35.26	35.81	36.63	37.18	38.00	38.55	39.37	39.92	40.74
原煤+1.8 含量/%	32.43	33.49	34.25	35.03	36.06	37.12	37.87	38.93	39.67	40.74
原煤−1.5 含量/%	60.15	59.09	58.31	57.22	56.43	55.33	54.55	53.76	52.67	51.58

③ 五到十年内煤炭运输条件的变化。煤炭是大宗物质，绝大多数以铁路运输，目前我国铁路运力很紧张，加上煤炭资源分布不均，出现北煤南运、西煤东运的困难局面。因此需要了解五至十年内新建铁路的规划，运力增长情况，同时研究水路、公路运输的可行性以及利用运筹学方法进行全面规划，使缺煤地区的煤炭得到充分供应。此外，需在产量、产品结构方面作相应的调整，以适应运输条件的变化。

④ 五到十年内新技术、新工艺和新设备的研究成果。科学技术是生产力，这点已为大家所公认，所以在制订长期经营计划时必须考虑在五至十年内选煤新技术、新设备的研究成果，并研究预测采用这些新技术、新设备以后带来的经济效益及社会效益。

⑤ 研究国家有关煤炭、能源政策，主要是研究煤炭的价格政策和能源环保政策。

⑥ 本厂现有流程、设备、技术等方面的状况，是否能与外部环境与市场需求的变化相适应。

2. 确定目标及择优决策阶段

在了解掌握了国内外大量信息之后，确定计划目标。通常，目标尽可能地少，但要全面。就全厂总目标来说，常采用综合性指标，如利润、劳动生产率、吨煤创利或人均创利等。与此同时，还要提出经营的方案，最后决策一个最佳的可行方案交有关领导及职工代表大会讨论通过，并报上级审批。

3. 编制计划阶段

根据职工代表大会和上级审批的计划目标及达到此目标的最佳方案，由各有关部门分别制订单项长期经营计划，并由综合部门对各个单项计划进行综合平衡。如销售部门编制产品销售计划；生产部门编制产品品种、数量和质量计划；技术、工艺部门编制新工艺、新技术的使用和开发计划；劳动人事部门编制职工的培训计划；财务部门编制成本计划、利润计划等。上述单项计划的综合平衡工作可以围绕以下三个中心进行：

① 以利润为中心进行技术经济指标的综合平衡。其中主要是销售和各种消耗的平衡，目的是提高经营活动的经济效益，达到利润目标。

② 以资金为中心进行财务收支平衡。主要是资金与所需投资的平衡。目的是判断选煤厂经营活动的财政保证程度。

③ 以生产的品种、质量、数量为中心进行生产技术工作的平衡。主要是生产任务与生产能力、生产准备工作、设备维修、物资供应、外协、职工培训等方面的平衡。目的是使生产过程保持协调和衔接。

此外，还要做好计划草案与外部条件的平衡，如市场需求、物资供应、原煤供应等。

如各部门编制的计划经过综合平衡后能够保证总目标的实现，则该计划是可行的。否则，可修改总目标最终达到平衡。

长期经营计划的期限较长，可变因素很多，不可能预测得很准确。因此，在执行过程中，必须采用近细远粗的方法，边执行，边调整，逐年往后串推，从而做到既保持计划的严肃性，又保持计划的灵活性。每年修订一次计划，使年度计划与长期计划能够紧密衔接，做到走一步，看两步，真正发挥长期经营计划的作用。

(二) 年度及月度经营计划的编制

年度及月度经营计划是在国家计划的指导下，选煤厂根据长远规划的要求，结合市场需求变动的实际情况，通过滚动计划的办法，对本年度或本月度在经营、生产、技术和经济等各个方面所作的统筹安排。相对于长期经营计划的战略性而言，年度或月度经营计划只是实现战略计划的战役计划，它所规定的内容和要求，正是全体职工在计划年度内的行动纲领和奋斗目标。

年度计划包括：选煤生产、产品销售、物资供应、科学研究、技术改造、设备维修、职工培训、劳动组织、成本、财务、利润计划等项。

(1) 选煤生产计划

生产计划包括产品产量、质量及品种计划，根据每月提供的原煤数质量情况，用预测方法来确定。同时，应要考虑当年采用的新工艺、新设备的影响。

对重选设备用分配曲线进行预测。如生产水平没有改变，可以利用上一年的资料或月综合资料。如采用重介再选或用先进的跳汰机更换了原有的老式跳汰机，就不能用上一年的资料，而要用相近似的重介或跳汰机的分配曲线作为预测用分配曲线。

对于浮选的预测可根据浮选试验资料或以往浮选实践资料决定。如浮选采用新型药剂，则应该用新型药剂的小浮选试验及工业性试验资料作为预测依据。

预测完分选作业的分选效果后，还要根据历史资料，加入煤泥在各产品中的污染量，如产品脱水系统没有变化，可近似地把煤泥的污染量看做一个常数，计算煤泥在各产品中的平衡，求出一个比较切合实际的全厂数质量平衡方案，填入表中。

(2) 产品销售计划

产品销售计划是按年生产计划制订的需销售的品种、数量、质量、销售收入以及对不同用户的销售计划。它随生产计划变动而变动。

(3) 物资供应计划

物资供应计划是完成生产计划的基本保证，也是国家分配给选煤厂生产所需各种主要物资的基本依据。它规定选煤生产、维修、新产品试制等所需要的各种原料、材料、燃料以及设备、工具等的需要量和各种物资的来源。

(4) 科研计划

科研计划包括：项目名称、任务来源、主要指标、技术经济效果、研制与开发的起止时间、经费预算、负责单位及协作单位等。这是根据长期经营规划的任务而安排的某一年的具体计划。

(5) 技术改造计划

根据长期经营规划的要求安排在某一年内具体的技术改造计划。

(6) 设备维修计划

设备维修计划包括：设备拥有量，去年分季需修理设备数量，小修、中修和大修时间进度表。

(7) 职工培训计划

本年度内的培养对象、人数、内容和进度。

(8) 劳动组织计划

确定本年度的职工总数(如车间、科室)、劳动生产率、招工、退休等有关劳动组织情况。

(9) 成本计划

成本计划包括:生产费用预算、单位产品成本组成、全部产品总成本、产品成本降低率等。

(10) 财务计划

财务计划包括:固定资产折旧、流动资金、财务收支总额等项。主要指标有:流动资金总额、流动资金周转天数、财务收支总额等。

(11) 利润计划

利润计划包括:利润总额和利润分配两部分。其主要指标有利润总额、上缴利润、产品销售利润等。利润总额和产品销售利润的计算公式为:

$$利润总额=产品销售利润+其他销售利润\pm营业外收支净额$$

$$产品销售利润=产品销售收入-成本-税金$$

式中营业外收入包括租金收入和其他收入;营业外支出包括企业搬迁费、保险费、非常损失等。

还有其他一些计划,此处不一一列举。在各种年度计划中,最关键的是选煤厂生产计划,因为它决定产品销售、利润计划等编制。其次如改扩建、设备维修、科研计划等都是为进一步提高选煤生产效率服务的。

四、经营计划的执行

经营计划的执行,最重要的有两项工作,即落实计划和修订或调整计划。

(一) 落实计划

经营计划的落实要同以经营承包为主的多种形式的经济责任制和全面经济核算相结合,在贯彻执行中,必须做好以下工作:

① 搞好计划指标的分解工作。按照从上到下、从大到小的原则,把总体指标层层分解,落实到有关部门、科室、车间、班级及职工个人,使每个职工都明确各自的责任和努力方向,从而有利于计划的执行。

② 做好作业计划工作。作业计划是年度经营计划的具体体现和补充,有了作业计划,才能使经营计划落实到单位和个人,落实到季、月、旬、日,保证企业按期限、品种、数量均衡生产,全面完成经营计划。

③ 加强对计划的控制及日常调度工作。加强日常调度工作是对计划进行控制的有效手段。根据既定的计划指标和各种定额,对生产进度、消耗、成本、质量、预算等方面的实际水平进行测定,比较分析,找出偏差,采取措施,及时消除偏差,这是保证计划完成的必不可少的日常调度工作。只有通过调度手段,才能加强对计划的控制,才能保证企业生产经营过程的顺利进行。

④ 严格实行考核制度。通过对计划指标完成情况的严格考核,掌握各部门和职工个人的工作实绩,并使考核结果与工资、奖金挂钩,与职工的晋升、提级联系起来。

⑤ 开展群众性劳动竞赛。通过各种形式的劳动竞赛,充分调动广大职工的工作积极

性，激发职工的主人翁责任感，使计划指标成为广大群众的自觉行动，促使计划的实现。

为了保证计划目标的实现，除了上述工作外，还要加强思想政治工作，严格劳动纪律，做好日常生产准备工作，有效使用计划控制的工具等。

（二）调整计划

任何计划和决策，事前都难以找到绝对可靠的依据，因此，必然带有一定假设和估计的成分，而且，在计划执行过程中，外部环境的变化并不以选煤厂的意志为转移，这样，必然会使计划实施的前提条件发生变化，使计划脱离实际，失去指导作用，因此，就要对计划进行适当的、及时的调查。调整计划一般采用以下两种方法。

1. 滚动计划法

这是一种比较先进而实用的计划管理方法。它是根据选煤厂一定时期计划执行的情况和经营环境的变化趋势，按照选煤厂经营目标与方针的要求，在每次编制计划时对原计划进行调整，并将计划按时间顺序向前推进一个计划期，使年度经营计划与长期经营计划动态衔接起来的一种计划编制和调整方法。

滚动计划法的特点是：近细远粗，滚动向前。即采用近细远粗的办法，通过边执行边调整的滚动修订方式，使计划既保持严肃性，又能适应变化了的情况。如计划期为5年的滚动计划，每执行1年的计划，就向前滚动一次，根据客观条件变化等诸因素，修订一次，重新编制一个近期计划较粗的5年计划，如图4-2所示。

滚动计划的优点有三：一是长计划，短安排，做到前后兼顾，统筹安排，具有远见性、连续性和主动性；二是计划周密灵活，切合实际；三是有利于提高近期和远期的经济效益，保证企业稳步发展。滚动计划法既适用于长期经营计划，也适用于年度经营计划，不少企业还把它用于季、月度计划上。

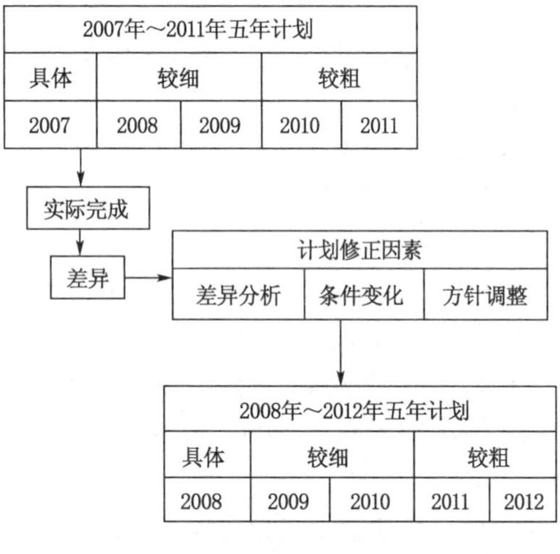

图4-2 滚动计划示意图

2. 启用备用计划法

该方法就是在编制计划时，除正式计划外，企业针对外部环境的变化趋势，对估计发生概率较高并对企业生产经营影响大的“意外事件”，拟订若干个备用计划或“应急计划”，当客观条件变化，原执行计划不适应时，应停止原计划，启用与客观条件相适应的备用计划，以应付这种变化。启用备用计划法一般适用于单项性经营计划，如品种计划、企业改造计划等。采用这种方法的关键是正确选择启用备用计划的时机。

第二节 选煤厂的成本

一、成本概述

成本是商品经济中的一个价值范畴。加强成本管理，努力降低成本，对提高企业经济效益极为重要。

（一）成本与价值

生产劳动过程是物质产品形成过程与价值形成过程的统一。产品的价值包括三部分：

① 物化劳动的转移价值部分——原材料、动力、折旧费等；

② 劳动者为个人需要新创造的价值部分——工资及工资附加费等；

③ 劳动者为社会需要新创造的价值部分——税金和利润等。

前两部分构成产品的成本，是产品价值的主要部分。后一部分是劳动者为社会提供的积累。

产品成本反映着生产产品时劳动消耗的水平，也决定着选煤厂能给社会提供积累及其获得盈利的高低。降低成本，才能增加利润。

（二）成本的分类

① 按成本的经济用途或职能分类，可以分成制造成本和非制造成本（主要指期间费用）。制造成本是指制造过程中所发生的各项成本。它包括直接材料、直接人工和制造费用。非制造成本（主要指期间费用）包括营业费用、管理费用和财务费用。

② 按成本与收入相配比的关系不同分类，可以分为产品成本和期间费用（期间成本）。产品成本是指与产品生产有着直接因果关系的成本，是将生产经营费用汇集于产品，随产品流动而流动的成本。期间费用是与一定期间相联系的成本，不计入产品成本，直接计入当期益损，它是随企业生产经营活动持续期的长短而相应增减的成本。

③ 按成本的习性（对产品产量的依存性）分类，可将成本分成变动（可变）成本和固定成本。变动（可变）成本是指在相关范围内，成本总额随业务量的变动成正比例增减变化的成本，如直接材料、电费、直接人工中的计件工资等，这些费用总额随产量的变动而成正比例变动。但对于单位产品成本来讲，变动成本总是不变的。固定成本是指在相关范围内，其总额不随业务量的增减发生变动的成本，如折旧费、修理费、房屋租金、保险费等。作为固定成本，只要产量不突破某一特定的范围，其数额将稳定在某一既定的水平上，但对于单位成本来讲，固定成本随产量的变动成反比例变动，即产量增加，分摊在单位产品上的固定成本会减少。变动成本和固定成本是相对于费用总额而言的。

④ 直接成本和间接成本。成本构成中，可以直接计入成本的部分，如工资、材料等称为直接成本。成本构成中，不能直接计入成本，需要经过分摊后才能计入成本的部分，如企业管理费、不能直接计入成本的工资和材料费等称为间接成本。

⑤ 机会成本。机会成本是指将有限资源用于某一具体方案，从而失去将此资源用于更好方案的机会所损失的价值。

资金的运用要考虑机会成本，用于基建投资的利率要高于存储资金的利息，还要考虑通货膨胀等因素，资金不仅保值，而且要增值。因此，资金的时间价值就形成机会成本。在进行方案比较时，方案的时机选择就是计算资金的时间价值。

⑥ 沉入成本。由于过去决策失误或方案更改而多支付的成本称为沉入成本。

⑦ 逃避成本。由于某种原因，使原成本净减少的部分称为逃避成本。

如果逃避成本是随着产品产量下降而减少时，那么逃避成本是一种可变成本。在产量恢复到原水平而增加的可变成本，通常高于逃避成本。这就是说，设计任务书规定的设计内容，已经确定的设计项目不要轻易放弃，因为将其恢复往往要支付更高的代价。

⑧ 延迟成本。延迟成本指延迟一段时间再计入成本的内容，如维修费、管理费等。延

迟成本类似于间接成本，是从时间上划分的。

选煤生产和销售产品的全部费用支出就是选煤产品的成本。

二、选煤厂成本的构成

选煤厂成本由 8 项内容构成，并分别由制造成本和期间费用组成，见表 4-7。

表 4-7　　选煤厂成本计算表

项　　目	行次	合计						制造成本						期间费用		
		单位成本			总成本			单位成本			总成本					
		上年同期	本月实际	本年累计	上年同期	本月实际	本年累计	上年同期	本月实际	本年累计	上年同期	本月实际	本年累计	上年同期	本月实际	本年累计
列　　次		(1)	(2)	(3)	(4)	(5)	(6)	(7)	(8)	(9)	(10)	(11)	(12)	(13)	(14)	(15)
一、入选原料煤	(1)															
二、加工费	(2)															
1. 材料	(3)															
(1) 配件	(4)															
(2) 油脂	(5)															
(3) 其他材料	(6)															
(4) 材料成本差异	(7)															
2. 提取包干工资	(8)															
(1) 使用包干工资	(9)															
(2) 节余包干工资	(10)															
3. 提取福利费	(11)															
4. 电力	(12)															
5. 折旧费	(13)															
6. 修理费	(14)															
7. 其他	(15)															
合　　计	(16)															

这 8 项内容主要有以下几方面：

① 入选原料煤：指购置入选原料煤的所有费用，包括购置费、运费等。

② 材料：指生产过程中消耗的、除原料煤以外的材料，主要包括配件、油脂、钢材、水等。

③ 提取包干工资：与生产有关人员的工资。

④ 提取福利费：根据国家财务通则的规定，按工资的一定比例提取的福利费。

⑤ 电力：电力费用包括全部生产所用电力的费用。

⑥ 折旧费：折旧费为规定项目的固定资产总额按照规定折旧系数计提的费用，是固定资产购置费用的分摊。

⑦ 修理费：根据规定按照固定资产总额预先提取的、用于设备大修理的费用。

⑧ 其他：指不能列入上述项目的制造费用。

在选煤成本的 8 项内容中，除入选原料煤费用之外的其他 7 项之和称为加工费。此处可计算吨原煤成本。

三、选煤厂成本的计算

成本核算的主要目的除了了解选煤成本的支出情况，还在于了解各种选煤产品的单位成本和总成本。选煤厂的产品成本分为分离前成本(表 4-7)和分离后成本(表 4-8)。

表 4-8　　分离后成本

产品名称	产量			比例	折合量		制造成本						全部成本					
							单位成本			总成本			单位成本			总成本		
	上年同期	本月实际	本月累计		本月实际	本月累计	上年同期	本月实际	本年累计	上年同期	本月实际	本年累计	上年同期	本月实际	本年累计	上年同期	本月实际	本年累计
列　　次	(1)	(2)	(3)	(4)	(5)	(6)	(7)	(8)	(9)	(10)	(11)	(12)	(13)	(14)	(15)	(16)	(17)	(18)
1. 洗精煤																		
(1) 冶炼用精煤																		
(2) 非冶炼用精煤																		
2. 洗块煤																		
3. 其他洗煤																		
合　　计																		

分离前成本是按成本项目归集的费用总额计算总成本，然后以全部折合量为核算对象计算各项目单位成本。在归集各项费用时，入选原料煤占全部成本总费用的 90%以上，须按下式计算入选原煤量。

本期入选原煤量＝期初库存原煤量＋本期入厂原煤量－期末库存原煤量

分离后成本是洗(选)煤等级品成本的计算，采用销售价格比例系数法。等级品的价格比例统一以洗精煤(或最高价格产品为“1”)，其他等级品按售价比例计算系数和折合成相当于最高售价等级品的产量，并按各等级品折合总量分配分离前的总成本，计算各等级品的单位成本。计算步骤如下：

(1) 计算各等级品的比率

各等级品的比率＝各等级品调拨单价/最高等级品调拨单价

(2) 计算各等级品的折合量

各等级品折合量＝各等级品实际产量×各等级品比率

(3) 计算折合量单位成本

折合量单位成本＝分离前总成本/等级品折合量合计

(4) 计算各等级品总成本

等级品总成本＝各等级品折合量×折合量单位成本

(5) 计算各等级品单位成本

各等级品单位成本＝各等级品总成本/各该等级品实际产量

(6) 计算分离前本月实际单位成本

分离前本月实际单位成本=各行总成本/折合量单位成本

选煤成本的计算步骤归结如下：

① 首先将本月按经济用途分类的各项总成本填入分离前表第(5)列、(11)列和(14)列，将各等级品产品的产量填入分离后表第(2)列。

② 按公式计算各等级品产品比率及折合量，将算得的各等级品产品的比率及折合量分别填入分离后成本表中第(4)、(5)二列，求出折合量总和。

③ 用折合量总和除分离前成本表中第(5)列和(11)列各项总成本，得单位成本填入分离前成本表第(2)列和第(8)列，求出全部单位成本。

④ 用分离前成本的第(2)列和第(8)列合计乘分离后成本表中第(5)列折合量，得出各等级品产品总成本和制造成本填入分离后成本表第(11)列和第(17)列。

⑤ 在分离后成本表中，将第(11)列和第(17)列各等级品产品总成本除以各等级品产品实际产量第(2)列，得分离后单位成本填入分离后成本表第(8)列和第(14)列。

其他各项如上年同期、累计实际或将上年数字抄下，或按同法计算。

从以上计算过程说明，分离前成本与分离后成本表的计算是交叉的。

除了入选原煤成本外，其他七项总成本之和除以原煤产量称为加工费。

表 4-9 列出了选煤厂实际成本情况。

表 4-9　　选煤厂实际成本情况表

序号	项目	2000 年实际		2001 年计划		1～9 月实际		全年预计		2002 年计划	
		单位成本/万元	总成本/万元	单位成本/万元	总成本/万元	单位成本/万元	总成本/万元	单位成本/万元	总成本/万元	单位成本/万元	总成本/万元
一	原料煤	162.00	21 104.5	175.28	23 538.5	178.30	17 799.11	180.64	23 820.3	199.77	26 584.65
	配件	0.97	126.81	1.47	198.00	1.38	223.84	1.39	183.00	1.49	198.00
	油脂	1.25	163.15	1.36	182.00	1.43	142.43	1.45	191.00	1.53	203.94
	其他材料	2.81	365.90	3.33	447.00	4.07	406.43	4.12	543.44	3.93	523.16
二	工资	7.10	925.36	7.20	967.00	6.79	678.22	7.20	950.00	7.14	950.00
三	福利费	0.99	129.55	1.01	135.38	0.95	668.89	1.01	132.93	1.00	133.00
四	电费	7.04	916.78	6.96	935.00	6.70	668.89	6.80	896.19	7.06	940.00
五	水费	1.73	225.41	1.27	170.00	0.94	93.67	1.29	170.00	1.28	170.00
六	折旧费	11.49	1 497.06	12.73	1 710.00	11.01	1 099.44	13.04	1 720.00	14.43	1 920.00
七	修理费	0.71	91.94	0.74	100.00	1.35	135.03	0.19	25.03	1.50	200.00
1	大修理费										
2	小修理费										
八	其他	6.36	828.09	7.33	984.00	7.74	772.39	7.87	1 038.22	7.32	973.80
	合计	202.45	26 374.52	218.69	29 366.9	220.67	22 688.36	225.00	29 670.1	246.45	32 796.55
	加工费	40.45	5 270.04	43.40	5 828.38	42.37	4 889.25	44.36	5 849.83	46.68	6 211.90

第三节　成本管理

一、成本管理概述

选煤厂的生产过程，同时也是生产的耗费过程。选煤厂为了生产产品，既要耗费劳动手段和劳动对象，又要耗费生产者的劳动。这些物化劳动和活劳动的耗费，归根到底是社会劳动的耗费。选煤厂的费用就是生产经营过程中的耗费。选煤厂在一定的时期内发生的全部生产耗费总和就是生产费用。成本则是企业归集在成本计算对象上的生产耗费，即生产费用的对象化。

我国目前对成本费用管理采用制造成本法。利用制造成本法计算产品成本时，只分配与生产之间关系密切的费用，而将与生产没有之间关系和关系不密切的费用直接计入当期损益，这样在理解成本这一概念时，就应区别产品成本（制造成本）和期间费用的不同含义。产品成本是指与企业产品生产直接相关的成本，包括生产过程中实际耗用的直接原料、直接人工、其他直接支出和制造费用。期间费用是指企业产品生产没有直接关系或关系不密切，主要与生产期间相联系的费用，包括管理费用、财务费用和营业费用。

选煤厂的成本费用管理就是人们按照客观经济规律的要求，利用价值形式，运用一整套专门方法，通过对生产过程中的耗费进行科学的、严格的监督，以达到用尽可能少的劳动耗费，取得尽可能大的经济效益，其内容主要包括成本费用的预测、计划、控制、分析和考核等一系列管理工作。

二、成本费用预测

1. 成本费用预测的意义

成本费用预测就是根据有关资料和数据，结合企业未来发展前景和趋势，采用一定的方法，对未来一定时期成本费用水平和目标成本费用进行预计和测算。成本费用预测是成本费用管理的重要内容，是进行成本费用管理的起点。搞好成本费用预测，对于挖掘降低成本费用的潜力，科学地编制成本费用计划，正确地进行经营决策，提高经济效益具有重要意义。

2. 成本费用预测的内容

从成本费用管理的全过程来看，成本费用预测主要包括以下内容：

① 在新产品投产之前，预算产品设计成本，确定产品按正常批量生产的成本水平，并把测算的数据作为选取最优产品设计方案的重要依据。

② 在正式编制生产经营计划之前，进行成本费用预测。计划阶段的成本费用预测是编制成本费用计划必不可少的分析工作。

③ 在成本费用计划执行过程中，进行期中成本费用预测，科学预计成本费用计划能否按期完成。

④ 企业采用新技术、新工艺，以及在提高产品质量时也要进行成本费用预测，以保证技术上可行，经济上合理。

3. 成本费用预测的步骤

成本费用预测，应该有计划按步骤完成，尽可能避免预测的主观性，提高预测的科学水平，使预测目标更接近于实际。成本费用预测一般按以下步骤进行：

① 确定成本费用目标。首先要依据企业目标利润，结合预测期变化因素，预算企业在

现有条件下能够达到的目标成本费用的水平，为下一步预测奠定基础。

② 收集和整理有关资料。收集和占有大量相关的信息资料是进行科学预测的基本条件。收集资料应包括：企业对降低成本费用的要求；报告期实际成本费用情况；预测期成本费用可能的变化情况。

③ 对成本费用进行预测和测算。根据占有资料实际情况，选用可行的成本费用预测方法，对成本费用进行预计和测算，求出成本费用预测值。有时也可选用多种方法进行测算，以便比较，测定预测结果。

④ 修正确定最佳预测值。无论是推算的目标成本费用，还是按指标数据测算的成本费用预测值，都不能完全反映预测期成本费用的实际情况。因此，必须把两者进行比较和分析，找出差异，进行修正，以求出最佳预测值，使预测值更加接近于实际。

三、成本费用的控制

成本费用控制主要包括直接材料、直接人工、制造费用、期间费用的控制。前三项即制造成本，是成本费用控制的重点，可通过标准成本进行控制，期间费用则可通过编制预算等方法进行控制。

1. 标准成本的制订与控制

建立控制标准，是成本控制过程的首要环节。标准成本是在一定生产条件下，各项成本（直接材料、直接人工、制造费用）的预定尺度。标准成本按产品的直接材料、直接人工、制造费用制定。这三项成本项目都是以“数量”标准乘以“价格”标准而确定的。其中“数量”标准主要由工程技术部门制定，“价格”标准由财务部门及采购、人事部门共同制定。其中：

$$\text{直接材料标准成本} = \sum(\text{单位产品材料消耗量标准} \times \text{材料单价标准})$$

$$\text{直接人工标准成本} = \sum(\text{单位产品工时标准} \times \text{小时工资率标准})$$

$$\text{制造费用标准成本} = \sum(\text{单位产品工时标准} \times \text{费用分配率标准})$$

其中：

$$\text{费用分配率标准} = \text{制造费用预算数} \div \text{生产量标准}$$

对直接材料成本的控制，包括控制材料消耗和材料价格（采购成本）两方面。为了控制材料消耗量，首先要严格实行限额材料制度；第二要对生产消耗情况进行核算，及时记录耗用的材料数量和产品产量，及时对照标准进行分析，采取措施，降低消耗；第三要充分做好废角料的回收和利用工作。为了控制采购成本，首先应了解企业生产经营活动情况，掌握市场行情，做到物资采购既能保证生产的需要，又能降低材料的采购价格；第二应做到就近采购，选择合理的运输方式，降低采购费用。

对直接人工成本的控制，一般应从控制人员数量、产品工时消耗和控制工资水平等方面着手。通过制定劳动定额和编制定员，合理确定工资增长速度，控制企业工资总额，提高劳动生产率，从而降低产品成本中的人工成本。

2. 期间费用的控制

① 管理费用的控制。管理费用大部分为固定性费用，从成本责任的角度看，有的属可控成本，有的属不可控成本，大都受企业管理方法和决定的影响。所以对管理费用宜采用预算控制或审批控制方法。预算控制，就是将某一时期可能发生的管理费用，事先作出预算，日后按预算控制支出。审批控制，是指在预算编制之后，控制的执行要依赖各项开支的审批核准。

② 营业费用的控制。营业费用的控制方法，一般也采用预算控制和审批控制，还可采用贡献控制法，即将营业费用与取得的销售收入相比较，反映其对企业利益的贡献。为了鼓励其多做贡献，可以事先规定贡献额、销售收入、营业费用几项指标之间的比例数值，作为控制的标准。

③ 财务费用的控制。财务费用主要是资金筹集过程发生的利息、手续费等支出。所以进行财务费用控制，需要将费用与筹集的资金对比，看费用的发生是否必要。通过控制财务费用，降低筹资成本。

四、成本费用的分析

成本费用分析就是以成本费用预算或标准成本依据，将实际成本与预算或标准成本相比较，揭示实际脱离预算或标准的差异，并对差异进行因素分析，以便查明原因，划清责任，及时采取措施，降低成本费用。

1. 直接材料成本差异分析

直接材料实际成本与标准成本之间产生差额的原因有两个：一是价格差异，二是耗用量差异。价格差异是在采购过程中形成的，其原因有许多，如供应厂家价格变动、未按经济采购批量进货、未能及时订货造成的紧急订货、舍近求远采购、违反合同被罚款等。材料耗用量差异产生的原因也有许多，如操作疏忽造成废品和废料增加、工人用料不精心、操作技术改进而节省材料、工艺变更等。这些都需要具体分析和调查，明确最终原因和责任归属。

2. 直接人工成本差异分析

人工成本差异也由“价差”和“量差”两部分构成，人工成本的“价差”是指由于实际小时工资率脱离标准而形成的差异，其原因有生产工人升级或降级使用、奖励制度未生产实效、工资率调整、加班或使用临时工等。“量差”是指由于实际使用的人工工时脱离标准而形成的差异，其原因有工人经验不足、劳动情绪不佳、设备故障较多、作业计划安排不当等，产生这些差异的主要责任应归属劳动人事部门及生产部门，当然这也不是绝对的，应针对具体情况进行分析。

3. 制造费用差异分析

制造费用差异分为变动制造费用和固定制造费用差异。变动制造费用成本差异也可分解为“价差”和“量差”。“价差”是指变动制造费用小时分配率标准而产生的差异，其原因主要是实际发生的费用数额超过或低于预算数额，间接材料价格、人工工资等调整或其他各项费用控制不当。“量差”是指实际工时脱离了标准，多用工时导致的费用增加，因此其形成原因与直接人工成本生产的效率差异相同。固定制造费用不随业务量大小而变化，故在分析其变动差异时，不考虑业务量的变动，只将实际费用与预算进行比较，其生产差异的原因主要是生产能力没有充分利用，表现为未能充分使用现有生产能量而造成的损失。

4. 期间费用的分析

期间费用采用指标分析法，即将实际支出与预算数进行对比，找出实际与预算的差异，并分析产生差异的原因。

五、降低选煤成本的途径

（一）影响选煤成本的因素

影响选煤成本的主要因素是比较明确的，下面分别进行描述。

1. 入选原煤量

分离前成本中，入选原煤的费用占到总成本的 90%左右，且与入选原煤量成正比例变化。在加工费中，除少数消耗性材料、水、电外，其他基本上属于固定费用。在原煤质量稳定，回收率和价格不变的条件下，选煤单位成本中的原料煤费用不变，而固定费用则与入选原煤量的增减成反比例变动。所以此时增加入选原煤量可以降低选煤产品的单位成本。

2. 入选原煤的质量

入选原煤的质量，直接影响精煤回收率。如果分别入选多个矿井和煤层的原煤，或混合入选时，配煤不均匀，在选煤生产过程中会导致分选系统调整频繁，生产过程不稳定，影响精煤指标和回收率的稳定。如果原煤分采不能分运，会造成煤质波动大，选煤生产系统操作不稳定，同样会影响精煤质量和回收率的稳定。矿井采出的毛煤杂质多，如大块矸石、软杂质等进入选煤厂，会造成设备损坏、管路堵塞等，影响正常生产。入选原煤含矸量增加，精煤的回收率就会相应降低。

3. 入选原煤的价格

入选原煤的价格变动使原煤费用随之发生变化。

原煤价格变动受下列因素的影响：国内外经济环境影响；入选原煤的质量（灰分、含矸率）变动；运杂费变化，主要是运输距离、运价率的变动；各供应单位的供应量在总入选量中所占的比重变化。

4. 选煤加工费

在选煤成本的 8 项内容中，除入选原煤费用之外的其他 7 项之和称为加工费。选煤加工费中含有变动费用和固定费用两部分。变动费用总额随入选原煤量的变动而成正比例变动。

5. 选煤回收率

精煤（对炼焦煤）回收率或商品煤（对动力煤）回收率，是选煤厂的一项重要指标，它反映了有用资源的回收程度，也影响着选煤成本。具体来说，选煤回收率的高低与选煤成本的变化成反比例关系。这是因为在入选原煤量一定的条件下，回收率提高，选煤产量增加，则选煤单位成本降低。

选煤回收率的高低主要取决于入选原煤的质量、选煤机械的效能和工人的技术操作水平。

6. 品种煤折合系数

在计算不同选煤产品成本时会用到折合系数。以售价最高的产品为标准产品，比率为 1。其他各产品的比率均为其自身的售价与标准产品售价的比值，均小于 1。用比率乘以各自的产量，得到折合量，即各种选煤产品的产量相当于标准产品的约当产量。品种煤折合系数变动实际上是产品售价的变动，其对选煤成本的影响当然是明显的。

（二）降低成本、提高经济效益的对策

为了降低成本、提高经济效益，可以采取以下对策。

1. 保证入选原料煤质量稳定

入选原料煤占成本比例最大，对入选原料煤要控制好量与质。外购原煤既要防止数量上亏吨，又要防止煤中可见矸石含量过高和煤质变坏；自采原煤要做到分采分运，配煤入选；

井下要严格控制顶底板矸石及木片、包装袋、铁器等混入原煤。

过断层和可能出现泥质页岩时，矿井应提前通知选煤厂，过大的矸石量会严重影响精煤产率和质量，泥质页岩含量高会影响煤泥水系统的正常运转，从而影响入选量、精煤回收率以及产品质量，甚至导致环境问题。

不同煤层的煤配采配洗的比例应该通过预测和优化确定，最佳比例应能够取得最大经济效益。

在生产系统情况允许、产品数质量稳定的条件下，选煤厂要千方百计争取多入选原料煤，尽量增加入选原煤量。

2. 精煤或商品煤回收情况

针对不同的入选原煤性质，精煤与副产品都有相应的最佳回收率和数量效率，最佳回收率可以根据产品预测和优化计算得出，数量效率是实际产率与理论产率之比。应经常分析产品的数质量指标，看是否处于最佳水平，如果数量效率低于行业标准规定的指标，应查找原因，找出对应的问题和对策。总之，精煤产率和数量效率直接影响经济效益，应尽量提高分选效率，提高总精煤产率。

3. 材料消耗

要减少油脂、介质以及各种材料的消耗，如果发现消耗量有较大变化，应从油脂、介质以及各种材料本身的质量、对应生产环节的操作情况及原煤性质等方面寻找原因，以便降低消耗。

4. 水电消耗

要节约用水、用电，采用先进的设备和技术，防止大马拉小车，尽量少开或不开空车，提高全厂的功率因数。

5. 工资

要精简人员，减少工资支出以降低加工费，提高劳动生产率。

6. 管理方面

应经常与历史资料相比较，找出成本变化的原因。经常调查研究同类型厂的各项成本指标，相互对比，找出差距。

利用损益平衡图分析产、销、益的关系。选煤厂成本费用可划分为固定性费用和变动性费用。在加工费中，除电费、油脂等材料费、吨煤工资、管理费等划为变动性费用外，其余为固定性费用。根据销售收入、固定成本、变动成本与产销量的关系，可以绘制损益平衡图，确定达到盈亏平衡时的产销量，并确定选煤厂的最低处理量，见图 4-3。

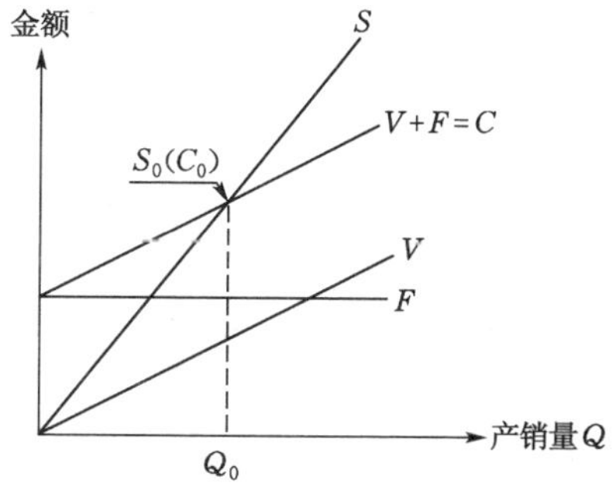

图 4-3　损益平衡图

图 4-3 中，F 为固定成本，V 为可变成本，C 为总成本（$C=V+F$）。固定成本是不变的，可变成本随产销量的增加而增加。因此，总成本 C 也随产销量的增加而增加。S 为销售收入，随产销量增加而增加。直线 S 与 C 的交点 $S_0(C_0)$ 为盈亏平衡点，这点的产销量为 Q_0。盈亏平衡点 Q_0 的概念是当产销量小于 Q_0 时，选煤厂要亏损，当大于 Q_0 时，就盈利，即产销量越大，盈利越多。因此，在有可能的情况下，选煤厂应尽量增加产量。

思 考 题

1. 选煤厂长期经营计划、年经营计划的内容包括哪些？
2. 选煤厂长期经营计划、年经营计划如何编制？
3. 选煤厂如何落实计划？
4. 选煤厂调整计划的方法有哪些？
5. 选煤厂成本是由哪几项构成的？
6. 选煤厂的成本如何计算？
7. 选煤厂成本费用预测的内容及步骤如何？
8. 选煤成本费用如何控制？
9. 选煤成本分析如何进行？
10. 降低选煤成本应从哪几方面入手？

第五章　质量管理

第一节　质量管理的基础知识

产品质量是企业的生命。在市场经济条件下，企业加强质量管理，重视产品质量已经成为必然的趋势。

一、质量的概念

1. 质量的定义

质量是质量管理中最基本的概念，有些场合也使用“品质”来表达同一含义。根据国际标准化组织在ISO9000:2000《质量管理体系　基础和术语》中的定义：质量是指“一组固有特性满足要求的程度”。

定义中并没有将质量限定于产品或服务，而是泛指一切可单独描述和研究的事物，它可以是活动或过程，可以是产品，也可以是组织、体系或人以及上述各项的任何组合。这个概念突出反映了质量概念的广泛包容性。应当说这是迄今为止影响最为广泛、也最广为人们所接受的一个质量定义。

定义中的“要求”既可以是明确表述出来的，如商务活动中买卖双方通过契约所作的约定、在诸如核能利用等特殊场合由法律所作的规定等，也可以是隐含的、不言而喻的，如人们对绝大多数的消费产品的需要一般并不特别明示出来，为了有效地满足这种隐含的需要，应当尽可能地对其加以明确和定义。

定义中的“特性”是指事物可以区分的特征。固有特性是指事物本来就有的，尤其是永久的特性。质量特性包括功能、准时性、可靠性、安全性等。

2. 质量特性的含义

质量是对顾客需要的反映，应当用清晰的、理性的、技术的或工程的语言表述出来，在ISO9000标准中，质量特性的定义是：产品、过程或体系与要求有关的固有特性。

质量特性可以分为以下几种类型：

① 技术性或理化性的质量特性。例如煤炭的水分、灰分、挥发分等。技术性的质量特性可以用理化检测仪器精确测定。科学技术的进步已经使得许多原来无法测定的特性可用精确的指标来加以衡量。

② 心理方面的质量特性。例如服装的式样、食品的味道、汽车象征的地位和气派等。心理方面的质量特性反映了顾客的心理感觉和审美价值。人们的心理感觉和审美价值千差万别，很难用准确的技术指标来加以衡量。对于构成产品的“独家特色”，构成产品对每一具体用户的“适用性”非常重要，尤其是在消费品领域就更为如此。

③ 时间方面的质量特性。例如耐用品的可靠性、可维修性、精度保持性、产品供应的及时性等。产品使用过程中的及时性、可靠性、可维修性以及使用费用等都极大地影响着顾客

的质量评价。

④ 安全方面的质量特性。产品的使用不仅要可靠、及时,更加重要的是不能给顾客造成伤害和事故,因此,产品必须有保证条款,有各种安全措施。重视安全方面的质量特性对于企业避免和防止产品责任问题的发生具有极为重要的意义。

⑤ 社会方面的质量特性。在考虑质量特性的内容时,仅仅考虑相应顾客的需要是不充分的,还必须考虑法律、法规、环保以及社会伦理等有关社会整体利益方面的要求。例如稀缺煤种应物尽其用等。

二、质量管理

1. 质量职能

所谓质量职能是指为了使产品或服务具有满足顾客需要的质量而需要进行的全部活动的总和。质量有一个产生、形成和实现的过程,这一过程是由一系列的彼此联系、相互制约的活动所构成的。这些活动的大部分是由企业内部的各个部门所承担的,但还有许多活动涉及企业外部的供应商、零售商、批发商、顾客等,所有这些活动都是保证和提高产品质量所必不可少的。因此可以说,质量并非只是质量部门的事情,而是取决于企业内外的许多组织和部门的共同努力。质量职能是对在产品质量产生、形成和实现过程中各个环节的活动所发挥的作用或承担的任务的一种概括。从某种意义上来说,质量管理就是要将这些广泛分散的活动有机地结合起来,从而确保质量目标的实现。

企业内部的主要质量职能活动一般包括市场调研、产品设计、规范的编制和产品研制、原材料采购、工艺准备、生产制造、检验和试验、包装和贮存、销售和发运、安装和运行、技术服务和维护、用后处置等环节。为了使这些活动互相配合、协调一致,必须做到:

① 明确实现质量目标所必须进行的各项活动,将这些活动委派给企业的相应部门,向这些部门提供完成任务所必需的技术上和管理上的工具和设施。

② 确保这些活动在各部门、各环节的实施。协调各部门之间的活动,使之相互配合,指向共同的目标,以综合、系统的方式来解决质量问题,使企业的活动以及活动的成果达到最佳的水平。

2. 质量职责

所谓质量职责是指对企业各部门及各类人员在质量工作中应承担的义务、责任和权限所作的具体规定。

要把企业质量职能所包含的方方面面的工作或活动真正搞好,就必须根据质量职能的要求,明确规定从事这些工作或活动的部门,以及各级各类人员所应承担的具体任务、职责和权限,即明确质量职责。只有明确质量职责才能真正做到质量工作事事有人管,人人有专责,把所有的质量职能活动切实落实到每一个部门和工作岗位。一旦发现质量问题,还可以查清责任,总结正反两方面的经验,从而更好地保证和提高产品质量。

组织最高管理者的质量职责包括:

① 确定质量方针并形成文件。应确保质量方针与组织内的其他方针保持一致,并应采取必要的措施以保证质量方针能为本组织的各人员所理解。

② 根据质量方针的要求,制定组织整体的质量目标,并要求各级管理部门制定相应的具体质量目标。

③ 组织开发、建立和实施质量体系,以实现企业的质量方针和目标。

企业各部门、各级各类管理者的质量职责都是要为确保质量方针和质量目标的实现和质量体系的顺利实施做出本部门的贡献。为确保质量职能的实现，就要对每个部门的活动规定一般的和具体的质量职责，并要进行充分的授权。在规定各部门的质量职责时，应确保系统整体最优，尤其要注意各项活动和各部门的接口和协调问题。

三、质量管理三部曲

20世纪七八十年代后，新的管理思想开始建立。新的管理思想认为，企业中80%以上的质量缺陷都是由于管理不善造成的。传统的管理方式不仅不能克服质量问题，在一定意义上还会助长质量危机的产生。要想解决质量危机，就需要破除传统观念，从根本上改造传统的质量管理，按照新的行动路线来行事，这一路线便是美国的朱兰博士所提出的质量管理"三部曲"。

质量管理"三部曲"认为，质量管理是由质量策划、质量控制和质量改进这三个互相联系的阶段所构成的一个逻辑的过程，每个阶段都有其关注的目标和实现目标的相应手段。

质量策划指旨在明确企业的产品和服务所要达到的质量目标，并对实现这些目标所必需的各种活动进行规划和部署的过程。通过质量策划活动，企业应当明确谁是自己的顾客，顾客的需要是什么，产品必须具备哪些特性才能满足顾客的需要。在此基础上，还必须设定符合顾客和供应商双方要求的质量目标，开发实现质量目标所必需的过程和工艺，确保过程在给定的作业条件下具有达到目标的能力，为最终生产出符合顾客要求的产品和服务奠定坚实的基础。

控制就其一般含义而言，是指制定控制标准、衡量实绩找出偏差并采取措施纠正偏差的过程。控制应用于质量领域便成为质量控制。质量控制也就是为实现质量目标，采取措施满足质量要求的过程。广泛应用统计方法来解决质量问题是质量控制的主要特征之一。

质量改进是指突破原有计划从而实现前所未有的质量水平的过程。实现质量改进有三个方面的途径，一是通过排除导致过程偏离标准的偶发性质量故障，使过程恢复到初始的控制状态；二是通过排除长期性的质量故障使当前的质量提高到一个新的水平；三是在引入新产品、新工艺时从计划（设计）开始就力求消除可能会导致新的慢性故障和偶发性故障的各种可能性。

在质量管理的"三部曲"中，质量策划明确了质量管理所要达到的目标以及实现这些目标的途径，是质量管理的前提和基础；质量控制确保事物按照计划的方式进行，是实现质量目标的保障；质量改进则意味着质量水准的飞跃，标志着质量活动是以一种螺旋式上升的方式在不断攀登和提高。

第二节　全面质量管理

全面质量管理是以组织全员参与为基础的质量管理形式，代表了质量管理发展的最新阶段。它起源于美国，后来在其他一些工业发达国家开始推行，并且在实践运用中各有所长。特别是日本，在20世纪60年代以后推行全面质量管理并取得了丰硕的成果，引起世界各国的瞩目。20世纪80年代后期以来，全面质量管理得到了进一步的扩展和深化，逐渐由早期的TQC(Total Quality Control)演化成为TQM(Total Quality Management)，其含义远远超出了一般意义上的质量管理的领域，而成为一种综合的、全面的经营管理方式和理念。我国从1978年推行全面质量管理以来，在理论和实践上都有一定的发展，并取得了成效，这为在我国贯彻实施ISO9000族国际标准奠定了基础，反之ISO9000族国际标准的贯彻和实施又为全面质量管理的深入发展创造了条件。

一、全面质量管理的概念

如前所述，全面质量管理在早期称为TQC，以后随着进一步发展而演化成为TQM。菲根堡姆于1961年在其《全面质量管理》一书中首先提出了全面质量管理的概念：全面质量管理是为了能够在最经济的水平上，并考虑到充分满足用户要求的条件下进行市场研究、设计、生产和服务，把企业内各部门研制质量、维持质量和提高质量的活动构成为一体的一种有效体系。

全面质量管理的这个定义强调了以下三个方面。

首先，这里的"全面"一词是相对于统计质量控制中的"统计"而言。也就是说要生产出满足顾客要求的产品，提供顾客满意的服务，单靠统计方法控制生产过程是很不够的，必须综合运用各种管理方法和手段，充分发挥组织中的每一个成员的作用，从而更全面地去解决质量问题。

其次，"全面"还相对于制造过程而言。产品质量有个产生、形成和实现的过程，这一过程包括市场研究、研制、设计、制订标准、制订工艺、采购、配置设备与工装、加工制造、工序控制、检验、销售、售后服务等多个环节，它们相互制约、共同作用的结果决定了最终的质量水准。仅仅局限于只对制造过程实行控制是远远不够的。

再次，质量应当是"最经济的水平"与"充分满足顾客要求"的完美统一，离开经济效益和质量成本去谈质量是没有实际意义的。

菲氏的全面质量管理观点在世界范围内得到了广泛的认同。但各个国家都在实践中结合自身实际进行了创新。特别是20世纪80年代后期以来，全面质量管理得到了进一步的扩展和深化。

ISO9000族标准中对全面质量管理的定义为：一个组织以质量为中心，以全员参与为基础，目的在于通过让顾客满意和本组织所有成员及社会受益而达到长期成功的管理途径。这一定义反映了全面质量管理概念的最新发展，也得到了质量管理界的广泛认同。

二、全面质量管理的基本要求

全面质量管理在我国也得到了一定的发展。我国专家总结实践中的经验，提出了"三全一多"的观点，即全过程、全员、全企业和多方法的质量管理。

1. 全过程的质量管理

任何产品或服务的质量，都有一个产生、形成和实现的过程。从全过程的角度来看，质量产生、形成和实现的整个过程是由多个相互联系、相互影响的环节所组成的，每一个环节都或轻或重地影响着最终的质量状况。为了保证和提高质量就必须把影响质量的所有环节和因素都控制起来，形成一个综合性的质量管理体系，做到以预防为主，防检结合，重在提高。为此，全面质量管理强调必须体现如下两个思想：

(1)"预防为主、不断改进"的思想

优良的产品质量是设计和生产制造出来的，而不是靠事后的检验决定的。事后的检验面对的是已成事实的产品质量。根据这一基本道理，全面质量管理要求把管理工作的重点，从"事后把关"转移到"事前预防"上来。为了保证产品质量，加强质量检验在任何情况下都是必不可少的。强调预防为主、不断改进的思想，就要求质量检验更加完善、更加科学。质量检验是全面质量管理的重要组成部分，企业内必须坚持行之有效的质量检验制度，并且要使其不断完善化、规范化。

（2）为用户服务的思想

用户可以是最终的顾客，也可以是本企业的部门和人员。实行全过程的质量管理要求企业所有的工作环节都必须树立为用户服务的思想。在企业内部要树立“下道工序是顾客”，“努力为下道工序服务”的思想。现代工业生产是一环扣一环，前道工序的质量会影响后道工序的质量，一道工序出了质量问题，就会影响整个过程以至产品质量。因此，要求每道工序的工序质量，都要经得起下道工序，即“顾客”的检验，满足下道工序的要求。有些企业开展的“三工序”活动即复查上道工序的质量；保证本道工序的质量；坚持优质、准时为下道工序服务是为顾客服务思想的具体体现。只有每道工序在质量上都坚持高标准，都为下道工序着想，为下道工序提供最大的便利，企业才能目标一致地、协调地生产出符合规定要求，满足用户期望的产品。可见，全过程的质量管理就意味着全面质量管理要“始于识别顾客的需要，终于满足顾客的需要”。

2. 全员的质量管理

产品和/或服务质量是企业各方面、各部门、各环节工作质量的综合反映。企业中任何一个环节，任何一个人的工作质量都会不同程度地直接或间接地影响着产品质量或服务质量。因此，产品质量人人有责，人人关心产品质量和服务质量，人人做好本职工作，全体参加质量管理，才能生产出顾客满意的产品。要实现全员的质量管理，应当做好三个方面的工作：

① 必须抓好全员的质量教育和培训。教育和培训的目的有两个方面：第一，加强职工的质量意识，牢固树立“质量第一”的思想；第二，提高员工的技术能力和管理能力，增强参与意识。在教育和培训过程中，要分析不同层次员工的需求，有针对性地开展教育和培训。

② 要制订各部门、各级各类人员的质量责任制，明确任务和职权，各司其职，密切配合，以形成一个高效、协调、严密的质量管理工作的系统。这就要求企业的管理者要勇于授权、敢于放权。授权是现代质量管理的基本要求之一。原因在于三个方面：第一，顾客和其他相关方能否满意、企业能否对市场变化做出迅速反映决定了企业能否生存，而提高反应速度的重要和有效的方式就是授权。第二，企业的职工有强烈的参与意识，同时也有很高的聪明才智，赋予他们权力和相应的责任，能够激发他们的积极性和创造性。第三，在明确职权和职责的同时，还应该要求各部门和相关人员对于质量做出相应的承诺。当然，为了激发他们的积极性和责任心，企业应该将质量责任同奖惩机制挂钩。只有这样，才能够确保责、权、利三者的统一。

③ 要开展多种形式的群众性质量管理活动，充分发挥广大职工的聪明才智和当家做主的进取精神。群众性质量管理活动的重要形式之一是质量管理小组（关于质量管理小组活动可参阅第十二章）。除了质量管理小组之外，还有很多群众性质量管理活动，如合理化建议制度、和质量相关的劳动竞赛等。总之，企业应该发挥创造性，采取多种形式激发全员参与的积极性。

3. 全企业的质量管理

全企业的质量管理可以从纵横两个方面来加以理解。从纵向的组织管理角度来看，质量目标的实现有赖于企业的上层、中层、基层管理乃至一线员工的通力协作，其中尤以高层管理能否全力以赴起着决定性的作用。从企业职能间的横向配合来看，要保证和提高产品质量必须使企业研制、维持和改进质量的所有活动成为一个有效的整体。全企业的质量管理可以从两个角度来理解。

从组织管理的角度来看，每个企业都可以划分成上层管理、中层管理和基层管理。"全企业的质量管理"就是要求企业各管理层次都有明确的质量管理活动内容。当然，各层次活动的侧重点不同。上层管理侧重于质量决策，制订出企业的质量方针、质量目标、质量政策和质量计划，并统一组织、协调企业各部门、各环节、各类人员的质量管理活动，保证实现企业经营管理的最终目的；中层管理则要贯彻落实领导层的质量决策，运用一定的方法找到各部门的关键、薄弱环节或必须解决的重要事项，确定出本部门的目标和对策，更好地执行各自的质量职能，并对基层工作进行具体的业务管理；基层管理则要求每个职工都要严格地按标准、按规范进行生产，相互间进行分工合作，互相支持协助，并结合岗位工作，开展群众合理化建议和质量管理小组活动，不断进行作业改善。

从质量职能角度看，产品质量职能是分散在全企业的有关部门中的，要保证和提高产品质量，就必须将分散在企业各部门的质量职能充分发挥出来。

但由于各部门的职责和作用不同，其质量管理的内容也是不一样的。为了有效地进行全面质量管理，就必须加强各部门之间的组织协调，并且为了从组织上、制度上保证企业长期稳定地生产出符合规定要求、满足顾客期望的产品，最终必须要建立起全企业的质量管理体系。建立和健全全企业质量管理体系，是全面质量管理深化发展的重要标志。可见，全企业的质量管理就是要"以质量为中心，领导重视、组织落实、体系完善。"

4. 多方法的质量管理

影响产品质量和服务质量的因素也越来越复杂：既有物质的因素，又有人的因素；既有技术的因素，又有管理的因素；既有企业内部的因素，又有随着现代科学技术的发展，对产品质量和服务质量提出更高要求的企业外部的因素。要把这一系列的因素系统地控制起来，全面管好，就必须根据不同情况，区别不同的影响因素，广泛、灵活地运用多种多样的现代化管理方法来解决当代质量问题。

目前，质量管理中广泛使用的各种方法中，统计方法是重要的组成部分。除此之外，还有很多非统计方法。常用的质量管理方法有所谓的老七种工具，具体包括因果图、排列图、直方图、控制图、散布图、分层图、调查表；还有新七种工具，具体包括：关联图、KJ 法、系统图、矩阵法、矢线图、PDPC 图、矩阵数据分析法。除了以上方法外，一些新方法近年来得到了广泛的关注，具体包括：质量功能展开（QFD）、田口方法、故障模式和影响分析（FMEA）、头脑风暴法（Brainstorming）、六西格玛法（6σ）、水平对比法（Benchmarking）、业务流程再造（BPR）等。

三、全面质量管理的基础工作

企业要开展全面质量管理，保证质量管理体系的有效运转，必须要建立基本的秩序和准则、提供合格的人力资源和基本的技术手段，并建立畅通的信息流通环境等一系列前期性工作。这些工作都是开展全面质量管理的基础工作，是质量管理工作开展的立足点和出发点，也是质量管理工作取得成效、质量体系有效运转的前提和保证。这些工作一般包括标准化工作、计量工作、质量教育与培训、质量责任制和质量信息工作等。

1. 标准化工作

标准是对重复性事物和概念所做的统一规定。它以科学、技术和实践经验的综合成果为基础，经有关方面协商一致，由主管机构批准，以特定形式发布作为共同遵守的准则和依据。标准可以分成不同的等级。《中华人民共和国标准化法》规定，我国标准分为四级，即国家标准、行业标准、地方标准以及企业标准。

标准也可以按不同的标志分成不同的种类，如管理标准、技术标准等。标准是衡量产品质量和各项工作质量的尺度，也是企业进行生产技术活动和经营管理工作的依据。合理建立和完善企业的标准体系是搞好质量管理的重要基础工作之一。

标准化是指在经济、技术、科学及管理等社会实践中，对重复性事物和概念通过制订、发布和实施标准，达到统一，以获得最佳秩序和社会效益的活动。

标准化工作在质量管理中的重要性体现在：标准是衡量产品质量和各项工作质量的尺度，也是企业进行生产技术活动和经营管理工作的依据。

2. 计量工作

计量工作是关于测量和保证量值统一和准确的一项重要技术基础工作。在质量管理中，从设计质量的验证到使用质量的考核，每个环节都离不开计量工作，产品的每个质量特性值都存在着量值统一和测试方法的问题。没有计量这个技术基础，定量分析就没有依据，质量优劣便无法判断，也就更谈不上质量管理了。企业计量工作就是要在保证量值统一的条件下，利用测试技术、标准技术文件以及各种组织管理措施等，通过提供具有一定准确度的各种数据信息，为企业各项工作提供计量（包括测试、化验、分析等）保证。它可以使企业的各项工作建立在可靠的客观数据基础上。

国际标准化组织 1997 年颁布的 ISO 10012—1《测量设备的质量保证要求 第一部分测量设备的计量确认体系》，为企业提供了一套确保计量满足要求的保证体系。在该标准中，不仅包括企业为保证测量满足预定准确度的质量保证要求，还包括实施要求的指南。

3. 质量教育与培训

全面质量管理是以人为本的管理。它要求全员参与、全过程保证质量，因此，必须把建立高素质的员工队伍作为重要的基础工作来抓。组织应识别开展各项质量活动所必需的人员能力需求，通过教育培训或采取其他有效措施使各岗位人员具备所需的素质和能力。

4. 质量责任制

质量责任制是指企业中形成文件的一种规章制度，它是规定各个职能部门和每个岗位的员工在质量工作中的职责和权限，并与考核奖惩相结合的一种质量管理制度和管理手段。

5. 质量信息工作

信息工作在质量管理中的作用的重要性是毋庸置疑的。企业要想获得持续发展必须要将信息工作作为一项重要的基础工作来抓，并且要在企业内尽可能实现信息的共享。在质量管理工作中，质量信息很重要。

质量信息是指质量活动中的各种数据、报表、资料和文件。质量信息种类很多，既包括文件、规定，也包括现场控制信息；既有涉及企业内部的信息，也有涉及企业外部的信息。外部的信息包括顾客的需求、市场变化、相关政策法令、国际国内的技术标准等。内部的信息包括有关质量问题的各种工艺文件，生产现场的控制信息，质量手册、程序和记录等。

四、全面质量管理的基本工作方式

全面质量管理的基本工作方式是由美国管理学家戴明(V. E. Deming)提出的 PDCA 循环。PDCA 是计划(Plan)、执行(Do)、检查(Check)和处理(Action)四个阶段英文单词的第一个字母。质量管理或质量改进即按照这四个阶段的顺序循环进行。

1. PDCA 循环的工作步骤

(1) 计划阶段(P)

制定改善产品质量计划首先要对现状进行调查研究,及时、全面、准确地收集有关数据和资料,找出影响质量的各种因素,针对主要因素制订计划和措施。重点解决以下 6 个问题:

① 为什么要做(Why)?

② 达到什么目标(What)?

③ 在什么地点或部门执行(Where)?

④ 什么时候执行,什么时候完成(When)?

⑤ 谁负责(Who)?

⑥ 完成任务的方法(How)?

(2) 执行阶段(D)

按制订的计划和方法组织实施。

(3) 检查阶段(C)

检查执行情况并与计划、目标相对照,找出成功与失败的经验教训。

(4) 处理阶段(A)

分析、比较、判断检查的结果,对行之有效的措施继续巩固,制定标准,形成规章制度。将没有解决的问题或新发现的问题转入下一个 PDCA 循环。

2. PDCA 循环的特点

① 四个阶段是一个有机整体。只有计划,不去实施,等于没有计划。计划有了,也按此做了,但不检查就无从知道做的结果。检查后不处理,成果无法巩固,工作水平无法提高。因此,这四个阶段是一个循序渐进的完整循环。

② PDCA 循环是一个不断前进、不断提高的运动过程。正如图 5-1 所示,这样循环不止,就会使工作和产品质量不断提高。

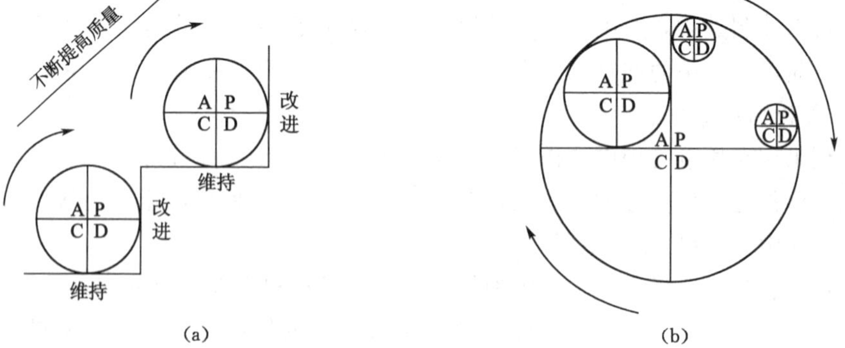

图 5-1 PDCA 循环的不断提高和环环相扣

(a) 质量不断提高;(b) 环环相扣

③ PDCA 循环是一个大环套小环、一环扣一环的制约环。整个企业的质量管理体系是一个大管理环，各级、各部门都有各自的小管理环，这样形成一个大环套小环的综合环系统(图 5-1)，大小循环彼此协调，互相促进。

④ PDCA 管理循环的关键在于处理阶段(A)。这个阶段是一个承上启下的阶段，它把执行结果的成功经验与失败教训都纳入有关的各项标准、规程、制度中，作为今后行动的指南或借鉴，使工作与产品质量在已有的基础上提高一步。对存在的问题，又纳入下一个循环去解决。因此，对处理阶段的工作应倍加重视。

第三节 质量管理常用方法

在质量管理、质量控制和质量改进的活动中，经常会碰到两类资料：一类是可以用数字表示的资料，叫做数字资料；一类是不能用数字来表示的资料，叫做非数字资料。对于数字资料的整理、分析和推断，可以应用数字资料的工具和技术，如排列图、直方图、控制图、假设检验和参数估计等。对于非数字资料的加工、分析和判断，可以应用非数字资料的工具和技术，如分层法、因果图、树图、二维分析图、对策表、水平对比法、流程图、头脑风暴法等。

选煤生产管理中，常用到直方图、控制图等。本节着重介绍这两种方法。

一、直方图

直方图(Histogram)是频数直方图的简称。它是用一系列宽度相等、高度不等的矩形表示数据分布的图。矩形的宽度表示数据范围的间隔，矩形的高度表示在给定间隔内的数据频数。

直方图法是用来整理杂乱无章的数据，从中找出质量变化的规律，预测生产过程质量的一种常用工具。通过直方图的绘制，可求出数据的平均值，了解数据的离散程度及数据的分布规律。

1. 直方图的绘制

绘制直方图，需要收集 50～100 个观测数据(数据太少则规律性不强)，并分成若干个组，计算数据落在每组的频数及频率，然后绘制直方图。例如某厂精煤灰分指标要求为 5.51%～6.00%，收集 150 个发给用户精煤的批灰分数据列于表 5-1。

表 5-1　　某厂精煤批灰测定数据表

5.90	5.72	5.82	5.60	5.25	5.76	5.45	6.39	6.27	60.05
5.92	5.90	6.09	6.03	5.73	6.26	6.27	6.26	6.46	5.73
6.24	5.96	5.79	5.60	6.34	6.30	6.39	6.17	6.23	5.75
5.76	6.46	5.52	5.78	5.84	5.98	6.07	5.97	5.86	5.98
6.18	6.35	6.16	6.03	6.09	5.79	5.65	6.78	6.39	6.42
7.10	6.31	5.68	6.18	5.40	5.53	6.64	5.74	6.10	5.89
5.98	6.60	5.72	6.38	5.96	5.46	5.85	5.92	5.86	6.08
6.30	6.00	5.87	6.18	5.83	6.02	6.30	6.49	5.87	6.28
6.10	6.40	6.02	5.70	5.69	6.25	5.89	6.16	6.18	6.30

续表 5-1

6.23	6.15	6.10	6.43	5.96	5.43	5.74	5.40	5.50	5.61
6.08	5.53	6.00	5.61	5.77	6.11	5.73	5.79	5.76	6.22
6.02	6.27	5.82	5.87	5.76	5.61	6.01	6.16	6.64	6.24
6.86	6.27	5.83	5.56	6.25	5.72	6.00	5.99	5.64	5.59
6.21	6.02	5.88	5.95	5.67	6.01	5.72	6.21	6.03	6.18
6.34	6.58	5.84	5.87	6.07	6.44	6.03	5.73	5.30	5.55

① 确定组数。组数的大小与数据的个数有关，组数太少，直方图过于粗糙；组数太多，每组的数据太少，直方图有可能凹凸不平，出现折齿型。数据个数与组数的关系见表 5-2。

按表 5-2 规定，150 个数据可分成 10 组。

表 5-2　　数据个数与组数关系

数据个数	<50	50～100	100～250	>250
组数	5～7	6～10	7～12	10～20

② 确定组间距（级宽），其原则是边界应能包含所有的原始数据。为此，求出原始数据中的极差。例中，极差 $R=X_{max}-X_{min}=7.10-5.25=1.85(\%)$，则组距 $h=\frac{R}{组数}=\frac{1.85}{10}=0.185(\%)$。

为了便于分组，取组距 $h=0.20(\%)$。

③ 确定组的上下界限值。

$$第一组的下限=X_{min}-\frac{测量单位}{2}$$

本例：第一组的下限为 5.25－0.005＝5.245；

$$第一组的上限=下限+h$$

本例：第一组的上限为 5.245＋0.20＝5.445。

其余各组的上下界限值为：前一组的上限＝后一组的下限。同一组中，上限＝下限＋h。组的上下界限值精确到二分之一测量单位的目的是防止数据跨界，以利于分组。

④ 计算各组组中值。

$$组中值=\frac{上值限值+下界限值}{2}$$

本例中，第一组的组中值$=\frac{5.445+5.245}{2}=5.345$。

⑤ 作频数分配表，统计各组频数，算出百分比。本例的频数分布表列于表 5-3。

⑥ 计算平均值$\overline{X}$与标准偏差 S 。

标准偏差：　$$S=\sqrt{\frac{1}{n-1}\sum_{i=1}^{n}(X_i-\overline{X})^2}$$ 。

表 5-3　　某厂精煤批灰分频数表

组号	组距	组中值	频数统计	频数	频率
1	5.245～5.445	5.345	正	5	3.33
2	5.445～5.645	5.545	正正正一	16	10.67
3	5.645～5.845	5.745	正正正正正正一	31	20.67
4	5.845～6.045	5.945	正正正正正正正一	36	24.00
5	6.045～6.245	6.145	正正正正正下	28	18.67
6	6.245～6.445	6.345	正正正正正	25	16.67
7	6.445～6.645	6.545	正一	6	4.00
8	6.645～6.845	6.745	一	1	0.66
9	6.845～7.045	6.945	一	1	0.66
10	7.045～7.245	7.145	一	1	0.67
合计				150	

按表中数据算出平均值为 5.99%，则标准偏差为 0.323。

⑦ 绘制直方图。以纵坐标表示频数或频率，以横坐标表示数据值，用组宽作底宽，用相应的频数或频率为高画出的直方图如图 5-2 所示。

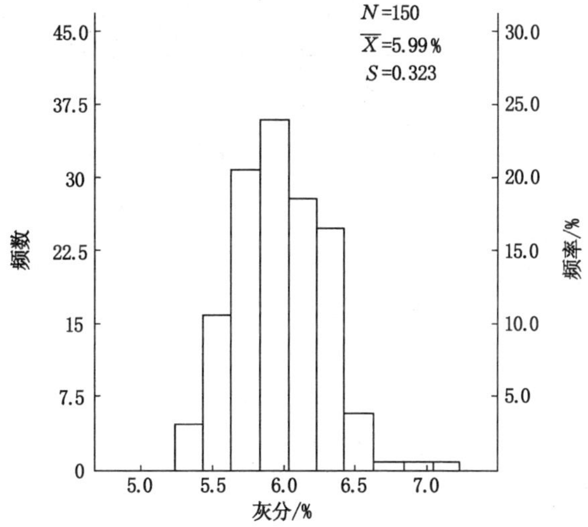

图 5-2　某厂销煤灰分直方图

2. 直方图的观察与分析

① 对平均值与标准偏差大小的分析。平均值与期望值相一致，说明控制中心正确，若平均值与期望值有较大偏移，说明产品质量产生了偏移，应调整控制指标。上例中要求的灰分为 5.51%～6.00%，实际销售精煤灰分的平均值为 5.99%，符合要求，并处于上限，非常适宜。因为精煤价格是阶跃函数，在同一等级中，应将灰分控制到接近上限，这样精煤产率高，利润大。

标准偏差表示数据的离散程度。偏差越小，数据越集中，质量波动越小。

② 直方图的分布形状有多种形式，如图 5-3 所示。在图中，图 5-3(a)基本上是正态分布，表示工序稳定。在正常生产条件下，由偶然因素引起的产品质量波动符合正态分布规律。图 5-3(b)和(c)是偏向型分布，在分布中心的一侧，数据分布比较匀称平缓，而在另一侧比较陡峭，这说明在生产实践中对上限或下限控制较严。如对精煤灰分，控制上限一般比下限严，因为精煤灰分超标，质量就不合格了，而下限再低也构不成质量事故，只是产率稍低。因此，低侧是处于随机控制的状态下，高侧是处在人为的严格控制之下。图 5-3(d)为陡壁型，这是在质量检查中剔除不合格品的结果。图 5-3(e)是双峰型，有两个峰值，这种情况大多数是由于两组不同性质的数据未进行分层而引起的。将数据分层后对两组不同性质的数据分别作直方图，就得到平均值不同的两个直方图。图 5-3(f)是孤岛型，在正常的分布之外，出现质量差异较大的少数产品。孤岛形常常是由于原材料的变化或不熟练的工人替班而造成的。图 5-3(g)为折齿型，这种图形是由于组数过多或测量不准确造成的。

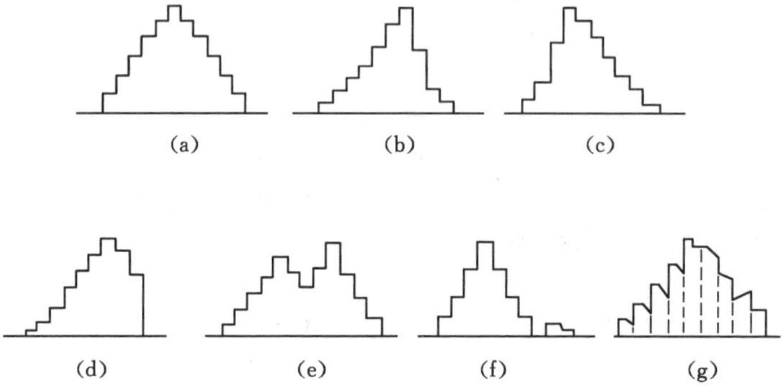

图 5-3　常见的直方图类型

二、控制图

控制图(管理图)是一种对产品质量的动态分析方法，它以生产过程中数据的变化规律来分析和反映产品质量的变化，判别产品质量变化的趋势，发现和及时消除生产中的问题，预防废品的产生。

控制图的种类很多，有单值管理图、平均数—极差管理图、中位数—极差管理图、不合格产品率管理图等。本节重点介绍单值管理图。

单值管理图适宜控制一个质量特性参数，以观测值逐个打点，方法简便，尤其适用于现场质量管理。

1. 单值管理图的画法

单值管理图一般有如图 5-4 所示的纵、横坐标和 5 条横线组成。图的横坐标表示抽样时间或样品号，纵坐标表示测得的质量特征值。图上画出的 5 条线除质量控制中心线 *CL* (Central Line)、上下控制界限 *UCL*(Upper Control Limit)、*LCL*(Lower Control Limit)外，有的管理图还在控制界限内侧加上下警戒线(Upper Warning Limit，Lower Warning Limit)或公差上下限。

2. 控制图中心线的求法

中心线可用两种方法决定：一是根据技术标准，二是根据历史资料求得的算术平均值 μ。如控制选煤厂最终精煤灰分，按产品目录规定的灰分或历史资料的算术平均值 μ 作为

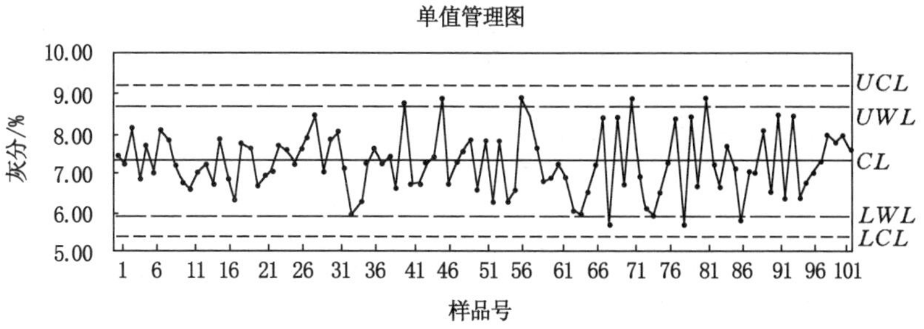

图 5-4 单值管理图的画法

控制中心线。

3. 控制上下限的确定

① 根据技术标准规定确定控制上下限。例如，国家规定精煤批灰分波动不得超过月平均值的 0.5%，因此出厂精煤批灰分上下控制线按 $\mu \pm 0.5\%$确定。

② 利用单个数据的标准差计算控制界限。

在正常生产过程中(只有偶然误差存在)，按照正态分布规律，若质量的平均值为 μ，观测值落在 $\mu \pm 3\sigma$ 范围内的概率为 99.73%；落在 $\mu \pm 2\sigma$ 范围内的概率为 95.5%。对任何分布，观测值数据落在 $\mu \pm 3\sigma$ 之间的概率不会低于 88.89%，因而通常取 $\mu \pm 3\sigma$ 为上下控制界限。如果取 $\mu \pm 2\sigma$ 为上下警戒界限，由于观测值落在 $\mu \pm 2\sigma$ 范围之外的概率不到 5%。因此，对越出警戒线的情况必须严加注意。

若一组质量测定值的平均值为$\overline{X}$，则其控制上下限为：

$$UCL = \overline{X} + 3\sigma$$
$$LCL = \overline{X} - 3\sigma$$
$$UWL = \overline{X} + 2\sigma$$
$$LWL = \overline{X} - 2\sigma$$

式中 $\overline{X}$——算术平均值；

σ——标准差。

一台分选设备的精煤质量测定结果见表 5-4，其算术平均值为 7.237，标准差为 0.65，则：

$$UCL = 7.237 + 3 \times 0.65 = 9.187$$
$$LCL = 7.237 - 3 \times 0.65 = 5.287$$
$$UWL = 7.237 + 2 \times 0.65 = 8.537$$
$$LWL = 7.237 - 2 \times 0.65 = 5.937$$

表 5-4 某厂重介精煤质量测定结果

7.38	6.54	6.90	7.98	6.70	6.24	6.88	6.56	7.20	6.38
7.20	7.00	7.02	7.10	7.24	7.80	6.04	7.40	6.66	8.48
8.12	7.16	7.60	5.92	7.38	6.26	5.92	6.38	7.66	6.36
6.80	6.70	7.54	6.26	8.98	6.54	6.50	8.80	7.80	6.74

续表 5-4

7.66	7.84	7.22	7.24	6.70	8.96	7.24	6.84	6.78	7.00
6.96	6.84	7.00	7.58	7.26	8.48	8.40	7.76	7.00	7.30
8.04	6.24	7.81	7.22	7.52	7.60	5.66	7.24	6.98	7.92
7.88	7.72	8.52	7.36	7.80	6.74	8.44	6.20	8.02	7.76
7.18	7.60	7.02	6.60	6.56	6.82	6.68	7.64	6.50	7.92
6.70	6.66	7.82	8.24	7.80	7.16	8.94	7.24	8.50	7.54

以表 5-4 中数据绘制的单值管理图见图 5-4。可以看出图中前 15 个灰分偏低，说明月初灰分压得偏低，而中间之后灰分偏高，最后几个灰分又加以控制。

③ 利用分群数据的极差求控制界限。

若单个数据的分布不符合正态分布规律，可将数据分群，分群之后，群平均值的分布符合正态分布。因此，可利用分群数据极差的分布计算相当于 3σ 时的控制界限：

$$UCL=\overline{\overline{X}}+E_2\overline{R}$$

$$LCL=\overline{\overline{X}}-E_2\overline{R}$$

式中 $\overline{\overline{X}}$——每群数据算术平均值的平均值；

$\overline{R}$——每群数据算术平均值的极差；

E_2-——与群大小有关的系数，可查表 5-5。

表 5-5　　管理图用系数表

群大小 n	管理图用系数		
	E_1	E_2	E_3
2	5.318	2.660	3.15
3	4.146	1.772	1.89
4	3.760	1.457	1.52
5	3.568	1.290	1.33
6	3.454	1.184	1.21
7	3.378	1.109	1.13
8	3.323	1.054	1.07
9	3.283	1.010	1.03
10	3.251	0.975	0.99

群的大小一般为 3～5 个。将表 5-4 中的数据分群成表 5-6，以 5 个为一群，求得$\overline{\overline{X}}=7.25\%$，$\overline{R}=1.64\%$，查表 5-5 得 $E_2=1.29$，则：

$$UCL=7.25+1.29\times1.64=9.373$$

$$LCL=7.25-1.29\times1.64=5.13$$

表 5-6 精煤质量分群结果

试样号	单个测定值					平均值	极差
	X_1	X_2	X_3	X_4	X_5	$\overline{X}$	$\overline{R}$
1～5	7.38	6.54	6.90	7.98	6.70	7.10	1.44
6～10	6.24	6.88	6.56	7.20	6.36	6.65	0.96
11～15	7.20	7.00	7.02	7.10	7.24	7.11	0.24
16～20	7.80	6.04	7.40	6.66	8.48	7.28	2.44
21～25	8.12	7.16	7.60	5.92	7.38	7.24	2.20
26～30	6.26	5.92	6.38	7.66	6.36	6.52	1.74
31～35	6.80	6.70	7.54	6.26	8.98	7.26	2.72
36～40	6.54	6.50	8.80	7.08	6.74	7.13	2.30
41～45	7.66	7.84	7.22	7.24	6.70	7.33	1.14
46～50	8.96	7.24	6.84	6.78	7.00	7.36	2.18
51～55	6.96	6.84	7.00	7.58	7.26	7.13	0.74
56～60	8.48	8.40	7.76	7.00	7.30	7.79	1.48
61～65	8.04	6.24	7.81	7.22	7.52	7.37	1.80
66～70	7.60	5.66	7.24	6.98	7.92	7.08	2.26
71～75	7.88	7.72	8.52	7.36	7.80	7.86	1.16
76～80	6.74	8.44	6.20	8.02	7.76	7.43	2.24
81～85	7.18	7.60	7.02	6.60	6.56	6.99	1.04
86～90	6.82	6.68	7.64	6.50	7.92	7.11	1.42
91～95	6.70	6.66	7.82	8.24	7.80	7.44	1.58
96～100	7.18	8.94	7.24	8.50	7.54	7.88	1.78
合计						145.06	32.86
平均值						7.25	1.64

第四节 质量体系认证与质量系列标准

一、质量认证与认证制度

目前越来越多的企业将国际标准的质量认证作为提高企业整体实力，提高企业产品竞争力，进入国际市场的途径。产品质量如何，产品是否达到要求，已经成为发达国家对发展中国家的产品树立非贸易壁垒的主要做法，质量已成为在市场竞争中广泛使用的武器。

企业生产的产品是否达到相应标准，世界各国普遍采用产品质量认证制度进行衡量。

（一）质量认证

"认证"一词的英文原意是一种出具证明文件的行动。ISO/IEC 指南对"认证"的定义是：由可以充分信任的第三方证实某产品或服务经鉴定符合特定标准或规范性文件的活动。

质量认证也称为合格认证，它是由认证机构出具产品合格的书面证明。举例来说，对第一方(供方或卖方)生产的某种产品,第二方(需方或买方)无法判定其品质是否合格,而由第三方来判定,第三方既要对第一方负责,又要对第二方负责,不偏不倚,出具的证明要能获得双方的信任,这样的活动就叫做“合格认证”。

第三方的认证活动必须公开、公正、公平,才能有效。这就要求第三方必须有绝对的权力和威信,必须独立于第一方和第二方之外。第三方的角色由国家或政府的机关直接担任,或者由国家或政府认可的组织担任,这样的机关或组织就叫做“认证机构”。世界上多数国家都由经国际授权的民间机构负责质量认证的管理职能,以确保第三方的公正性。国际标准化组织于1970年成立了认证委员会,以协调世界各国认证工作的开展,促进各国认证的进行,指导直接的相互认可。现在,各国的认证机构主要开展产品质量认证和质量管理体系两方面的认证业务。

(二) 产品质量认证

产品质量认证依据的是国际标准或国家标准。国际标准中的60%是由国际标准化组织(ISO)制定的,20%是由国际电工委员会(IEC)制定的,20%是由其他国际标准化组织制定的。也有很多国家是依据各国自己的国家标准和国外先进标准进行认证的。

产品质量认证包括合格认证和安全认证两种。依据标准中的性能要求进行认证叫做合格认证;依据标准中的安全要求进行认证叫做安全认证。前者是自愿的,后者是强制性的。经中国国家标准认证的产品标志如图5-5所示。

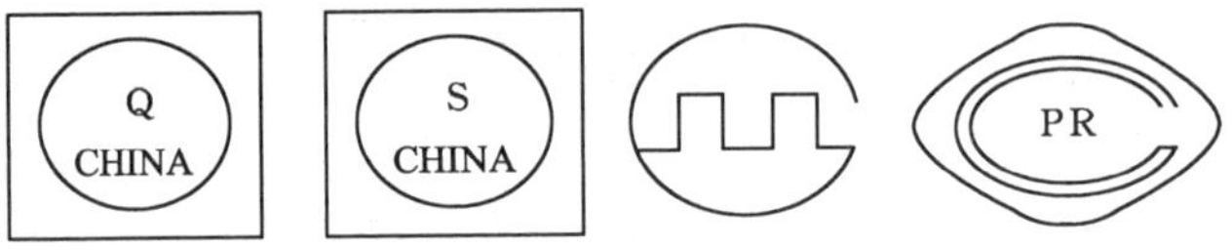

图5-5 国家标准认证的产品标志

(三)质量管理体系认证

质量管理认证体系是由西方的品质保证活动发展起来的。1959年,美国国防部向国防部供应局下属的军工企业提出了质量保证要求,制定相应的标准。后来,美国军工企业的这个经验很快被其他工业发达国家军工部门所采用,并逐步推广到民用工业。自从1987年ISO 9000系列标准问世以来,为了加强质量管理,适应品质竞争的需要,企业家们纷纷采用ISO 9000系列标准在企业内部建立质量管理体系,申请质量体系认证,很快形成了一个世界性的潮流。目前,全世界已有近100个国家和地区正在积极推行ISO 9000国际标准,约有40个质量体系认可机构,认可了约300家质量体系认证机构,20多万家企业拿到了ISO 9000质量体系认证证书,第一个国际多边承认协议和区域多边承认协议分别于1998年1月22日和1998年1月24日诞生了。

(四) 质量认证的意义

质量认证的意义在于:认证注册企业、认证产品都会在质量信誉方面取得优势,提高了供方的质量信誉;帮助需求者在纷繁的市场之中,从认证注册企业中寻找供货单位,从认证产品中选择商品;质量认证过程要进行企业质量保证能力的评定,可以促进企业健全质量体系;获得国际权威机构的认证,质量会得到世界各国的普遍认可,增强企业进入国际市场的竞争力;认证产品在交易中不需要再做产品检验和质量保证能力的检查,可减少80%的重复检查工作量，极大地提高采购供应的工作效率；能够指导买方、消费者，避免误购不符合标准的货品，杜绝了不安全产品的生产和流通，保护了消费者的利益。

（五）中国的质量认证制度

2003 年 11 月 1 日施行的《中华人民共和国认证认可条例》，它是中国产品质量认证的法制文件。国务院标准化行政主管部门统一管理全国的认证工作，由其下设的产品质量认证委员会负责认证工作的具体实施。企业对有国家标准或者行业标准的产品进行认证时，可以向行业认证委员会申请认证。申请安全认证的产品，必须符合《中华人民共和国标准化法》中有关强制性标准的要求；申请合格认证的产品，必须符合《中华人民共和国标准化法》规定的国家标准或者行业标准的要求。国家将对获得认证的产品和企业实行法定的监督检验。

在认证过程中，产品质量经独立的检验机构抽样检验，生产企业的质量保证能力要经检查人员现场检查和评定，确认是否符合认证机构规定的要求。在获准认证后，还要定期进行监督检验。我国的产品质量认证制度已走上健康发展的轨道。产品质量认证和企业质量体系的认证都要有评价的标准，在国际上通行的标准是 ISO 9000《质量管理与质量保证》系列标准。

二、ISO 9000 质量管理体系

ISO(the Internation Organization for Standardization)——国际标准化组织，是由各国标准化团体（ISO 成员团体）组成的世界性联合会。ISO 成立于 1947 年，其宗旨是“在世界上促进标准化及其相关活动的发展，以便于商品和服务的国际交换，在智力、科学、技术和经济领域开展合作。”

ISO 9000 族标准是 ISO/TC176 技术委员会制定的所有国际标准。

当今世界贸易竞争日益激烈，各国政府和出口企业都深刻感到不提高产品质量就没有出路，就不能生存，从而产生了提高产品质量的紧迫感和企业（产品）被淘汰的危机感。产品质量竞争已成为贸易竞争的重要因素。为了适应国际贸易往来和经济合作的需要，国际标准化组织（ISO）在总结各国，特别是工业发达国家质量管理经验的基础上，于 1987 年颁布了 ISO 9000《质量管理和质量保证》族标准，使世界质量管理和质量保证活动统一在 ISO 9000 族标准的基础上。

由于 ISO 9000 族标准总结、提取了各国质量管理和质量保证理论的精华，统一了质量管理的原理、方法、程序，反映和发展了世界上技术先进、工业发达国家在质量管理上的实践经验，因此标准一经发布，便在世界上引起了很大反响，并很快得到世界各国的普遍承认。不少国家政府部门在合同订货时，明确规定供货商必须取得 ISO 9000 标准的认证证书。目前，世界上至少已有 90 多个国家采用 ISO 9000 族标准并转化为本国的国家标准。ISO 秘书长 L. D. Eicher 将这种情况称作为“ISO 9000 现象”。

三、实施 ISO 9000 族标准的作用

ISO 9000 族标准是世界上许多经济发达国家质量管理实践经验的科学总结，具有通用性和指导性。实施 ISO 9000 族标准，可以促进组织质量管理体系的改进和完善，对促进国际经济贸易活动、消除贸易技术壁垒、提高组织的管理水平都能起到良好的作用。概括起来，主要有以下几方面的作用和意义。

（一）实施 ISO 9000 族标准有利于提高产品质量，保护消费者利益

现代科学技术的飞速发展，使产品向高科技、多功能、精细化和复杂化发展。但是，消费者在采购或使用这些产品时，一般很难在技术上对产品加以鉴别。即使产品是按照技术规定生产的，但当技术规范本身不完善或组织质量管理体系不健全时，就无法保证持续提供满足要求的产品。按 ISO 9000 族标准建立质量管理体系，通过体系的有效应用，促进组织持续地改进产品的质量，增加消费者（采购商）对合格产品的可信程度。

（二）为提高组织的运作能力提供了有效的方法

ISO 9000 族标准鼓励组织在制定、实施质量管理体系时采用过程方法，通过识别和管理众多相互关联的活动，以及对这些活动进行系统的管理和连续的监视与控制，以实现顾客能接受的产品。此外，质量管理体系提供了持续改进的框架，增加顾客和其他相关方满意的机会。因此，ISO 9000 族标准为有效提高组织的运作能力和增强市场竞争能力提供了有效的方法。

（三）有利于增进国际贸易，消除技术壁垒

在国际经济合作中，ISO 9000 族标准被作为相互认可的技术基础，ISO 9000 的质量管理体系认证制度也在国际范围中得到认可，并纳入合格评定的程序之中。世界贸易组织/技术壁垒协定（WTO/TBT）是 WTO 达成的一系列协定之一，它涉及技术法规、标准和合格评定程序等内容。贯彻 ISO 9000 族标准为国际技术合作提供了国际通用的共同语言和准则；取得质量管理体系认证，已成为参与国际贸易，增强竞争能力的有力武器。因此，贯彻 ISO 9000 族标准对消除壁垒，排除贸易障碍起到了十分积极的作用。

（四）有利于组织的持续改进和持续满足顾客的需要和期望

顾客要求产品具有满足其需要和期望的特性，这些需要和期望在产品的技术要求或规范中表述。因为顾客的需要和期望是不断变化的，这就促使组织持续地改进产品和过程。而质量管理体系要求恰恰为组织改进其产品和过程提供了一条有效途径。因而，ISO 9000 族标准将质量管理体系要求与产品要求分开来，它不是取代产品要求而是把质量管理体系要求作为对产品要求的补充。这样有利于组织的持续改进和持续满足顾客的需要和期望。

四、ISO 9000 族标准与全面质量管理的关系

全面质量管理是以质量为中心的现代企业管理的一种方式，是指企业为了保证提高产品质量、综合运用一整套质量管理思想、体系、手段和方法进行的系统质量管理活动。所谓“全面质量管理”是通过改善和提高工作质量来不断改进产品质量，预防和鉴别不合格产品，同时要达到降低成本、按期交货、服务周到、以全面质量满足顾客要求。全面质量管理要求对产品生产的全过程实施管理、加强预防和工序控制，把质量管理工作扩展到产品流通和消费领域，服务顾客。全企业所有部门和所有人员必须参加。

ISO 9000 族标准阐述的是为了实施企业质量方针必须建立有效运行的质量体系，通过找出产品的“寿命周期”中影响产品和服务质量的技术、管理及人的因素，并使之在建立的质量体系中永远处于受控状态，以减少、消除、预防质量缺陷，以预防为主，保证满足顾客的需要和期望，并保护企业的利益。质量体系能被全体人员所理解并执行，保证实现企业规定的质量方针和目标。

现将全面质量管理与 ISO 9000 族标准进行具体比较：

① 理论基础一致。两者都认为产品质量形成于产品生产的全过程，而质量体系贯穿于

产品质量形成的全过程。完善的质量体系是在考虑风险、成本和利益的基础上使质量最佳化，并对质量加以控制的重要管理手段。

② 强调领导的作用。全面质量管理强调必须从领导开始，而 ISO 9000 族标准首先规定了组织管理者的职责，两者均要求企业领导必须亲自组织活动。

③ 明确质量管理是有组织的系统活动。全面质量管理要求人、机、料、法、环形成一个有机整体；ISO 9000 族标准要求质量体系由组织结构、职责、程序过程和资源构成，两者均是为了实施质量管理所进行的有组织的系统的活动。

④ 强调控制。两者都要求对影响质量的全部因素都处于受控状态。

⑤ 全员参加。两者都要求全员参加质量管理，能被全体职工所理解，并要求企业进行全员培训。

⑥ 使用现代科学技术。两者都使用了统计技术和现代企业管理技术。

⑦ 重视审评。全面质量管理重视考核与评价，ISO 9000 族标准重视质量体系的审核和评审。

⑧ 质量改进。两者都强调任何一个过程都是可以不断改进和完善的，因此通过不断改进产品质量和工程质量，可以不断地满足用户和市场的要求。

通过上述比较可以看出：全面质量管理与 ISO 9000 族标准的理论和指导原则基本一致，方法可相互兼容。因此彼此替代或相互排斥都是不对的。因为推行 ISO 9000 族标准可以促进全面质量管理的发展并使之规范化，此外在质量体系认证方面还可以与国际有关组织取得互认或多边认可；另一方面，ISO 9000 族标准也可以从全面质量管理中吸取先进的管理思想和技术，不断完善 ISO 9000 族标准。日本在采用 ISO 9000 族标准以后，并没有放弃全面质量管理，而是使它们相互促进，这是需要我们借鉴的。

五、ISO 9000 族标准简介

1999 年 9 月召开的 ISO/TC176 第 17 届年会，提出了 ISO 9000 族标准（详见表 5-7）。由表 5-7 看出，2000 版 ISO 9000 族标准由核心标准和其他支持性的标准和文件组成。

表 5-7　　2000 版 ISO 9000 族标准的文件结构

核心标准	
ISO 9000	质量管理体系　基础和术语
ISO 9001	质量管理体系　要求
ISO 9004	质量管理体系　业绩改进指南
ISO 19011	质量和（或）环境管理体系审核指南
支持性标准文件	
ISO 10012	测量管理体系　测量过程和测量设备要求
ISO/TR 10006	质量管理——项目管理质量指南
ISO/TR 10007	质量管理——技术状态管理指南
ISO/TR 10013	质量管理体系文件指南
ISO/TR 10014	质量经济管理指南
ISO/TR 10015	质量管理——培训指南

续表 5-7

ISO/TR 10017	统计技术指南
	质量管理原则
	选择和使用指南
	小型企业的应用

（一）ISO 9000:2000《质量管理体系 基础和术语》

标准首先明确了质量管理的八项原则是组织改进其业绩的框架，能帮助组织获得持续成功，也是 ISO 9000 族质量管理体系标准的基础。标准还表述了建立和运用质量管理体系应遵循的 12 个方面的质量管理体系基础知识。

标准给出了有关质量的术语共 80 个词条，分成 10 个部分，并用较通俗的语言阐明了质量管理领域所用术语的概念。在提示的附录中，用概念图表达了每一部分概念中各术语的相互关系，帮助使用者形象地理解相关术语之间的关系，系统地掌握其内涵。

原则一：以顾客为关注焦点

组织依存于其顾客。因此，组织应理解顾客当前的和未来的需求，满足顾客要求并争取超越顾客期望。顾客是每个组织存在的基础，组织应把顾客的要求放在第一位。因此，组织要明确谁是自己的顾客，要调查顾客的需求是什么，要研究如何满足顾客的需求。ISO 9000:2000 中"顾客"的定义是"接受产品的组织或个人"。这说明顾客既指外部的消费者、购物者、最终使用者、零售商、受益者和采购方，也指组织内部的生产、服务和活动中接受前一个过程输出的部门、岗位或个人。同时，还应该注意到潜在的顾客，随着经济发展，供应链日趋复杂，除了组织直接面对的顾客（可能是中间商）外，还有顾客的顾客、顾客的顾客的顾客，直至最终使用者。最终的顾客是使用产品的群体，对产品质量感受最深，他们的期望和需求对于组织也最有意义。对潜在的顾客也不容忽视，虽然他们对产品的购买欲望暂时还没有成为现实，但是如果条件成熟，他们就会成为组织的一大批现实的顾客。此外，还应认识到市场是变化的，顾客是动态的，顾客的需求和期望也是不断发展的。因此，组织要及时地调整自己的经营策略和采取必要的措施，以适应市场的变化，满足顾客不断发展的需求和期望，还应超越顾客的需求和期望，使自己的产品或服务处于领先的地位。

原则二：领导作用

领导者建立组织统一的宗旨及方向。他们应当创造并保持使员工能充分参与实现组织目标的内部环境。

一个组织的领导者，即最高管理者是"在最高层指挥和控制组织的一个人或一组人"。最高管理者要想指挥好和控制好一个组织，必须做好确定方向、策划来来、激励员工、协调活动和营造良好的内部环境等工作。"最高管理者的领导作用、承诺和积极参与，对建立并保持一个有效的和高效的质量管理体系，并使所有相关方获益是必不可少的"。此外在领导方式上，最高管理者还要做到透明、务实和以身作则。

原则三：全员参与

各级人员是组织之本。只有他们的充分参与，才能使他们的才干为组织带来收益。

全体员工是每个组织的基础。组织的质量管理不仅需要最高管理者的正确领导，还有赖于全员的参与。所以要对员工进行质量意识、职业道德、以顾客为关注焦点的意识和敬业精神的教育，还要激发他们的积极性和责任感。此外，员工还应具备足够的知识、技能和经验，才能胜任工作，实现充分参与。

原则四：过程方法

将活动和相关的资源作为过程进行管理，可以更高效地得到期望的结果。

任何利用资源并通过管理，将输入转化为输出的活动，均可视为过程。系统地识别和管理组织所应用的过程，特别是这些过程之间的相互作用，就是“过程方法”。过程方法的目的是获得持续改进的动态循环，并使组织的总体业绩得到显著的提高。过程方法通过识别组织内的关键过程，随后对其加以实施和管理并不断进行持续改进来达到顾客满意。

过程方法鼓励组织要对其所有的过程有一个清晰的理解。过程包含一个或多个将输入转化为输出的活动，通常一个过程的输出直接成为下一个过程的输入，但有时多个过程之间形成比较复杂的过程网络。这些过程的输入和输出与内部和外部的顾客相连。在应用过程方法时，必须对每个过程，特别是关键过程的要素进行识别和管理。这些要素包括输入、输出、活动、资源、管理和支持性过程。此外，PDCA 循环适用于所有过程，可结合考虑。

原则五：管理的系统方法

将相互关联的过程作为系统加以识别、理解和管理，有助于组织提高实现目标的有效性和效率。

所谓系统，就是“相互关联或相互作用的一组要素”。早在 20 世纪 30 年代，美籍奥利理论生物学家冯·贝塔朗菲就首次提出“相互作用的诸要素的综合体就是系统”的概念。20 世纪 60 年代系统论兴起，我国著名科学家钱学森曾说“把极其复杂的研究对象称为系统，即相互作用和相互依赖的若干组成部分结合成具有特定功能的有机整体，而且这个‘系统’本身又是它所从属的更大系统的组成部分”。系统的特点之一就是通过各分系统的协同作用，互相促进，往往使总体的作用大于各分系统之和。

所谓系统方法，实际上包括系统分析、系统工程和系统管理三大环节。它以系统地分析有关数据、资料或客观事实为开始，确定要达到的优化目标；然后通过系统工程，设计或策划为达到目标而应采取的各项措施和步骤，以及应配置的资源，形成一个完整的方案；最后在实施中通过系统管理取得高有效性和高效率。

在质量管理中采用系统方法，就是要把质量管理体系作为一个大系统，对组成质量管理体系的各个过程加以识别、理解和管理，以达到实现质量方针和质量目标。系统方法和过程方法关系非常密切。它们都以过程为基础，都要求对各个过程之间的相互作用进行识别和管理。但前者着眼于整个系统和实现总目标，使得组织所策划的过程之间相互协调和相容；后者则着眼于具体过程，对其输入、输出及相互关联和相互作用的活动进行连续的控制，以实现每个过程的预期结果。

原则六：持续改进

持续改进整体业绩应当是组织的一个永恒目标。

持续改进是“增强满足要求的能力的循环活动”。为了改进组织的整体业绩，组织应不断改进其产品质量，提高质量管理体系及过程的有效性和效率，以满足顾客和其他相关方日益增长和不断变化的需求与期望。只有坚持持续改进，组织才能不断进步。最高管理者要对持续改进作出承诺，并积极推动；全体员工也要积极参与持续改进的活动。持续改进是永无止境的，因此持续改进应成为每一个组织永恒的追求、永恒的目标、永恒的活动。

原则七：基于事实的决策方法

决策是组织中各级领导的职责之一。所谓决策就是针对预定目标，在一定约束条件下，从诸方案中选出最佳的一个付诸实施。正确的决策需要领导者用科学的态度，以事实或正确的信息为基础，通过合乎逻辑的分析，作出正确的决断。也就是说，有效决策是建立在数据和信息分析的基础上的，而达不到目标的决策就是失策。盲目的决策或只凭个人的主观意愿作出的决策是绝对不可取的。

原则八：与供方互利的关系

组织与供方是相互依存的，彼此互利的关系可增强双方创造价值的能力。

供方向组织提供的产品将对组织向顾客提供的产品产生重要的影响，因此能否处理好与供方的关系，影响到组织能否持续稳定地提供顾客满意的产品。在专业化和协作日益发展、供应链日趋复杂的今天，与供方的关系还影响到组织对市场的快速反应能力。因此对供方不能只讲控制，不讲合作互利，特别对关键供方，更要建立互利关系，这对组织和供方双方都是有利的。

（二）质量管理体系基础

国家标准 GB/T 19000—2000 等同采用了 ISO 9000：2000《质量管理体系 基础和术语》。在该标准的“质量管理体系基础”中列出了十二条，包括两大部分内容：一部分是八项质量管理原则具体应用于质量管理体系的说明，另一部分是对其他问题的说明。因此这十二条基础既体现了八项原则，又对质量管理体系的某些方面作了指导性说明，起着“承上启下”的重要作用。

1. 质量管理体系的理论说明

质量管理体系的理论说明表述了四个问题。

① 建立质量管理体系的目的，就是要帮助组织增进顾客满意度。从这个意义上来说，顾客满意程度可以作为衡量一个质量管理体系有效性的总指标。

② 顾客对组织的重要性。组织依存于顾客，这是质量管理的八项原则中第一条已阐明了的。顾客要求组织提供的产品应能满足他们的需求和期望，组织需要对顾客的需求和期望进行整理、分析、归纳和转化为产品特性，并体现在产品技术标准和技术规范中。最后决定产品是否可以接受的是顾客。顾客有最终决定权，可见顾客意见的重要性。

③ 顾客对组织持续改进的影响。由于顾客的需求和期望是不断变化的，这就驱使组织持续改进其产品和过程。这也体现了顾客是组织持续改进的推动力之一。持续改进的其他两个动力来自竞争压力和科技进步。

④ 质量管理体系的重要作用。质量管理体系方法是管理的系统方法在质量管理体系中的具体应用。质量管理体系能为组织持续改进其整体业绩提供一个框架，使持续改进在体系内正常进行，以增加顾客和其他相关方满意的机会。质量管理体系还能提供内、外部质量保证，向组织（内部）和顾客以及其他相关方（外部）提供信任，使相关方相信组织有能力提供持续满足要求的产品。

2. 质量管理体系要求与产品要求

GB/T 19000 族标准把质量管理体系要求与产品要求加以区分。区分的主要根据是两种要求具有的不同性质。

GB/T 19001—2000 标准是对质量管理体系的要求。这种要求是通用的，适用于各种行业或经济部门，提供的各种类别的产品，包括硬件、软件、服务和流程性材料的，以及各种规模（大型、中型、小型）的组织。但是，每个组织为符合质量管理体系标准的要求而采取的措施却是不同的。因此，每个组织要根据自己的具体情况建立质量管理体系。

GB/T 19001—2000 标准对产品没有提出任何具体的要求。组织应按照标准的与产品有关的要求来确定对产品的要求。一般来说，对产品的要求在技术规范、产品标准、过程标准或规范、合同协议以及法律法规中规定。

对每一个组织来说，产品要求与质量管理体系要求缺一不可，不能互相取代，只能相辅相成。

3．质量管理体系方法

质量管理体系方法是管理的系统方法的原则在建立和实施质量管理体系中的具体应用。

GB/T 19000—2000 标准中列举了建立和实施质量管理体系的八个步骤，即：

① 确定顾客和相关方的需求和期望；

② 建立组织的质量方针和质量目标；

③ 确定实现质量目标必需的过程和职责；

④ 确定和提供实现质量目标必需的资源；

⑤ 规定测量每个过程的有效性和效率的方法；

⑥ 应用这些方法确定每个过程的有效性和效率；

⑦ 确定防止不合格并消除产生原因的措施；

⑧ 建立和应用持续改进质量管理体系的过程。

可以看出，以上第①、②项是系统分析的工作，其成果是建立质量方针和质量目标。第③、④、⑤、⑦项是系统工程，即策划和设计的工作，其重点是确定过程、职责、资源、测量方法及纠正措施等。而第④、⑥、⑧项是具体实施过程的系统管理，包括具体测定现有的或改进后的过程的有效性和效率、提供资源及持续改进体系。

这八个步骤也符合 PDCA 循环的方法。

4．过程方法

所谓“过程”，就是“一组将输入转化为输出的相互关联或相互作用的活动”。因此任何使用资源将输入转化为输出的活动或一组活动均可视为一个过程。所谓“过程方法”，就是“系统地识别和管理组织所应用的过程，特别是这些过程之间的相互作用”。这里，首先是识别质量管理体系所需的过程，包括组织的管理活动、资源提供、产品实现和与测量有关的过程。并确定过程的顺序和相互作用。其次是要对各过程加以管理，也就是要控制各个过程的要素，包括输入、输出、活动和资源等，这样才能使过程有效。所以过程方法的优点就在于能对诸过程组成的系统中单个过程之间的联系以及过程的组合和相互作用进行连续的控制。

ISO 9000 族标准把以过程为基础的质量管理体系用一个模型图来表示（图 5-6）。从图中可以看出，质量管理体系的四大过程——“管理职责”、“资源管理”、“产品实现”和“测量、分析和改进”彼此相连，最后通过体系的持续改进而进入更高的阶段。从水平方向看，顾客（和其他相关方）的要求形成产品实现过程的输入。产品实现过程的输出是最终产品。产品交付给顾客后，顾客（及其他相关方）将对其满意程度的意见反馈给组织的测量、分析和改进过程，作为体系持续改进的一个依据。在新的阶段，“管理职责”过程把新的决策反馈给顾客（及其他相关方），后者可能据此形成新的要求。利用这个模型图，组织可以明确主要过程，进一步展开、细化，并对过程进行连续控制，从而改进体系的有效性。

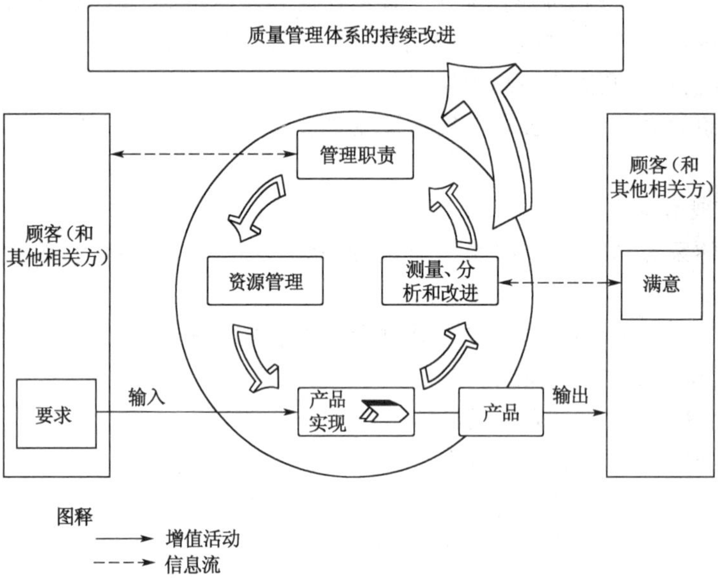

图 5-6　以过程为基础的质量管理体系模式

5. 质量方针和质量目标

所谓质量方针，就是“由组织的最高管理者正式发布的该组织总的质量宗旨和方向”。所谓质量目标就是“在质量方面所追求的目标”。

质量方针和质量目标指出组织在质量方面的方向和追求的目标，使组织的各项质量活动都能围绕这个方针和目标来进行，让全体员工都来关注它的实施和实现。质量方针指出了组织满足顾客要求的意图和策略，而质量目标则是实现这些意图和策略的具体要求。两者都确定了要想达到的预期结果，使组织利用其资源来实现这些结果。

质量方针为建立和评审质量目标提供了框架，质量目标在此框架内确立、展开和细化。质量方针还要具体体现组织对持续改进的承诺。质量目标应与质量方针保持一致，不能脱节和偏离。

实现质量目标对产品质量、运行有效性、财务业绩（即经济效益）都会产生积极的影响。对相关方的满意也会产生积极的影响。

6. 最高管理者的作用

最高管理者指组织的最高领导层，具有决策、指挥和控制的职责和权力。他（他们）最重要的任务就是要通过具体的领导作用和各种措施来创造一个良好的内部环境。在这个环境中，质量管理体系得到有效的运行，全体员工可以充分参与，发挥他们的主动性、积极性和创造性。

标准规定最高管理者应发挥其领导作用的九个方面，根据这个指导思想，GB/T 19001—2000 及 GB/T 19004—2000 在各自的“管理职责”中详细说明了最高管理者应亲自掌握的几件大事。

7. 文件

所谓文件就是“信息及其承载媒体”。本条阐述了文件的价值和质量管理体系中使用的文件类型。总的来说，文件的价值是传递信息、沟通意图、统一行动。文件的具体用途是：

① 满足顾客要求和质量改进。

② 提供适宜的培训。

③ 重复性(或再现性)和可追溯性。

④ 提供客观证据。

⑤ 评价质量管理体系的有效性和持续适宜性。

标准要求建立一个形成文件的质量管理体系，并不要求将质量管理体系中所有的过程和活动都形成文件。文件的多少及详略程度取决于活动的复杂性、过程接口的多少、人员的技能水平和培训等诸多因素。文件的目的是使质量管理体系的过程得到有效的运作和实施。文件只有在体系中具体应用、实施后，才能产生增值的效果，否则只是一纸空文。

质量管理体系中使用的文件类型主要有下列几种：

① 质量手册，即“规定组织质量管理体系的文件”，它向组织内部和外部提供关于质量管理体系的一致信息。

② 质量计划，即“对特定的项目、产品、过程或合同，规定由谁及何时应使用哪些程序和相关资源的文件”。

③ 规范，即“阐明要求的文件”。

④ 指南，即“阐明推荐的方法或建议的文件”。

⑤ 程序、作业指导书和图样，这些都是提供如何一致地完成活动和过程的信息的文件。

⑥ 记录，即“阐明所取得的结果或提供所完成活动的证据的文件”。

8. 质量管理体系评价

质量管理体系建立并实施后，可能会发现不完善或不适应环境变化的情况。所以需要对它的适宜性、充分性和有效性进行系统的、定期的评价。一般从四个方面来进行对质量管理体系的评价。

(1) 质量管理体系过程的评价

由于体系是由许多相互关联和相互作用的过程构成的，所以对各个过程的评价是体系评价的基础。

(2) 质量管理体系审核

所谓审核就是“为获得审核证据并对其进行客观的评价，以确定满足审核准则的程度所进行的系统的、独立的并形成文件的过程”。

质量管理体系审核时，“审核准则”一般指 GB/T 19001 标准、质量手册、程序以及适用的法规等。体系审核用于确定符合质量管理体系要求的程度。审核发现(即审核的结果)可用于评定质量管理体系的有效性和识别改进的机会。

体系审核有第一方审核(内审)、第二方审核和第三方审核三种类型。

(3) 质量管理体系评审

质量管理体系评审是第一方的一种自我评价。

最高管理者的一项重要任务就是要主持、组织质量管理体系评审，就质量方针和质量目标对质量管理体系的适宜性、充分性、有效性和效率进行定期的(按计划的时间间隔)、系统的评价。这种评审包括考虑修改质量方针和质量目标的需求以响应相关方需求和期望的变化。从这个意义上来说,管理评审的依据是相关方的需求和期望。管理评审也是一个过程,有输入和输出。其中,审核报告与其他信息(如顾客需求、产品质量、预防/纠正措施等)可作为输入;而评审结论,即确定需采取的措施则是评审的输出。

(4) 自我评定

组织的自我评定是一种参照质量管理体系或优秀模式(如评质量奖)对组织的活动和结果所进行的全面系统的评审,也是第一方的一种自我评价。

GB/T 19004—2000 的附录 A"自我评定指南"中,详细说明了这种评定的方法。

自我评定可以对组织业绩体系成熟程度提供一个总看法,它还有助于识别需改进的领域及需优先开展的活动。

9. 持续改进

持续改进是八项质量管理原则之一。持续改进原则用于质量管理体系时,其目的在于增加顾客和其他相关方满意的机会。对质量管理体系实施持续改进时,也要采取管理的系统方法。

10. 统计技术的作用

在质量管理中,强调各个过程,特别是关键过程应处于受控状态之下。但受控并不等于没有变异。即使在明显的稳定条件下,在许多活动的状态和结果中,都可以看到变异。这种变异可以通过对产品或过程的特性的测量观察到,而且在产品整个寿命周期(从市场调研到售后服务和最终处置)的各个阶段,均可以观察到变异的存在。有的变异并不会影响产品或过程的质量。但有的变异可能表示某个环节失控,必须采取措施。这就要依靠统计技术来加以识别了。

统计技术可以对这类变异进行测量、描述、分析、解释和建立数学模型。即使在数据量相对有限的情况下,也可以做到。这种对数据的统计分析能帮助我们更好地理解变异的性质、程度和产生变异的原因,从而可帮助我们决策,即采取相应的措施,解决已出现的问题,甚至可以预防由变异产生的问题。因此统计技术是促进持续改进产品质量和过程及体系的有效性的有力武器。

11. 质量管理体系与其他管理体系的关系

所谓管理体系,就是"建立方针和目标并实现这些目标的体系"。而质量管理体系则是"在质量方面指挥和控制组织的管理体系"。

一个组织的管理体系包括若干个不同的分体系,如质量管理体系、财务管理体系、环境管理体系、职业卫生与安全体系等。这些管理体系有各自的方针和目标。除了质量目标外,组织还可能有增长率、资金、利润、环境、职业卫生与安全等目标。这些目标相辅相成,构成了组织各方面的奋斗目标。

一个组织的各部分管理体系,也是互有联系的。最理想的是把它们合成一个总的管理体系,尽量采用相同的要素(如文件、记录等)。这将有利于总体策划、资源配置、确定互补的目标并评价组织的整体有效性。在评价管理体系时,既可以对质量管理体系、环境管理体系分别按 GB/T 19001—2000 和 GB/T 24001—2004 的要求进行审核,也可以合并进行审核。

12. 质量管理体系与优秀模式之间的关系

在 ISO 9000 族标准正式颁布以前，欧美各国和日本早已推行全面质量管理（TQC）了。在推行 TQC 时，通过评选优秀的质量管理企业来推广 TQC 的某些先进经验和做法。现在这种优秀企业评选的模式日趋成熟，较有名的如美国的马尔柯姆·波得里奇国家质量奖、欧洲的欧洲质量奖、日本的戴明奖等。

以上 12 条基础说明都是针对质量管理体系的。有的是八项质量管理原则在质量管理体系中的应用；有的则是对质量管理体系某些方面的说明，具有承上启下的作用。这 12 条对我们理解 GB/T 19000 族标准的指导思想是极为重要的。

（三）主要术语及概念图

术语是理解 ISO 9000 族标准的基础，它统一了各国的标准使用者对标准内容的理解。随着 ISO 9000 族标准的变化，术语标准也相应作了较大的修改，使其更为准确、科学和易于理解。对标准理解有影响的主要术语作一简要说明，以便能更好地领会其内涵，进一步理解和掌握 GB/T 19000 族标准。

2000 版标准从 10 个方面列出了 80 个术语，分为质量有关的术语、管理有关的术语、组织有关的术语、过程和产品有关的术语、特性有关的术语、合格有关的术语、文件有关的术语、检查有关的术语、审核有关的术语、测量过程质量保证有关的术语。可见，术语的分类较为细化，便于读者分类查找相关的术语。

思　考　题

1. 什么是全面质量管理？
2. 全面质量管理的基本要求是什么？
3. 搞好全面质量管理必须要做好哪几项基础工作？
4. 全面质量管理的基本工作方式是什么？
5. 质量管理的常用方法有哪些？
6. 如何绘制单值管理图？
7. 产品质量认证的内容有哪些？
8. 实施 ISO 9000 族标准的作用是什么？
9. ISO 9000 族核心标准包括哪些主要内容？
10. ISO 9000 族标准与全面质量管理的关系如何？

第六章　煤炭产品销售

第一节　煤炭市场调查与预测

市场调查和市场预测都是人们了解、认识市场，分析研究市场发展变化规律的方法或工具。市场调查是指应用各种科学的调查方法，收集、整理、分析市场资料，对市场的状况进行反映或描述，以认识市场发展变化规律的过程。从时间的角度看，市场调查着重分析市场过去和现在的表现，并在长期的研究中认识市场规律。市场预测则是根据市场过去和现在的表现，应用科学的预测方法对市场未来的发展变化进行预计或估计，为科学决策提供依据。因此，市场预测着重分析市场未来的表现。

市场调查和市场预测两者之间有着非常密切的联系，被认为是一个连贯分析市场过程的两个阶段。市场调查是市场预测的基础，市场预测又是市场调查的延伸和深化。市场调查方法的完善，市场调查内容的系统化，为市场预测开辟了广阔的前景。

煤炭企业的经济效益取决于企业对煤炭市场的适应程度。首先，煤炭产品供应量要与煤炭的需求量相平衡；其次，煤炭产品品种、质量等要符合用户的要求；第三，在煤炭产品价格和发运、供货及时性上要尽量使用户满意。为此，煤炭生产企业必须开展一系列的煤炭市场调查和预测工作，以充分掌握煤炭市场信息，按需组织生产，使煤炭产品适销对路，尽快销售到用户手中。

一、煤炭市场

（一）市场的概念

市场是社会分工和商品经济发展的产物，只要有商品生产和商品交换，就必然存在着市场。因此，商品经济是产生市场的基础，而市场则是商品经济的必然产物。

市场的概念是随着商品经济的发展而发展的，市场的概念有狭义和广义之分。狭义市场是指在一定时间和一定地点，买卖双方进行商品交换的场所。狭义市场的主要特征是提供一定的地点、设备，在一定时间，实现商品的交换，如生产资料市场、煤炭供应公司、机电设备公司等。广义市场是指包括整个社会一切交易行为在内的商品流通活动，如国际市场、国内市场、煤炭市场、钢材市场、交易会、展销会等。

市场具有如下性质：

① 市场作为沟通商品生产者和消费者的桥梁，是双方发生经济联系和使价值向使用价值转移的必要场所。

② 市场在一定的时间与空间内，集中着一种或多种可供交易的商品或劳务。这些商品和劳务，只有能够满足人们某方面的需求，才能达成交易。

③ 市场必须具备消费者、购买力及购买欲望这三个要素，并且只有这三个要素都同时具备且互相结合才能产生买卖行为。

④ 市场交易的内容广泛而复杂，但基本上可分为“有形贸易”和“无形贸易”两大类。“有形贸易”指表现为商品实体的交易；“无形贸易”是指劳务、工业产权(专利、商标)、技术知识、股票证券等不表现为商品实体的交易。

市场的主要功能有如下几方面：

(1) 满足社会需求的功能

这是指市场反映各类社会需求，通过生产者向市场提供商品而满足市场需求，从而达到满足社会需求的功能。

(2) 交换功能

交换功能是指市场具有实现商品所有权转移的功能。交换是市场的直接功能，买卖双方的商品交换行为在市场上发生。没有市场，交换行为也就无从发生，商品(或劳务)无法从生产者转移给消费者(含生产消费)。市场一方面为生产者提供了出售产品的场所，另一方面为购买者提供了选择商品实施购买的可能。当具有购买力的用户进入市场，并找到自己所需要的满意商品时，市场交换行为就会发生。

(3) 调节功能

市场的调节功能是指市场对供求双方数量对比关系具有的调节作用。这一功能有助于实现社会总供求之间的平衡。

(4) 信息反馈功能

信息反馈功能是指市场具有反映各种经济因素及其变动情况的功能。市场经济的任何社会经济因素(也包括政治、文化、军事等因素)，都会在市场上反映出来。市场行情(包括供求关系、价格波动等)就像一个显示器，可以灵敏地反映各种社会经济、政治因素及其变化，为企业经营决策、国家宏观调控提供依据。

(5) 经济纽带功能

这是指市场可以把诸多供需双方成员从经济利益上联系起来，特别是对于同类产品生产者来说，其经济利益往往被市场紧密地联系在一起，有时他们利益互相冲突，有时又非常一致。在某一具体市场上开展竞争，其经济利益互相矛盾。联合起来开拓另一市场，其经济利益又往往一致。

(6) 优胜劣汰功能

这是指通过竞争，市场淘汰落后者，保留优秀者，以提高整个社会生产效率的功能。正是这一功能促进着企业挖掘内部潜力、提高整体素质，从而调动了各生产经营者的主观能动性。

市场可以从不同的角度进行分类，如图 6-1 所示。

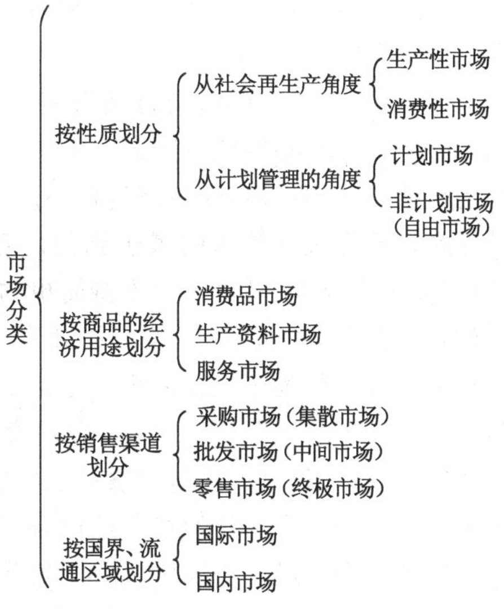

图 6-1　市场分类图

(二) 煤炭市场

煤炭市场是指以煤炭为对象的商品交易场所。广义上说还包括由煤炭交易而产生的一系列经济关系。

煤炭产品市场是指煤炭的买方和卖方在市

场上直接交易，就煤炭产品质量、价格、运输、供货方式等一系列问题进行洽谈，最终达成协议，完成煤炭的交易行为。

我国煤炭市场具有以下几个基本特征：

(1) 市场容量大

煤炭是我国的主要能源，占一次能源的70%左右，是我国最基础的生产资料和生活资料。2009年，我国煤炭产量已超过30亿t，是世界上最大的煤炭消费和生产国。

我国人均能源消费量与世界发达国家相比很低，但随着人民生活水平的提高和国民经济的快速发展，煤炭的消费量必然增加，煤炭市场容量必将进一步扩大。

(2) 煤炭市场需求弹性小

煤炭是大宗产品，其产品用户相对固定，一般来说，不会因价格波动而大大缩减或提高需求，因此，煤炭产品的市场需求弹性较小。以冶炼工业、发电工业为例，受已有生产规模的限制，其煤炭市场需求弹性是很小的，这些企业一般很难因煤价的变动而改变其消费量。当然，不能就此认为煤价高低对需求量无影响，煤价上升，必然促进用户节煤，煤价下跌则有可能助长浪费能源的倾向。

(3) 购买批量大，供货稳定性要求高

煤炭作为生产资料使用，往往是一种长期稳定的消耗。以火电厂为例，装机容量30万千瓦，则每日需煤在2 400～3 000 t之间，月需煤在8万t左右。不同的装机容量对应于不同的煤炭消耗量，其煤炭需求量呈稳定状态。因此，这类用户的购买批量大，且要求供货稳定。除发电厂以外，冶金行业、煤气行业、化肥行业、铁路等都有类似的特点。

(4) 煤炭交易受交通运输条件制约

煤炭是大宗散装物资，运输制约着煤炭交易。由于我国煤炭资源分布的不均衡性，煤炭产品用户和生产者往往有很远的空间距离。煤炭产区主要分布在山西、内蒙古、陕西等地，而大量煤炭用户却集中在东南沿海地区，显然，运输条件的好坏，运力的高低，直接制约着煤炭市场供需双方的联系。用户地区煤炭奇缺，生产地区煤炭积压的现象经常发生。煤炭产地的瓶口效应(运力不足)已经严重制约了我国煤炭市场的正常供求秩序。

(5) 煤价尚不能到位

我国已放开煤炭价格，实行随行就市、供需双方协商的煤炭定价方法。就一般情形而言，放开价格限制，必然使该产品的价格合理浮动，最终达到使该行业生产者获取社会平均利润的程度。换句话说，煤炭市场价格应该超过煤炭生产成本，且使煤矿企业有所盈利，这就是煤炭行业界人士认为的煤价到位。否则，煤炭生产者无法弥补生产成本，无法获取利润，既不能扩大再生产，也无法维持简单的再生产，势必减少煤炭供应量。

(6) 煤炭供求多元化，竞争日趋激烈

在未来煤炭市场上，无论供方还是需方都将呈现多元化格局，煤炭市场竞争将日趋激烈。

从供方看有国有煤矿、地方煤矿、乡镇煤矿、个体煤矿。实行煤炭市场交易后，任何煤炭生产者在市场上都有平等的竞争地位，都是煤炭供方的成员。不同类型生产者之间，各有各的竞争优势。国有煤矿在煤质、品种、供货稳定性、远距离发运、交货方式等方面具有优势，其他类型的煤矿在煤价、生产成本及促销手段上具有一定优势。

从需方看，既有大宗稳定用户，也有零星小批量客户，既有作为生产资料、直接动力能源的大型客户，也有作为生活资料的现货采购单位或个人。总体上看，生产资料用煤大户需求量大且稳定，是煤炭生产单位最重要的客户，而零散客户需求量不稳，采购次数不定期，在竞争中不具备优势。

从长远看，煤炭长期供货合同的价格，必然低于煤炭现货价格，这是煤炭作为大宗散装交易物资的必然趋势。

二、煤炭市场调查

煤炭市场调查的目的是取得有关煤炭市场的各种信息资料，其中确保资料的准确性、及时性最关键。为了既保证调查到可靠的市场信息资料，又节约市场调查费用，市场调查工作必须遵循一定的秩序、组织和方法。

（一）市场调查的类型

从各种不同角度，将市场调查区分为不同的类型，有利于对市场调查全面系统的理解，也有利于市场调查实践中明确调查目的和内容。

市场调查根据购买商品目的不同，分为消费者市场调查和产业市场调查；根据商品流通环节不同，分为批发市场调查和零售市场调查；根据产品层次、空间层次、时间层次不同，可区分为各种不同类型的市场调查；根据市场调查目的和深度不同，市场调查可区分为探索性调查、描述性调查、因果关系调查和预测性调查几种类型；根据市场调查的方式不同，市场调查可以区分为全面调查和非全面调查。

为了对市场进行全面、系统、深入的研究，根据市场调查不同类型的特点，依据市场调查的目的，选择适当的调查方法和技术，才能取得满意的调查结果。

（二）市场调查的方法

市场调查方法种类繁多，划分的标准不同，其适宜的场合和条件也各有差异。

1. 从调查对象包括的范围划分

（1）抽样调查法

抽样调查就是从被调查对象的全体中，按随机原则抽取部分单位（用户）进行调查，并以部分单位（用户）的指标数值来推断全体的情况。如用户对煤炭质量、价格的要求，可采用抽样的方式进行调查。

（2）全面调查

全面调查是指对被调查对象的每一单位逐一进行调查，以得到全面、真实、可靠的结论。如对企业已有客户的煤炭需求量调查，就可全面展开，逐一进行，以保证得到这些用户需求量的准确资料。

2. 按回收调查资料的方式划分

（1）分发调查表

分发调查表是指调查者印制专门的调查表格，分发到用户或有关被调查者手中，希望对方填列并交回。这一方法，调查者的工作只集中在设计及分发调查表格上，不需花费太高的代价。

（2）派员直接调查

派员直接调查是指由调查组织部门派出专门人员到被调查者（用户）所在地，进行实地调查。这一方式中，被派出的调查人员可以携带统一的调查表格，也可以只明确调查任务。显然，由于有专人负责，调查资料的回收率很高，但付出的代价也较大。

3. 按取得的资料的具体方法划分

(1) 观察法

观察法是指由调查人员观察被调查者的活动来取得第一手资料。一般来说,这种方法是在被调查者不知不觉中进行,以免调查结论受被调查者主观意志的影响。

(2) 询问法

询问法也叫采访法,它是通过询问、采访的方式,向被询问者了解市场情况的一种方法。该方法受被询问者主观意志的影响;有时甚至会被拒绝。但一般来说,只要询问内容不涉及对方不愿意谈及的问题,调查还是可以进行的,结论也还是真实可靠的。

(3) 实验法

实验法就是通过具体实验来取得调查结论的方法。煤炭生产企业营销策略的效果,往往可以用该种方法予以证实。煤质品种对用户生产的影响作用,也可用实验法予以比较。

4. 按调查结论的获得渠道划分

(1) 现成利用法

现成利用法是指直接把现成资料作为市场调研结论使用,如国家公布的煤炭产量、需求数量、煤质标准等。

(2) 统计分析法

统计分析法是指利用现有资料进行统计整理分析后方能得出市场调查资料。如各种煤炭市场预测结论,往往需要根据现有资料,进行一系列的统计分析才能获得。

5. 市场调查的步骤

市场调查应按以下步骤逐步展开:

① 确定调研目标,明确调研目的;

② 确定调研计划;

③ 设计调查表格;

④ 选定调研方法;

⑤ 选择、培训调研人员;

⑥ 调研工作的实施;

⑦ 调研资料的整理与分析;

⑧ 编制调研报告。

三、煤炭市场预测

煤炭市场预测是对未来煤炭市场情况所作的定量预计,只要预计结论准确,煤炭企业就可据此制定市场营销策略,进行经营管理决策。在科学的煤炭市场预测结论基础上开展煤炭市场营销活动,可以做到减少失误,获得最佳经济效益。在发达的市场经济条件下,谁能掌握科学预测方法,得到科学的预测结论,谁就能掌握市场的主动权,立于不败之地。

市场预测主要侧重于可以定量分析的指标,主要有市场需求预测、市场占有率预测、资源预测、市场价格预测、目标市场预测、技术发展预测等。

进行市场预测时,预测方法的选择很重要。在使用同样的市场历史资料下,预测方法越先进、越科学,预测结论也就越准确、越可靠。目前,市场预测方法很多,且新的方法仍在不断产生,其科学性、准确性也有所提高。

其具体的定性和定量预测方法,可参见第三章第一、二节。

第二节　煤炭产品价格

煤炭产品只有在市场上以一定的价格出售，煤炭企业才能生存发展。开展市场营销工作，就必须对产品价格的内涵、价格影响因素、煤炭价格特殊性等问题进行研究。这是煤炭企业制订和应用煤价策略的基础。

一、煤炭产品价格概述

煤炭产品的价格特性与一般商品价格是一致的。商品价格是商品价值在市场交换中的体现，它围绕价值而上下波动，反映出社会的供求关系。价格是买卖双方在市场交易中对商品价值的一种共同认可。

在一定的市场环境下，买卖双方在考虑各种价格影响因素后，对产品的价值形成一定的认识。当双方的这种价值认定达成一致时，就可以实现商品的市场交换，这时产品的价值也就表现为一定的市场价格。

商品价格仅仅是市场交易双方的一种价值认识，实际上它包括了种种与商品交易有关的因素，是商品价值、生产成本、供求关系、商品质量、国家税收等因素的市场反映。商品价格的决定因素包括：① 商品的生产成本；② 商品的价值；③ 商品的使用价值；④ 供求关系；⑤ 流通中的货币量；⑥ 其他价格决定因素。

二、煤炭产品定价方法

煤炭价格放开后，其煤价制订将完全掌握在煤炭供求双方手中，对于煤炭生产企业而言，如何采取有效的煤价策略及定价方法，抓住煤炭市场机遇，谋求最佳经济效益是非常重要的经营策略。因此，煤价的制订必须引起煤炭生产经营者的重视。

在市场经济条件下，煤价的各种影响因素都将发挥作用，其定价方法有如下几种。

1. 供需平衡定价法

供需平衡定价法是在价格与供应量、需求量的变动关系基础上而制订煤价的。

从供应量角度看，煤价越高对生产者的吸引力越大，因而煤价与供应量成正向变动关系。从需求量角度看，煤价越高，对用户的经济负担越重，必然想方设法降低需求。因而煤价与需求成反向变化。

在收集资料进行统计分析的基础上，可绘出煤价与供、求量之间的函数曲线，如图 6-2 和图 6-3 所示。

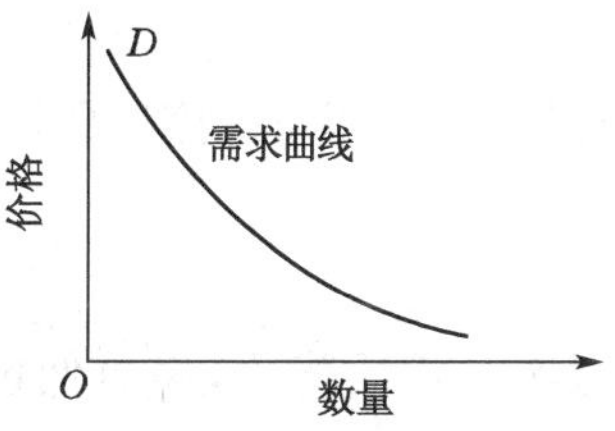

图 6-2　需求曲线示意图

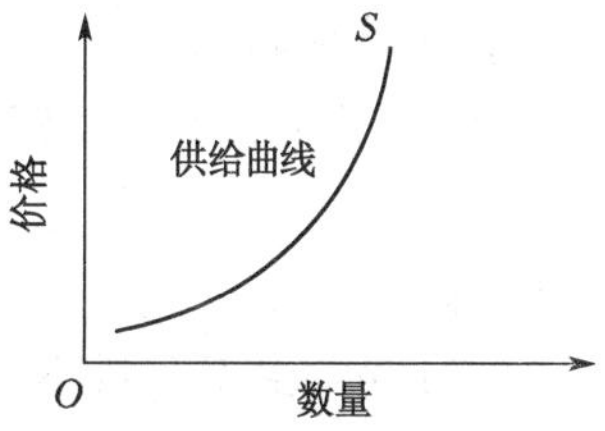

图 6-3　供给曲线示意图

当供求曲线相交时，供应量与需求量达到平衡，对应的价格就是平衡价格，也是供、需双方自愿接受的价格，如图 6-4 所示。

2. 成本加成定价法

成本加成定价法以成本为基础，考虑一定的国家税收及企业盈利比例，从而订出煤炭产品价格。

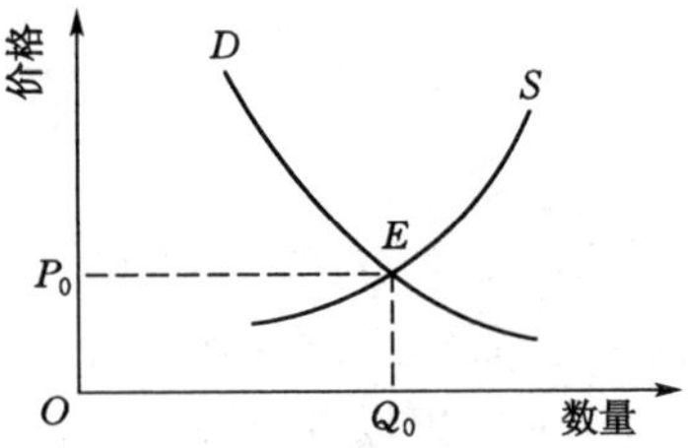

图 6-4　供求平衡曲线示意图

成本加成法的计算公式为：

$$P = \frac{C(1+E)}{1-i} \tag{6-1}$$

式中　P——产品价格；

C——产品成本；

E——成本利润率；

i——产品税率。

这种定价方法简单易行，便于煤炭企业掌握。不足之处在于它主要从企业自身角度考虑煤价，而与用户及市场的联系较少。

这种定价方法的最大作用是给煤炭生产者提供了交易过程中谈判煤价的参照标准，使供需双方实现煤炭交易时心中有数。

3. 盈亏平衡点定价法

这种方法是运用盈亏平衡点的原理，在已知一定产量条件下求得保本或取得一定利润的定价方法。其计算公式为：

$$P = \frac{1}{1-i}\left(C_v + \frac{F}{Q_0}\right) \tag{6-2}$$

式中　P——产品价格；

C_v——单位产品变动成本；

F——总的固定成本；

Q_0——保本点产量。

显然，该方法确定的煤价实质上就是保本点的价格，保证煤炭生产企业收支平衡而没有盈利。

4. 目标利润定价法

该方法是在盈亏平衡定价法基础上，增加一定比例的煤炭企业目标利润而订出的煤炭产品价格。计算公式如下：

$$P=\frac{1}{1-i}\left(C_v+\frac{F}{Q_0}\right)(1+Z) \tag{6-3}$$

式中　Z——企业目标利润率。

该方法既保证了煤炭生产经营企业盈亏平衡，又为企业获得一定的利润，是一种理想的定价方法。

5. 按质论价法

对于同一类产品，由于质量不同，制定不同的价格，即实行优质优价，劣质低价的办法。拉开价格档次，有利于促进产品质量的提高。

煤炭产品按质论价的计算依据是根据煤炭性质（煤种、品种、灰分、水分、硫分、限下率）的不同来计算的。

煤炭按质论价，对于冶炼精煤和部分非动力用煤，煤价的制定方法是以灰分定价，对于冶炼精煤来说，灰分每增加 1%，煤价下降 7%；对于其他品种（灰分 24%以下），灰分每增加

1%，煤价下降 3%。这体现了商品使用价值与价格之间的联系。在煤炭灰分定价的基础上，考虑煤种、品种、水分、硫分、含矸率、发热量、挥发分、块煤限下率等煤质因素，按一定的比例系数来调整煤价水平，使煤价与其使用价值、煤质状况尽量一致。

煤价计价公式为：

$$C = b \cdot A_d \cdot K_h \cdot K_p \cdot K_z \cdot K_w \cdot K_s \cdot K_x \tag{6-4}$$

式中　C——吨煤价格，元/t；

b——灰分基价，元/t；

A_d——产品灰分，%；

K_h——灰分比价，%；

K_p——品种比价，%；

K_z——煤种比价，%；

K_w——水分比价，%；

K_s——硫分比价，%；

K_x——块煤限下率比价，%。

煤炭按质论价，动力煤计价方法是以发热量定价的。在此基础上，同时考虑煤种、品种、灰分、硫分、水分、挥发分、块煤限下率等煤质因素，按一定的比例系数来调整煤价水平。

发热量计价公式为：

$$C = a \cdot Q_{net,ar} \cdot K_r \cdot K_v \cdot K_p \cdot K_s \cdot K_x \cdot K_A \tag{6-5}$$

式中　C——吨煤价格，元/t；

a——发热量单价，元/百万焦耳；

$Q_{ner,ar}$——商品煤收到基低位发热量；

K_c——发热量比价，%；

K_v——浮煤干燥无灰基挥发分比价，%；

K_p——煤炭品种比价，%；

K_s——硫分比价，%；

K_x——块煤限下率比价，%；

K_A——灰分系数。

6. 协商定价法

协商定价法是由煤炭供需双方在一定的时间、地点、市场供求关系及宏观经济环境下，通过反复协商而制定的煤炭产品价格。它是供求双方在煤价上所达成的共识，是双方都可接受的煤价。这一价格随着煤炭市场的发达而反映更多的供需信息，并趋于平均化、合理化。当煤炭交易双方中的供求成员数量增多时，协商制定的煤价更为合理，这也是组建大规模煤炭交易市场的必要性之所在。

三、煤炭产品质量标准

（一）中国煤炭分类

煤炭的分类是指依据煤的自然性质和煤在热加工过程中所表现的特性，将各种性质不同的煤分为若干类别，使同一类煤有相近的特性，不同类煤的性质有明显差异，以便于科学地研究和合理地利用煤炭资源。我国的煤炭分类国家标准《中国煤炭分类》(GB/T 5751—2009)首先根据煤化程度，将所有煤分为无烟煤、烟煤和褐煤三大类，然后再细分为 14 个小类。图 6-5 为中国煤炭分类图，表 6-1 为中国煤炭分类简表。

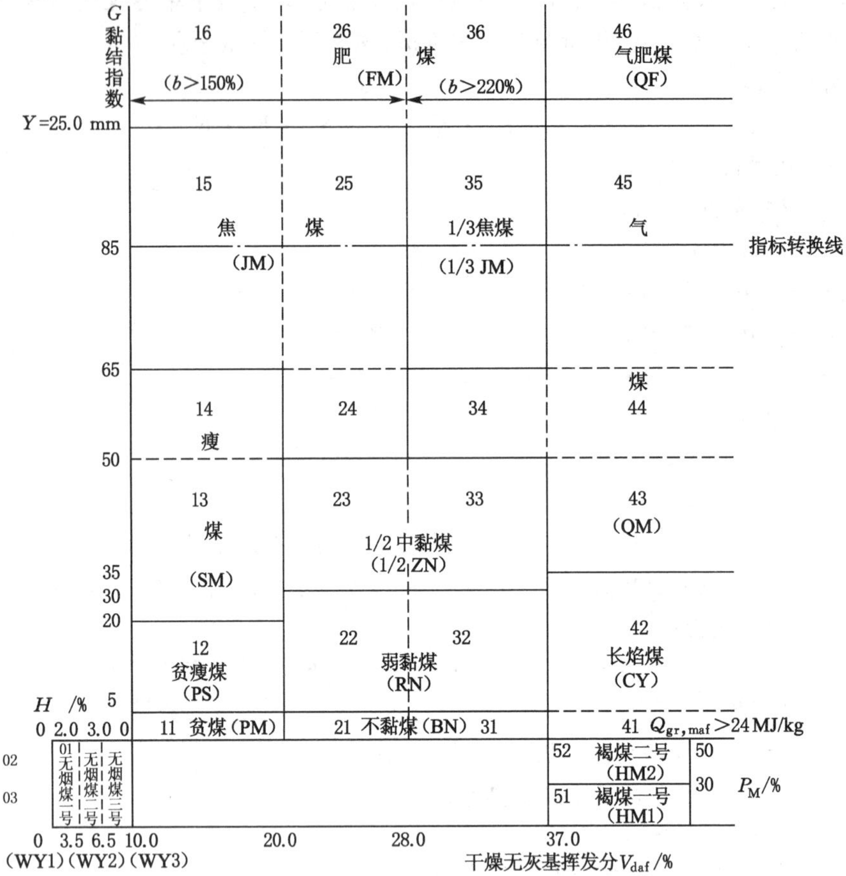

注 1：分类用煤样的干燥基灰分产率应小于或等于 10%，干燥基灰分产率大于 10%的煤样应采用重液方法进行减灰后再分类；易泥化的低煤化程度的褐煤，可采用灰分尽可能低的原煤。

注 2：$G=85$ 为指标转换线。当 $G>85$ 时，用 Y 值与 b 值并列作为分类指标，以划分肥煤或气肥煤与其他煤类的指标。$Y>25.00$ mm 者，划分为肥煤或气肥煤；当 $V_{daf}\leqslant 28.0\%$时，$b>150\%$的为肥煤；当 $V_{daf}>28.0\%$时，$b>220\%$的为肥煤或气肥煤。如按 b 值和 Y 值划分的类别有矛盾时，以 Y 值划分的类别为准。

注 3：无烟煤划分亚类按 V_{daf}和 H_{daf}划分结果有矛盾时，以 H_{daf}划分的亚类为准。

注 4：当 $V_{daf}>37.0\%$时，$P_M>50\%$者为烟煤，$P_M\leqslant 30\%$者为褐煤；$P_M>30\%\sim 50\%$时，若 $Q_{gr,maf}>24$ MJ/kg，为长焰煤，否则为褐煤。

图 6-5　中国煤炭分类图

表 6-1　中国煤炭分类简表

类别	代号	编码	分类指标					
			V_{daf}/%	G	Y/mm	b/%	P_M^b/%	$Q_{gr,maf}^c$/(MJ·kg^{-1})
无烟煤	WY	01,02,03	≤10.0					
贫　煤	PM	11	>10.0～20.0	≤5				
贫瘦煤	PS	12	>10.0～20.0	>5～20				

续表 6-1

类别	代号	编码	分类指标					
			V_{daf}/%	G	Y/mm	b/%	P_M^b/%	$Q_{gr,maf}^c$/(MJ·kg^{-1})
瘦　煤	SM	13,14	>10.0～20.0	>20～65				
焦　煤	JM	24 15,25	>20.0～28.0 >10.0～28.0	>50～65 >65[a]	≤25.0	≤150		
肥　煤	FM	16,26,36	>10.0～37.0	>85[a]	>25.0			
1/3 焦煤	1/3JM	35	>28.0～37.0	>65[a]	≤25.0	≤220		
气肥煤	QF	46	>37.0	>85[a]	>25.0	>220		
气　煤	QM	34 43,44,45	>28.0～37.0 >37.0	>50～65 >35	≤25.0	≤220		
1/2 中黏煤	1/2ZN	23,33	>20.0～37.0	>30～50				
弱黏煤	RN	22,32	>20.0～37.0	>5～30				
不黏煤	BN	21,31	>20.0～37.0	≤5				
长焰煤	CY	41,42	>37.0	≤35			>50	
褐　煤	HM	51 52	>37.0 >37.0				≤30 <30～50	≤24

注：a：在 G>85 的情况下，用 Y 值用或 b 值来区分肥煤、气肥煤与其他煤类，当 Y>25.00 mm 时，根据 V_{daf}的大小可划分为肥煤或气肥煤；当 Y≤25.0 mm 时，则根据 V_{daf}的大小可划分为焦煤、1/3 焦煤或气煤。

b：对 V_{daf}>37.0%，G≤5 的煤，再以透光率 P_M 来区分其为长焰煤或褐煤。

c：对 V_{daf}>37.0%，P_M>30%～50%的煤，再测 $Q_{gr,maf}$，如其值大于 24 MJ/kg，应划分为长焰煤，否则为褐煤。

（二）品种的划分

煤炭产品按其用途、加工方法和技术要求划分为五大类和 29 个品种[见《煤炭产品品种和等级划分》(GB/T 17608—2006)]。煤炭产品的类别、品种名称和技术要求应符合表 6-2 的规定。煤炭的粒度按 GB/T 189—1997 和 GB/T 10612—2003 进行分级。

表 6-2　　煤炭产品的类别、品种和技术要求

产品类别	品种名称	技术要求			
		粒度/mm	发热量 $Q_{net,ar}$/(MJ·kg^{-1})	灰分 A_d/%	最大粒度[a]上限/%
1　精煤	1-1　冶炼用炼焦精煤	<50，<100		≤12.50	≤5
	1-2　其他用炼焦精煤	<50，<100		12.51～16.00	
	1-3　喷吹用精煤	<25，<50	≥23.50	≤14.00	

续表 6-2

产品类别	品种名称	技术要求			
		粒度/mm	发热量 $Q_{net,ar}$ /(MJ·kg^{-1})	灰分 A_d /%	最大粒度[a] 上限/%
2 洗选精	2-1 洗原煤	<300	无烟煤、烟煤:≥14.50 褐煤:≥11.00	—	≤5
	2-2 洗混煤	<50,<100			
	2-3 洗末煤	<13,<20,<25			
	2-4 洗粉煤	<6			
	2-5 洗特大块	>100			
	2-6 洗大块	50~100,>50			
	2-7 洗中块	25~50			
	2-8 洗混中块	13~50,13~100			
	2-9 洗混块	>13,>25			
	2-10 洗小块	13~20,13~25			
	2-11 洗混小块	6~25			
	2-12 洗粒煤	6~13			
3 筛选煤	3-1 混煤	<50	无烟煤、烟煤:≥14.50 褐煤:≥11.00	<40	≤5
	3-2 末煤	<13,<20,<25			
	3-3 粉煤	<6			
	3-4 特大块	>100			
	3-5 大块	50~100,>50			
	3-6 中块	25~50			
	3-7 混块	>13,>25			
	3-8 混中块	13~50,13~100			
	3-9 小块	13~25			
	3-10 混小块	6~25			
	3-11 粒煤	6~13			
4 原煤	4-1 原煤,水采原煤	<300	无烟煤、烟煤:≥14.50 褐煤:≥11.00	<40	
5 低质煤[b]	5-1 原煤	<300	无烟煤、烟煤:<14.50 褐煤:<11.00	>40	
	5-2 煤泥,水采煤泥	<1.0,<0.5		16.50~49.00	

注:a:取筛上物累计产率最接近,但不大于5%的那个筛孔尺寸,作为最大粒度。

b:如用户需要,必须采取有效的环保措施,不违反环保法规的情况下供需双方协商解决。

(三)产品质量指标的划分

在GB/T 17608—2006对煤炭产品品种和等级划分中,对产品质量有详细的规定。

1. 灰分

(1)冶炼用炼焦精煤

冶炼用炼焦精煤灰分共划分为15个等级,每一等级间的灰分间隔为0.5%,其中A—0

级精煤灰分最低，为0～5.00%，A—15级精煤灰分最高，为12.01～12.50%，见表6-3。

表6-3　冶炼用炼焦精煤灰分等级划分

等级	灰分 A_d/%	等级	灰分 A_d/%
A—0	0～5.0	A—8	8.51～9.00
A—1	5.01～5.50	A—9	9.01～9.50
A—2	5.51～6.00	A—10	9.51～10.00
A—3	6.01～6.50	A—11	10.01～10.50
A—4	6.51～7.00	A—12	10.51～11.00
A—5	7.01～7.50	A—13	11.01～11.50
A—6	7.51～8.00	A—14	11.51～12.00
A—7	8.01～8.50	A—15	12.01～12.50

（2）其他用炼焦精煤

其他用炼焦精煤灰分共分7个等级，每一等级间的灰分间隔也是0.5%，即灰分在12.51～16.00%之间的精煤视为“其他用”炼焦精煤，见表6-4。

表6-4　其他用炼焦精煤灰分等级划分

等级	灰分 A_d/%	等级	灰分 A_d/%
A—1	12.51～13.00	A—5	14.51～15.00
A—2	13.01～13.50	A—6	15.01～15.50
A—3	13.51～14.00	A—7	15.51～16.00
A—4	14.01～14.50	—	—

（3）喷吹用精煤

喷吹用精煤灰分共划分为18个等级，每一等级间的灰分间隔为0.5%，其中A—0级灰分最低，为0～5.00%，A—18级灰分最高，为13.51%～14.00%，见表6-5。

表6-5　喷吹用精煤灰分等级划分

等级	灰分 A_d/%	等级	灰分 A_d/%
A—0	0～5.00	A—10	9.51～10.00
A—1	5.01～5.50	A—11	10.01～10.50
A—2	5.51～6.00	A—12	10.51～11.00
A—3	6.01～6.50	A—13	11.01～11.50
A—4	6.51～7.00	A—14	11.51～12.00
A—5	7.01～7.50	A—15	12.01～12.50
A—6	7.51～8.00	A—16	12.51～13.00
A—7	8.01～8.50	A—17	13.01～13.50
A—8	8.51～9.00	A—18	13.51～14.00
A—9	9.01～9.50		

(4) 其他煤炭产品

其他煤炭产品实际包括了动力煤、化工用煤、气化用煤、合成氨用煤和水泥回转窑用煤等品种，它既可为筛选煤的品种，也可以是洗选煤的品种，见表 6-6。

表 6-6　其他煤炭产品灰分等级划分

等级	灰分 A_d/%	等级	灰分 A_d/%
A—1	≤5.00	A—19	22.01～23.00
A—2	5.01～6.00	A—20	23.01～24.00
A—3	6.01～6.00	A—21	24.01～25.00
A—4	7.01～8.00	A—22	25.01～26.00
A—5	8.01～9.00	A—23	26.01～27.00
A—6	9.01～10.00	A—24	27.01～28.00
A—7	10.01～11.00	A—25	28.01～29.00
A—8	11.01～12.00	A—26	29.01～30.00
A—9	12.01～13.00	A—27	30.01～31.00
A—10	13.01～14.00	A—28	31.01～32.00
A—11	14.01～15.00	A—29	32.01～33.00
A—12	15.01～16.00	A—30	33.01～34.00
A—13	16.01～17.00	A—31	34.01～35.00
A—14	17.01～18.00	A—32	35.01～36.00
A—15	18.01～19.00	A—33	36.01～37.00
A—16	19.01～20.00	A—34	37.01～38.00
A—17	20.01～21.00	A—35	38.01～39.00
A—18	21.01～22.00	A—36	39.01～40.00

注：灰分大于 40%的低质煤，如需要并能保证环境质量的条件下，可双方协商解决。

从表 6-6 可以看出，其他煤炭产品灰分共划分为 36 个等级。每一级间隔的灰分为 1%。1 级灰分最低，A_d≤5.00%，灰分为 5.01%～6.00%的为 2 级，依次类推，36 级的其他煤炭产品灰分为 39.01%～40.00%。对于某些灰分大于 40%的炼焦煤煤种，其收到基低位发热量若可达到 14.64～16.73 MJ/kg，在用户认可的情况下，仍可进入市场。

2. 硫分

(1) 精煤

精煤硫分划分为 10 个等级，除精煤的 1 级硫分低于 0.3%、2 级硫分为 0.31%～0.5%以外，从 3 级到 10 级硫分之间每级硫分间隔为 0.24%，精煤最高硫分不能超过 2.5%。精煤硫分等级划分见表 6-7。

表 6-7 **精煤硫分等级划分**

等级	硫分 $S_{t,d}$/%	等级	硫分 $S_{t,d}$/%
S—1	0～0.30	S—6	1.26～1.50
S—2	0.31～0.50	S—7	1.51～1.75
S—3	0.51～0.75	S—8	1.76～2.00
S—4	0.76～1.00	S—9	2.01～2.25
S—5	1.01～1.25	S—10	2.26～2.50

(2) 其他产品

其他产品即包括了精煤以外的灰分即 $A_d \leqslant 40\%$ 的所有煤种和所有品种，共划分成 13 个等级的硫分。其划分原则与精煤硫分的等级划分相同。只是在硫分大于 2.5%的其他煤炭产品中的硫分又增加了 3 个等级，即 11 级、12 级和 13 级硫分。也就是说，其他煤炭产品中的最高硫分不能超过 3%。硫分超过 3%的其他煤炭产品也宜采用配煤的方法使外销商品煤的硫分均控制在 3%以下，且最好调配在 2%以下，以提高其在市场上的竞争力。其他产品硫分等级划分见表 6-8。

表 6-8 **其他产品硫分等级划分**

等级	硫分 $S_{t,d}$/%	等级	硫分 $S_{t,d}$/%
S—1	≤0.30	S—8	1.76～2.00
S—2	0.31～0.50	S—9	2.01～2.25
S—3	0.51～0.75	S—10	2.26～2.50
S—4	0.76～1.00	S—11	2.51～2.75
S—5	1.01～1.25	S—12	2.76～3.00
S—6	1.26～1.50	S—13	>3.00[a]
S—7	1.51～1.75		

注：a：如用户需要，必须采取有效的环保措施，在不违反环保法规的情况下，由供需双方协商解决。

3. 发热量($Q_{net,ar}$)

(1) 喷吹用精煤发热量

喷吹用精煤发热量共分为 15 个等级，每一等级的发热量间隔差均为 0.50 MJ/kg，Q—1级的发热量最高，高于 30 MJ/kg，Q—15 级的发热量最低，在 23.01～23.50 MJ/kg 之间。喷吹用精煤发热量等级划分见表 6-9。

(2) 其他煤炭产品发热量

其他煤炭产品发热量的等级划分采用收到基煤的低位发热量($Q_{net,ar}$)，该标准主要用于动力煤及化肥等工业用煤中的商品煤，一般不包括煤层发热量的等级划分，也不包括精煤的发热量等级划分。其他煤炭产品发热量划分为 37 个等级，如表 6-10 所列，每一等级的发热量间隔差均为 0.50 MJ/kg，其中 Q—1 级最高，大于 29 MJ/kg，Q—37 级的发热量最低，为 11.01～11.50 MJ/kg。可用配煤的方法来提高低质煤的发热量，以达到市场所要求的发热量指标。

表 6-9　　喷吹用精煤发热量等级划分

等级	编号	发热量($Q_{net,ar}$)/(MJ·kg^{-1})	等级	编号	发热量($Q_{net,ar}$)/(MJ·kg^{-1})
Q—1	305	>30.0	Q—9	265	26.01～26.50
Q—2	300	29.51～30.00	Q—10	260	25.51～26.00
Q—3	295	29.01～29.50	Q—11	255	25.01～25.50
Q—4	290	28.51～29.00	Q—12	250	24.51～25.00
Q—5	285	28.01～28.50	Q—13	245	24.01～24.50
Q—6	280	27.51～28.00	Q—14	240	23.51～24.00
Q—7	275	27.01～27.50	Q—15	235	23.01～23.50
Q—8	270	26.51～27.00			

表 6-10　　其他煤炭产品发热量等级划分

等级	编号	发热量($Q_{net,ar}$)/(MJ·kg^{-1})	等级	编号	发热量($Q_{net,ar}$)/(MJ·kg^{-1})
Q—1	295	>29.00	Q—20	200	19.51～20.00
Q—2	290	28.51～29.00	Q—21	195	19.01～19.50
Q—3	285	28.01～28.50	Q—22	190	18.51～19.00
Q—4	280	27.51～28.00	Q—23	185	18.01～18.50
Q—5	275	27.01～27.50	Q—24	180	17.51～18.00
Q—6	270	26.51～27.00	Q—25	175	17.01～17.50
Q—7	265	26.01～26.50	Q—26	170	16.51～17.00
Q—8	260	25.51～26.00	Q—27	165	16.01～16.50
Q—9	255	25.01～25.50	Q—28	160	15.51～16.00
Q—10	250	24.51～25.00	Q—29	155	15.01～15.50
Q—11	245	24.01～24.50	Q—30	150	14.51～15.00①
Q—12	240	23.51～24.00	Q—31	145	14.01～14.50②
Q—13	235	23.01～23.50	Q—32	140	13.51～14.00②
Q—14	230	22.51～23.00	Q—33	135	13.01～13.50②
Q—15	225	22.01～22.50	Q—34	130	12.51～13.00②
Q—16	220	21.51～22.00	Q—35	125	12.01～12.50②
Q—17	215	21.01～21.50	Q—36	120	11.51～12.00②

续表 6-10

等级	编号	发热量($Q_{net,ar}$)/($MJ \cdot kg^{-1}$)	等级	编号	发热量($Q_{net,ar}$)/($MJ \cdot kg^{-1}$)
Q—18	210	20.51～21.00	Q—37	115	11.01～11.50②
Q—19	205	20.01～20.50			

注：① 发热量<14.5 MJ/kg 的无烟煤、烟煤，如用户需要，在不违反环保法规的情况下，由供需双方协商解决。

② 只适用于褐煤。发热量<11.00 MJ/kg 的褐煤，如用户需要，在不违反环保法规的情况下，由供需双方协商解决。

4. 块煤限下率

块煤限下率大小直接影响到用户对煤炭的使用效果和经济效益，因而一般要求块煤限下率越低越好。但由于块度越小的煤，其限下部分越不容易筛净，因而通常大块煤的限下率要求低一些，而对小块煤的限下率则可适当放宽。根据我国煤炭产品的实际情况，块煤限下率共分 10 个等级，每一等级的限下率间隔为 3.00%。其中 1 级限下率小于等于 3.00%，到 10 级限下率就高达 27.01%～30.00%。对限下率大于 30.00%的块煤只能按混煤的价格销售。块煤限下率等级划分见表 6-11。

表 6-11　　块煤限下率等级划分

等级	块煤限下率/%	等级	块煤限下率/%
1	≤3.00	6	15.01～18.00
2	3.01～6.00	7	18.01～21.00
3	6.01～9.00	8	21.01～24.00
4	9.01～12.00	9	24.01～27.00
5	12.01～15.00	10	27.01～30.00

（四）用户对产品质量的要求

煤炭的用途十分广泛，主要用于冶金、电力、化工、城市煤气、铁路、建材等国民经济各部门。发达国家的煤炭主要用来发电，我国的煤炭消费呈多元化格局。2008 年我国四大行业煤炭消费比例如图 6-6 所示。

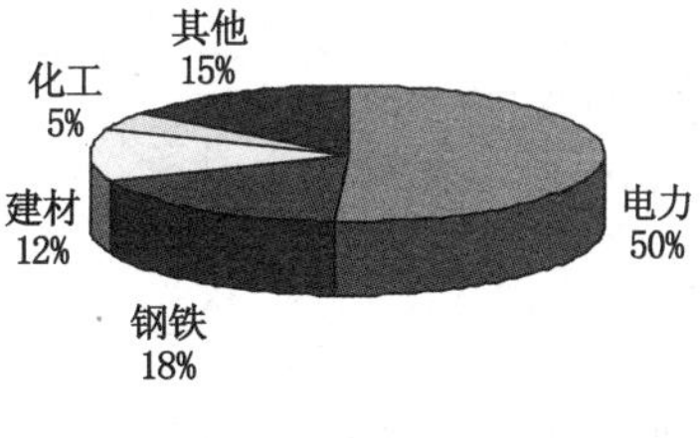

图 6-6　2008 年我国四大行业煤炭消费比例

图 6-7 为煤炭的主要用途。不同的行业、不同用煤设备对煤炭质量的要求不同，煤炭主要用户对煤种和煤质的要求如表 6-12 所列。表 6-13 为不同用户对煤炭质量要求的国家标准。表 6-14 至表 6-25 为相应标准的具体内容。

- 煤
  - 燃烧
    - 热蒸汽——发电、动力、取暖等
    - 煤灰——制造水泥、耐火材料、建筑材料，提炼铝和稀散金属
    - 焦炭——冶金、铸造及发生炉燃料
  - 干馏
    - 高温干馏
      - 高温焦油——制药、燃料以及建筑材料的原料
      - 粗苯——药品及合成原料
      - 氨——制氮肥
      - 煤气——气体燃料及有机合成原料
    - 低温干馏
      - 半焦——气化原料、发电及民用燃料，制活性炭、二硫化碳等
      - 低温焦油——提炼液体燃料、酚、石蜡、沥青等
      - 焦油水——制药、枕木防腐剂、氮肥原料
      - 煤气——气体燃料，有机合成原料
  - 气化
    - 空(氧)氧煤气、水煤气 → 作为原料气制取
      - 合成液体燃料，如汽油、柴油等
      - 合成化学品，如甲醇、氨等
      - 作加氢原料和硬化油脂用
    - 发生炉煤气——气体燃料
  - 加氢液化
    - 液体燃料——汽油、柴油等
    - 润滑油
    - 化工原料
    - 煤气——高热值气体燃料
  - 炭化
    - 活性炭
    - 分子筛
  - 热塑化——热塑煤
    - 建筑材料
    - 酚醛树脂代用品
  - 热熔
    - 油煤沥青
    - 煤液化原料
    - 胶体燃料
    - 泡沫塑料
    - 无灰煤——无灰焦
  - 其他特殊加工
    - 石墨——电极、润滑剂
    - 碳化硅——研磨剂、耐火材料
    - 碳化钙——有机合成原料及工业用
    - 碳化煤——离子交换树脂(净水剂)

图 6-7　煤炭的主要用途

表 6-12　　不同用户对煤种和煤质的要求

用户类型	适宜煤种	灰分	全硫分	磷分	钾和钠总量	水分	固定碳	挥发分	发热量	灰熔融点	粒度	块煤限下率	含矸率	可磨性	抗碎强度	热稳定性	黏结指数	胶质层厚度	焦渣特性
冶金焦	气煤，1/3 焦煤，气肥煤，肥煤，焦煤，瘦煤	√	√			√													
铸造焦用煤	气煤，1/3 焦煤，气肥煤，肥煤，焦煤，瘦煤	√	√			√													
高炉喷吹烟煤	贫煤，贫瘦煤，气煤，长焰煤，不黏煤，弱黏煤	√	√	√	√	√			√		√			√					
高炉喷吹无烟煤	无烟煤	√	√	√		√					√			√					

续表 6-12

用户类型	适宜煤种	灰分	全硫分	磷分	钾和钠总量	水分	固定碳	挥发分	发热量	灰熔融点	粒度	块煤限下率	含矸率	可磨性	抗碎强度	热稳定性	黏结指数	胶质层厚度	焦渣特性
水煤气两段炉	褐煤，长焰煤，不黏煤，弱黏煤，气煤，瘦煤，贫瘦煤	√	√				√	√		√	√	√			√	√	√		
常压固定床煤气	长焰煤，不黏煤，弱黏煤，1/2 中黏煤，气煤，1/3 焦煤，瘦煤，贫瘦煤，贫煤，无烟煤	√	√						√	√	√	√	√		√	√		√	
合成氨用煤	无烟煤	√	√	√		√	√	√		√	√	√	√		√	√			
发电煤粉锅炉用煤	无烟煤，烟煤（包括贫煤），褐煤	√	√			√		√	√	√				√					
链条炉排锅炉用煤		√	√			√		√	√	√	√	√							√
蒸汽机车用煤	烟煤	√	√					√	√	√	√	√							
水泥回转窑	弱黏煤，不黏煤，1/2 中黏煤，气煤，1/3 焦煤，气肥煤，肥煤，焦煤，长焰煤，瘦煤，贫瘦煤，贫煤，褐煤，无烟煤	√	√					√	√		√								

表 6-13　不同用户对煤炭质量要求的国家标准

标准名称	标准号
冶金焦用煤技术条件	GB/T 397—2009
铸造焦用煤技术条件	GB/T 17609—1998
高炉喷吹用煤技术条件	GB/T 18512—2008
高炉喷吹用烟煤技术条件	GB/T 18817—2002
发电煤粉锅炉用煤技术条件	GB/T 7562—1998
链条炉排锅炉用煤技术条件	GB/T 18342—2009
合成氨用煤技术条件	GB/T 7561—1998
常压固定床气化用煤技术条件	GB/T 9143—2008
水煤气两段炉用煤技术条件	GB/T 17610—1998
水泥回转窑用煤技术条件	GB/T 7563—2000
蒸汽机车用煤技术条件	GB/T 4063—2001

表 6-14　　冶金焦用煤技术条件(GB/T 397—2009)

项　目	技术要求
灰分 A_d/%	特级:≤5.00
	1 级:5.01～5.50
	2 级:5.51～6.00
	3 级:6.01～6.50
	4 级:6.51～7.00
	5 级:7.01～7.50
	6 级:7.51～8.00
	7 级:8.01～8.50
	8 级:8.51～9.00
	9 级:9.01～9.50
	10 级:9.51～10.00
	11 级:10.01～10.50
	12 级:10.51～11.00
	13 级:11.01～11.50
	14 级:11.51～12.00[a]
全硫 $S_{t,d}$/%	特级:≤0.30
	1 级:≤0.31～0.50
	2 级:0.51～0.75
	3 级:0.76～1.00
	4 级:1.01～1.25
	5 级:1.26～1.50
	6 级:1.51～1.75[a]
全水分 M_t/%	1 级:≤9.0
	2 级:9.1～10.0
	3 级:10.1～12.0[a,b]
磷含量 P_d/%	1 级:<0.010
	2 级:≥0.010～0.050
	3 级:>0.050～0.100
	4 级:>0.100～0.150
黏结指数	>20～50
	>50～80
	>80

表 6-15 高炉喷吹用无烟煤技术条件(GB/T 18512—2008)

项目	技术要求
粒度/mm	0～13
	0～25
灰分 A_d/%	Ⅰ级:<8.00
	Ⅱ级:>8.00～10.00
	Ⅲ级:>10.00～12.00
	Ⅳ级:>12.00～14.00
硫分 $S_{t,d}$/%	Ⅰ级:≤0.30
	Ⅱ级:>0.30～0.50
	Ⅲ级:>0.50～1.00
全水分 M_t/%	Ⅰ级:≤8.0
	Ⅱ级:>8.0～10.0
	Ⅲ级:>10.0～12.0
可磨性 HGI/%	Ⅰ级:>70
	Ⅱ级:>50～70
	Ⅲ级:>40～50
磷分 P_d/%	Ⅰ级:≤0.010
	Ⅱ级:>0.010～0.030
	Ⅲ级:>0.030～0.050

表 6-16 高炉喷吹用烟煤技术条件(GB/T 18817—2002)

项目	符号	单位	技术要求		
煤炭类别			贫煤、贫瘦煤、气煤 ($G_{R.I}$<500)		长焰煤、不黏煤、弱黏煤
粒度		mm	<50		<50
灰分	A_d	%	特级	<8.00	<6.50
			Ⅰ级	8.00～10.00	6.50～8.50
			Ⅱ级	10.01～12.00	8.51～10.50
			Ⅲ级	12.01～13.50	10.51～12.00
全硫分	$S_{t,d}$	%	特级	≤0.50	≤0.50
			Ⅰ级	0.51～0.75	0.51～0.75
			Ⅱ级	0.76～0.90	0.76～0.90
哈氏可磨性指数	HGI		Ⅰ级	>70	>50
			Ⅱ级	50～70	

续表 6-16

项　目	符号	单位	技术要求		
发热量	$Q_{net,ar}$	MJ/kg		≥25.10	≥23.40
全水分	M_t	%	Ⅰ级	≤8.0	≤12.0
			Ⅱ级	8.1～10.0	12.1～14.0
			Ⅲ级	10.1～12.0	14.1～16.0
钾和钠总量	K+Na	%	Ⅰ级	<0.12	<0.12
			Ⅱ级	0.1～0.20	0.12～0.20
磷分	P_d	%	Ⅰ级	≤0.010	≤0.010
			Ⅱ级	0.011～0.030	0.011～0.030
			Ⅲ级	0.031～0.050	0.031～0.050

表 6-17　　铸造焦用煤技术条件(GB/T 17609—1998)

项　目	技术要求
灰分 A_d/%	1 级:5.01～5.50
	2 级:5.51～6.00
	3 级:6.01～6.50
	4 级:6.51～7.00
	5 级:7.01～7.50
	6 级:7.51～8.00
	7 级:8.01～8.50
	8 级:8.51～9.00
全硫 $S_{t,d}$/%	1 级:≤0.50
	2 级:5.51～0.70
	3 级:0.71～1.00
全水分 M_t/%	1 级:≤9.0
	2 级:9.1～10.0
	3 级:10.1～12.0

表 6-18　　水煤气两段炉用煤技术条件(GB/T 17610—1998)

项　目	技术要求
粒度/mm	>13～25,>25～50
块煤限下率/%	13～25 mm:<18 25～50 mm:<15
灰分 A_d/%	≤25.0
煤灰熔融性软化温度(*ST*)/℃	A_d>18%:>1 250 A_d≤18%:>1 150

续表 6-18

项　　目	技　术　要　求
热稳定性(TS_{+6})/%	>70.0
抗碎强度(>25 mm)/%	>60.0
固定碳(FC_d)/%	褐煤、长焰煤、气煤:>40.00 不黏煤、弱黏煤:>50.00 瘦煤、贫瘦煤>60.00
挥发分(V_{daf})/%	>15.0
黏结指数($G_{R.I}$)	V_{daf}≤28%:≤30 V_{daf}>28%:≤50
全硫($S_{t,d}$)/%	≤1.50

表 6-19　　常压固定床气化用煤技术条件(GB/T 9143—2008)

项　　目	技　术　要　求			
粒度/mm	>6~13			
	>13~25			
	>25~50			
	>50~100			
块煤限下率/%	>6~13 mm:≤20			
	>13~25 mm:≤18			
	>25~50 mm:≤15			
	>50~100 mm:≤12			
灰分 A_d/%	对无烟块煤	Ⅰ级:≤15.00	对其他块煤	≤12.00
		Ⅱ级:>15.00~19.00		>12.00~18.00
		Ⅲ级:>19.00~22.00		>18.00~25.00
煤灰熔融性软化温度 ST/℃	≥1 250			
	≥1 150(A_d≤18.00%)			
水分	<6.0(无烟煤)			
	<10.0(烟煤)			
	<20.00(祸煤)			
全硫 $S_{t,d}$/%	Ⅰ级:≤0.50			
	Ⅱ级:>0.50~1.00			
	Ⅲ级:>1.00~1.50			
黏结指数 $G_{R.I}$	Ⅰ级:≤20			
	Ⅱ级:>20~50			
热稳定性 TS_{-6}/%	Ⅰ级:>80			
	Ⅱ级:>70~80			
	Ⅲ级:>60~70			
落下强度 SS/%	>60.0			

表 6-20 合成氨用煤技术条件(GB/T 7561—1998)

项目	技术要求
粒度/mm	大块>50～100 中块>25～50 小块>13～25 洗混中块>13～70 亚中块>17～25[①]
含矸率/%	≤3
块煤限下率/%	大块≤12 中块≤15 小块≤18 洗混中块≤12 亚中块≤15
全水分 M_t/%	≤6.0
挥发分 V_{daf}/%	一级:≤8.00 二级:>8.00～9.00 三级:>9.00～10.00
灰分 A_d/%	一级:≤15.00 二级:>15.00～19.00 三级:>19.00～22.00
固定碳 FC_d/%	一级:≤75.00 二级:>72.00～75.00 三级:>68.00～72.00
全硫 $S_{t,d}$/%	一级:≤0.50 二级:>0.50～1.00 三级:>1.00～1.50
煤灰熔融性软化温度 ST/℃	≥1 250
热稳定性 TS_{+6}/%	≥70
抗碎强度(>25 mm)/%	≥65

注:① 本标准中命名粒度 17～25 mm 的块煤为“亚中块”。

表 6-21 发电煤粉锅炉用煤技术条件(GB/T 7562—1998)

挥发分技术条件		
符号	V_{daf}/%	$Q_{net,ar}$/(MJ·kg^{-1})
V_1[①]	6.50～10.00	>21.00
V_2	10.01～20.00	>18.50
V_3	20.01～28.00	>16.00
V_4	>28.00	>15.50
V_5[②]	>37.00	>12.00
① 不宜单独燃用;② 适用于褐煤		

续表 6-21

发热量技术条件		
符　　号	$Q_{net,ar}$/(MJ·kg^{-1})	测定方法
Q_1	>24.00	GB/T 213
Q_2	21.01～24.00	
Q_3	17.01～21.00	
Q_4	15.51～17.00	
$Q_5$①	>12.00	
① 适用于褐煤		

灰分技术条件		
符　　号	A_d/%	测　定　方　法
A_1	≤20.00	GB/T 212
A_2	20.01～30.00	
A_3	30.01～40.00	

全水分技术条件			
符　　号	M_t/%	V_{daf}/%	测　定　方　法
M_1	≤8.0	≤37.00	GB/T 211
M_2	8.1～12.0	≤37.00	GB/T 212
M_3	12.1～20.0	>37.00	
M_4	>20.0①		
① 适用于褐煤			

硫分技术条件		
符　　号	$S_{t,d}$/%	测　定　方　法
S_1	≤0.50	GB/T 214
S_2	0.51～1.00	
S_3	1.01～2.00	
S_4	2.01～3.00	

煤灰熔融性软化温度技术条件		
符　　号	ST/℃	测　定　方　法
ST_1	>1 150～1 250	GB/T 219
ST_2	1 260～1 350	
ST_3	1 360～1 450	
ST_4	>1 450	

煤的哈氏可磨性技术条件		
符　　号	HGI	测　定　方　法
HGI_1	>40～60	GB/T 2565
HGI_2	>60～80	
HGI_3	>80	

表 6-22　链条炉排锅炉用块煤的技术要求和试验方法(GB/T 18342—2009)

项　目	符号	单位	技术要求
粒度	—	mm	6～25
限下率	—	%	<30.00
全水分	M_t	%	≤12.00
挥发分	V_{daf}	%	≥22.00
灰分	A_d	%	≤25.00
发热值	$Q_{net,ar}$	MJ/kg	≥21.00
全硫	$S_{t,d}$	%	≤0.75
			>0.75～1.00
			>1.00～1.50
煤灰熔融性软化温度	ST	℃	≥1 250
			≥1 150(A_d≤18.00)
焦渣特征	CRC	—	≤5

表 6-23　链条炉排锅炉用混煤的技术要求和试验方法(GB/T 18342—2001)

项　目	符号	单位	技术要求
粒度	—	mm	<50(<6 mm 的不大于 30%)
			<30(<3 mm 的不大于 30%)
挥发分	V_{daf}	%	>20.00
			>8.00～20.00($Q_{net,ar}$>18.50 MJ/kg)
灰分	A_d	%	≤30.00
发热量	$Q_{net,ar}$	MJ/kg	>21.50
			>20.00～21.50
			>16.50～20.00
全硫	$S_{t,d}$	%	≤0.75
			>0.7～1.00
			>1.00～1.50
煤灰熔融软化温度	ST	℃	≥1 250
			≥1 150(A_d≤18.00 时)
焦渣特征	CRC	—	≤5

表 6-24　蒸汽机车用煤技术条件(GB/T 4063—2001)

项　目	技术要求
煤炭类别	烟煤
粒度/mm	13～50 间各粒级的块煤或混块煤
块煤限下率/%	≤24.0

续表 6-24

项　　目	技　术　要　求
挥发分 V_{daf}/%	≥20.00
灰分 A_d/%	≤24.00
煤灰熔融性 ST/℃	≥1 200
硫分 $S_{t,d}$/%	≤1.00
发热量 $Q_{net,ar}$/(MJ·kg^{-1})	≥21.00

表 6-25　　　　水泥回转窑用煤技术条件(GB/T 7563—2000)

项　　目	技　术　要　求
煤炭类别	① 一般用煤类别:弱黏煤、不黏煤、1/2 中黏煤、气煤、1/3 焦煤、气肥煤、焦煤、肥煤; ② 可搭配使用煤类别:长焰煤、瘦煤、贫瘦煤、贫煤、褐煤、无烟煤; ③ 在条件允许时可单独使用贫煤、贫瘦煤、瘦煤、长焰煤、褐煤、无烟煤
煤炭粒度	① 粉煤、末煤、混煤、粒煤; ② 当粉煤、末煤、混煤、粒煤数量不足或不能满足质量要求时,可用原煤或其他粒度的煤
灰分 A_d/%	<27.00
挥发分 V_{daf}/%	>25.00
发热量 $Q_{net,ar}$/(MJ·kg^{-1})	>20.00
硫分 $S_{t,d}$/%	<2.00

掌握各种工业用户对煤炭质量的要求,对于合理利用煤炭资源,生产出适销对路的煤炭产品,提高煤矿的经济效益和社会效益具有重要意义。

第三节　产品结构优化与营销策略

一、煤炭产品结构优化

不同用户对煤炭质量的要求不同,而煤炭的品种与级别又非常繁多,因此,煤炭企业如何根据资源条件和实际生产情况,生产出适销对路的煤炭产品,提高煤矿的经济效益具有重要意义。

目前,多数煤炭企业主要生产动力煤及炼焦精煤产品,其最终产品可能由分选作业直接加工而成,或者通过各分选作业的中间产品配合起来得到最终精煤产品。对一个具体的煤炭企业来说,可能主要生产炼焦精煤、洗混煤或中煤等产品,或者生产炼焦精、优动煤等产品,或者同时生产几种不同等级的筛选煤。由于不同品种的产品价格不同,其加工成本也不一样,因此,必须通过各种产品方案的技术经济比较,通过产品结构的优化,使得所确定的产品结构方案达到最佳。

所谓煤炭产品结构优化,就是以各矿区的煤炭资源和煤质特征为基础,结合用户对供煤质量的要求，使生产出的各种产品的总经济效益达到最优的目的。

目前大多数国有重点煤矿企业都编制矿区煤炭产品结构优化的实施计划，并取得了较好的经济效益和社会效益。煤矿企业因矿区产品结构合理，取得较大的经济效益，而且用户因使用了合理的产品，节约了能源，也将会取得较好的经济效益和环境效益。

（一）利用线性规划确定产品的合理配合方案

线性规划是运筹学中最成熟而应用最广泛的一个分支。当目标函数和约束条件是线性关系时，可以用线性规划求解。线性规划可以求解运输问题、配料问题、厂址的布局问题等。下面举例说明线性规划在选煤厂经营管理中的应用。

利用线性规划确定产品的合理搭配方案。例如，某地区高硫煤较多，即使经过分选加工，产品的硫分仍然过高，不能使用。如果煤炭企业购买一些低硫煤与本企业高硫煤掺混后，那么，就能使产品的硫分达到规定要求。另外，对于某些港口或配煤中心，为了满足用户的要求，往往通过几种煤进行配合后来达到硫分或某些特定指标的要求。

例如，某矿区所属四座选煤厂：1 号、2 号、3 号和 4 号。四个选煤厂的精煤送到精煤贮煤场混匀后运到电厂。电厂每天用煤 2 万 t，对质量要求见表 6-26。各矿原煤的产量、煤质分析及生产成本（包括运往贮煤场的运费）见表 6-27。为了达到配煤的质量要求，可以有多种配煤方案。但是，由于各种煤的成本不同，必定有一种成本最低的配煤方案。

表 6-26　电厂对煤炭质量的要求

灰分	≤10.0%	挥发分	≤25.0%
硫分	≤1.0%	固定碳	55.0%～65.0%
内在水分	≤3.0%		

表 6-27　原煤性质及成本

	1 号	2 号	3 号	4 号
产量/$(t \cdot d^{-1})$	8 000	7 000	4 000	6 000
生产成本/(美元・t^{-1})	10.21	8.80	9.00	9.73
灰分/%	8.20	10.00	9.10	11.20
硫分/%	0.70	1.00	0.85	1.40
挥发分/%	27.00	26.00	24.50	24.30
内在水分/%	2.00	3.00	3.50	3.00
固定碳/%	62.80	61.00	62.90	65.50

设每天需用各个选煤厂的煤量为 x_1，x_2，x_3 和 x_4，则每天总成本 y 为：

$$y=10.21x_1+8.8x_2+9.0x_3+9.73x_4$$

线性规划的目标函数是使总成本 y 最小。得到以下约束函数：

（1）生产量约束　$x_1+x_2+x_3+x_4=20\ 000$

（2）灰分约束　$8.2x_1+10x_2+9.1x_3+11.2x_4<20\ 000\times 10$

（3）硫分约束　$0.7x_1+1.0x_2+0.85x_3+1.4x_4<20\ 000\times 1$

（4）水分约束　　$2x_1+3x_2+3.5x_3+3x_4<20\ 000\times3$

（5）挥发分约束　$27x_1+26x_2+24.5x_3+24.3x_4>20\ 000\times25$

1 号选煤厂产量约束　　$x_1\leqslant8\ 000$

2 号选煤厂产量约束　　$x_2\leqslant7\ 000$

3 号选煤厂产量约束　　$x_3\leqslant4\ 000$

4 号选煤厂产量约束　　$x_4\leqslant6\ 000$

因四个选煤厂精煤的固定碳含量均在要求的 55％～65％之间，对固定碳含量就不再加约束了。

表 6-28 为计算机解该线性规划问题的输入及结果。最佳结果显示，四个选煤厂所用的精煤量分别为：4 600 t/日，7 000 t/日，4 000 t/日及 4 400 t/日。得到的最低成本是 187 364 美元/日。

表 6-28　　　　线性规划计算结果

输入资料：使 10.21 * X(1)＋8.80 * X(2)＋9.00 * X(3)＋9.73 * X(4)最小				
约束为：				
X(1)	X(2)	X(3)	X(4)	
1.000	1.000	1.000	1.000	＝2.0E＋04
0.082	0.100	0.091	0.112	＜2.0E＋03
0.007	0.01	0.009	0.014	＜200.000
0.020	0.030	0.035	0.030	＜600.000
0.270	0.260	0.245	0.243	＞5.0E＋03
1.000	0.000	0.000	0.000	＜8.0E＋03
0.000	1.000	0.000	0.000	＜7.0E＋03
0.000	0.000	1.000	0.000	＜4.0E＋03
0.000	0.000	0.000	1.000	＜6.0E＋03
迭代六次得：	X_1＝4.6E＋03；X_2＝7.0E＋03；X_3＝4.0E＋03；X_4＝4.4E＋03			
* * * 最佳解 * * * *	目标函数值为：187 364 美元/日			

（二）利用排列组合法优化产品结构

鉴于我国的煤炭产品大部分为动力用煤。据统计，全国生产的煤炭约有 85％直接或间接作为动力燃料，对于动力煤来说，其产品结构的优化都以不同粒级的筛选产品为基础。按现有筛分系统，从理论上分析，其筛选产品可达 10 多种，但用户实际常用的不过 5～8 种，根据各矿的加工设备和储、装、运等条件，又往往只能生产 3～4 种产品，以获得最大经济效益。所选取的 3、4 种产品构成一种产品结构。为了找出具有更大经济效益的产品结构，首先要找出所有的结构，然后计算每一种产品结构的经济效益，最后选定经济效益最大的结构。

利用高等代数中的组合方法，可求出所有可能结构的总数。如以 n 代表用户所需的产品数目、以 r 代表某矿可能生产的产品数目，则产品结构的数目相当于由 n 个品种每次选出 r 种组成一个组合所能得到的组合的总数。如以 C_n^r 代表组合总数，则：

$$C_n^r = \frac{n(n-1)(n-2)\cdots(n-r+1)}{r!} \tag{6-6}$$

显然，根据上式只能求出组合（即产品结构）的总数，但不能求得每个组合中的成员，即都含有哪几个品种。在 n 和 r 都较小时，比如 $n=4,r=2$，如果把 n 个品种依次编为 1～4 号，则根据直观就能凑出所有可能组合：12，13，14，23，24，34，共 6 组。按 $C_4^2=\frac{4\times3}{2\times1}=6$，恰好相符。但当 n 和 r 较大时，则这种直观法便难达目的，而需要一定的有规律性的准则，否则便难于全无遗漏地列出所有组合。

“直接排列法”是一种简易可行方法，可作为筛选产品结构优化的方法。

求组合的目的是要找出所有可能的组合，即不允许有遗漏；另外，在每个组合中不允许有重复，比如 12345 算一个组合，但 12335 便不算符合要求的组合，因为其中有重复。在这些基本原则的基础上，推导出下列直接排列法。形象地说，这种方法就是一种遵循一定规律的堆砌法。

下面以一个实例说明通则的具体运用。

例如 C_7^5，即 $n=7,r=5$。

① 列出 C_{n-r+1}^1 的全部组合，实际就是由 1 到 $n-r+1$ 的所有一位数字。

示例：$C_{n-r+1}^1=C_3^1=3$

1　　2　　3

② 列出 C_{n-r+2}^2 的全部组合，即在上述每个一位数字之后一次增加一位比其本身大 1、大 2……，直到 $n-r+2$ 的数字成为两位数字。

示例：$C_{n-r+2}^2=C_4^2=6$

12

13　　23

14　　24　　34

③ 列出 C_{n-r+3}^3 的全部组合，即在上述每个两位数字之后依次增加一位比其末位数字大 1、大 2……，直到大 $n-r+3$ 的数字成为三位数字。

示例：$C_{n-r+3}^3=C_5^3=10$

123

124　　134　　　　234

125　　135　　145　　235　　245　　345

④ 列出 C_{n-r+4}^4 的全部组合，即在上述每个三位数字之后依次增加一位比其末位数字大 1、大 2……，直到大 $n-r+4$ 的数字成为四位数字。

示例：$C_{n-r+4}^4=C_6^4=15$

1234

1235　　1245　　1255　　1345

1236　　1246　　1256　　1346　　1356

　　　　2345

1456　　2346　　2356　　3456

⑤ 照上述规律类推，直到列出 C_{n-r+r}^r，即 C_n^r 的全部组合。

示例：$C_{n-r+5}^5=C_7^5=21$

12345

12346　　12356　　12456

12347　　12357　　12367　　12457　　12467

　　　　13456

12567　　13457　　13467　　13567　　14567

23456

23457　　23467　　23567　　24567　　34567

该法主要适用于褐煤、长焰煤、不黏煤、弱黏煤、贫煤和无烟煤等动力煤矿区。

下面举一实例说明煤炭筛选产品结构优化方法。

以某褐煤矿井为例来详细介绍筛选产品结构优化的实施。由于褐煤特别是年轻褐煤在水洗时极易泥化，故以往多直销原煤。但如采用效益对比法就可使产品结构多元化，从而大大提高经济效益。

某褐煤矿井的设计能力为 180 万 t/年，其筛选厂工艺流程见图 6-8。该厂原只生产大块（>50 mm）和（<50 mm）混煤两个品种。从流程上看，有其不合理之处，就是最后 ϕ50 mm 分级可以取消。直接由第一次 ϕ50 mm 分级出<50 mm 的混煤和>50 mm 的煤、矸混合产品；对于>50 mm 产品选矸后可直接出>50 mm 煤和矸石，省掉大于和小于 50 mm 合并成原煤后再进行 ϕ50mm 分级工序。

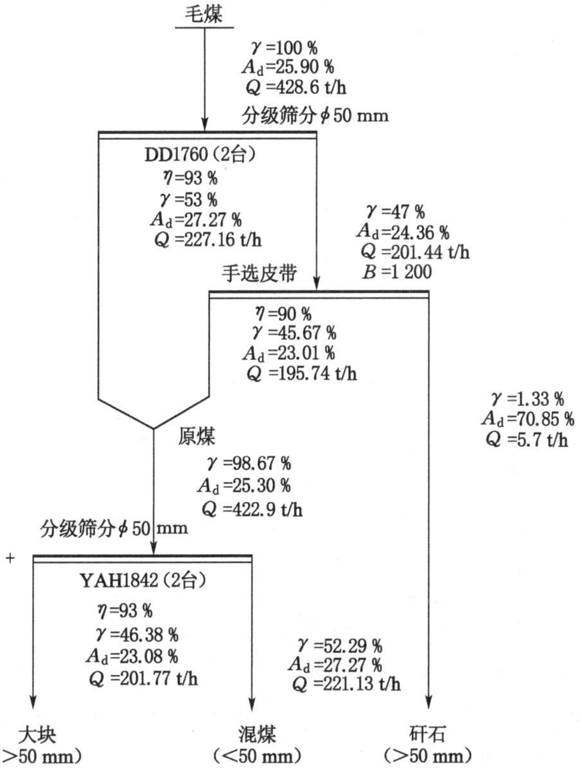

图 6-8　筛选厂工艺流程

下面,就根据该矿的实际情况来进行产品结构的选择和分析。

一般筛选产品有 10 种。但是,根据该矿的实际贮存能力和筛分设备,目前最多只能同时生产 3 种产品。这样产品的结构数就可以用组合公式$\frac{n(n-1)(n-2)\cdots(n-r+1)}{r(r-1)(r-2)\cdots\times 1}$算出,然后列出结构分级方案表进行分析。

当生产两种产品时,方案数为: $C_6^2=\frac{6\times 5}{2\times 1}=15$ 个

当生产 3 种产品时,方案数为:$C_6^3=\frac{6\times 5\times 4}{3\times 2\times 1}=20$ 个

列出产品结构分级方案的组合概率表(表 6-29),然后进行分析选择。

表 6-29　　35 个方案的品种组合

结构方案	方案	组合	结构方案	方案	组合
二种产品	1	1,2	三种产品	16	1,2,3
	2	1,3		17	1,2,4
	3	1,4		18	1,2,5
	4	1,5		19	1,2,6
	5	1,6		20	1,3,4
	6	2,3		21	1,3,5
	7	2,4		22	1,3,6
	8	2,5		23	1,4,5
	9	2,6		24	1,4,6
	10	3,4		25	1,5,6
	11	3,5		26	2,3,4
	12	3,6		27	2,3,5
	13	4,5		28	2,3,6
	14	4,6		29	2,4,5
	15	5,6		30	2,4,6
				31	2,5,6
				32	3,4,5
				33	3,4,6
				34	3,5,6
				35	4,5,6

(1) 对出 2 种产品的 15 个方案进行分析

① 方案 2 无 25 mm～0 级,方案 3 无 13 mm～0 级,方案 4 无 50～25 mm 级,方案 5 无 50～13 mm 级,这些方案均应排除。

② 方案 6,7,8,9 相互交叉,应予排除。

③ 对于方案 10,11,12,13,14,15,须经破碎,但由于该矿年轻褐煤含水较大,挥发分高,

易风化，易碎裂，破碎后经 3 d～5 d 风吹日晒或雨淋很易成末，经济效益降低；块度大一些的与空气接触面较小，易碎度差。为此，一般不破碎(除用户特需)。

经分析，上述 15 个方案中，只有方案 1 合理，也就是该矿现在生产的＞50 mm 和＜50 mm 结构产品。

(2) 对出 3 种产品的 20 个方案进行分析

① 方案 16，17，18，19，20，23 相互交叉，应予排除。

② 方案 22 无 25 mm～13 mm 级，方案 25 无 50 mm～25 mm 级应予排除。

③ 方案 26～35 须经破碎，破碎后褐煤粉碎性较强，应予排除。

综合出 2 种和 3 种产品的 35 个结构方案的结果，可看出：方案 1、21 和 24 较合理。

方案 21 的理论产率为＞50 mm 级占 43%，50 mm～25 mm 级占 22%，＜25 mm 级占 35%；方案 24 的理论产率为＞50 mm 级占 43%，50 mm～13 mm 级占 30.2%，＜13 mm 级占 26.8%(表 6-30)。

表 6-30　　原煤全级粒度组成

粒度/mm	产率/%	灰分/%
＞50	43.011	24.09
50～25	21.848	25.91
25～13	8.374	26.31
13～6	10.580	26.43
6～3	4.438	27.35
3～0.5	8.975	30.05
0.5～0	2.794	34.83
50～0	56.989	27.27
合计(毛煤)	100.00	25.90
原煤总计	98.526	25.22

若采用方案 21，则需在＜50 mm 煤流中加一道 ϕ25 mm 再筛分工序。若采用方案 24，则在＜50 mm 级煤流中加一道 ϕ13 mm 再筛分工序。

各个方案根据实际计算出来的产率、灰分、处理量，并列出数质量综合平衡表 6-31。

按煤炭产品计价办法，确定各产品价格，再根据产品平衡计算所选方案产品的经济效益，从中找出最佳方案。

该矿生产单一煤种褐煤，根据《煤炭质量规格及出厂价格》，计算出厂价＝目录价格×1.675＋维简费。算出不同粒级、不同灰分的价格(水分按 34%～35%计)，并列表(表 6-32)，然后进行综合售价和经济效益比较(表 6-33 和表 6-34)。

表 6-31　　产品数质量综合平衡表

产品名称		数量			质量
		γ/%	产量/(t·h⁻¹)	产量/(万 t·年⁻¹)	灰分/%
方案 1（现有方案）	大块(>50 mm)	46.38	201.77	84.743 4	23.08
	混煤(<50 mm)	52.29	221.13	92.874 6	27.27
	矸石	1.33	5.70	2.394 0	70.85
	毛煤	100.00	428.60	180.012 0	25.90
方案 21	大块(>50 mm)	45.67	195.74	82.210 8	23.01
	中块(50 mm～25 mm)	23.11	159.27	66.893 4	26.09
	末煤(<25 mm)	29.89	67.89	28.513 8	28.11
	矸石	1.33	5.70	2.394 0	70.85
	毛煤	100.00	428.60	180.012 0	25.90
方案 24	大块(>50 mm)	45.67	195.74	82.210 8	23.01
	混中块(50 mm～13 mm)	30.22	175.41	73.672 2	26.21
	末煤(<13 mm)	22.78	51.75	21.735 0	28.67
	矸石	1.33	5.70	2.394 0	70.85
	毛煤	100.00	428.60	180.012 0	25.90

注：每日按工作 14 h 计，每年按正常工作 300 d 计。

表 6-32　　产品价格表

粒度/mm	灰分/%	价格/(元·t⁻¹)	价格×1.675	维简费/(元·t⁻¹)	出厂价/(元·t⁻¹)
原煤	25.30	18.75	31.41	6.40	37.81
大块(>50)	23.01/23.08	25.60/25.55	42.88/42.80	9.50	52.38/52.30
混煤(<50)	27.27	18.65	31.24	6.40	37.64
中块(50～25)	26.09	25.70	43.05	6.40	49.45
混中块(50～13)	26.21	25.09	42.03	6.40	48.43
末煤(<25)	28.11	17.97	30.10	6.40	36.50
末煤(<13)	28.67	17.67	29.60	6.40	36.00

注：表中所列价格和费用系随时改变的，故只供优化产品时参考。

表 6-33　　产品方案的综合售价

产品规格/mm	计　　算	综合价格/(元·t⁻¹)	与原煤比较/(元·t⁻¹)
大块(>50)、混煤(<50)	52.30×46.38%+37.64×52.29%	43.94	6.13
大块(>50)、中块(50～)、末煤(<25)	52.38×45.67%+49.45×23.11%+36.50×29.89%	46.26	8.45
大块(>50)、混中块(50～13)、末煤(<13)	52.38×45.67%+48.43×30.22%+36.00×22.7%	46.76	8.95

表 6-34　　三种方案经济效益比较表

	产品名称	产率 γ/%	灰分 A_d/%	限下率/%	吨煤出厂价/(元·t⁻¹)	产量/(万t·年⁻¹)	产值/(万元·年⁻¹)	税金/(万元·年⁻¹)	加工费/(万元·年⁻¹)	设备折旧费/(万元·年⁻¹)	纯产值/(万元·年⁻¹)	与现方案售价差/(万元·年⁻¹)
方案1	毛煤	100	25.90	—	—	180.00						
	选耗(矸)	1.33	70.85	—	—	2.40						
	商品煤	98.67	25.30	—	—	177.61	7 927.53	237.83	99.46	—	7 590.24	0(基准)
	大块煤(>50 mm)	46.38	23.08	18	52.30	84.74	4 431.90					
	混煤(<50 mm)	52.29	27.27	—	37.64	92.87	3 495.63					
方案21	毛煤	100	25.90	—	—	180.00						
	选耗(矸)	1.33	70.85	—	—	2.40						
	商品煤	98.67	25.30	—	—	177.61	8 654.49	259.63	142.09	2.75	8 250.02	659.78
	大块煤(>50 mm)	45.67	23.01	18	52.38	82.21	4 306.16					
	中块(25 mm～50 mm)	23.11	26.09	15	49.45	66.89	3 307.71					
	末煤(<25 mm)	29.89	28.11	—	36.50	28.51	1 040.62					
方案24	毛煤	100	25.90	—	—	180.00						
	选耗(矸)	1.33	70.85	—	—	2.40						
	商品煤	98.67	25.30	—	—	177.61	8 656.64	259.70	142.09	2.75	8 252.10	661.86
	大块煤(>50 mm)	45.67	23.01	18	52.38	82.21	4 306.16					
	混中块(50 mm～13 mm)	30.22	26.21	15	48.43	73.67	3 567.84					
	末煤(<13 mm)	22.78	28.67	—	36.00	21.74	782.64					

注：① 税金按 3%；② 加工费：二产品 0.56 元/t，三产品 0.80 元/t。

通过综合比较，可以看出价格关系：方案 24>方案 21>方案 1。方案 24 一年可提高效益 661.86 万元，方案 21 可提高经济效益 659.78 万元。因此，方案 24 为第一选择，方案 21 为第二选择，方案 1 为第三选择。但是，在目前状况下实施方案 24 有些困难，即褐煤水分较大，且不稳定，外混灰分又较高，筛分时易成团堵筛。为此，建议选定方案 21 为实际最佳方案。

因此，根据产品优化结构结果，采用生产大块(>50 mm)、中块(50 mm～25 mm)、末煤(25 mm～0)三种产品的优化方案，工艺简单，原有流程不变，只需对<50 mm 级煤加一道再筛分工序，并用 ϕ25mm 的筛子。对年产 180 万 t 的该矿褐煤，一年可增加效益近 660 万元。

关于选煤过程的产品结构方案的优化，可参阅第三章第 3 节的相关内容。

二、煤炭营销策略

(一) 煤炭市场开拓

1. 市场开拓的意义

市场开拓是市场营销中最重要的内容。任何产品在市场经济条件下，都存在开拓市场、占领市场的问题。否则，产品无法实现销售，企业的经济利益无法保证。

煤炭市场开拓是指煤炭生产企业根据市场规律，以某种手段和方法打开市场，提高本企业产品的市场占有率。

在现代市场经济中，生产者和消费者之间，存在着空间分离、时间分离、信息隔绝、产品估价差异、供求量差异、品种规格差异等多种矛盾，市场开拓就是为了解决这些矛盾。商品生产者必须选择和制订一系列的市场开拓策略，以解决企业产品和用户之间的种种矛盾，使企业产品顺利地完成市场交换，达到企业的经营目标。

2. 市场开拓的内容

市场开拓是指企业通过一定的手段来占领市场，打开产品销路，它包括一切与产品销售有关的活动，主要包括如下内容：

① 确定企业目标市场，选定目标市场；

② 选择产品进入市场的适当方式；

③ 确定并保持企业的某种市场优势；

④ 合理选择企业产品的销售渠道；

⑤ 选择企业产品促销手段与方式；

⑥ 选择企业开展售后服务的内容；

⑦ 其他。

3. 市场开拓策略

企业为了占领市场，可以根据企业产品和市场的新旧程度，采取不同的开拓策略。

(1) 双新策略

这是指依靠科技力量，开拓出新一代的产品，通过新产品的优越功能来打开新市场的策略。简言之，就是把新产品投放到新市场，以吸引用户、占领市场。

(2) 换代策略

该策略是指在原有产品基础上，通过技术改进推出更新换代产品，以取代老市场上的产品。要求新一代产品比老产品有明显的优越性，如：增加煤炭燃烧性能、降低硫分、灰熔点等。企业正是通过新一代产品的优势来巩固老用户，吸引新用户，从而继续占领老市场。

(3) 扩展策略

在这一策略中，企业产品并未发生变化，仅仅是从旧市场扩展延伸到了新市场，以求扩大市场面，增加产品销售量。扩展策略通常是在老市场的需求已经饱和或接近饱和时，企业为自己的产品寻找的新出路。因此，煤炭生产企业完全可以主动地采用“扩展策略”，不断地把企业产品扩展到新的市场中。

(4) 渗透策略

这一策略的实质，是企业在一定经济利益让步的基础上，采用适当促销手段来保住和扩大企业产品的已有市场。如：适当降价，增加售后服务项目，赊销以及分期付款销售等。无论哪种手段，其目的都是扩大或保住老产品在老市场上的销售量。显然，煤炭市场开放后，生产企业之间的竞争将会激烈，采用市场渗透策略，是很有必要的。

4. 煤炭市场开拓与煤炭用途的关系

产品的用途，决定着产品的市场。用途越广，用量越大，产品的市场需求也就越大。每种产品都有特定的用途和用户，市场营销的全部意义，就在于使用户与生产者取得沟通，使产品顺利地从生产者转入消费者手中。市场开拓策略，对于企业而言，就是寻找用户、开拓市场，占领市场。煤炭产品从具体用途上看，又有许多分类，不同的煤质，不同煤种都有其最有效的用途，只要认清这些用途，并以此作为煤炭市场开拓的基础，为本企业具体的煤炭产品，寻找到特定的用户，煤炭生产企业就可以掌握市场主动权，按需组织生产，达到企业与市场的有机结合。

煤炭产品用途的研究，是煤炭市场开拓策略的基本内容，它可以为煤炭企业选定目标用户、建立目标市场提供科学的依据。

（二）煤炭产品销售策略

1. 促销及促销组合的概念

促销策略是根据购买规律所采取的激发和强化购买动机，促进购买动机转化为购买行为的一系列方法、手段和措施。即：诱发需要→强化动机→促进购买行为的方法、手段和措施。

促进销售的方法，可分为人员推销和非人员推销两大类。在非人员推销中，又有广告、公众关系和营业推广等形式。促销组合就是把人员推销、广告、营业推广、公共关系等形式结合越来，综合运用，形成一个促销策略。一般来说应根据产品特点、市场性质、产品寿命周期、营销目标以及促销费用预算等因素，进行综合分析，适当选择、编配和运用，形成最佳的促销组合。

2. 人员推销

人员推销是指企业委派人员直接向用户推销商品和提供服务工作。这是一种最古老的推销方法。但是，它仍然是现代社会中十分重要的推销手段。特别是对于生产经营型的企业来说，产品已不再实行统购包销，要依靠自己的力量组织商品销售，如果没有一批优秀的推销人员，即使有较好的产品，也有可能一时找不到用户，使企业处于被动地位。

人员推销可以直接地寻找和发现用户，迅速打开销路，扩大市场；可以根据市场的变化和用户的要求，灵活机动地采取有效的经营手段和方法，促进用户购买商品；可以针对用户的需要，及时地提供各种服务工作，以保证用户满意；可以及时收集有关市场动态的情报资料以及用户的反馈意见，有利于企业改进工作和作出正确的决策。

企业的推销人员，由于他们经常外出工作，在广大用户的心目中，被看做是企业的代表者。因此，推销人员素质的好坏，不仅会直接影响产品的销售，甚至会关系到企业的声誉、命运和前途。因此，正确地物色、选拔和培训推销人员，是企业一项十分重要的战略任务。

3. 广告策略

广告是生产者与用户之间传播信息情报，以达到销售商品的一种行为。随着我国市场供应情况日益好转，用户对产品的购买有更多的选择余地，广告作为一种推销手段，必将起着愈来愈重要的作用。广告宣传的具体作用主要有：① 传递信息，使用户熟悉和了解产品；② 激发需求，提高购买兴趣；③ 介绍知识，指导消费；④ 沟通产需联系，促进商品流通；⑤ 提高企业厂牌商标在社会上的声誉；⑥ 美化环境，丰富人民的文化生活。广告的作用是与企业的产品质量、服务、价格、企业信誉等密切联系在一起的，如果是价高质次的产品，想用欺骗的广告宣传，只能起相反的作用，在用户中造成更恶劣的影响。

广告的形式非常多，主要有以下几种形式。

① 商业广告是以付费形式向广大观众或听众传播信息，促进销售的活动。商业广告的种类主要有报纸、杂志、广播、电视、路牌等形式。

② 宣传一般是以不付费的形式向广大群众传播信息的活动，如新闻报道、产品评比发奖、经验交流。这种不付费用的宣传往往比商业广告具有更大的作用。

③ 商品陈列和展览会。如展览会、展销会等形式，都可以起到广告宣传和推销商品的作用。在现代社会中，可供选择的广告媒介越来越多，而不同的广告媒介都有其优点和缺点，企业必须正确合理地选择广告媒介，以尽可能少的广告费用，达到最佳的广告效果。

（三）市场营销管理信息系统

随着信息时代和网络社会的到来，已形成全球经济一体化、竞争无国界的崭新格局，并引发市场营销继工业社会诞生以来最深刻的变革。中国加入 WTO，意味着市场营销竞争环境将发生根本性变化。新世纪市场营销因素的组合是信息与互联网技术的组合，以互联网技术为基础的高新技术将与市场营销资源融合在一起。企业经营理念正在发生变革，能够实现企业经营、管理、决策一体化，实现远程数字查询、远程监控、远程管理、网上商务等手段的高新技术，已得到越来越广泛的应用。

煤炭产品的销售有其特殊性，市场营销理念的变化对煤炭市场营销提出了更高要求。在业务难度不断增加情况下，只有实现市场营销管理工作的科学化、规范化、标准化及网络化管理，才能保证计划合理、发运及时、质量符合要求、煤款及时回收。为管理、调度、计划、销售、经营人员的决策及时提供科学依据，以便实现用户合同管理、月度计划编排、日装车计划编制、调度发运、煤款回收、煤炭生产质量控制及用户信息反馈等。

1. 系统结构

煤炭市场营销管理信息系统的结构如图 6-9 所示。煤矿应根据以往几年的生产和营销情况，再按照用户对品种、数量和质量的要求，建立经营决策，以便在煤炭订货会上实施。

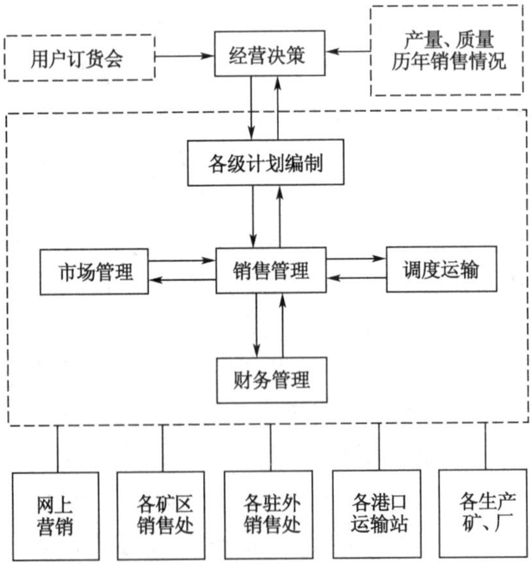

图 6-9　煤炭营销管理信息系统结构

2. 系统功能设计

建立煤炭市场营销网络系统，能及时准确地反映集团客户的贮存、销售计划、用户合同签订以及合同完成情况等。对销售业务全过程进行跟踪管理，实时监督控制销售合同执行状态和发运计划，以提高合同的执行率和销售服务水平。

通过应收账目管理，及时追踪客户回款情况，定期进行分类统计，全面分析营销绩效，实现对集团市场营销管理信息的自动收集和传输处理，为各级领导协调生产提供及时准确的信息，为制定营销策略提供决策依据。

充分利用 Internet 改善客户关系，将产品信息通过互联网快速传递给各地客户；企业可以快速掌握用户对产品的需求，客户不再是被动地去接受商品服务，而是利用互联网主动与企业建立互动式商业联系。

（1）营销决策管理

提供市场分析策划、计划制订跟踪、经营状态分析，为企业制定、调整营销策略提供支持依据。

① 产品分析

分析产品的季节性、商品特性、地域特征，以辅助营销管理者制定适当的产品策略，有效占领市场。

② 销售价格管理

提供商品价格定义信息，辅助相关人员根据企业的销售管理要求维护每一种商品的销售标价体系，同时提供不同地域、不同煤炭产品和不同客户的折扣信息管理，进行组合报价。

③ 市场预测

根据企业历史销售情况，提供多种市场预测模型，为管理者分析并掌握市场走向提供帮助，增强企业把握市场的能力。

④ 营销计划管理

计划管理是整个业务经营管理的主线，有效的各级计划是驱动业务有序进行的核心。根据市场订货情况、基层矿厂的产品数、质量及企业历年销售情况，编制合理可行的营销计划。通过计划的制订、执行、反馈，实现营销业务一体化管理。

营销计划管理为企业管理者提供快速、便捷的宏观调控环境。通过全国铁路、公路、水运分布图，企业管理者可灵活、直观地浏览各级营销网点的分布、客户组成、运输线路等情况，可以在分布图上选定营销网点，方便查询各地销售、煤款回收，实时掌握营销业务的动态走势。可以对煤炭资源、计划安排及完成情况、用户合同完成与煤质指标完成情况等综合信息进行查询，并根据查询区间形成图表，直观明了。

（2）营销业务管理

① 调度运输管理

汇总各矿厂、运销站日运销计划，编制局运销计划及月、旬、日装车计划，并上报主管部门调度、集团公司调度及有关领导。根据煤炭资源和合同情况月度分配计划表，根据装车核准计划进行车辆调配，产生调度日报、煤炭发运核对单等各类统计报表。

② 销售台账管理

建立煤炭地销、铁运、水运调拨与出账对比台账。销售台账主要包括调拨时间、煤种、单价、煤款及开发票时间等信息，自售部分区分现款和抵款，收集整理煤炭销售基础数据。可按任意时间查询分矿未出账用户明细与总量，调拨未出账分户量，出账未发量，已发出未出账量及水运在途情况。

③ 煤款结算管理

根据矿报化验单、发运核对单打印发货票，产生银行托收单，建立托收台账。根据银行的反馈信息，进行煤款回收情况分析，产生用户往来明细账，打印结算单。

④ 数据汇总

对各运销站上报数据进行汇总，产生当日、累计、日均、月度销售及计划等结果。汇总打印各矿实际产量、集团公司商品煤产量、地销量、实际库存和自备车量等报表。

⑤ 财务管理

针对企业因发生销售业务而产生的应收账和回款情况进行跟踪管理，及时为管理人员提供催款计划，评价客户信誉程度，使企业达到加快资金周转，减少坏账损失之目的。

依据销售管理系统的销售信息，对客户每笔应收款和回款情况进行管理；随时统计某时间段的资金回笼；随时统计某时间段客户拖欠款；进行账龄分析，供清欠部门参考。

(3) 客户关系管理

① 用户档案管理

建立用户档案，包括用户合同、合同签订、合同完成和用户炉型、通道、机组、网址、发展前景等情况。按用户用量划分大户，及时掌握大户的发运比例及所占行业比例等信息。按用户用量、付款情况，设定不同的用户信誉指数，计算各用户允许欠款期限。超出期限，系统自动报警给出用户欠款列表，发出催款通知。

② 客户服务中心

采用计算机电话集成领域的先进技术，构建市场营销部客户服务中心，可快速实现产品资料信息查询，自动总机、语音信箱、费用查询，自动通知系统，咨询服务与电话热线系统，传真回复与发送系统等。

企业生产管理人员经授权许可随时随地通过电话、传真、手机、传呼、电子邮件以及Internet等方式与管理信息系统保持联系，无论身在何地都可实时了解生产、合同执行及账务情况。特殊情况下，呼叫中心将自动通知相关领导，处理突发事件，及时指挥调度生产。

客户可通过电话了解所需煤炭产品的质量，通过传真索取煤质化验单，以及电话投诉等为客户提供方便、快捷的服务。企业及时掌握客户情况和对产品质量的反映，改善与客户关系，稳定企业产品市场。

在新的市场环境下，建立煤炭市场营销管理信息系统，实现管理信息的快速查询和决策支持，可以使企业灵活组织生产出高品位、低成本、适销对路的产品，增强市场竞争力和把握市场的能力。这是企业降低成本，提高生产效率和经济效益的保证，是企业进一步发展的优势所在，从而实现“数据编码化，报表统一化，决策科学化，查询快捷化”。

(四) 煤炭产品销售合同与期货交易

在现代市场经济条件下，煤炭产品交易往往采用预订经济合同的方式。当煤炭产品交易合同所约定的实物交割期限较长时，就会出现合同转让的可能。中长期煤炭交易合同经过规范化、标准化，适当地在煤炭市场上转让、买卖，可以起到活跃煤炭市场，促进供求平衡，分担煤炭交易风险等方面的作用。

煤炭企业要开展市场营销活动，就必须很好地了解和掌握煤炭产品供销合同，以及煤炭期货贸易有关知识和内容。

1. 煤炭产品销售合同

在大批量、高价值的生产资料交易中，必须借助于经济合同这一有效的法律手段，对交易双方的交易协议进行认定、公证，以促使双方履约，维护双方的正常经济利益。

（1）经济合同的主要条款

经济合同是当事人双方依法就经济合同的内容达成一致的协议和结果。双方达成协议的具体内容就是经济合同的条款。经济合同的主要条款是指经济合同内容中必不可少的条款，没有这些条款经济合同就不能成立。合同条款既是经济合同的主要内容，也是要求当事人履行合同承担法律责任的依据。经济合同（煤炭产品营销合同）应具备以下六个方面的条款：

① 标的（指货物、劳务、工程项目等）

标的是经济合同当事人双方权利和义务共同指向的对象。在煤炭产品购销合同中，其标的就是具体的煤炭产品，而在煤炭产品运输合同中，其标的是货物运输这种劳务活动。

合同的标的要合法，必须是国家允许生产和流通的物资；标的要有具体的商标名称；标的物的品种、规格、型号等要有具体的规定和要求。

② 数量和质量

数量和质量是合同标的的具体化，也是双方当事人达成经济协议时主要协商的内容，必须作出明确、具体的规定。

在商品购销合同中，供方应对所提供产品的质量负责，要执行国家或主管部门颁布的质量指标，没有这些标准的按企业标准或供需双方商订的标准执行。无论采用何种标准，必须在经济合同中写明。必要时，还应在合同中约定产品质量的鉴定方法及认证标志等。

③ 价款或者酬金

价款或酬金又可称为价金，是以货币数量表示的取得经济合同标的的一方向对方支付的代价。价款是指取得合同实物标的的一方向对方支付的货币数量，如购销合同中的产品贷款。酬金是指取得劳务、服务一方，向对方所支付的货币报酬数量，如货物运输合同中的运费、杂费等。

此外，在经济合同中还要对价款或酬金的支付方式、结算时间，作出明确规定，能用银行转账结算者，要尽量进行转账结算。为此，双方当事人必须在合同中载明各自单位的开户银行和账号，不得租用或借用别人的银行账号。

④ 履行的期限、地点和方式

经济合同是对未来经济事物的约定，合同中规定的权利和义务必须有明确的履行期限、地点和方式。这也是经济合同的一项主要条款。

经济合同的履行期限是指合同中享有权利的当事人一方要求对方履行义务的请求权发生的时间。只有这一时间到来，权利人才有权请求义务人履行义务。如在商品购销合同中交付和接收标的物的期限就是合同的履行期限。

经济合同的履行地点是指合同规定履行义务和接受该义务的地点，也就是合同标的物交付的地点。在商品购销合同中，其合同履行地点除供需双方自行约定以外，因交货方式不同而有所不同。凡合同规定由供方送货、代运的，合同履行地为产品发运地；凡合同规定由需方自提的，合同履行地为产品的提货地。

履行方式是指经济合同当事人履行义务的具体方法。在履行方式中要明确规定以下内容:a. 履行的次数,如购销合同是一次交货,还是分期分批交货;b. 履行的具体承办人,即是当事人亲自去履行,还是由他人代办履行;c. 具体交货和验收方式,如产品购销合同中的货物是供方送货、代运,还是需方自提等。

⑤ 违约责任

违约责任是指当事人一方由于自己的原因造成经济合同不能履行或不能完全履行时,按照法律或合同规定应向对方承担的一种经济责任。它是对违约方的经济制裁,主要包括违约金责任、赔偿损失责任和继续履行责任三个方面内容。

⑥ 其他主要条款

以上五项条款是任何经济合同所必需的,缺少任何一项,经济合同都无法依法成立。此外,具体经济合同往往有其特殊性,还必须根据该合同的具体性质和实际情况制定某些特定的条款。这些条款也体现着合同当事人的意愿、权利和义务,应列入经济合同条款之中。

(2) 经济合同的法律效力

订立经济合同是一种法律行为,只要合同依法成立,就具有法律效力,受国家的保护,违反合同行为将受到制裁,这些内容在《经济合同法》中有明确的规定。

① 经济合同的法律效力

经济合同的法律效力是指经济合同的法律约束力,也就是合同当事人根据法律和合同的规定,享有权利,负有义务,承担违反经济合同的责任。

② 经济合同具备法律效力所需的条件

合同受法律保护是指那些依法订立的合同,否则,不受法律保护。经济合同要具备法律效力,就必须符合以下条件:a. 当事人要具有合法资格;b. 订立经济合同必须合法;c. 贯彻平等互利、协商一致,等价有偿原则;d. 合同的形式要符合法律要求。

③ 无效经济合同

所谓无效经济合同是当事人之间已经订立的不具备有效条件,不发生法律效力的经济合同,它不受国家法律的保护。

无效经济合同主要从四个方面确认:a. 合同主体是否合格;b. 合同内容是否合法;c. 当事人的意思表示是否真实;d. 合同是否履行了法定审批手续等。

(3) 煤炭产品市场营销合同

煤炭产品在市场交易中,主要有工矿产品购销合同和货物运输合同两类。随着煤炭产品市场营销工作的开展,这两类合同的作用范围和程度将大大增加。很好地利用这些合同,规范煤炭供需双方的权利和义务,是维护正常煤炭市场秩序,提高煤炭营销效果的有效手段。

① 工矿产品市场购销合同

购销合同指供方将一定数量工矿产品的所有权或经营管理权有偿地转移给需方而明确相互权利、义务关系的合同。它包括供应合同、采购合同、购销结合合同、协作合同和调剂合同等。

购销合同中产品数量、产品质量、包装质量、产品价格、交货期限按《经济合同法》第十七条规定执行。

② 货物运输合同

煤炭产品属大宗散装物资,由于煤炭资源分布的不均衡性,运输在煤炭营销中占有很重要的地位，因此，货物运输合同也是煤炭产品营销合同中的一项主要内容。

货物运输合同是指承运方根据委托方要求，运输一定货物而明确双方权利义务的协议。货物运输合同由托运方和承运方协商签订。

2. 煤炭市场交易

(1) 煤炭商品交易所

市场交易是供需双方在特定时间和地点下进行的一种交换活动。市场经济越发达，市场交易越需要集中，即在固定的场所内汇集众多的买卖双方成员，储备大量的交易商品有关信息，以便于双方洽谈、协商，实现商品交易。

目前，我国为方便煤炭交易，已设立了多个大型煤炭交易市场(交易所)，主要有上海煤炭商品交易所、东北煤炭商品交易所、秦皇岛煤炭商品交易所、天津煤炭商品交易市场、郑州煤炭交易市场、中国太原煤炭交易市场等。煤炭交易所(市场)大都采用会员制，各会员单位可派一或两名代表来参加交易。会员单位一般是煤炭交易的供方或需方单位，也有中间商等。各会员单位是自由申请经过审定、确认有交易能力的独立经济法人。一般来说，会员单位须有较大的注册资金和经营能力。会员单位可在本煤炭交易所内直接进行交易，其他非会员单位必须委托会员单位代理其交易业务。

(2) 煤炭商品交易所的交易制度

交易所一般实行公开、公正、公平的集中竞价交易，平等协商，统一结算。交易所可进行煤炭现货交易；也可进行煤炭期货合约交易，但后者以短期和中期合约为主；中长期合约允许在交易所内有规则地转让。交易价格随行就市，视交易煤炭产品的质量、供求关系等因素而定。但对于中长期合约交易，一般都实行价格管制，限制其上下波动幅度，以防止投机者牟取暴利。

各煤炭交易所(市场)都制定有一定的交易程序与规则，以便于煤炭交易，及时清结双方的债权债务关系。每笔交易完成，要向交易所缴纳一定的佣金和手续费，会员单位负担较小；非会员单位除佣金、手续费外，还需支付代理费，因而负担略高。

(3) 煤炭市场交易程序

随着市场交易的发展，大型交易行为逐渐向交易所集中，期货交易的份额逐渐加大。交易程序也就逐渐形成，并发挥越来越大的作用。

以我国现有煤炭交易市场为例，都制定了必要的交易程序。对于现货即期合约、中长期期货合约，制定有不同的交易程序。

① 即期合约交易程序

即期合约交易指交易达成后，货款支付和实物交割马上就要进行的交易。其交易程序为：先由各会员单位向交易所(市场)申报交易意向(包括交易价格、产品品种、质量、数量等)，交易所(市场)根据其掌握的运输计划进行统一审核汇总，并正式作为即期合约交易计划，交易各方按此计划在场内进行交易商谈；成交后的合约须经市场(交易所)确认，且交纳一定履约保证金，再正式签约并由市场(交易所)签证；此后便可安排实物发运、货款支付；待买卖业务全部按合约完成后，交易所(市场)退还买卖双方已交的履约保证金。

② 中长期合约交易程序

中长期合约在交易所内通过公开竞价和拍卖的方式进行转让。其交易程序为：a. 由各会员单位申报交易意向；b. 交易所将其所掌握的交通运输能力统一审核后，正式公布中长期合约交易计划;c. 交易各方按此计划在场内交易磋商;d. 成交合约的交易双方向交易所交纳一定保证金;e. 经交易所确认,双方签约并交交易所签证。

③ 近期合约交易程序

近期合约(隔月合约)已不再允许进一步转让。它的交易程序为:a. 由终止买方(或卖方)会同交易合约的原始卖方(或买方)向交易所申报交易意向;b. 交易所根据其运输计划公布交易计划;c. 双方根据交易计划确认成交;d. 交纳一定保证金并正式签约;e. 申报运输计划;f. 待货款与实物交割完成后,交易所将保证金退还交易双方。

3. 煤炭产品期货交易

我国各大煤炭交易所(市场)已普遍允许有规则地转让中长期煤炭交易合同。随着煤炭市场交易业务的扩展,新的煤炭交易所将会出现,煤炭中长期交易合同的转让也会逐渐增加。

(1) 期货交易的含义与功能

期货交易与现货交易截然不同,它不是一方交货一方付钱的现成商品交易,是对长期交易合同的一种买卖行为,买卖双方交易的仅仅是一纸统一的标准购销合同,即"期货合约"。在标准合同交易中,虽然合同指明了商品在未来月份中要实现交割(交货),但合同购买者并不一定要真正接受这些商品,也没有真正拥有这些商品,仅仅是为了某种经济目的,对标准合同进行交易或转手交易。

现代期货交易是在商品交易所(又叫期货市场)内,由众多的买家和卖家按照既定的交易规则,用喊价或手势讨价还价,通过竞争对标准化期货合约所进行的买卖与转让。

期货交易的功能主要表现在套期保值和价格发现等。

套期保值是期货交易最初、最基本的一项功能。在实际商品交易中,由于价格受经济、政治、自然、供求关系等因素的影响,因而处于不断变化之中。凡参加商品交易的人都可能因价格在不同时间上的变化而获利或受损,承担价格变动的风险。因此,生产者、加工者、储运商等需要有合适的渠道转移这种风险,以确保其正常生产经营秩序和盈利。他们可在期货市场上进行与现货交易方向相反的期货交易,无论市场行情如何变化都可以使期货交易与现货交易中的损失与盈利互抵(或盈利与损失互抵),从而避免造成巨大的损失。套期保值功能对于大型生产者(卖方)和需求者(用户、买方)来说是回避价格风险的最有效手段。

价格发现是期货交易的又一功能。由于期货交易所收集了大量商品价格影响因素的有关信息,又有众多的买卖双方成员参加,因此,期货交易价格的形成有坚实的基础,容易形成比较客观、真实的期货商品价格。这就是期货交易的价格发现功能。

总体上看,期货交易市场吸收的买卖双方成员越多,所反映的供求关系也就越真实,越有利于合理价格水平的形成。同时,期货交易所的资料信息收集系统越现代化,收集的期货商品交易有关信息也就越多,也越有利于竞争性合理价格水平的形成。

期货交易除具备上述两项基本功能外,还包括以下功能:调节供求关系,促进公平竞争;建立正常市场秩序,提高市场交易效率,有利于社会产品价值的实现;有利于均衡生产者的盈利水平,增强生产经营者生产的计划性等。

(2) 期货商品的条件

在期货交易中,作为期货交易的实物商品应具备一些基本条件,方能为期货交易提供便利。

① 可贮藏性(可保存性);

② 商品品质与等级的可划分性及标准;

③ 规模交易的可能性;

④ 价格波动的可能性。

(3) 期货交易业务

期货交易是对期货合约的买卖行为。期货交易者可进行套期保值或投机交易业务。

① 期贸合约

期货合约是买卖双方通过商品交易所,按特定的规格所达成的关于长期商品(即期货)交易的一种书面协议。一份合约就是一份在指定未来日期交付一定数量某种商品的协议书(也就是一种标准化的购销合同)。

期货合约具有标准的规格。一份合约由以下内容组成:

a. 交易所名称及代号;

b. 交易商品的名称及标准质量品级;

c. 单位合约的标准交易量,如:100 t/合约;

d. 当日价格变动的限制幅度,如±500 元/合约;

e. 合同的月份,即实物交割期;

f. 交收地点及最后交易日、交割日等。

② 交易保证金

交易保证金是期货交易者向交易所交纳的承担"期货交易中价格风险损失"的信用资金。也就是说,先在交易所存放一定资金,用来抵补交易者在期货合约买卖中产生的亏损。否则,期货交易者因价格波动发生亏损时,有可能溜之大吉,交易所无法追回其所欠资金。

③ 套期保值业务

套期保值其含义是通过期货合约的买与卖(或卖与买)来达到转移价格风险的目的。套期保值业务必须依赖于期货与现货的价格走势相同。只要两个市场价格变动方向一致、程度相同,则必然一盈一亏(或一亏一盈),相互抵补,使商品交易者回避了价格波动的风险。

④ 期货投机业务

期货投机业务是指期货交易者在期货市场上先买进后卖出(或先卖出后买进)期货合约,利用期货价格的波动来获取投机利润。期货投机者并非真实的期货商品供方或需方,买卖期货合约的目的仅仅是为了获取风险利润。在价格的不同变动趋势中,投机者有不同的牟利手段。

投机者牟利的方法很简单,或高卖而低买,或低买而高卖。这就要求投机者对未来价格走势作出准确的判断,否则,在价格下降中先买后卖,而在价格上升中先卖而后买,投机者就会发生亏损。因此,对价格走势的判断是否正确,就成为决定投机者盈亏的关键因素。如何有效地判断价格走势,是期货投机交易中的最主要技术。

第四节　选煤厂运销管理

运销是储运和销售的总称,是选煤厂日常生产和管理工作的重要内容。运销工作的主要内容包括原煤和产品的调入、调出、储存、计划、结算以及客户管理等。

一、运销计划与合同

1. 运销计划

运销计划是整个煤炭运销工作的开端，主要工作内容是根据全国煤炭订货会订货合同和客户销售合同形成产品销售年度计划，根据企业生产计划，制订原煤调入计划，并分解年计划到月度计划和月度请车计划，进行煤炭价格管理等工作。

2. 合同管理

签订销售合同是一种法律行为，合同的内容、形式、程序及手续都必须符合国家法律和政策的要求。只有遵循合法原则，订立的销售合同才能得到国家的认可并具有法律效力，当事人的权益才能受到保护，达到订立销售合同的预期目的。

合同是煤炭销售的法律约束文件。在合同中，要标明产品的数量和质量，价款或酬金，履行期限、地点和方式，说明违约责任。

合同在签订之前，销售人员与客户要有多次的协商和沟通。合同签订后，销售部门要随时跟踪合同履行情况。所以合同管理是对销售过程的全程跟踪，一般都建立台账进行管理。

二、原煤与产品的调入调出

1. 原煤的调入

在选煤厂制订年度生产计划时，已经确定了主要的原煤调入基地，原煤调入的数量等。具体实施时，要进行请车（向铁路部门请求车皮）和装车工作安排。

入选原煤的质量，直接影响精煤回收率。如果分别入选多个矿井和煤层的原煤，或混合入选时，配煤不均匀，在选煤生产过程中会导致分选系统调整频繁，生产过程不稳定，影响精煤指标和回收率的稳定。

入选原料煤占成本比例最大，运销部门对入选原料煤要注意量与质的管理，如果发现原煤质量明显变化，要及时通知选煤车间，并与原料煤基地做好沟通工作。外购原煤既要防止数量上亏吨，又要防止煤中可见矸石含量过高和煤质变坏；自采原煤要做到分采分运，方便配煤入选。

2. 产品的调出

产品调出一般分为路运和地销，即铁路运输和就地销售，地销一般是汽车运输。

产品调出过程的主要工作有：请车、组织装车、计量数据采集、发运情况记录，结算审核，日常数据上报等。

产品的计量一般用电子轨道衡（路运）和地磅（地销），可实现自动数据采集。

三、销售质量管理与结算

1. 销售质量管理

保证销售质量是销售工作的重要内容。销售质量包括产品质量、履行合同的能力、服务质量等。

质量管理首先必须确定并满足用户对产品质量的要求。销售管理人员要从用户需要什么样的产品入手，充分了解煤质规格、采场布局、选煤生产组织、运输过程和洗煤质量，真正为控制产品质量做好情报员的工作。选煤生产过程管理人员，也要及时了解最终产品质量情况、用户反馈情况等，及时调整生产，满足用户要求。

销售产品在装车之后，要按商品煤采样的标准在车皮上进行采样，化验的结果作为与用户结算的质量依据。

质量管理要注重整个运销业务处理过程中的工作质量，及时监督与控制合同的履行和服务质量，促进业务工作标准化、工作流程标准化。

实际工作中，质量管理的各项内容，都建立有统计台账，它完成每日、月、年的统计汇总，为企业各级领导提供准确的运销数据，为企业在市场经济环境下增强竞争力提供信息，同时，也为数据预测分析提供重要的基础数据。

分析用户反馈是质量管理的重要工作，不仅可以了解产品质量情况，而且是工作质量的重要反馈信息。

2. 产品的结算

结算是煤炭企业最终实现效益的关键部分之一，是煤炭运销过程的关键。

目前销售结算工作一般都集中在集团公司销售部门，实现对收费过程的分日、分月、分户、分收费人员的“四清”。选煤厂和矿井则要完成产品质量化验、确认，产品装运过程的各种票据的制作、传递和对账工作。

四、市场与客户管理

市场与客户是紧密相连的。市场与客户管理工作的主要内容有：市场调研、市场开拓、客户攻略。市场调研和市场开拓从宏观上的工作在前面的章节已有阐述，从微观上要在客户攻略上下工夫。

平时，要将煤炭运销业务管理的分散无序的数据，如销售地区、销售量、市场需求、客户分类、客户的特性和服务关系等进行分析，以便对销售工作做出科学的计划、判断、决策，降低营运风险和成本，扩大市场，使得煤炭企业取得最佳的社会和经济效益。

要认真分析客户结构（通过地区、收入、产量、行业等因素分析客户特性）、客户分布（含时间序列）、占比（最大最小客户群）、客户的贡献度（各行业、各分类用户）、客户流失情况、客户风险系数分布（欠费、陈欠）等，为竞争新客户和维护老客户提供基础数据，降低销售成本。

思　考　题

1. 什么叫市场调查？什么叫市场预测？二者之间有何关系？
2. 煤炭市场有何特征？煤炭市场的调查方法和步骤主要有哪些？
3. 煤炭定价方法主要有哪些？
4. 煤炭的品种和质量是如何划分的？
5. 不同用户对煤炭产品质量有何要求？
6. 什么叫煤炭产品结构优化？产品结构的优化方法主要有哪些？如何进行？
7. 煤炭市场开拓主要内容和策略有哪些？
8. 煤炭产品营销策略有哪些？
9. 简述煤炭市场的交易制度和交易程序？
10. 选煤厂运销管理的主要任务是什么？

第七章　设备管理

设备是选煤厂进行生产的物质技术基础，也是固定资产的重要组成部分。设备的优劣、设备管理水平的高低，直接影响着企业生产的发展、生产效率的提高和经济效益的增加。科学地选好、用好、管好设备已成为企业管理的重要组成部分。

第一节　设备管理概述

一、设备管理

设备是指选煤厂进行生产和服务所使用的各种机械的总称。它包括生产设备、动力设备、运输设备、监测仪器、科研设备、仪表及各种工具等。设备有固定设备和移动设备之分，是单位价值较高，能够继续使用和长期反复使用的劳动力资料和其他物质资料的总称。设备是现代企业的物质技术基础，也是企业固定资产的重要组成部分。设备能否良好运行直接影响选煤厂产品的质量、产量和劳动效率，对于选煤厂扩大再生产，提高经济效益，完成选煤厂生产目标有直接、重要的影响。

设备管理就是对机械设备、装置、设施、器械等各类生产工艺设备的管理，也包括对交通运输设备、研究试验设备等辅助设备的管理。设备管理，一方面对设备的物质运动形态的全过程，即从设备的选购、进场验收、安装调试、试用、维修与修理、更新改造直到报废等环节进行技术管理；另一方面也包括对设备的价值运动形态全过程，即设备的最初投资，维修费用的支出，折旧，更新，改造，资金的筹措、积累、支出等进行经济管理。

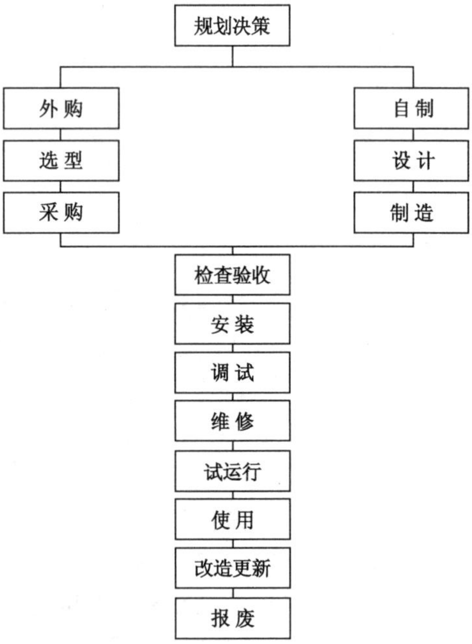

图 7-1　设备管理全过程

二、设备管理的内容和任务

（一）设备管理的内容

① 对设备进行全过程管理。这是指选煤厂从选购设备或自行设计制造设备，到设备在生产领域内使用、维护、修理直到报废退出生产领域位置的全过程管理，如图 7-1 所示。

② 追求设备寿命周期费用最优化。设备的寿命周期费用是设备在整个寿命周期内的总费用。选煤厂在设备规划决策的方案论证中，应追求设备寿命周期费用最经济，而不是只考虑购买或使用某一阶段的经济性。当然，还要考虑设备的综合效率。

③ 及时引进先进的技术装备。随着科技进步发展，产品的种类越来越丰富，质量越来越高，市场竞争进一步加剧，因此要求选煤厂及时提供能够满足生产需要的先进、适用的技术装备。

④ 加强设备的维修工作以保证生产的连续性。选煤厂设备管理的日常工作主要是设备维护维修工作。如瑞典制造工业，从业总人数减少 6.8%，而维修人员反而增加 9.8%。由此可见，设备维修是设备管理的重要环节。

⑤ 加强设备的经济管理和组织管理工作，实现设备的全员管理。

（二）设备管理的任务

① 制订选煤厂的设备综合管理规划。根据选煤厂的长期战略目标制订设备管理的长期计划，根据选煤厂的年、月生产目标制订设备管理的中期计划以及制订更为具体化的短期计划。同时还要进行技术经济方面的综合平衡，与资金计划、利润计划、能源计划相协调，保持与选煤厂生产计划相适应的技术先进、经济合理的设备和设施。

② 建立设备管理制度。逐步建立保证质量、降低能耗、减少成本、便于执行的设备管理制度，使选煤厂的设备长期处于最佳的技术状态。

③ 完善设备维修。现阶段我国设备管理方面工作量都是集中在设备维护和检修工作上，要搞好日常维护、点检，加强文明生产，选择经济合理、便于操作的维修方式，提高维修质量。

④ 加快设备的更新改造。目前我国工业生产旧设备仍然很多，因此在相当长的时间内，对设备进行挖潜、改造、更新的工作尤为重要，必须努力提高选煤厂生产技术装备水平和经济效益。

⑤ 完善设备的资产管理。资产管理包括资产登记、闲置设备处理、封存保管、转让调剂、报废和相应的资金管理等。

⑥ 加强设备的规范管理。认真贯彻设备管理“安全、可靠、经济、合理”的八字方针，加强岗位责任制，认真执行操作规范、规程，保证设备安全正常运行。

⑦ 制定防止公害的措施。改善工厂所在地区的环境，建立无公害、无事故的工厂。

第二节　设备的选择与使用

一、设备的选择

设备选择是选煤厂设备管理的第一个环节，它是指新选煤厂设备选择、老选煤厂购置新设备的选择、选煤厂自行研制专用设备以及从国外引进技术设备的选择等。

设备种类很多，选煤厂到底购置哪种设备，要考虑很多因素。因此设备的选择，是选煤厂经费决策中重要的问题，必须对新购设备或自行研制的设备进行技术经济评价，遵循技术上先进、经济上合理和生产上适用的原则。

在选择设备时应综合考虑以下因素。

① 生产性。生产性指设备的生产效率，一般用设备在单位时间的产品产量来表示。考虑这一因素时，应同选煤厂的长期计划结合起来，既要使设备的生产效率能够满足选煤厂生产发展的需要，又要使设备充分负荷。

② 可靠性。可靠性指选煤厂设备在规定时间和使用条件下，无故障地完成规定功能的

概率。它包括设备的性能、精度、零件的耐用性和安全可靠性等技术参数，这些性能应与产品的工艺要求相适应。

③ 安全性。安全性指设备在选煤生产中对生产安全的保障性能。企业应选择带有事故报警或设有自动保护装置的设备。设备一旦发生事故，直接威胁着工人的健康和生命，给选煤厂带来巨大的经济损失。因此，在选择设备时，必须考虑安全性因素。

④ 节能性。节能性指对能源的适应和利用的性能。节能性要求设备能适应当地的能源供应条件，设备的效率高，能源利用率要好，能耗要低。

⑤ 维修性。维修性表示可修复设备在技术维修时的难易程度的特性。其要求设备结构简化、零部件组合合理、更换性好，力求标准化和通用化等。

⑥ 环保性。环保性指设备的噪音和设备排放的有害物质对环境的污染程度和控制程度。噪音有害人体健康，要把它控制在规定的范围内。设备排放的废气、废渣、废水不能超过排污标准，并配备相应的治理设备。

⑦ 成套性。成套性指设备在性能、能力等方面相互配套的程度。要注意设备的成套性，设备不配套，就不能形成生产能力或不能充分发挥设备的性能，从而造成经济上的浪费。

⑧ 灵活性。它包括如下几个内容：① 在工作对象固定的条件下，设备能够适应不同的工作环境和条件，操作使用比较方便灵活；② 对工作对象可变的加工设备，要能适应多种零部件加工的性能，通用性要强；③ 设备结构要简单紧凑，重量轻，体积小、占用作业面积小，移动方便。

⑨ 经济性。它是选择设备的综合指标。它不仅要考虑节约一次性的投资购置费用，而且还要使设备在整个寿命周期内的总费用最小。总费用小，又能完成所规定的任务，这样的设备才是经济性好的设备。

以上是选择设备要考虑的一些主要因素。对这些因素要统筹兼顾，全面权衡利弊，以购置最佳设备。

二、设备的经济评价

设备投资的经济评价方法很多，这里仅介绍三种。

1. 投资回收期法

一般在其他条件相同的情况下，投资回收期最短的设备方案，就是经济上最优的设备方案。

设备费用总额由设备原始费用和使用费用组成。原始费用包括外购设备原价、设备及材料运杂费、成套设备业务费、备品备件购置费、安装调试费等，对于自制设备包括研究、设计、制造、安装调试费等。使用费用是指设备在整个寿命周期内所支付的能源消耗费、维修费、操作工人工资以及固定资产占用费、保险费等。

2. 年费法

年费法是从设备的寿命周期角度来评价和选择设备。采用这种方法是把不同方案的设备购置费用，根据设备的寿命周期，按一定的利率换算成每年的平均费用支出，然后再加上每年的平均使用费用得出各方案设备寿命周期内平均每年支出的总费用。选择年平均总费用最低的为最优投资方案。

设备的年总费用＝最初投资费用×资金回收系数＋每年维持费－设备残值×偿还资金系数

资金回收系数和偿还资金系数可查表得，也可利用下列公式计算：

$$资金回收系数 = \frac{i(1+i)^n}{(1+i)^n - 1}$$

式中 i——年利率；

n——设备寿命周期。

3. 现值法

它是把设备寿命周期平均每年支付的维持费，按现值系数换算成设备初期费用，在和设备初期购置费相加，进行总现值比较。

三、设备的合理使用

设备的合理正确使用是设备管理工作的重要环节，机器设备的使用寿命、生产效率和工作精度，固然取决于设备本身的结构和精度性能，但在很大程度上取决于设备的使用情况。为了使设备处于良好的技术状态，防止非正常磨损和避免突发性故障，延长使用寿命，减少修理，降低使用修理费，最重要的措施就是正确合理地使用设备。

（一）设备的合理使用

① 做好设备安装工作。严格按质量标准安装设备，安装后要经试运转验收合格才能投入生产。

② 合理安排加工任务，合理配置设备。必须根据设备的结构、性能和技术经济特点来安排加工任务，务必使工件的工艺要求与设备的使用规范相适应。防止大机小用，超载运转，避免出现“大马拉小车”或“小马拉大车”现象。

③ 定人定机制。定人定机制的目的是确保每台设备都由专人负责，专人操作和维护。使用设备必须在谁使用谁保养的原则下，严格岗位责任制。多人操作的设备应实行机台长制。自动生产线或一人操作多台设备，应根据具体情况制定相适应的定人定机办法进行保管保养。

④ 操作证管理制。设备操作证是准许操作工人独立使用设备的证明文件，是生产设备的操作工人通过技术基础理论和实际操作的技能培训，经考试合格后取得的。凭证操作是保证正确使用设备的基本要求。

⑤ 设备操作的基本功培训。我国选煤厂设备管理在长期实践中，摸索出“专群结合”的设备使用维护管理制度。应抓设备操作者基本功培训，做到“三好”、“四会”，即管好设备、用好设备、修好设备；会使用、会维修、会检查、会排除故障。

⑥ 遵守设备操作维护规程。设备操作维护规程是设备操作人员正确掌握设备操作技能与维护的技术性规范。它是根据设备的结构和运转特点，以及安全运行的要求，规定设备操作人员在其全部操作过程中必须遵守的事项、程序及动作等基本规则。

⑦ 建立设备使用者的岗位责任制。每天都要对设备实行点检，并认真做好记录。做好日常维护、周末清洗和定期维护工作，认真执行交接班制度和填写交接班记录。

⑧ 为设备创造良好的工作环境条件。保持设备周围环境整齐、清洁；并根据设备本身的结构、性能、精度等特性，安装防振、防腐、防潮、防尘、防护、防冻、恒温、保暖等装置。有条件的还应配备必要的测量、检验、控制、分析以及保险用的仪器、仪表、安全保护装置。这对稀有、复杂的贵重设备尤为重要。

选煤厂设备的合理应用应遵循以下几点：

① 设备未正式移交生产前，使用部门不得开车与使用；

② 移交时应由施工部门、设备使用部门及管理部门同时参加验收，检查设备安装质量、技术状况，并按规程试车合格后，办理验收手续；

③ 设备移交时，安装单位(部门)应向设备管理部门交下列资料，以便上交资料室存档。移交资料包括设备安装图、总图、随机零部件图、土建基础图、电气系统图、记录、使用维修说明书、开竣工报告、质量验收单等资料。

④ 三项费用购置或自制设备，凡符合固定资产条件的应办理手续。

⑤ 设备大修、更新改造也要参照上述办理交工验收建账手续。

(二) 提高设备的利用率

在设备使用管理中，要注意提高设备的利用率。下列考核指标可以反映设备的利用程度：

$$\text{设备台数的利用率}=\frac{\text{设备作用台数}}{\text{设备在册台数}}\times 100\%$$

$$\text{设备工时的利用率}=\frac{\text{实际工作台时数}}{\text{日历台时数}}\times 100\%$$

$$\text{生产能力利用率}=\frac{\text{单位台时的实际产量}}{\text{单位台时的额定产量}}\times 100\%$$

(三) 设备的事故管理

(1) 设备事故的类别

国务院《设备管理条例》规定：设备事故分为一般事故、重大事故和特大事故三类。设备事故的分类标准由国务院工业交通各部门确定。设备故障造成停产时间或管理费用达到规定数额时为设备事故。

(2) 设备事故的性质

按照造成事故的原因，可分为责任事故、质量事故和自然事故三类。

① 责任事故：凡属人为原因，如违反操作维护规程，擅离工作岗位，超负荷运转，加工工艺不合理以及维护修理不良等，致使设备损坏停产或效能降低者，称为责任事故。

② 质量事故：凡因设备原设计、制造、安装等原因，致使设备损坏停产或效能降低者，称为质量事故。

③ 自然事故：凡因遭受自然灾害，致使设备损坏停产或效能降低者，称为自然事故。

(3) 设备事故的处理

任何设备事故都要查清原因和责任，对事故责任者应按情节轻重、责任大小、认错态度分别给予批评教育、行政处分或经济处罚，触犯刑律者要依法制裁。

对设备事故隐瞒不报或弄虚作假的单位和个人，应加重处罚，并追究领导责任。设备事故频率应按规定统计，按期上报。

(4) 设备事故分析和处理

事故发生后应尽力保护现场，并根据“三不放过”的原理(事故原因分析不清不放过，事故责任者与群众未受到教育不放过，没有防范措施不放过)认真调查分析，严肃处理，从中吸取经验教训。

发生事故的单位，应立即在事故发生后三日内认真填写事故报告单，报送设备管理部门。一般事故由设备管理部门签署意见；重大事故及特大事故则由厂主管领导批示；特大事故发生后，应报告上级主管部门。

四、对事故处理的办法

凡因人为责任原因，如违反操作规程，违章指挥，擅离职守，超负荷运转，加工工艺不合理，维护保养不良等，造成设备损坏，功能降低者，按照“三不放过”的原则，追究其责任。首先事故责任者写出书面检查，根据认错态度、情节轻重，酌情给予批评教育、经济处罚，直至行政处分及追究法律责任，同时扣罚事故单位奖金。对重、特大责任事故的处理，经济和行政处罚由厂决定。触及刑律者，由公安部门追究处理。

第三节　设备的维护修理和更新改造

一、设备的磨损规律

设备在使用或闲置的过程中都会发生磨损，必须研究设备的磨损规律，然后根据规律进行合理地设计、购买、维护、淘汰设备。

设备的磨损是指在物质形态上和价值形态上损耗的两种形式。

1. 有形磨损

有形磨损又称为物质磨损，机器设备在使用过程中，在外力的作用下，其零部件会发生磨损、振动和疲劳，只是设备的实体发生磨损，这种磨损叫做第Ⅰ种有形磨损。有形磨损会造成机器设备物质技术状态的劣化。

2. 无形磨损

设备的无形磨损是指由于出现性能更加完善、生产效率更高的设备，使原有设备价值贬值的现象。设备无形磨损分为两种形式：一种形式是由于设备生产厂劳动生产率大幅度提高，原材料、动力消耗减少，生产相同结构设备的再生产价值降低，因而使原有设备价格降低，这种形式的磨损对于设备生产厂更为突出；第二种形式是由于不断出现性能更加完善、生产效率更高的设备，使原有设备无形中变得陈旧、落后，要提前报废。一般说来，技术进步越快，无形磨损也就越快。

设备的磨损是有规律的，一般可分为三个阶段。其磨损曲线如图 7-2 所示。

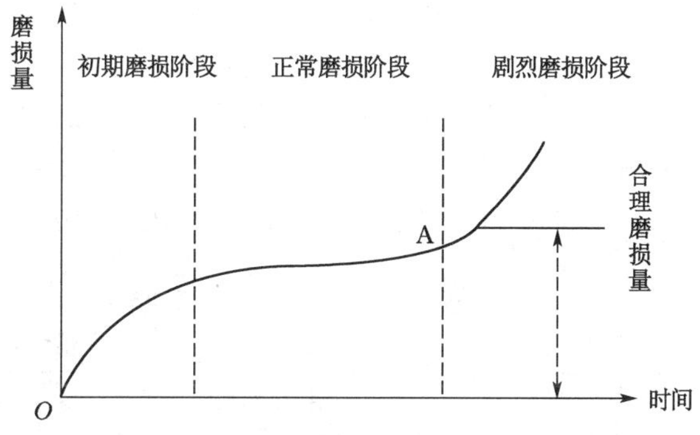

图 7-2　设备磨损曲线

① 初期磨损阶段。又称跑合阶段，在这个阶段，磨损速度虽快，但时间较短。

② 正常磨损阶段。如果零件的工作条件不变或变化很小，零件的磨损速度稳定，在正常情况下，零件磨损非常缓慢。这一阶段，就是机械零件的使用寿命。

③ 剧烈磨损阶段。当机器零件磨损到这个阶段，正常磨损关系遭到了破坏，磨损急剧增加，从而使设备的精度、性能和生产效率明显降低。这就要求停止使用，及时进行修理。否则，会造成生产事故和设备事故。因此，需要掌握好时机，在设备进入剧烈磨损阶段以前，就应进行修理。一般采用正常磨损阶段的终点 A 作为磨损极限。

3. 设备磨损的补偿

设备磨损形式不同，所采用的补偿磨损的方式也就不同。一般补偿可分为局部补偿和完全补偿。设备有形磨损的局部补偿是修理；设备无形磨损的局部补偿是现代技术改造；有形磨损和无形磨损的完全补偿是更新。设备磨损与补偿的相互关系如图 7-3 所示。设备的磨损经过补偿，才能保持良好的技术状态。

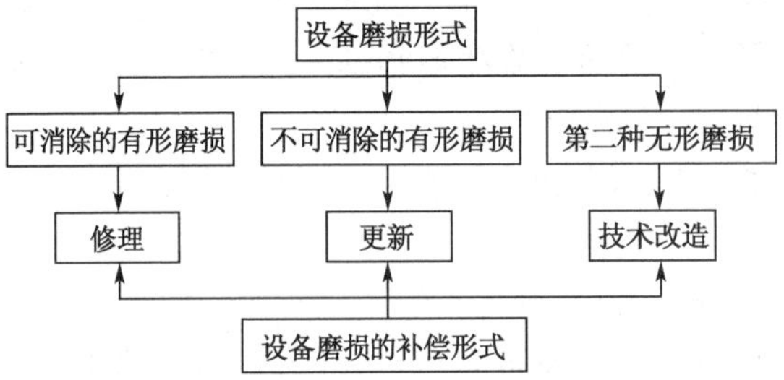

图 7-3　设备磨损与补偿的相互关系

二、设备的故障规律

所谓设备的故障规律，就是设备从投入直到报废为止的设备寿命周期内故障的发展变化规律。由于设备是由许多零件构成的，要掌握设备的故障规律，应首先研究零件的故障率与实践的关系。

1. 设备零件（元件）的故障规律

设备零件（元件）的故障发生形式比较简单，其故障率的类型一半属于如图 7-4 所示三种中的一种。其中图 7-4(a)表明故障率随时间增加而减少，特点是开始使用时故障容易发生，越到后来就越不易发生。图 7-4(b)表明故障发生的形式是随机的，故障率是常值。对这种类型故障的零件，故障仍是按同样概率发生，事前更换是无效的。图 7-4(c)表明故障率随时间增加而增加。对于这一类故障的零件，只要预测初期平均故障期，在故障即将发生前，把这些零件更换掉，就可避免故障。

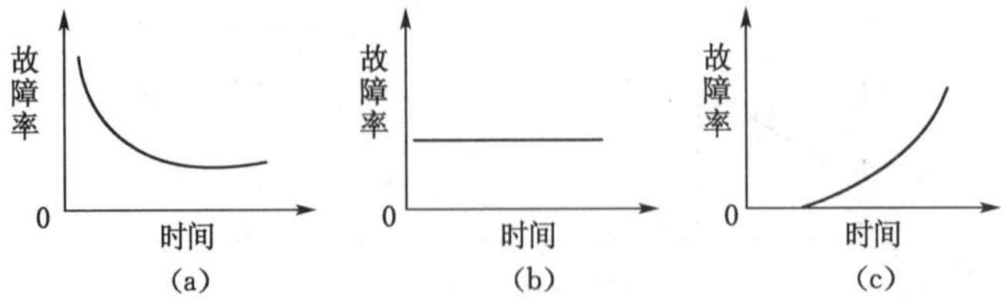

图 7-4　零件的三种故障率与时间的关系

2. 设备的故障规律

设备是由许多零件构成的，设备故障常常有某个或某些关键技术失效而引起。设备的典型故障率曲线如图 7-5 所示。曲线的形状似浴盆，故又称浴盆曲线。

浴盆曲线可以划分为三个不同阶段。第一阶段叫做初期故障期，这个阶段的故障率较高，发生故障的原因一般是由于设备设计上的疏忽、制造质量欠佳和操作不习惯引起的。第二阶段叫做偶发故障期（稳定阶段），在这个阶段内设备已进入正常运转阶段，故障率较低，基本上为一常数，一般情况下大部分故障属于维护不好和操作失误而应起的偶发故障。第三阶段叫做损耗故障期（磨损阶段），在此阶段，设备的某些零件已经老化，因而故障率剧增，如能提前知道或预测到劣化开始时间，在这个事件开始之前进行更换，就可以把故障率降下来，延长设备的有效寿命。

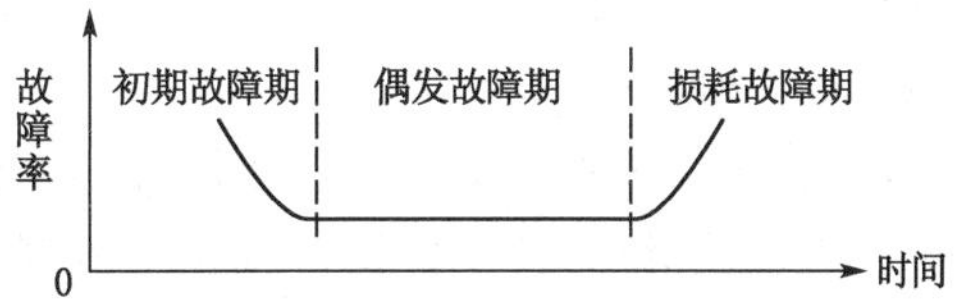

图 7-5　设备故障率变化图

3. 设备的故障管理

开展故障管理，一般做法如下：

① 操作工人自觉对设备进行故障记录、统计、分析，提出排除故障的合理化建议。

② 结合本厂生产实际和设备状况特点，确定故障管理的重点设备。

③ 采用监测仪器和诊断技术，对重点设备进行有计划的监测活动，以发现故障征兆和劣化的信息。

④ 建立故障查找逻辑程序。

⑤ 分析设备故障频率、平均故障间隔期、单台设备状态，以及重复故障发生的原因，找出故障发生规律，以便采取相应的对策。

⑥ 建立故障管理系统，确定故障管理的合理程序。

⑦ 针对故障情况，采取相应对策。

⑧ 对重复性频率高的故障，要重点进行研究，采取改善维修的对策，以减少故障的发生。

三、设备的维护保养

对设备进行清扫、检查、紧固和防腐等一系列工作的总称为设备维护或设备保养。其目的是减缓设备的磨损，即检查和处理设备运行中出现的异常现象。

按保养工作的深度和广度，通常把设备保养分成不同的登记。我国目前多数选煤厂采用的是"三级保养制"：

① 日常保，简称"日保"或称"例行保养"。重点是擦拭、清洁、润滑、紧固已松动部位，检查零部件的状况。这类保养较为简单，大部分工作在设备的表面进行。

② 一级保，简称"一保"。主要包括消除螺钉松动，保持设备清洁，经常进行润滑以及进行部分调整等工作。

③ 二级保养，简称"二保"。主要是对设备进行部分解体检查、清洁、修理、调整、更换少数零件，使设备精度达到工艺要求。

此外，有的选煤厂还有：三级保养，简称"三保"。除对设备的主体部分进行解体检查和调整外，还要更换已经磨损的零件，并对主要零件的磨损情况进行测量、鉴定，为编制设备修理计划提供依据。

除日常保养、一级保养由操作工人自行负责外，其他两级保养，在操作工人参加下，一般由维修工人负责进行。

四、设备的检查

事先由设备技术人员根据设备图样与类似设备的使用经验，制定各种设备的检查规程，作为执行检查工作的技术依据。规程中应规定检查部位、检查项目、周期、方法、检查工具、判断标准和处理方式等。

（一）设备检查分类

1.按检查方式分类有人工检查和状态监测

（1）人工检查

人工检查是指用目视、耳视、嗅味、触摸等感官检查和用简单工具进行人工检查。

（2）状态监测

状态监测是指在设备的特定部位安装仪器仪表，对运行情况自动监测或记录，以便能全面、准确地把握住设备的磨损、老化、劣化程度和其他情况。在此基础上进行早期预报和跟踪，有利于把设备的定期维护修理制度改变为有针对性的、比较经济的预防维修制度。设备状态检测技术是在检查的基础上发展起来的一种运动过程中进行动态检查的方法，是设备维护和管理的新兴工程技术，是设备检查的发展方向。

2. 按检查时间间隔分类分为日常检查、定期检查和修前检查

（1）日常检查

日常检查就是在交接班时，由操作工人结合日常保养进行检查，以便及时发现异常的技术状况，进行必要的维护和检修工作。

（2）定期检查

定期检查就是按照计划日程表，在操作工人的参加下，由专职维修人员定期检查，以便全面准确地掌握设备的技术状况，零部件磨损、老化的实际情况，确定是否有进行修理的必要。

（3）修前检查

修前检查即在临修之前进行的检查。小修前对重点部位的检查，大、中修前的全面检查，都应按规定的检查表做好记录。

3. 按检查内容分类分为功能检查和精度检查

（1）功能检查

就是对设备的各项功能进行检查和测定，如检查设备的漏油、漏水漏气、防尘密封情况，以及检查和测定设备零件的耐高温、高速、高压的性能等状况。

（2）精度检查

就是对设备的精度指数进行检查和测定，它可以为设备的验收、修理和更新提供较为科学的依据。

（二）选煤厂的设备检查内容

① 设备的检修，按其不同的检修内容和工作量的大小，划分为大、中、小修之类，其分类原则的要求为：

设备的小修：指对设备的个别零件进行检修，基本上不拆设备的复杂部分。

设备的中修：指对设备的主要部件，进行解体检修，并包括小修内容。

设备的大修：指对设备的所有零部件进行检修更换，使设备完全恢复原状态，达到原性能技术要求的检修，当然包括中小修内容。

② 检修周期及内容,常见设备的检修周期见表 7-1,需说明的是:a. 检修类别及内容,一般根据规定执行,如在检修中发现有超越检修内容的部位必须检修时,不能放过,更不能隐瞒,应及时报告,该修的修,该换的换,检修类别不变,检修工时加大记入。b. 检修周期是按每天运转 8～14 小时计算的,每年按 300 天,若每天运转时间为 16～20 小时,应将周期缩短 25%。

表 7-1　　选煤厂部分设备检修周期及主要内容参照表

序号	名称	检修类别	检修周期/月	检修内容及技术要求
1	胶带运输机	小修	3	更换部分托辊、压辊、刮板、对轮胶圈、修补胶带接头,调整清理拉紧装置
		中修	12	更换部分皮带,逆止装置修理,清洗减速器和各部分轴承并注新油
		大修	36	更换整条皮带、轴瓦或轴承、大量托辊和部分滚筒,焊补机架,减速器换齿轮和齿轴
2	电磁除铁器	小修	6	检查清洗调整链条、轴瓦,更换对轮胶圈,检查除铁效果
		中修	12	更换轴承、胶带,修补滚筒,检修减速装置,调整吊架,检查铁芯
		大修	36	更换滚筒、减速齿轮,检修铁芯
3	分级筛	小修	6	检查调整筛板,紧固螺栓,更换三角皮带,检查轴承和弹簧
		中修	12	更换筛板,清洗轴承或更换
		大修	48	更换弹簧,修补框梁和箱体
4	破碎机	小修	3	运转轴承部位清理注油,检查氮气瓶辊、两对辊间隙,紧固螺栓
		中修	12	清理齿辊间杂物、齿轮桥,检查齿轮磨损情况,清洗换油,查保险
		大修	36	齿辊补焊,恢复原齿高,更换齿轮、三角带,清洗检查操纵阀
5	振动筛	小修	3	检查更换轮胎式对轮之胶皮,检查激振连接和筛板的紧固,检查弹簧相互高差
		中修	9	更换筛板、压条和压筛木,检查振幅并调整
		大修	48	修补框架,更换弹簧,调整激振力大小
6	旋流器	小修	3	检查一、二段溢流杯磨损情况,更换底流出渣排矸器和压力表隔膜
		中修	12	检查两段内衬,更换一、二段溢流杯,清洗校对压力表
		大修	39	更换内衬,修补外壳和压力表通管
7	刮板运输机	小修	6	更换对轮胶圈,检查刮板和连接环及螺栓,清洗机头、机尾、轴承并加注油脂,调整机尾拉紧
		中修	12	清洗减速器,加油,更换刮板及连接环,修补铸石及滑道,更换拉紧
		大修	24	更换链轮,铸石重铺,修整机头机尾架
8	离心机	小修	3	调整更换三角带,检查密封和油压装置以缓冲胶垫调整
		中修	12	清洗更换油脂,调整或更换筛网和刮刀
		大修	42	更换差动传动齿轮、轴承、胶垫、刮刀体和三角带轮

续表 7-1

序号	名称	检修类别	检修周期（月）	检修内容及技术要求
9	浮选机	小修	6	调整三角带，检查刮泡对轮，更换刮泡胶皮，检查搅拌地脚
		中修	12	清洗搅拌轴承，检查调整叶轮上下间隙和磨损情况，更换部分叶轮和三角带
		大修	36	更换和修理主轴，更换叶轮、下隔板、中心管、轴承、皮带轮、刮泡器刮板和轴套等
10	过滤机	小修	3	修补和更换滤布，更换对轮保险销，清理水封管路，更换密封，调整主传动并加油
		中修	12	检查更换搅拌叶片，清洗分配头和减速装置齿轮，全部更换滤布，检查滤扇和密封
		大修	48	更换滤板、分配盘及分配轴头、搅拌机油、轴套等
11	压滤机	小修	3	清洗调整拉板链轮和链条，滤布滤板彻底清洗，更换液压油，清理液压控制元件
		中修	12	更换滤布，清洗更换液压元件，更换压力表，清洗头板液压缸活塞，清理滤布清洗系统
		大修	48	更换部分滤板、拉链链轮、滚轮，调整轨道，更换液压元件
12	煤泥泵	小修	6	更换对轮胶圈或三角带、密封填料，轴承清洗注油
		中修	12	更换叶轮和衬板，清洗或更换进出口阀门
		大修	36	除保留泵壳和支架外，更换全部易损件
13	清水泵	小修	9	更换对轮胶圈、水门、填料等
		中修	18	清洗轴承，检查轴套、叶轮、进出口闸门，检查更换丝杆
		大修	48	更换叶轮，轴套衬板、轴、帽、轴承、管道阀门
14	压缩机	小修	3	检查调整三角带松紧、润滑油和冷却水系统
		中修	12	清洗更换阀件弹簧、阀片，检查连杆轴，更换一、二级瓦衬
		大修	36	更换三角带、阀件、活塞环等所有易损件

五、设备修理与维修制度

当设备由于磨损、断裂、老化或腐蚀出现故障或技术状况劣化到某一临界状态时，为恢复其功能而进行的技术活动称为设备修理。由于设备修理往往要以设备的检查结果为依据，而且在实际工作中又常与检查相结合，因此，又称为设备检修。

设备修理按作用不同，分为恢复性修理和改善性修理两种类型。恢复性修理通过更换或修复已经磨损、腐蚀或老化的零件，使设备的功能恢复，并延长其物质寿命。改善性修理是对设备中故障率高的部位进行改进或改装，使设备故障发生率降低或不再发生，提高设备的技术寿命和使用效能。通常所说设备修理，大多指的是恢复性修理，它是恢复设备性能，保证设备正常运行的主要手段。

设备维修制度，使之在设备的维护保养、检查、修理中，为贯彻“预防为主”方针而采取的一系列技术组织措施的总称。因习惯和国情不同,各国甚至各选煤厂的设备维修制度也不相同。我国目前实行的设备维修制度主要是计划预防维修制和计划保养维修制两种。此外,起源于美国的预防维修制也得到我国不少选煤厂的重视与应用。

(一) 计划预修制

计划与维修是我国选煤厂从 20 世纪 50 年代开始由前苏联引进并普遍推行的一种制度。这种制度是根据设备的一半磨损规律和技术状态,按预定修理周期及其结构对设备进行维护、检查和修理,以保证设备经常处于良好的技术状态的一种维修制度。

1. 计划预修制的内容

计划预修制的主要内容如下:

① 日常维护。具体内容见“三级保养制”中的“日保”。

② 定期检查。通过定期外部观察、试运转或拆卸部分来查明设备精度、零部件磨损情况,进行设备调整并消除小的缺陷。

③ 计划修理。计划修理按其对设备性能的恢复程度可分为小修、中修和大修三种。小修,指对设备的局部实行解体,修复或更新少数零件,保证设备能正常运转到下一次计划修理时即可。中修,对设备进行部分解体,但修复或更新零件较多,要求恢复设备的精度并校正设备基准坐标,对于个别难恢复精度的项目,在尚能满足产品质量的条件下,允许延至大修时解决。大修,全部解体修理,争取全面恢复到设备出厂时规定的精度和性能,附件如有短缺补齐,外观全面打光,挂腻子,上漆。只是历次大修后的质量和可靠性,都难以恢复到设备出厂时的水平。小、中、大修都由专业修理人员进行。修前进行检查,修后要组织验收。

2. 计划预修的方法

计划预修的方法有检查后修理法、定期修理法和强制修理法三种。

(1) 检查后修理

这种方法的关键是必须建立严格的检查制度和检查计划,包括日常检查和定期检查。根据检查的情况、设备精度指数,以及有关修理资料,编制修理计划,确定修理日期和内容。这种方法的最大优点是依据设备的实际情况来确定是否进行修理,针对性强,可避免过度修理,降低修理费用。但是,这种方法灵活性较大,如果检查制度不严,会导致设备零件的过度磨损或设备突然损坏,致使修理停歇时间过长。检查后修理法一般用于缺乏修理定额资料或简单不重要的设备。

(2) 定期修理法

这种方法是根据设备的实际使用情况,参考有关机件磨损程度资料,规定设备修理的计划日期和大致的修理内容及工作量。确切的修理日期及工作内容,则根据每次修理前的定期检查,再作详细规定。这种方法的优点是,对修理日期和内容的规定,既有科学依据,又允许根据设备的实际磨损情况作适当的调整。

这种方法与检查修理法相比,事先有一个大概的修理计划,计划性强,有利于做好修理前的准备工作,缩短修理停歇时间,又能合理地利用零件的使用寿命。目前,我国维修基础较好的选煤厂,多半采用此法。

(3) 强制修理法

强制修理法亦称标准修理法,它是一种强制性的计划预修方法,主要根据设备零件的使用寿命,预先编制具体修理计划,明确规定修理的日期和内容,不管设备的实际技术状态及零件的磨损情况如何,都应严格地按照计划的规定进行强制修理。

这种方法的优点是计划性强,能严格保证设备的安全运行和正常运转。但是,这种方法往往容易脱离实际情况,产生过度修理,造成不必要的浪费。一般地说,对于安全性要求很高的设备,可采用这种方法,以保证设备的绝对安全。

选煤厂应针对不同的设备,根据不同的要求,正确选择不同的修理方法。

(二)计划保修制

计划保修制,是我国于20世纪60年代在总结计划预修制的经验和教训的基础上建立的一种专群结合、以防为主、防修结合的设备维修制度,并已取得了较好的效果,但是这种制度还不够成熟,还有待总结和提高。

所谓计划保修制,就是有计划地进行设备三级保养和大修理的体制、方法,即在搞好三级保养的同时有计划地进行大修。大修时拆卸全部设备,修理基准零件,更换与修复磨损的零件及部件,恢复机器设备应有的精度、性能和生产效率,同时设备的大修理还应与革新改造尽可能结合起来。大修后,由设备部门、设备所在车间的设备员、机修车间检察员,按国家规定的质量标准逐项进行验收。

实行计划保修制,对计划预修制中的修理周期结构,包括大修、中修和小修的界限和规定,进行了重大的突破,使小修的全部内容和中修的部分内容,在三级保养中得到了解决,一部分中修内容并入大修。同时,又突破了大修和革新改造的界限,强调“修中有改”,“修中有创”,特别是对老设备,要把大修的重点转移到改造上来,这是适合我国具体情况的重要经验。

(三)预防维修制

预防维修制起源于美国,它是以设备故障理论和规律为基础,将预防维修和生产维修相结合的综合维修制度。预防维修是从预防医学的观点出发,对设备的异常进行早期发现和早期诊断。预防维修制可减少故障次数,缩短修理时间。预防维修制中包括的设备维修方式主要有:

① 日常维修。即设备的检查、清扫、调整、润滑、更换、整理等活动。

② 事后维修。包括两方面内容:一是非重点设备实行故障发生后维修;二是对无法预测的突发故障的修理,事后维修属于非计划维修。

③ 预防维修。一般是指对重点设备,以及一般设备中的重点部位进行的预防性维修活动。

④ 生产维修。指事后与预防维修相结合的维修方式。即对重点设备进行预防维修与对一般设备实行事后维修。目的是在节约维修费用的前提下,保证生产需要。

⑤ 改善维修。是在设备修理时,同时进行设备的改装、改造。目的是提高设备的性能、效率、精度、节能等。

⑥ 维修预防。指在进行新设备设计、制造时,就考虑到提高设备的可靠性、维修性和经济性。

⑦ 预知维修。它是在设备监测技术基础上产生的一种新的设备维修方式。这种维修方式与预防维修的区别如表7-2所列。

表 7-2　　预防维修与预知维修的区别

项目	预防维修	预知维修
分析方法	根据设备修理历史记录，估计零件使用期限	根据仪表指示，对设备进行全面评价，绘制零件的标准工作曲线图
异常现象的测定方法	定期检查，只需检查有关零件的情况，发生故障很少有警报	用仪表在设备进行中连续监测，能早期测出将发生的故障，故障发生前有警报信号
维修费用	更换零件数量大、费用多，但不用购置监测仪器	只对损坏零件更换，费用少。但要购置自动监测仪，一般在化工装置、自动流水线等情况下才安装

六、设备的寿命

设备的有形磨损和无形磨损使得设备的寿命是有限的，按其性质可分为自然寿命、技术寿命、经济寿命和折旧寿命四种。

① 自然寿命。是设备的物质寿命(或叫使用寿命)，即从设备投入生产开始到设备报废为止所经历的时间。其报废界线是最后一次大修是否进行的界限。

② 技术寿命。是设备的有效寿命，从投入生产到被新技术淘汰为止所经历的时间。

③ 经济寿命。是设备的费用寿命，它是以维修费用为标准所确定的设备寿命。当设备到了自然寿命后期，由于依靠过多的维修费用来维持设备的自然寿命，就会造成经济上不合算，其报废界线是综合效益低劣。

④ 折旧寿命。是指国家有关规定或选煤厂自行制定的折旧率，将设备总值扣除残值后的余额，折旧到接近零时的时间。折旧寿命的长短取决于国家和选煤厂所采取的技术政策和方针。折旧寿命一般介于技术寿命或经济寿命与自然寿命之间。

七、设备的更新和改造

1. 设备更新

设备更新是指以新的、效率更高的先进设备去替代那些物质上不能继续使用、经济上不宜继续使用、技术上落后的旧设备。研究设备更新问题，是为了追求技术进步，提高经济效益。为了使设备更新经济合理，既要考虑设备的自然寿命，也要考虑设备的技术寿命和经济寿命，从而确定设备的合理使用年限。

确定设备最佳更新周期的方法很多，现介绍两种常用的方法。

(1) 低劣化数值法

折旧称为设备的劣化，设以 K_0 表示设备的原始价值，T 代表已使用的年限，则每年平均分摊的设备费用为 K_0/T。随着 T 的增长，按年平均的设备费用不断减少，但设备的维护修理费用及燃料、动力消耗增加。若这种低劣每年以 G 的数值增加，则 T 年的低劣化数值为 GT，T 年中平均低劣化数值为 $GT/2$。由此可得平均每年的设备费用总和 Y 为：

$$Y=\frac{GT}{2}+\frac{K_0}{T}$$

若使设备费用最小，则对使用年限 T 求导得：

$$T_0=\sqrt{\frac{2K_0}{G}}$$

T_0 即为使设备总费用最小的寿命，即设备的经济寿命。

(2) 面值法

面值法是一种通过分析计算同类型设备的账面统计资料求得设备经济寿命的方法。

2. 设备的技术改造

设备技术改造是利用先进的科学技术成就来提高原有设备的性能、效率,进行现代化改造的过程。

设备技术改造包括两个方面:一是设备局部的技术更新,二是增加新的技术结构。局部技术更新是指采用先进技术改变现有设备的局部结构,而增加新的技术结构是指在原有设备的基础上增添新的部件、新的装置等。

设备技术改造的优点是:① 能尽快地把科学技术的最新成就变为直接生产力;② 能根据选煤厂的具体情况进行,可以满足生产和工艺的要求,促进生产力的发展;③ 投资少,见效快。

因此,在资金比较缺乏,经济实力比较薄弱的情况下,设备改造是实现选煤厂生产技术现代化的重要途径。

第四节　设备的综合管理

机器设备现代化水平和生产化程度的提高、商品经济的进一步发展以及使用现代化设备所带来的一系列新问题,使得设备在选煤厂经济生产活动中的地位越来越重要,相应地对设备管理提出了更高的要求,而现代管理理论和科学技术的新成就,又为设备管理满足这种要求提供了条件。因此,设备综合管理的观点和方法便应运而生。其中有代表性的是设备综合工程学和全员生产维修。

一、设备综合工程学

设备综合工程学,是20世纪70年代初在英国首创的,并由于推广效果显著而受到各国瞩目。

设备综合工程学被视为是设备的寿命周期费用最经济,并把使用有形资产的有关工程技术、管理、财务等实际业务加以综合,对设备管理的全过程进行研究的一门科学。工厂中的机械、装置、建筑物等可靠性方案的设计、使用和信息反馈,都属于其研究范围。

设备综合工程学具有如下特点:

① 把设备的寿命周期费用最经济作为研究目的。设备寿命周期费用,是设备在整个寿命期的总费用,包括研究、设计、制造、安装调试、使用、维修直到报废为止所发生的费用总和。这个费用总和分为原始费(设置费)和使用费(维修费)两大部分。原始费对自制设备来说,包括研究、设计、制造费;对外购设备来说,包括设备价格、运费、安装调试费。使用费主要是指能源消耗费、操作工人工资、维修费、保险及税金等。研究寿命周期费用的目的,是为了使设备一生的总费用最经济,而不是只考虑某一阶段(制造、采购或维修)的经济性。

② 把工程技术、管理和财务等方面综合起来对设备进行研究和管理。从技术方面看,现代化设备集多门类的科学成果于一体,因此,要管好现代化设备,就要掌握多种科学技术,并能从横向把它们综合起来;从财务方面看,要研究设备的制造费用、运输安装费用、人员和管理方法。

③ 重视设备的可靠性、维修性研究。设备的可靠性,可用设备从投入生产到出现故障

这中间的可能工作时间来表示，这段可能工作时间越长，可靠性越好。设备的维修可用排除故障所需要的维修保养时间来表示，这段时间越短，维修性越好。可靠性、维修性设计，是为了提高设备的可利用率，其计算公式如下：

$$A=\frac{T_v}{T_v+T_D}$$

式中 A——设备可利用率；

T_v——可能工作时间；

T_D——维修保养时间。

设备利用最理想的状况是 $T_v\rightarrow\infty$，$T_D\rightarrow 0$，这是设备综合工程学追求的目标。

④ 对设备实行全过程管理。运用系统论原理，对设备的一生，即从设备的研究、设计、制造、安装、使用、维修、改造、更新直至报废的全过程进行管理。其目的是充分调动各环节职能部门的积极性，正确处理由于分工不同所形成的要求、利益的矛盾，依靠各专业科学技术和管理知识，进行知识密集，有效地解决使用现代化设备所带来的一系列新问题。

⑤ 强调设计、使用和维修过程中的信息反馈。对设备实行全过程管理，就需要有过程各类环节的信息反馈。一般来说，这里包括两种信息反馈：厂内反馈和厂外反馈。厂内反馈，是指改善修理；厂外反馈，是指使用设备的选煤厂，把设备的使用情况和使用过程中发现的缺陷，及时反映给制造设备的选煤厂，以便从设计、制造等方面进行改进。

二、全员生产维修

所谓全员生产维修，是以提高设备效率为目标，建立以设备一生为对象的生产维修全系统，实行全员参加的一种设备维修管理制度。

全员生产维修的要点是：

① 以“三全”为指导思想。“三全”是指“全效率（综合效率）”、“全系统”、“全员参加”。

② 采用比较完整的维修方式。包括日常维修，事后维修，预防维修，生产维修，维修预防。

③ 划分重点设备。对重点设备实行重点维修。重点设备是相对的，随着生产计划及设备更新改造或维修效果的变化，重点也会发生变化，因此，需要定期调整。

④ 实行生产维修目标管理。生产维修目标管理，主要是确定生产维修的方向和奋斗目标，以及要达到的具体程度，并对取得的效果进行总结和评价。生产维修目标管理包括：制定阶段、实施阶段和总结评价阶段。越到下层，目标越明确具体。生产维修目标的重要内容是维修管理方面的各项指标。

⑤ 重视维修记录及其分析。这是全员生产维修的一项重要内容。维修记录大体分为原始记录、统计分析数据和成果数据。平均故障间隔时间（MTBE）分析是全员生产维修中的一项重要分析工作。它把各项作业的发生时间、现象、原因、所需工时、停机时间都记录下来，做成分析表，通过分析找故障次数多、间隔时间短、维修工作量大并对生产有很大影响的各设备部件，把它们作为减少维修作业时间的重点。

⑥ 强调环境与作风保证。要求具有良好的劳动环境和工作作风，开展5S活动，即：a. 整理（把紊乱的东西整理好，不用的恰当处理）；b. 整顿（有用的东西准备齐全有序）；c. 清洁（保持清洁无污垢）；d. 清扫（把工作环境打扫得干干净净）；e. 素养（讲文明礼貌，培养良好的工作习惯和生活习惯）。

三、设备管理的日常工作

1. 建立设备档案

对全厂的机电设备、配件进行档案管理。档案内容应贯穿设备的整个寿命周期，包括设备及配件的型号、台数、技术参数、生产厂家、订货情况、附属设备、易损件、新设备安装和验收、大中修情况、零部件更换、设备事故记录、设备报废等信息。技术档案资料也应正式建档。

2. 大中修计划、实施与日常维护

机电部门负责制订设备大、中修计划中的维修、更新和改造计划，并组织实施和记录实施情况。另外，设备的日常润滑和注油也要有计划地进行，并做好记录。

3. 设备配件

设备配件一般是跟随新设备一起购置一部分，然后根据消耗情况定期采购。设备配件信息应跟随主机一起进入设备档案管理。备件的购置及库存管理等也纳入日常管理工作。

4. 各种记录、报表

进行全厂用电、用水统计，记录设备固定资产变更情况统计，记录计量设备的维护、校准、标定和更新情况，记录机电设备完好及日常维护情况，做好机电设备事故管理记录和报表。

5. 管理制度

进行设备标准化管理及机电、计量设备制度的制定和发布。

思 考 题

1. 选煤厂设备管理的任务是什么？
2. 选择设备时应遵循哪些原则？应考虑哪些因素？
3. 设备事故的类别和性质有哪些？怎样处理？
4. 试述设备的磨损规律和故障规律。
5. 试述设备的磨损形式及其补偿形式。
6. 试述设备维护保养的目的及类别。
7. 什么是设备计划预修制？其主要内容是什么？
8. 什么是设备计划保修制？它与设备计划预修制有何区别？
9. 什么是预防维修制？它包括哪些维修方式？
10. 设备的日常管理都有哪些内容？

第八章 资金管理

第一节 资金筹措

任何一个选煤厂，为了保证经营的正常进行，必须持有一定数量的资金。选煤厂根据其生产经营、对外投资及调整资金结构的需要，通过一定的渠道，采取适当的方式，获取所需资金的行为即为筹资。筹资既是选煤厂生产经营活动的前提，又是选煤厂顺利进行再生产的保证，同时，也为投资奠定了基础。从一定意义上讲，筹资的数量与结构直接影响选煤厂效益的好坏，进而影响选煤厂收益的分配。因此，筹资管理在财务管理中处于极其重要的地位。

一、选煤厂筹资渠道与方式

筹资渠道是指筹措资金来源的方向与通道。筹资方式是指筹措资金时所采用的具体形式。筹资方式和筹资渠道之间有着密切的关系，一定的筹资方式可能只适用于某一特定的筹资渠道，但同一渠道的资金通常可以采用不同的方式取得，而同一筹资方式又往往可以适用于不同的筹资渠道。选煤厂的筹资渠道和筹资方式之间的对应关系如表 8-1 所列。

表 8-1　　筹资方式与筹资渠道的对应关系

筹资方式 / 筹资渠道	吸收直接投资	发行股票	银行借贷	发行债券	商业信用	融资租赁
国家财政资金	√	√				
银行信贷资金			√			
非银行金融机构资金	√	√	√	√		√
其他选煤厂资金	√	√		√	√	√
居民个人资金	√	√		√		
选煤厂自留资金	√					

二、选煤厂筹资的基本原则

选煤厂的资金来自各种渠道，筹资采取的方式不尽相同，但为了有效筹资，必须遵循以下原则。

1. 规模适当的原则

选煤厂的资金需要量往往是不断波动的，财务人员要认真分析研究选煤厂的科研、生产、经营状况，预测资金的需要量，确定合理筹资规模。筹资必须以选煤厂的资金需要量为依据，这样，既避免因资金不足影响生产经营的正常进行，又可防止资金筹资过多，造成资金闲置。

2. 筹措及时原则

同等数量的资金，在不同时点上具有不同的价值，选煤厂的财务人员在筹资时必须掌握资金时间价值的原理和计算方法，以便根据资金需求的具体情况，合理安排资金的筹集时间，适时获取所需资金。这样，既能避免过早筹集资金形成资金投放前的闲置，又能防止取得资金的时间滞后，错过资金投资的最佳时间。

3. 来源合理原则

资金的来源渠道是资金市场为选煤厂提供资金的来源和筹资场所，它反映资金的分布状况和供求关系，决定着筹资的难易程度。不同来源资金，对企业的收益和成本有不同影响，因此，企业应认真研究资金渠道和资金市场，合理选择资金来源。

4. 方式经济原则

在确定了筹资数量、筹资时间、资金来源渠道的基础上，选煤厂在筹资时还必须认真研究各种筹资方式。企业筹资必须付出一定的代价，不同筹资方式下的资金成本也不同。为此，就需要对各种筹资方式进行分析、对比，选择经济可行的筹资方式。与筹资方式相联系的问题是资金结构问题，应确定合理的资金结构，以便降低成本，减少财务风险。

三、资金成本与资金结构

（一）资金成本的概念与计算

1. 资金成本的概念

资金成本是指选煤厂筹集和使用资金必须支付的各种费用，包括用资费用和筹资费用两部分。

用资费用是指企业在生产经营和投资过程中因使用资金而付出的费用，如向股东支付的股利、向债权人支付的利息等，这些是资金成本的主要内容。

筹资费用是指选煤厂在筹资过程中为获取资金而付出的费用，如向银行支付的借贷手续费，因发行股票、债券而支付的发行费等。筹资费用与用资费用不同，筹资费用通常是在筹措资金时一次性支付的，在用资过程不再发生，而用资费用是在资金使用过程中多次支付的，并随时间的变化而变化。

资金成本可以用绝对数表示，也可以用相对数表示，但在财务管理中，一般用相对数表示，即表示为用资费用与筹得资金（即筹数额扣除筹资费用后的差额）的比率。其基本计算公式为：

$$\text{资金成本率}=\frac{\text{每年实际负担的资金使用费}}{\text{实际筹得资金量}}\times 100\%$$

企业资金来源及取得方式不同，其成本含量也不同，因此，对不同来源和方式下的资金，应分别计算其成本。[注：因短期资金使用时间较短，成本较低，所以只对长期资金成本进行测算。]

2. 资金成本的计算

(1) 债务资金成本的计算

企业债务资金的使用费用是债务利息，根据我国现行财务制度规定，企业生产经营过程中支付的债务利息，凡符合规定的部分可以在所得税前列支，不符合规定的部分需调整纳税。这样，在计算债务资金使用费用时就应该根据债务利息的发生情况，正确考虑所得税因素对资金成本的影响。实际筹得债务资金是指企业筹得的实际能利用的债务资金，由于借贷条件及债券发行价格的影响，往往使得债务总额与筹得资金量之间存在此债务资金成本率，其计算公式为：

$$债务资金成本率=\frac{M(1-T)+I}{R(1-r)-F}\times 100\%$$

式中 M——允许税前列支的利息额；

I——需作纳税调整的利息额；

R——长期借贷总额或按发行价计算的债务总额；

T——所得税税率；

r——贷款保留余额百分比；

F——筹资费用。

例 8-1 选煤厂某年有三年期贷款 200 万元，其中 170 万元自金融机构借入，年利率 10%，补偿余额 10%；另 30 万元自非金融机构借入，年利率 16%，当年国家规定的金融机构同期贷款利率最高限额为 10%，筹资费忽略不计，企业所得税税率为 33%。其长期贷款资金成本率为：

$$长期贷款资金成本率=\frac{200\times 10\%\times(1-33\%)+(16\%-10\%)}{170\times(1-10\%)+30}\times 100\%=8.3\%$$

(2) 权益资金成本的计算

企业的权益资金包括股本(或实收资本)和留用利润。其中：

$$优先股成本率=\frac{优先股面值\times 年利率}{按发行价格计算的优先股总额-筹资费}\times 100\%$$

普通股由于股利不固定，其成本率计算方法有多种，许多公司的股利都是不断增加的，假设年增长率为 g，则普通股成本率的计算公式为：

$$普通股成本率=\frac{第一年的股利}{按发行价格计算的普通股总额-筹资费}+股利年增长率(g)$$

由于企业一般不会把全部收益以股利形式给股东，所以留用利润是企业资金的一种重要来源。企业留用利润等于股东对企业进行的追加投资，股东对这部分投资与以前缴给企业的股本一样，也要求有一定的报酬，所以，留用利润也要计算成本。其计算方法与普通股基本相同，但不用考虑筹资费用。其计算公式为：

$$留用利润成本率=\frac{第一年股利}{留用利润总额}+股利增长率$$

3. 综合利润资金成本

企业可通过多种渠道，用多种方式来筹集资金，而各种方式筹集的资金成本是不一样的，为了正确进行筹资与投资决策，就必须计算综合资金成本。综合资金成本是以各种资金所占比重为权数，对各种资金成本进行加权平均计算出来的，故称为加权平均资金成本。其计算公式为：

$$综合资金成本率=\sum 个别资金成本率\times 该种资金在全部资金中占的百分比$$

(二) 资金成本的作用

资金成本是选煤厂筹资、投资决策的主要依据，也是评价经营成果的最低尺度。其作用主要表现在以下三方面：

① 资金成本是选择资金来源、拟订筹资方案的主要依据。选煤厂从不同来源渠道取得

的资金，其成本是不同的，资金构成发生变动，综合资金成本率也会随之发生变动，为以最低的成本取得企业所需资金，就必须分析各种资金成本的高低，并加以合理配置。所以，资金成本是选择资金来源、拟订筹资方案的主要依据。

② 资金成本是评价投资项目可行性的主要经济指标。西方部分教材把资金成本定义为“一个投资项目必须挣得的最低收益率，以证明分配给这个项目的资金是合理的”。任何投资项目，如果它的预期投资收益超过资金成本率，则有利可图，这项方案在经济上是可行的。如果它的预期投资收益率不能达到资金成本率，则企业无利可图，这项方案在经济上就是不可行的，应舍弃不用。因此，资金成本率是企业用以确定投资项目可否采用的“取舍率”。

③ 资金成本是评价选煤厂经营成果的最低尺度。投资成本作为一种投资报酬是选煤厂最低限度的投资效益率。选煤厂任何一项投资不论所需资金是怎样筹集的，必须实现这一最低的投资收益率，以补偿使用资金需要的资金成本。因此，在实际生产经营活动中，资金成本率的高低就成为衡量投资收益率的最低标准。

（三）资金结构

资金结构是指选煤厂各种资金的构成及其比例关系，资金结构是筹资决策的核心问题。选煤厂应综合考虑有关影响因素，运用适当的方法确定最佳资金结构，并在以后追加筹资中继续保持。当现有资金结构不合理时，应通过筹资活动进行调整，使其趋于合理化。

在筹资决策时，资金成本和资金结构是相互作用的。一方面，资金成本的高低是衡量资金结构是否经济的主要标准，决定着资金结构的选择；另一方面，资金结构的变化影响着资金成本的高低。而一般所讲的最优资金结构是指在一定条件下使企业的加权平均资金成本最低、企业价值最大时的资金结构。衡量企业资金结构是否最优化的标准主要有三个方面：一是综合资金成本最低；二是有利于最大限度增加投资者财富，能使企业价值最大化；三是资产保持适宜的流动，并使资本结构具有弹性。其中，综合资金成本最低是其主要的判断标准。

第二节　流动资金管理

一、流动资金的概念及特点

流动资金是指在一年内或者超过一年的一个营业周期内变现或者耗用的资产。流动资金是流动资产的货币表现。选煤厂的流动资金是指用于购买劳动对象、用于购置各种劳动对象和低值易耗品，支付职工劳动报酬及其他生产经营费用的资金。

流动资金在一个生产经营周期中就能完成一次循环，并随着再生产过程周而复始地进行周转。因此，流动资金具有以下几个特点。

（1）流动资金占用形态具有多变性

流动资金在企业再生产过程中的占用形态是经常变化的。一般必须同时分别占用在生产储备资金、未完工产品资金、成品资金、货币资金与结算资金等各种形态上。而从每一批资产来看，必须不断地由货币资金转化为生产储备资金，由生产储备资金转化为货币资金。流动资金只有在运动中不断改变自己的占用形态，才表明其流动资产正在有效地进行循环和周转。

(2) 流动资金占用数量具有波动性

流动资金在企业的整个经营过程中,随着供产销的变化,资金占用量时高时低。特别是季节性生产或临时性生产的需要,其投资数量更是起伏不定,在研究流动资金占用数量的波动性和考虑流动资金的来源渠道与供应方式时,应注意既要使企业有稳定的资金来源,又要给企业一定的机动性和灵活,以便合理安排资金的供需平衡。

(3) 流动资金周转速度快

选煤厂流动资金的循环和周转与企业的生产经营周期一致,依次完成生产经营周期,周转速度快的特点。

二、流动资金管理的要求

要加强流动资金管理,加速流动资金周转,减少流动资金占用量,节约使用资金,提高流动资金利用效果,必须满足以下管理要求。

① 正确核定流动资金需要量,加强流动资金计划管理。

流动资金需要量一般是根据企业的生产任务、物资与劳动的消耗水平、供产销条件和时常状况来核定。实行计划管理,正确核定流动资金需要量,是保证生产资金需要,节约资金需要,节约资金占用,加速资金周转,不断提高资金使用效果的前提。

② 既要保证生产经营需要,又要合理节约使用资金。

选煤厂要根据生产经营任务、供产销条件以及外部环境等,通过各种渠道、采取各种方式及时足量地筹措流动资金,以保证生产经营正常进行。流动资金在规定的限度内还必须注意合理节约使用。一般来讲,流动资金只能用于生产周转的需要,不能用于基本建设和其他开支。否则,将会延缓流动资金的周转速度,不能保证生产经营正常进行。

③ 严格遵守结算纪律。

为了监督选煤厂流动资金的正确使用,应严格遵守结算纪律,除了规定使用现金进行结算外,其他款项都必须通过银行及时结算,不准占用上缴国家的款项,不准拖欠应付购货款和到期应归还债权人的款项。

三、流动资金定额管理

流动资金定额管理是指企业控制使用流动资金的数量标准。正确核定流动资金定额,是编制定额流动资金计划的依据,是保证生产经营合理需要,节约使用资金的重要条件。常用的核定方法有定额日数法、因素分析法、比例计算法和余额计算法。这里仅介绍定额日数法。

(一) 储备资金定额测定

企业的储备资金是指从用货币采购材料物资开始直到材料物资出库投入生产为止、正常合理的最低资金占用数额。下面以原材料资金为例介绍其测定方式。

原材料资金定额取决于三个因素:计划期材料每日平均耗用量;原材料计划价格;原材料定额日数。其计算公式如下:

$$\text{原材料资金定额}=\text{原材料每日平均耗用量}\times\text{原材料计划价格}\times\text{原材料资金定额日数}$$

式中:

$$\text{计划期原材料每日平均耗用量}=\frac{\text{计划期原材料耗用量}}{\text{计划期日数}}$$

计划期日数:年度为 360 天,季度为 90 天,月度为 30 天。

原材料资金定额日数＝在途日数＋验收日数＋应计供应间隔日数＋整理准备日数＋保险日数

例 8-2 某选煤设备生产企业特种钢计划期每日平均耗用量为 4 000 kg，计划单价为 3.00 元/kg，资金在途日数为 5 天，验收日数为 1 天，应计供应间隔日数为 18 天，整理准备日数为 1 天，保险日数为 3 天，则企业原材料资金定额为：

$$4\ 000 \times 3.00 \times (5+1+18+1+3) = 336\ 000(\text{元})$$

(二) 生产资金定额测定

工业企业的生产资金是指从原材料投入生产起，直到制成成品并验收入库为止的整个生产过程中合理占用的资金数额。在产品资金定额应当按照各种产品分别核定。

在产品资金定额取决于四个因素：计划期某种产品的每日平均产量、某种产品的单位计划工厂成本、在产品成本系数和生产周期。其计算公式如下：

在产品资金定额＝产品每日平均产量×产品单位计划工厂成本×在产品成本系数×生产周期

例 8-3 计划期某种产品每日平均产量为 4 台，单位计划工厂成本为 4 800 元，在产品成本系数为 50%，生产周期 12 天。则该产品的在产品资金定额为：

$$4 \times 4\ 800 \times 50\% \times 12 = 115\ 200(\text{元})$$

(三) 产成品资金定额核定

产成品资金是指产品制成入库，直到销售取得贷款或结算贷款为止的整个过程中所占用的资金。其计算公式如下：

产成品资金定额＝产品每日平均产量×产品单位计划工厂成本×产成品资金定额日数

产成品资金定额日数，指产品自制成入库，直到销售取得贷款或结算贷款为止所占用资金的日数，包括产成品储存日数、发运日数和结算日数。

例 8-4 依上例，该产品的产成品资金定额日数为 7 天，则该产品的产成品资金定额为：

$$4 \times 4\ 800 \times 7 = 134\ 400(\text{元})$$

四、流动资金的周转

加强流动资金管理的目的是加速流动资金周转，提高流动资金利用效果。在一定的生产规模和供产销相对稳定的条件下，企业所需流动资金的多少，主要取决于流动资金的周转速度。流动资金周转速度越快，所需的资金就越少；反之，所需资金就越多。表示流动资金周转速度的指标为流动资金周转率，即周转额与流动资金占用额之间的比率。它一般有两种表示方法：周转率和周转天数。

(一) 周转率(周转次数)

一定时期内流动资金周转次数的计算公式为：

$$\text{周转率} = \frac{\text{计划期销售收入净额}}{\text{流动资金平均占用额}}$$

销售收入净额＝销售收入总额－销售折扣、折让退回

$$\text{流动资金平均占用额} = \frac{\text{期初流动资金占用额} + \text{期末流动资金占用额}}{2}$$

一定时期内流动资金周转次数越多，说明流动资金周转速度越快，利用效果越好。

（二）周转天数

流动资金周转一次所需天数的计算公式为：

$$周转天数=\frac{流动资金平均占用额\times计划期日数}{计划销售收入总额}$$

计划期日数：年度为 360 天，季度为 90 天，月度为 30 天。

例 8-5　某选煤厂计划年度甲产品销售收入总额为 28 800 万元，流动资产年初占用额为 6 800 万元，年末占用额为 7 600 万元。该企业流动资金周转次数和周转天数可分别计算如下：

$$流动资金周转率(次数)=\frac{28\ 800}{(6\ 800+7\ 600)\div 2}=4(次)$$

为了表明加速流动资金周转所取得的经济效果，一般采用流动资金周转天数指标来计算由于流动资金周转天数减少而节约的流动资金额。其计算公式为：

$$流动资金节约或超支额=(实际周转天数-上期周转天数)\times每年平均销售额$$

上式计算结果若为正数，则表示超支额；若为负数，则表示节约额。

例 8-6　假设例 8-5 中，甲产品年度销售收入不变，流动资金周转速度提高，周转次数由一年 4 次提高为 5 次，则：

$$流动资金周转天数=\frac{360}{5}=72(天)$$

由于流动资金周转天数缩短了 18 天(90 天－72 天)而节约的流动资金额为：

$$(90-72)\times\frac{28\ 800}{360}=1\ 440(元)$$

第三节　固定资金管理

一、固定资金的概念和固定资产的特点

（一）固定资金的概念

固定资金是企业用于房屋、建筑物、机器、机械、运输工具以及其他与生产经营有关的设备、器具、工具等主要劳动资料的资金。其实物形态称为固定资产。

（二）固定资产的特点

固定资产的特点，主要表现在它的价值转移和价值补偿上。固定资金能多次参加生产过程而不改变其实物形态，但其价值则按照固定资产的损耗程度分次地、逐渐地以折旧的形式转移到所生产的产品价值中去，构成产品价值的一部分，然后随着产品的销售，从实现的营业收入中分次地、逐渐地收回这部分价值，并形成固定资产更新的货币准备金，补偿固定资产的损耗价值。这样，固定资产从构建开始，沿着投入使用、价值损耗、价值转移、价值补偿、重新构建的顺序，便完成了一次价值的循环和周转。

具体来说，固定资产有以下特点。

1. 固定资产投资的集中性和回收的分散性

企业构建固定资产，需要依次垫支相当金额的资金。由于固定资产投入使用后能在多个生产周期内发挥作用，其价值是部分转移的，所以，固定资产的收回是分次、逐步实现的，往往需要较长的时间。这种投资的集中性和回收的分散性，要求我们对固定资产的投资，必

须结合其收回的情况进行科学的规划，除了论证投资项目的必要性外，还要考虑技术上的先进性和经济上的合理性。要研究投资收益的大小，就要进行投资方案的优选，使固定资产投资收益达到最佳，投资风险降低到最低。

2. 价值补偿和事物更新分别进行

固定资产的价值补偿和实物更新在时间上是分离的，但两者在经济上又有着密切的联系。固定资产的价值补偿是实现其实物更新的必要条件，不累积足够的货币准备金，就不能实现实物更新，实物更新是固定资产价值补偿的最终目的。固定资产价值运动的这一特点要求企业必须正确计提固定资产折旧，合理确定固定资产的补偿数额，加强固定资产的实物保管和更新管理。

3. 固定资产的周转速度慢，回收期长

固定资产的价值完成一次循环需要较长的时期，同流动资产相比周转速度慢。企业中一项固定资产投资少则几年，多则几十年才能收回，因此，要求在固定资产管理中，强化固定资产投资的预期管理，并科学预测固定资产的未来收益。

二、固定资产的分类

为了加强对固定资产的管理，必须对固定资产进行科学的分类。

1. 按经济用途分类

按经济用途将固定资产划分为：生产经营用的固定资产和非生产经营用的固定资产。

生产经营用固定资产，是指直接参加生产或直接服务于生产过程的各种固定资产，如房屋、建筑物、机器、器具、工具、动力设备、传导设备、运输设备、管理用具等。

非生产经营用固定资产，是指不参加或不直接服务于生产过程的固定资产，如职工宿舍、招待所、学校、幼儿园、浴室等使用的房屋、设备等固定资产。

2. 按使用情况分类

按使用情况将固定资产划分为：使用中的、未使用的和不需要的固定资产。

使用中的固定资产，是指正在使用中的生产用和非生产用的固定资产。由于季节生产和大修理等原因暂时停止使用，以及存放在车间备用的机器设备等，仍属企业生产所需，也应列为使用中的固定资产。

未使用固定资产，是指尚未使用的新增固定资产，调入尚未安装使用的固定资产，进行改建、扩建的固定资产，以及经批准停止使用的固定资产。

不需要的固定资产，是指不适合本企业生产经营所需要，或者超过本企业当前需要，已报上级等待处理的固定资产。

3. 按权属关系分类

按权属关系将固定资产划分为：自有固定资产和租入固定资产。

企业自有固定资产的产权归企业所有。租入固定资产的产权属于租赁企业，承担企业只拥有该固定资产的使用权。

综合上述分类方法，我国现行财务制度，将企业固定资产分为七大类：生产用固定资产（其中再按经济用途进行明细分类）、非生产用固定资产、租出固定资产、未使用固定资产、不需用固定资产、融资租入固定资产、土地。

选煤厂主要固定资产的分类见表 8-2。

表 8-2 选煤厂主要固定资产分类表

一级类别	二级类别	三级类别	明细表制
一、生产用固定资产	1. 房屋	(1) 钢结构 (2) 钢筋混凝土结构 (3) 钢筋、砖混结构 (4) 砖木结构 (5) 简易结构	生产用房，如：厂房，办公室，仓库等 受腐蚀生产用房 受强腐蚀生产用房
	2. 建筑物	(1) 洗选建筑 (2) 运输建筑 (3) 洪水建筑 (4) 杂项建筑	洗选厂房、受煤坑、矸石仓等 铁路专用线 水源井、水塔等 胶带走廊、围墙、排水沟等
	3. 动力设备	(1) 电力设备 (2) 风力设备	高低压开关柜，空调设备等 空气压缩机等
	4. 传导设备	(1) 管路 (2) 线路	水管、煤气管等 高低压输电线
	5. 生产设备	(1) 洗选设备 (2) 机械构造设备	跳汰机、给煤机、振动筛等 车床、刨床、冲床，电焊机等
	6. 运输设备	(1) 铁路运输 (2) 汽车运输	蒸汽机车、电力机车等 载重汽车、自卸汽车、吉普车等
	7. 工具仪器及生产管理用具	(1) 试验化验仪器 (2) 通讯设备 (3) 管理用具	示波器、流量计、干燥箱、热量计等 50门以上电话交换机、自动接线机等 计算机，各种型号照相机等
二、非生产用固定资产	1. 房屋 2. 建筑物 3. 文化生活用具 4. 医疗设备	同上 视具体情况确定 电影机、电视机、洗衣机、炊事设备等 X光机、心电图机、医用显微镜等	
三、租出固定资产	经批准出租给外单位使用的固定资产		
四、未使用固定资产	1. 备用的固定资产：指调入待安装的固定资产，库存暂时存储为今后生产备用的固定资产 2. 停用的固定资产：指按批准停用一个月以上的固定资产 3. 改、扩建中的固定资产：指移交给建设单位进行改、扩建的固定资产。由于季节性，大修理等原因而停用的固定资产不包括在本类内		
五、不需要固定资产	指本企业不需用并已报上级等待处理的固定资产		
六、封存固定资产	指按规定经上级批准，入库封存不用的固定资产		
七、土地	指清产核资时按规定已估价单独入账的土地，不包括而后征用的土地所支付的补偿费；应计入有关房屋，建筑物的价值内，不单独作为土地单独入账		

三、固定资产的计价

固定资产的计价通常采用以下三种计价标准：

1. 原始价值

原始价值指企业在购置、建造或获得某项固定资产时多支付的全部货币支出，又称原价或原值。它可反映固定资产的原始投资，并可作为计算固定资产折旧的依据。但原始价值往往具有历史因素，不一定能确切反映当前投资水平，因此又称历史成本。

2. 重置价值

重置价值指在目前情况下重新构建某项固定资产所需发生的全部支出。一般是在企业盘盈固定资产或国家要求对企业现有固定资产进行重新估价时采用。

3. 净值

净值指固定资产原始价值减去已提折旧后的余额，又称折余价值。它反映固定资产的现有价值，也就是当前还占用的固定资产净额。

四、固定资产折旧管理

（一）固定资产折旧的概念

固定资产在使用期限内要不断发生损耗，损耗部分的价值将与固定资产事物态相分离，作为一种费用计入新产品价值当中，从产品销售收入中得到补偿。固定资产因损耗而转移到产品上去的那部分价值就叫固定资产的折旧。固定资产在使用中的损耗，可分为有形损耗和无形损耗。有形损耗是固定资产的实物磨损和自然损耗所形成的固定资产的损耗。无形损耗是由于科学技术进步或劳动生产率提高给原固定资产带来的损耗。因此，在计提折旧时必须考虑固定资产的有形损耗和无形损耗。只有这样，才能使折旧的计算准确地反映为固定资产价值变化。

（二）固定资产折旧的计提范围

企业在用的固定资产，包括经营用固定资产、非经营用固定资产以及以经营方式出租的固定资产等，一般均应计提折旧。其具体范围包括：

① 房屋及建筑物；

② 在用的机器设备、仪器仪表、运输车辆、工具器具；

③ 季节性停用和大修理停用的设备；

④ 以融资租赁租入的固定资产；

⑤ 以经营租赁租出的固定资产。

不计提折旧的固定资产包括：除房屋、建筑物外的未使用、不需用的固定资产；以经营租赁方式租入的固定资产；按规定已提取维持简单再生产费用的固定资产；已提足折旧仍继续使用的固定资产；关停企业的固定资产；以前已经单独入账的土地。

（三）折旧的计提时间

从理论上讲，固定资产折旧的计提，应从固定资产投入使用后开始，固定资产报废或停止使用后，应停止计提折旧。但在实际工作中为便于核算和管理，我国现行制度规定：企业固定资产折旧，必须按足月原价计提；月份内开始使用的固定资产，当月不提折旧，从下月起计提折旧；月份内减少或停止使用的固定资产，当月仍计提折旧，从下月起停止计提折旧。

（四）折旧的计算方法

1. 平均年限法

平均年限法是根据固定资产原值、报废处理的预计残值和清理费用，按平均使用年限计算折旧额的一种方法。其计算公式为：

$$固定资产年折旧=\frac{原始价值-(预计残值-预计清理费用)}{预计使用年限}$$

$$月折旧额=\frac{年折旧额}{2}$$

$$固定资产年折旧率=\frac{年折旧额}{固定资产预计使用年限}\times 100\%$$

或

$$=\frac{1-预计净残值率}{固定资产预计使用年限}\times 100\%$$

$$月折旧率=\frac{年折旧率}{12}$$

式中，净残值率是固定资产净残值(预计残值收入－预计清理费用)占有固定资产原值的比率。净残值应按照固定资产原值的3%～5%确定。净残值低于3%或高于5%的，由企业自主确定，并报主管财政机关备案。

2. 快速折旧法

快速折旧法就是用比正常折旧率更高的折旧率计提折旧的方法。按照这种方法每年计算折旧，从多到少，逐年递减，符合收益与费用配比原则，固定资产价值的绝大部分能在较短的时间内得到补偿，加快了固定资产的更新。

常用的快速折旧法有双倍余额递减法和年数总和法两种。

(1) 双倍余额递减法

其计算公式为：

$$双倍余额递减法下年折旧率=用平均年限法计算的年折旧率\times 2$$

或

$$=\frac{2}{折旧年限}\times 100\%$$

例8-7 某台设备原始价值为5 000万元，预计净残值为250万元，折旧年限为5年，双倍余额递减法下年折旧率为40%。则每年的折旧额计算情况如表8-3所列。

表8-3 **固定资产年折旧额计算表** 万元

折旧年份	各年折旧额	折旧额累计	折余价值
0			5 000
1	5 000×40%=2 000	2 000	3 000
2	3 000×40%=1 200	3 200	1 800
3	1 800×40%=720	3 920	1 080
4	(1 080－250)÷2=415	4 335	665
5	415	4 750	250

企业财务制度规定，实行双倍余额递减法计提折旧的固定资产，应当在其固定资产折旧年限到期前两年，将固定资产折余价值扣去预计净残值后的净值平均摊销。

(2) 年数总和法

年数总和法是以固定资产原值扣除净残值后的余额作为计提折旧的基础，然后与逐年变动的折旧率相乘计算各年折旧额的方法。其计算公式为：

$$固定资产年折旧额=(固定资产原值-预计净残值)\times 当年的折旧率$$

$$固定资产年折旧率=\frac{折旧年限-已使用年数}{折旧年限\times(折旧年限+1)\div 2}$$

$$固定资产月折旧率=\frac{年折旧率}{12}$$

例 8-8 根据例 8-7 的资料,用年数总和法计算的各年折旧额如表 8-4 所列。

表 8-4 **固定资产年折旧额计算表** 万元

折旧年份	原值－残值	各年折旧额	年折旧额	累计折旧
1	4 750	5/15	1 583.3	1 583.3
2	4 750	4/15	1 266.7	2 849.9
3	4 750	3/15	950	3 799.9
4	4 750	2/15	633.3	4 433.2
5	4 750	1/15	316.7	4 750.0

思考题

1. 选煤厂的筹资渠道和筹资方式有哪些?
2. 试述选煤厂资金成本的作用。
3. 试述选煤厂流动资金的概念及特点。
4. 选煤厂流动资金管理的要求有哪些?
5. 试述选煤厂固定资金的概念和固定资产的特点。
6. 选煤厂固定资产如何分类?
7. 试述选煤厂固定资产折旧的概念及计提方法。

第九章　选煤厂生产经营情况分析评价

第一节　各作业环节工作效果评价方法

各作业环节评定方法分别按《煤用重选设备工艺性能评定方法》(GB/T 15715—2005)、《煤用筛分设备工艺性能评定方法》(GB/T 15716—2005)、《选煤厂破碎设备工艺效果评定方法》(MT/T 2—2005)、《选煤厂水力分级设备工艺效果评定方法》(MT/T 738—1997)、《选煤厂浓缩设备工艺效果评定方法》(MT/T 851—2000)、《选煤厂脱水设备工艺效果评定方法》(MT/T 995—2006)执行,试验结果根据试验内容,参照有关标准填写试验报告。

一、筛分作业效果的评定

我国煤用筛分设备工艺性能评定标准(GB/T 15716—2005)中规定以筛分效率、平均分配误差和总错配物含量三项作为评定指标。

1. 筛分效率

$$\eta = E_c + E_f - 100$$

$$E_f = \frac{F_f^r - \gamma_0 Q_f}{F_f^r} \times 100$$

$$E_c = \frac{F_c^r - \gamma_0 Q_c}{F_c^r} \times 100\%$$

式中　η_0——筛分效率,%;

E_c——粗粒物的正配效率,%;

E_f——细粒物的正配效率,%;

γ_0——筛上产品率,%;

F_c^r——计算入料中粗粒含量,%;

F_f^r——计算入料中细粒含量,%;

Q_c——筛上产品粗粒物含量(占本级),%;

Q_f——筛上产品中细粒物含量(占本级),%。

2. 平均分配误差

$$PE_m = PE_u + PE_l$$

$$PE_u = S_{75} - S_p$$

$$PE_l = S_p - S_{25}$$

式中　PE_m——平均分配误差;

PE_u——上分配误差;

PE_l——下分配误差;

S_p——分配粒度;

S_{75}，S_{25}——分配曲线上与分配率为 75%和 25%对应的粒度值。

二、破碎作业效果的评定

选煤厂破碎设备工艺效果的评定采用破碎效率为主要指标，细粒增量为辅助指标，进行综合评定。

1. 破碎效率

$$\eta_p = \frac{\beta_{-d} - \alpha_{-d}}{\alpha_{+d}} \times 100$$

式中 η_p——破碎效率，%；

β_{-d}——排料中小于要求破碎粒度 d 的含量，%；

α_{-d}——入料中小于要求破碎粒度 d 的含量，%；

α_{+d}——入料中大于要求破碎粒度 d 的含量，%。

计算结果有效数字取到小数点后第一位。

2. 细粒增量

$$\Delta = \beta_{-a} - \alpha_{-a}$$

其中 Δ——细粒增量，%；

β_{-a}——排料中的细粒级含量，%；

α_{-a}——入料中的细粒级含量，%。

计算结果有效数字取到小数点后第一位。

细粒粒度的下限规定为 0 mm；细粒粒度上限 d 规定如下：对排料粒度大于和等于 50 mm 的粗碎，采用 13 mm；对排料粒度小于 50 mm 的中碎和细碎，采用 0.5 mm。

三、重选作业工艺效果的评定

重选作业可用三个指标进行评定，视情况选用。

1. 可能偏差与不完善度

可能偏差和不完善度是国际评定重选作业效率的通用标准，已被许多国家所采用。

可能偏差 E 值按下式计算，即：

$$E = \frac{1}{2}(\delta_{75} - \delta_{25})$$

式中 E——可能偏差（评定方法规定，数值取到小数点后第三位）；

δ_{75}——分配率为 75%时的密度；

δ_{25}——分配率为 25%时的密度。

不完善度 I 值按下式计算，即：

$$I = \frac{E}{\delta_{50} - 1}$$

式中 I——不完善度（评定方法规定，数值取到小数点后第三位，而且只用于评定水介质重选设备）。

δ_{50}——分配率为 50%时的密度。

2. 数量效率

数量效率指标是一种相对效率，是指灰分相同时，精煤实际产率和理论产率的比值。该指标是生产、技术管理中的一个重要指标，但其试验与计算工作量均较大，不能及时指导生产。数量效率按下式计算：

$$\eta_e = \frac{\gamma_p}{\gamma_t} \times 100$$

式中　η_e——数量效率，计算精度取到小数点后第一位，%；

γ_p——精煤实际产率，%；

γ_t——精煤理论产率，即精煤质量（灰分）相同时的精煤理论产率，%。

精煤理论产率可以从原煤可选性曲线上求出，应注意的是精煤和原煤所占粒度基准应当相同。数量效率和可能偏差一样，是使用得较多的一个指标。

3. 总错配物含量

物料分选或分级时，混入各产品中非规定成分的物料称为错配物，也有人把它们称为“迷路的精煤”、“迷路的矸石”等。总错配物含量按下式计算：

$$m_0 = m_h + m_l$$

式中　m_0——总错配物含量，%，精度取到小数点后第一位；

m_h——轻产品中大于分选密度的数量占原料的百分数，%；

m_l——重产品中小于分选密度的数量占原料的百分数，%。

一般情况下，计算总错配物含量分选密度采用分配密度 δ_p 或等误密度。等误密度指在两重选产品中错配物相等时的密度，用符号“δ_e”表示。

四、浮选作业工艺效果评定

采用浮选精煤数量指数评定不同煤之间的浮选工艺效果；采用浮选完善指标评定同一煤在不同条件下的分选完善程度。

1. 浮选精煤产率

浮选精煤产率指浮选精煤数量（Q_k）占浮选入料量（Q_0）的百分数（%）。即：

$$r = \frac{Q_k}{Q_0} \times 100\%$$

由于在生产过程中浮选精煤和入料的计量有困难，所以浮选精煤产率通常是按浮选入料、精煤和尾煤的灰分量平衡法计算的。即：

$$r = \frac{A_2 - A_0}{A_2 - A_1} \times 100\%$$

式中　A_0，A_1，A_2——入料、精煤、尾煤的干燥基灰分。

2. 浮选精煤数量指数

浮选精煤数量指数指浮选精煤灰分相同时，实际浮选精煤产率与标准浮选精煤产率之比的百分数。即：

$$\eta_{if} = \frac{\gamma_j}{\gamma'_j} \times 100$$

式中　η_{if}——浮选精煤数量指数，%；

γ_j——实际浮选精煤产率，%；

γ'_j——精煤灰分相同时，标准浮选精煤产率，%。

标准浮选精煤产率由原煤炭部颁布的标准《选煤实验室分步释放浮选试验方法》（MT 144—1997）所绘制的精煤累计产率（纵坐标）和其平均灰分（横坐标）曲线确定。

3. 浮选完善指标

该指标可用于评价某一给定的煤样，在选择最佳药剂制度和浮选工艺等条件时使用。即：

$$\eta_{wf}=\frac{100\gamma_j}{100-A_y}\times\frac{A_y-A_j}{A_y}$$

式中　η_{wf}——浮选完善指标，%；

γ_j——实际浮选精煤产率，%；

A_y——浮选入料灰分，%；

A_j——浮选精煤灰分，%。

当采用浮选精煤滤液返回搅拌桶循环的流程时，浮选入料指不含有滤液的浮选入料；浮选精煤指过滤机滤饼。当采用滤液单独处理不返回搅拌桶的流程时，则浮选精煤的含义为浮选机的泡沫产品。

五、脱水作业工艺效果的评定

该方法适用于选煤厂中脱水筛、离心脱水机、过滤机、压滤机、脱水斗式提升机和脱水仓等脱水设备工艺效果的评定。

该方法将产品外在水分和产品的固体产率作为评定脱水设备工艺效果的主要指标，将脱水率作为辅助评定指标。

1. 产品外在水分

按《煤中全水分的测定方法》(GB/T 211—2007)中测定外在水分的方法执行，同时测定全水分以供分析比较。

2. 产品的固体产率

产品的固体产率为产品中固体质量占入料中固体质量的百分数。其计算公式如下：

$$Y_S=\frac{b(a-c)}{a(b-c)}\times100$$

式中　Y_S——产品的固体产率，%；

a——入料中固体质量百分数，%；

b——产品中固体质量百分数，%；

c——脱除液中所含固体质量百分数，%。

3. 脱水率

脱水率为脱除的水量占入料水量的百分数。脱水率 Y_W 按下式计算：

$$Y_W=\frac{(b-a)(100-c)}{(b-c)(100-a)}\times100$$

式中　Y_W——脱水率，%；

a，b，c 通过采样实验获得，执行 GB 481—1993、GB 474—2008、MT/T 808—1999 和 MT/T 809—1999 的相关规定。a，b，c 取小数点后两位，Y_S，Y_W 取小数点后一位。

六、水力分级作业工艺效果评定

该方法适用于选煤厂中斗子捞坑、角锥沉淀池、倾斜板沉淀槽、分级漏斗、水力旋流器等水力分级设备(设施)工艺效果的评定。

① 该方法采用分级效率为评定水力分级设备工艺效果的综合指标，并以通过粒度为辅助评定指标。

② 分级效率按下式计算：

$$\eta_f=\frac{(\alpha-\theta)(\beta-\alpha)}{\alpha(\beta-\theta)(100-\alpha)}\times 100$$

式中　η_f——分级效率，%，有效数字取到小数点后第一位；

α——入料中小于规定粒度的细粒含量，%；

β——溢流物中小于规定粒度的细粒含量，%；

θ——底流物中小于规定粒度的细粒含量，%。

注：规定粒度一般取 0.5 mm，在某些厂跳汰分选下限甚小的情况下，可以降到不小于 0.3 mm 的某一固定值。

③ 通过粒度（d,s）用以检查分级作业的实际分级粒度。其确定方法是：以溢流物中 95%的量通过标准筛筛孔的大小来表示。

七、浓缩作业工艺效果评定方法

该方法适用于选煤厂中耙式浓缩机、沉淀塔、浓缩漏斗、深锥浓缩机、水力旋流器等浓缩（澄清）设备工艺效果的评定。

① 该方法采用浓缩效率作为选煤厂浓缩作业工艺效果评定主要指标，澄清系数 Δ 和底流浓度（g/L）作为评定浓缩设备工艺效果的辅助指标。

② 浓缩效率按下式计算：

$$\eta_n=\frac{(a-b)(c-a)}{(c-b)(100-a)}\times 100$$

式中　η_n——浓缩效率，%，有效数字取到小数点后第一位；

a——入料质量浓度，%；

b——溢流质量浓度，%；

c——底流质量浓度，%。

③ 澄清系数按下式计算：

$$\Delta=\frac{(a-b)}{a}$$

式中　Δ——澄清系数，有效数字取小数后二位；

a——入料百分浓度，%，或固体含量，g/L；

b——溢流百分浓度，%，或固体含量，g/L。

第二节　选煤厂技术经济指标

选煤厂技术经济指标主要包括如下几方面。

（一）利润

选煤厂的利润可用吨煤利润、资金利税率以及人均利税率表示。

（1）入选亿吨煤的利润

按现代化选煤厂检查验收办法，选煤厂的利润按炼焦煤选煤厂、动力煤厂以及入选原料性质划分，例如入选褐煤的利润会低一些。

（2）资金利税率

$$\text{资金利税率}=\frac{\text{实现利润}+\text{税金}}{\text{全部资金平均占有额}}\times 100\%$$

$$全部资金占用额=固定资产净值平均占用额+定额流动资金平均占用额$$

$$固定资产净值=固定资产原值-全部折旧费$$

税金是产品税、营业税、城建税、资源税、车船税、房产税之和。

资金利税越大越好。利税越大意味着少占用资金，多创造税利。

(3) 人均利税率

$$人均利税率=\frac{实现利润+税金}{选煤厂全部生产人员数}(万元/人\cdot 年)$$

人员计算范围是：矿区或群矿选煤厂，从受煤系统到产品装车的全部工作人员，机电设备维修、采制化以及全部行政工作人员，不包括铁路运输，机修厂以及非生产性的学校，幼儿园、招待所、食堂、服务公司等组织的工作人员。矿井选煤厂，包括从准备车间到产品装车的全部工作人员(如无准备车间，从原煤入厂胶带机头算起)以及机电设备维修、采制化和全部行政工作人员，不包括铁路、装车、为矿井服务的储煤场，以及非生产性人员。

人均利税率反映了每个生产人员创造的价值，人均利税率越高，经济效益越高。

选煤厂的利税是一项综合性指标，它与原煤可选性、工艺流程、设备性能、管理水平、生产效率均有密切的关系。在各厂之间，利税的高低可比性不大，但本厂各年利税情况是可比的。炼焦煤选煤厂，如果入选原煤的理论产率高，工艺流程完善，管理水平高，利税就大。

(二) 全员效率与生产工效率

(1) 全员效率

$$全员效率=\frac{入选原煤量(t)}{选煤厂全部人员出勤工日数(工)}(t原煤/工)$$

人员计算范围同上。根据现代化选煤厂检查验收办法规定，全员效率应大于下列指标：

炼焦煤：　矿井型　18 t原煤/工

　　　　　矿区型　12 t原煤/工

动力煤：　30 t原煤/工

(2) 生产工效率

$$生产工效率=\frac{入选原煤量(t)}{直接参加生产人员工日数(工)}(t原煤/工)$$

生产工是指直接从事生产的工人，加上跟班调度员、机电值班工人和采制化工人。

生产工效率只考虑直接生产人员的劳动生产率，因而比全员效率要高。两个效率相差的幅度反映了行政人员及机电、技检等辅助人员的多少。

表9-1是中国煤炭加工利用协会提出的《优质高效试行标准》和《选煤厂质量标准化考核标准》中给出的选煤厂主要技术经济指标的考核指标。

表9-1　　选煤厂主要技术经济指标的考核指标

选煤厂类型		优质高效试行标准	选煤厂质量标准化考核标准
		全员效率/($t\cdot 工^{-1}$)	全员效率/($t\cdot 工^{-1}$)
炼焦煤	矿区型	25	10
	矿井型	30	12
动力煤	矿区型	50	20
	矿井型	60	20

（三）吨煤焦加工费

前面已介绍了吨煤加工费的计算方法及影响吨煤加工费的因素，降低加工费就等于降低成本，增加利润。影响加工费的因素在前面章节已经介绍过，因而不同厂的加工费会有较大差别。中国煤炭加工利用协会曾对吨原煤加工费有过规定，但由于物价指数的变动较大，规定的指标逐渐淡化。

（四）精煤灰分批合格率和批稳定率

精煤灰分批合格率和批稳定率是控制精煤质量的指标，表示精煤质量的稳定程度。选煤厂按生产计划以及与用户签订的合同中对精煤质量有严格的要求，如 9 级精煤灰分必须在 9.01%～9.50%之间。虽然选煤厂按此质量指标控制生产，但由于多种因素的影响，洗精煤的质量总是有波动的。而且选煤产品发运时，按 1 000 t±10 t 作为一批，化验一个灰分作为该批煤的质量。因此批合格率和稳定率能充分反映出选煤厂的生产管理水平。批合格率和批稳定率的定义分别为：

$$批合格率=\frac{合格批数}{精煤化验总批数}\times 100\%$$

$$批稳定率=\frac{稳定批数}{精煤化验总批数}\times 100\%$$

合格批数指灰分在规定灰分+0.5%范围内波动的批数。稳定批数指灰分在规定灰分±0.5%范围内波动的批数。为了鼓励降低精煤灰分，按质论价，对质量下限不加控制，因而稳定率已不再作为评比指标，但从节约资源的角度，还是应当设置下限。

（五）精煤产量、产率、灰分、水分及硫分

炼焦煤选煤厂的灰分、水分及硫分是精煤的质量指标，必须保证达到用户要求。动力精煤的发热量及限下率也是重要的质量指标。选煤厂必须完成上级公司下达的产量计划，如有外界不可克服的原因不能完成计划，必须有调整计划报告并经上级批准。炼焦煤选煤厂要完成精煤产率计划；动力煤选煤厂要完成商品煤的综合回收率，尽量增加精煤产率。对同一厂，当原煤质量及精煤灰分变化不大时，精煤产率要有可比性。

（六）数量效率

数量效率是选煤分选效率的一种评定指标。

$$数量效率=\frac{精煤实际产率}{精煤理论产率}\times 100\%$$

当计算全厂数量效率时，精煤理论产率按以下规定计算：

① 有浮选的选煤厂，理论产率必须计算到零毫米，用大于 0.5 mm 和小于 0.5 mm 原煤浮沉加权综合出总入选原煤的浮沉结果来计算理论产率。

② 没有浮选的选煤厂，以实际入选粒度浮沉组成结果计算理论产率。

计算数量效率时，计算理论产率的原煤浮沉试验的灰分应与计算精煤实际产率的选煤厂生产平衡表的原煤灰分相一致。如不一致，应对原煤浮沉试验的总灰分及各浮沉级重量进行调整。根据《选煤厂技术检查规程》规定：选煤厂计算每月数量效率时，要求每月综合灰分与产品平衡表入选原煤灰分相对误差不得超过 5%，如超过，校正浮沉结果。月综合原煤灰分超过平衡表上入选原煤的灰分全部视为由过多矸石引起的，将这部分矸石从密度大于 1.8 级的沉物中减除，重新求出各密度级的浮物量，并使校正后的浮沉物的加权平均灰分等于产品平衡表入选原煤的灰分。校正公式为：

$$\gamma'_{+1.8}=\frac{(A_d)_y-(A_d)_{-1.8}}{(A_d)_{+1.8}-(A_d)_{-1.8}}\times 100$$

式中 $\gamma'_{+1.8}$——校正后大于1.8密度级产率，%；

$(A_d)_y$——平衡表上入选原煤灰分，%；

$(A_d)_{-1.8}$——校正前浮沉实验中小于1.8密度级灰分，%；

$(A_d)_{+1.8}$——校正前浮沉实验中大于1.8密度级灰分，%。

$$\gamma_2=\gamma_1\frac{100-\gamma'_{+1.8}}{100-\gamma_{+1.8}}$$

式中 γ_1——校正前精煤理论产率；

γ_2——校正后精煤理论产率；

$\gamma_{+1.8}$——校正前大于1.8密度级产率。

在计算时，炼焦煤选煤厂以选煤产品平衡表上实际精煤灰分查取精煤的理论产率。出多产品的选煤厂以精煤产品数量计算实际产率，并以它们的加权平均值查取理论产率。但综合精煤灰分不得超过16%。月综合煤样原煤灰分低于平衡表上原煤灰分，可不必校正。

数量效率与原煤可选性、精煤质量要求、工艺流程、设备性能、指标确定以及操作水平均有较大的关系。它不但反映了生产管理水平，还和自然条件有关，原煤的理论产率越高，数量效率越高。因此，数量效率只适用于本厂自身比较。表9-2是中国煤炭加工利用协会建议的各种分选方法应达到的最低数量效率。

表9-2 各种分选方法应达到的最低数量效率

±0.1含量	优质高效选煤厂试行标准			选煤厂质量标准化考核标准		
	重、跳、浮	重、浮或全重介	跳汰或跳、浮	重、跳、浮	重、浮或全重介	跳汰或跳、浮
<10%	94	95	93	93	95	90
10%～20%	92	93	91	91	94	88
20%～30%	90	91	89	89	93	86
30%～40%	88	89	87	87	92	83
>40%	86	87	85	85	90	80

（七）可能偏差、不完善度与分选密度

可能偏差与不完善度都是评定重选效果较客观的指标。不同的情况下应使用不同的指标进行评定。为了细致的评定，最好计算分粒级的可能偏差（或不完善度）和分选密度。

（八）设备完好率

设备完好率标志着设备的管理水平。对各种设备完好率的评定有具体标准。达到现代化标准的选煤厂，要求设备完好率达到90%以上，待修率5%以下，事故率1%以下。目前选煤厂上报的设备完好率均在90%左右。

（九）水耗、电耗、油耗（浮选）、介耗及矸石带煤

水、电、油、介四大消耗品是选煤厂加工费的重要组成部分，有些指标还反映了选煤厂其他方面的管理水平。水耗高，会导致洗水不平衡，不能实现煤泥水闭路循环。介耗高不但增

加了成本，而且会使悬浮液密度不稳定，影响重介分选的效率。中国煤炭加工利用协会提出的消耗指标应小于表 9-3 所列数据，其中水耗没有具体指标。

矸石带煤反映分选设备的性能和操作人员的水平，要求指标见表 9-3。

表 9-3　　选煤厂质量标准化考核标准

选煤厂类型		电耗/（kW·h·t^{-1}原煤）	浮选油耗/（kg·t^{-1}干煤泥）	介耗/（kg·t^{-1}入料）	矸石带煤/%
炼焦煤	矿区型	6	浓缩浮选：1.5； 直接浮选：1.6	块煤：1.5 末煤：2.4 混煤：2.0	浮沉密度：无烟煤 2.0、其他煤：1.8 带煤指标：重介选，<5%，跳汰选，<8%
	矿井型	5			
动力煤	矿区型	10			
	矿井型	8			

电耗大小与工艺流程、设备性能、处理量大小、空运转时间、功率因素有关。浮选油耗与浮选工艺、浮选操作、药剂性质、药剂添教家方法以及要给预处理有关。

介质消耗与节支回收系统的流程、设备、介质的粒度组成、磁性物含量、原煤的粒度（快煤、末煤）、分选设备性能等均有关系。

（十）煤泥出厂率、排放水浓度及煤泥损失率

这三项指标均和是否实现煤泥水闭路循环，减少环境污染有密切关系。

按《中华人民共和国环境保护法》有关规定，排放水中的悬浮物应在 0.4 g/L 以下；煤泥出厂率在 2%以下；煤泥损失率在 0.6%左右。

（十一）环保排污收费及排污罚款

保护环境是我国既定的国策之一，目前选煤厂每年仍有因排三废污染的罚款几万元到几十万元不等，今后应该以一项硬指标下达各厂，使其达到环保要求。

（十二）安全情况

选煤厂必须保证安全生产。安全生产有两个含义：一是人身安全，二是设备安全。从更广泛的意义上讲，安全生产就是文明生产。

通过对选煤厂主要技术经济指标的分析，可以对选煤厂的生产经营情况作初步的了解，并可在此基础上对选煤厂的生产经营情况进一步分析。

第三节　财务分析与经济效益指标评价

经营者在其管理活动中不仅要分析、评价、考核选煤厂的经营计划完成情况和财务状况的好坏，而且要正确评价自身履行经营管理职责的情况，为今后的经营决策积累更加丰富的经验和可靠的财务信息，为了实现此目的，经营者必须定期分析其财务状况并进行业绩评价。

一、财务分析

为了实现经营者财务分析的目的，其分析的内容主要包括以下四部分内容。

（一）资本结构分析

资本结构是指选煤厂各种资本构成的比例关系。选煤厂的资本结构如图 9-1 所示。

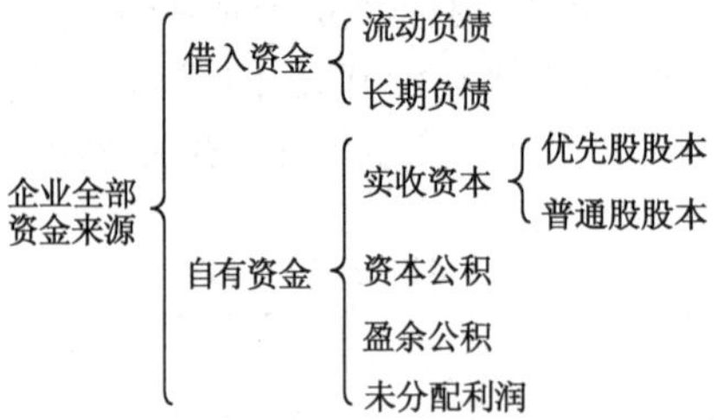

图 9-1　选煤厂资金结构图

资本结构分析常用的财务指标有负债比率和产权比率。

① 负债比率：即负债总额与负债及所有者权益总额之比。其计算方式为：

$$负债比率=\frac{负债总额}{负债及所有者权益总额}\times 100\%$$

一般来讲，负债比率越低则所有者权益越大，说明公司的实力越强，债权的保障程度越高，债权人的风险越小，所有者的风险越大。

② 产权比率：即指负债总额与所有者权益总额的比率。其计算公式为：

$$产权比率=\frac{负债总额}{所有者权益总额}\times 100\%$$

它反映选煤厂的所有者权益对债权人权益的保障程度。一般来说，产权比率越低，表示公司的长期偿债能力越强，债权人的权益保障程度越高，承担的风险越小。一般产权比率应小于 100%，这样可维持资本结构较高的安全性。

（二）资产运用效率分析

资产运用效率反映选煤厂资产的管理水平，通过对资产运用效率的分析，可以有效反映经营者经营管理水平的高低，发现资产运用方面的差距，改善和提高管理水平。资产运用效率分析常用的财务指标有：总资产周转率、流动资产周转率、存货周转率、应收账款周转率等。其计算公式分别为：

$$总资产周转率=\frac{营业收入净额}{(资产期初总额+资产期末总额)\div 2}\times 100\%$$

$$流动资产周转率=\frac{营业收入净额}{(流动资产期初总额+流动资产期末总额)\div 2}\times 100\%$$

$$存货周转率=\frac{销货收入净额}{(存货期初余额+存货期末余额)\div 2}\times 100\%$$

$$应收账款周转率=\frac{赊销收入净额}{(应收账款期初余额+应收账款期末余额)\div 2}\times 100\%$$

周转率指标是正指标，即越高越好。该类指标越高，说明同样的资产取得收益越多，因而资产的管理水平越高，相应的选煤厂偿债能力就越高。

（三）偿债能力分析

对于选煤厂经营来说，进行偿债能力分析，测定选煤厂未来偿债能力，是财务分析的重要内容之一。因为，保持一定的偿债能力是选煤厂开展生产经营活动的前提条件，也是提高选煤厂获利能力的重要保证。因此，作为经营者，应当利用财务报表提供的有关资料，通过流动比率、速度比率、现金比率、资产负债率、产权比率、已获利息倍数等反映偿债能力的指标，分析选煤厂偿债能力的强弱，发现问题，即时采取措施，保证选煤厂有良好的财务状况，保证选煤厂能够正常地、稳定地发展。

$$流动比率=\frac{流动资产}{流动负债}（正常比例为2:1）$$

$$速度比率=\frac{速度资产}{流动负债}（正常比例为2:1）$$

式中的速度资产是指流动资产减去变现能力较差且不稳定的存货、待摊费用、代处理财产损失等后的余额。

$$现金比率=\frac{现金+有价证券}{流动负债}\times100\%$$

$$资产负债率=\frac{总负债}{总资产}\times100\%$$

$$产权比率=\frac{负债总额}{所有者权益总额}\times100\%$$

$$已获利息倍数=\frac{息税前利润}{债务利息}$$

（四）盈利能力分析

对于经营者来讲，获得更多的利润是选煤厂生产经营的根本目的。因此，对选煤厂能力分析也是经营者财务分析的重点内容之一。盈利能力分析常用的财务指标有：销售利润率、成本费用利润率、总资产利润率、自有资金利润率和资本保值增值率等。

二、经济效益评价的指标

我国财政部颁布了十项考评选煤厂经济效益指标。

1. 销售利润率

销售利润率是利润总额与产品销售收入的比率。该指标越大，表明产品销售收入获利水平越高。

2. 总资产报酬率

总资产报酬率是利润总额和利息支出之和与平均资产总额的比率。

$$总资产报酬率=\frac{利润总额+利息支出}{平均资产总额}\times100\%$$

其中：

$$平均资产总额=\frac{期初资产总额+期末资产总额}{2}$$

该指标用于衡量选煤厂运用全部资产获利的能力，指标越大，说明选煤厂资产能力越高。

3. 资本收益率

资本收益率是净利润与实收资本的比率。

$$资本收益率=\frac{净利润}{实收资本}\times100\%$$

该指标衡量的是选煤厂运用投资者投入资本获得收益的能力，其中净利润是选煤厂实现利润扣除应缴所得税后的余额。资本收益率越大，说明投入资本获得收益的能力越强。

4. 资本保值增值率

资本保值增值率是期末所有者权益总额与期初所有者权益总额的比率。

$$资本保值增值率=\frac{期末所有者权益总额}{期初所有者权益总额}\times 100\%$$

该指标反映的是投资者投入资本的完整性和保全性。若资本保值增值率等于100%，说明资本保值；若大于100%，说明资本增值。对于国有选煤厂来说，该指标可以用来考察国有资产保值增值的情况。

5. 资产负债率

资产负债率是负债总额与资产总额的比率。

$$资产负债率=\frac{负债总额}{资产总额}\times 100\%$$

该指标用于反映资产负债水平高低。对于债权人来说，资产负债率越低，说明选煤厂还贷能力越强，债权人的安全程度越高。但对于债务人来说，资产负债率过低，说明选煤厂资产占用高、利用率低。

6. 流动比率和速动比率

① 流动比率：是流动资产与流动负债的比率。

$$流动比率=\frac{流动资产}{流动负债}\times 100\%$$

该指标衡量的是选煤厂偿付即将到期债务的能力，表示每一元流动负债有多少流动资产作保证。该指标越高，选煤厂偿债能力越强，国外一般认为比率在20%左右最稳妥可靠。

② 速动比率：是速动资产与流动负债的比率。

$$速动比率=\frac{流动资产}{流动负债}\times 100\%$$

$$速动资产=流动资产-存货-待摊费用$$

速动资产是货币资金以及在短期内能立即变现的其他各种流动资产的总称。速动比率反映的是可以立即变现偿还到期债务的能力。该指标越大，表示选煤厂近期偿还能力越强，一般认为比率维持在100%最为理想。

7. 应收账款周转率

应收账款周转率是指赊销净额与平均应收账款余额的比率。

$$应收账款周转率=\frac{赊销净额}{平均应收账款余额}\times 100\%$$

赊销净额指的是一定期间内通过“应收账款”科目核算的销售收入扣除现销收入、销售退回、折让、折扣后的余额。由于选煤厂赊销资料作为商业秘密一般不对外公开，因此实际工作中一般用赊销和现销总额及销售净收入代替赊销净额。平均应收账款余额指的是销货期间各月平均余额，为了简化计算，也可用年(季)初应收账款余额与年(季)末应收账款余额之和除以2得出。

应收账款周转率用于衡量选煤厂应收账款周转快慢，反映了选煤厂应收账款的回收速度。该指标越高，说明应收账款变现速度越快，坏账损失可以由此而减少。

8. 存货周转率

存货周转率是产品销售成本与平均存货成本的比率。

$$存货周转率=\frac{产品销售成本}{平均存货成本}\times 100\%$$

其中，平均存货成本为期初与期末存货成本之和除以 2。

该指标用于衡量选煤厂在一定时期内存货资产的周转次数，是反映选煤厂购、产、销平衡和效率的一种尺度。该指标越高，说明存货周转速度越快。

9. 社会贡献率

社会贡献率是指选煤厂社会贡献总额与平均资产总额的比率。

$$社会贡献率=\frac{企业社会贡献总额}{平均资产总额}\times 100\%$$

选煤厂社会贡献总额是指选煤厂为国家或社会创造或致富的价值总额，包括工资、劳保支出、社会福利支出、利息支出净额、应缴增值税、应缴产品销售税金及附加、应缴所得税、其他税收、净利润等。

该指标用于衡量选煤厂全部资产为社会创造支付的价值。

10. 社会积累率

社会积累率是指上缴国家财政总额与社会贡献总额的比率。

$$社会积累率=\frac{上缴国家财政总额}{企业社会贡献总额}\times 100\%$$

上缴国家财政总额包括应缴增值税、应缴产品销售税金及附加、应缴所得税、其他税收等。

该指标用于衡量选煤厂社会贡献总额中有多少是用于上缴国家财政。

三、经济指标的衡量

计算出各指标后，只单独与本选煤厂以往历史资料对比，而不与别的选煤厂对照，就无法知道自己在竞争中的地位。因此，需要在行业内确定一个平均财务比率，以便与行业内各选煤厂进行比较。所谓财务比率综合分析比率，就是要首先选择若干个财务比率，分别给定在总评价中的比重，总和为 100 分，然后确定比率，并与选煤厂实际比率相比较，评比每项指标得分，最后计算出总的评分。

$$每项指标得分=权数比分\times\frac{实际比率}{标准比率}$$

$$总评分=\sum 每项指标得分$$

“选煤厂经济效益评价指标体系”中规定，上述十项指标分数分别为：销售润利率 15 分、总资产报酬率 15 分、资本收益率 15 分、资本保值增值率 10 分、资产负债率 5 分、流动比率(或速动比率)5 分、应收账款周转率 5 分、存货周转率 5 分，社会贡献率 10 分、社会积累率 15 分。进行评价时有几个特殊情况需要修正：

① 亏损选煤厂没有盈利，前四项指标实际比率为负值，相对比率一律取零分。

② 资产负值率超过标准比率时，需要根据“标准比率除以实际比率”确定相对比率，使实际评分低于标准分数。

③ 该体系规定资产负值率、流动比率、应收账款周转率、存货周转率四项指标最高得分为基本权数比分的 2 倍，即最高得分为 10 分。

第四节 分析评价实例

某选煤厂是从德国引进成套设备的矿井型现代化选煤厂，年处理能力 400 万 t，采用块煤重介选、末煤跳汰选、煤泥浮选的联合工艺流程。主要产品有 9～14 级冶炼精煤、洗混块、洗末煤和煤泥等。

一、原煤性质分析

表 9-4 为该选煤厂 2004 年 10 月份的月综合原煤资料。图 9-2 为原煤可选性曲线。

表 9-4　　某选煤厂 10 月份月综合资料

密度/(g·cm⁻³)	+13 mm			13～0.5 mm			>0.5 mm 小计		
	质量分数/%	灰分/%		质量分数/%	灰分/%		质量分数/%	灰分/%	
	44.29	54.90		42.49	32.15		86.78	43.76	
	浮沉			浮沉			浮沉		
	占本级/%	占全样/%	灰分/%	占本级/%	占全样/%	灰分/%	占本级/%	占全样/%	灰分/%
-1.3	0.29	0.13	6.46	4.00	1.70	4.95	2.11	1.83	5.06
1.3～1.4	5.12	2.27	8.34	35.28	14.99	6.88	19.89	17.26	7.07
1.4～1.5	12.14	5.38	14.86	14.05	5.97	15.45	13.08	11.35	15.17
1.5～1.6	5.13	2.27	23.16	4.28	1.82	24.99	4.71	4.09	23.97
1.6～1.8	5.63	2.49	36.21	4.28	1.82	38.99	4.96	4.31	37.38
+1.8	71.69	31.76	70.17	38.11	16.19	69.44	55.25	47.95	69.92
小计	100.00	44.30	55.78	100.00	42.49	34.00	100.00	86.79	45.11

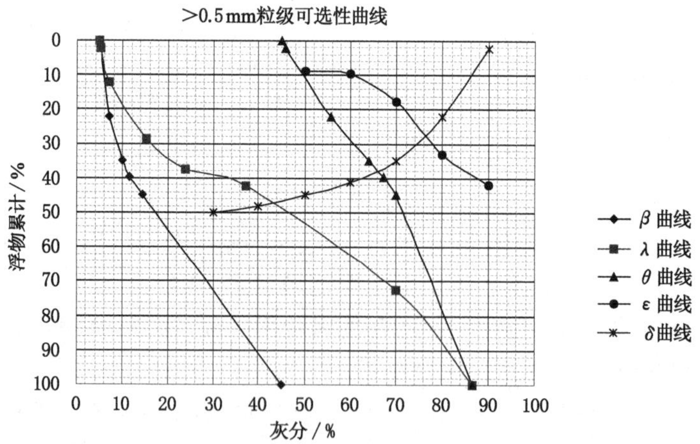

图 9-2　某选煤厂原煤可选性曲线

根据资料分析，该选煤厂入选的原煤为难选煤，其中大于 13 mm 的原煤占 44.30%，灰分55.78%；入重介选的原煤，13～0.5 mm 的占 42.79%，灰分 34.00%；进巴达克跳汰机，从跳汰机出来的末中煤入旋流器再选，-0.5 mm 进浮选系统。该厂为炼焦型选煤厂，规定入选量为400万t，核定为450万t，产品为肥煤，生产9、10、11、12级精煤。从表9-4和图9-2可以了解该厂入选原煤的基本情况。可以看出，该厂原煤含矸率极高，占原煤的1/2以上。原煤可选性基本上是难选。

二、生产管理及完成指标情况

该选煤厂主要产品有9～14级冶炼精煤、洗混块、洗末煤和煤泥等。产品品种随市场需要变化。为了控制产品质量，满足用户要求，选煤厂每月制定生产内部控制指标(表9-5)，指导工人操作。表9-6和表9-7列出了2004年选煤厂主要技术指标、产品质量情况。

表9-6为该选煤厂1～9月份生产指标完成情况。从表中可以看出，选煤厂的主要生产指标都比较先进，如全员效率，优质高效试行标准中矿井型炼焦煤的全员效率参考指标是30 t/工，该厂达到60 t/工以上，在全国是非常领先的水平。又如介耗，该厂最高为1.15 kg/t，与优质高效试行标准相比，应该也是国内先进水平。该厂的洗煤效率从1月份起逐渐递增，到9月份+0 mm全级别数量效率已经达到92.24%，按照表9-2与选煤数量效率的标准进行对比，相比之下应该说比较好。

表9-5　某选煤厂产品内部控制灰分指标(2004.11)

作业或设备	产品	控制灰分	分选密度
浮选	浮选入料	25.0%～26.0%	
	浮选尾矿	>45%	
	尾煤综合	46%～50%	
	浮选总精煤	10.2%～11.2%	
巴达克	末中煤	>50%	
	精煤(12级)	9.4%～10.4%	
块煤重介	主选矸石	>80%	
	12级精煤	10.2%～11.2%	
总精煤(12级)		10.51%～11%	

表9-6　某选煤厂2004年1～9月生产指标完成情况

项目	全员效率/(t·工$^{-1}$)	数量效率(+0 mm)/%	数量效率(+0.5 mm)/%	成本/(元·t^{-1})	上缴利润/(万元·月$^{-1}$)	电耗/(kW·h·t^{-1})	介质耗量/(g·t^{-1})	小时入选量/(t·h^{-1})	吨煤加工费/(元·t^{-1})	设备完好率/%
月份	2	3	4	5	6	7	8	9	10	11
1月	62.56	89.00	87.30	263.86	1 517	8.32	1 150	850.54	9.63	99.01
2月	56.31	88.00	87.20	283.69	1 052	8.30	1 010	830.17	9.86	99.01
3月	58.56	88.32	87.20	316.10	444.15		661	918.84	17.23	99.01
4月	62.46	88.19	87.01	249.73	1 909.9	8.10	1 192	830.83	9.80	99.01
5月	63.42	88.33	87.50	204.99	268.5	7.74	1 111	1 028	10.06	99.01
6月	60.85	88.08	86.50	298.05	716.28	8.45	735.9	860.66	12.28	99.01

续表 9-6

项目	全员效率/(t·工$^{-1}$)	数量效率(+0 mm)/%	数量效率(+0.5 mm)/%	成本/(元·t^{-1})	上缴利润/(万元·月$^{-1}$)	电耗/(kW·h·t^{-1})	介质耗量/(g·t^{-1})	小时入选量/(t·h^{-1})	吨煤加工费/(元·t^{-1})	设备完好率/%
7月	61.29	90.86	88.0	288.07	943.78	8.4	358.8	905.74	10.15	99.01
8月	64.33	90.52	88.06	304.77	625.42	7.51	501.4	1 067.47	9.3	98.69
9月	67.24	92.24		296.86	867.81	6.95	393	1 076.35	12.66	98.61

表 9-7　某选煤厂原煤、产品及生产指标

指标	3月份	4月份	5月份	6月份	7月份	8月份	9月份
入选量/t	385 620	390 488	374 199	360 269	353 404	364 295	374 663
入选比/%	99.41	98.86	99.78	96.65	95	94.09	93.57
入选原煤灰分/%	41.4	32.81	41.78	37.69	38.96	43.52	43.64
精煤产量/t	125 122	136 164	96 282	106 018	118 841	139 123	158 338
精煤回收率/%	32.45	34.87	25.73	29.05	31.62	35.51	39.54
精煤平均灰分/%	10.58	10.82	10.78	10.63	10.7	10.53	10.51
精煤平均水分/%	12.33	12.31	12.37	12.5	12.51	12.72	12.45
精煤批合格率/%	100	100	100	100	100	100	100
商品煤综合回收率/%	65.39	84.54	66.26	73.56	71.65	58.62	57.34
精煤理论回收率/%	36.74	39.54	29.13	32.98	34.8	39.23	39.54
原煤全级别±0.1含量/%	37.95	33.51	36.76	29.27	27.27	41.39	36.24
入选原煤可选性难易程度	难选	难选	难选	中等可选	中等可选	极难选	难选
+0.5 mm 级别洗选效率/%	87.2	87.01	87.50	86.5	88	88.60	92.64
全级别的洗选效率/%	88.32	88.19	88.33	88.08	90.86	90.52	92.24
浮选抽出率/%	59.67	55.63	49.38	46.99	48.66	55.93	63.66
E/*I* 值(+0.5mm 级)Ⅰ段	0.052/0.19	0.052/0.19	0.052/0.19	0.050/0.16	0.050/0.18	0.050/0.2	0.041/0.19
E/*I* 值(+0.5mm 级)Ⅱ段	0.055/0.24	0.055/0.21	0.052/0.22	0.05/0.18	0.05/0.18	0.06/0.22	0.05/0.20
吨原煤利润/(元·t^{-1})	11.52	48.91	7.18	19.63	25.11	15.96	21.67

从经济指标看，该厂吨煤加工费在 9.3～12.66 元/t，只有一个月高达 17.23 元/t。总的来看，吨煤加工费指标还是比较低的。其他如设备完好率等，也是在很好的水平。

从表 9-7 可了解该厂的产品及生产指标。由于含矸率高，入选原煤灰分大部分都在 37%以上时该厂精煤回收率只有 30%左右。产品灰分波动不大，水分稍微偏高，合格率在 100%。从操作指标看，E，I 都在中等水平，其中二段的 I 稍高，可能与操作有关。

思　考　题

1. 选煤厂各作业环节评价方法有哪些？
2. 选煤厂技术经济指标有哪些？
3. 选煤厂财务分析与经济效益评价的指标有哪些？
4. 试分析所给案例选煤厂的技术经济指标达到的水平。

第十章　选煤厂的计算机管理

从管理学的角度讲，企业的每一项管理工作都借助信息处理的方式完成，企业管理人员每天花费大量的时间用于记录、查找、汇总和使用信息。

在现代信息社会，计算机成为信息处理的有力工具。自世界上第一台电子计算机出现以来，信息处理方式从功能上经历了电子数据处理系统（Electronic Data Processing System，EDPS）、管理信息系统（Management Information System，MIS）和决策支持系统（Decision Support System，DSS）三个阶段。随着信息技术的发展，用计算机进行信息处理、使用合适的信息管理和决策支持系统，成为企业管理的重要手段。

选煤厂是典型的流程型企业，使用高度机械化、连续作业的生产线，有多个生产环节、几十种控制因素同时影响生产，加之市场情况瞬息万变，原料、运输等外部条件的制约，使选煤厂的生产经营管理对信息技术、现代管理理念和方法以及标准化管理的依赖性增强，迫切需要应用现代化管理手段来提高管理水平。

选煤厂的管理信息系统经多年研究，目前也在向决策支持型、集成型发展。本章将重点介绍目前正在研究的选煤厂决策支持型管理信息系统。

第一节　计算机管理的基本概念和技术

在选煤厂管理中引入计算机技术，需要对相应的概念进行了解。本节对管理信息系统、决策支持系统、信息集成等概念进行简单描述。

一、管理信息系统

管理信息系统是信息处理的一个发展阶段，也是决策支持系统存在的基础。了解它的基本概念，有助于对本章内容进行深入的研究。

（一）管理信息系统的概念

管理信息系统是一个由人、计算机硬件和软件等组成的，能进行信息收集、传递、储蓄、加工、维护和使用的系统。

计算机管理信息系统是随着数据库技术和网络技术发展而产生并成熟起来的一种企业计算机应用系统，它能系统地组织、保存、处理企业的信息，以达到辅助企业管理的目的。管理信息系统的外在标志是应用了数据库管理系统及计算机网络技术，从而使系统本身具备了分布式数据处理能力，实现了真正意义上的信息管理的系统化。

（二）管理信息系统的主要作用

管理信息系统对企业事业单位的作用在于加快信息的采集、传送及处理速度，实现数据在指定范围内的共享，及时地为各级管理人员提供所需的信息，从而改善企业的运行效率及效果。

管理信息系统作为企业管理的重要手段，从企业信息管理的角度对企业管理的主要作用有如下几方面。

1. 快速提供统一准确的信息

对企业的管理人员来讲，快速准确地获得统一信息是非常重要的，这直接影响信息的处理效率及应用的正确性和有效性。

例如，在选煤厂日常生产管理中，产品的质量信息是管理者关心的重要内容，但在手工管理条件下，一般的质量数据要滞后1～2天才以报表形式出现。而计算机管理可以实时获得这些信息。

用计算机进行信息处理时，数据的格式和名称的统一是至关重要的。管理信息系统通过相关的方法及技术手段统一信息格式，避免由于信息格式的不统一而造成信息处理及使用上的问题，这就提出了信息标准化的需求。

2. 全面系统地保存企业的信息

在合理地分析企业信息管理需求的基础上开发的管理信息系统，可全面系统地组织企业的信息，并通过数据库管理系统及大容量、高速度的存贮设备等长期保存企业的信息，为有效地处理和应用这些企业信息奠定数据基础。

3. 提供不同要求和不同详细程度的信息

基于对企业信息的合理组织和保存，管理信息系统可向企业的管理人员提供不同要求、不同详细程度的信息，以达到完成特定管理业务的目的。

二、决策支持系统

决策支持系统是在传统的电子数据处理（EDP）和管理信息系统（MIS）的基础上发展起来的。20世纪70年代初，美国麻省理工学院的Michael S. Scott Morton教授在《管理决策系统》一文中首次提出了决策支持系统（Decision Support System，DSS）的概念，并为众多学者所关注。

时至今日，DSS仍没有一个学术界公认的定义。正如Kenn在1986年所说的那样："从DSS产生开始直至今天，仍然没有建立起一个关于DSS的定义"。许多学者在这方面做了大量的努力，试图给出DSS的定义。目前有不少文献对DSS的定义作了如下的表述：凡能对决策提供支持的计算机系统，这个系统充分运用可供利用的、合适的计算机技术，针对半结构化或非结构化问题，通过人机交互方式帮助和改善管理决策制定的有效性的系统。

为了让人们把握住DSS的基本特征和发展方向，以便摆脱目前争论DSS定义的混乱局面，在Sprangue和Carson于1982年发表的看法的基础上，将DSS归纳为五方面：

① 对准上层管理人员经常面临的结构化程度不高、说明不够充分的问题；

② 把模型或分析技术与传统的数据存取技术及检索技术结合起来；

③ 易于为非计算机专业人员以交互会话的方式使用；

④ 强调对环境及用户决策方法改变的灵活性及适应性；

⑤ 支持但不是代替高层决策者制定决策。

决策按问题的结构化程度可以分为三种类型，即结构化决策、半结构化决策和非结构化决策。所谓结构化决策是指对某一过程的环境和规律，能否用明确的语言（数学的或逻辑学的，形式的或非形式的，定量的或推理的）给予清晰的说明或描述。如果能描述清楚的，称为结构化问题；不能描述清楚而只能凭直觉或经验作判断的，称为非结构化问题；介于这两者之间的，则称为半结构化问题。结构化决策可以利用或可以建立适当的模型产生决策方案，并且可以从这些方案中得到最优(或满意)的解。半结构化决策的决策方案也可以通过建立适当的模型得到,但不可能从这些方案中得到最佳方案。非结构化的决策方案不可能通过建立适当的模型而得到。

管理信息系统(MIS)多数用于解决结构化问题,而决策支持系统则是以辅助半结构化或非结构化决策过程为特征的计算机决策支持系统。

三、信息集成

一个完整的信息管理系统应包括:基础数据的收集和管理、辅助决策系统(DSS)、工业控制系统(IPC)、办公自动化系统(OA)以及数据库、模型库、方法库、知识库和与上级机关及外界交换信息的接口等。换句话说,所有管理功能和生产管理过程中产生、使用的信息,都应包括在系统内。

但是,企业的信息化建设是一个渐进的过程,信息系统是多年来分散开发和引进的。由于建设目的不同和软硬件配置不一致等原因,各个系统之间的信息无法实现共建共享,重复建设现象严重,造成企业内部“信息孤岛”现象十分严重,致使企业的信息系统不能发挥其应有的作用。

就目前的发展形势而言,任何一个信息系统都无法涵盖企业所需的所有功能。因而现代激烈的竞争环境,要求企业对所有的信息资源进行集成管理。

所谓信息集成(Information Integration)就是指企业各单元系统通过网络集成技术实现系统间信息的无缝连接、交换和共享,使整个系统各个组成部分有机结合并使其总体效能达到最佳,最终实现企业信息流的集成。

信息集成作为一种信息管理手段和方法可以为企业信息化建设提供所需要的信息资源,而企业的信息化建设又可以带动企业信息集成由内部向外部拓展。通过信息集成,企业可以整体规划内外部业务流程,可以整合企业的内外资源,可以优化企业活动的各个环节,科学地设计系统整体和局部的功能,从而达到企业资源的高度共享,促进企业活动的物流、资金流、信息流、人员流在系统内的高效有序流动,极大提高企业的经济效益。企业开展信息集成可有效提高信息资源的利用率,最大限度地深层次开发利用现有信息资源。

目前许多专家学者都在致力于研究如何在企业的内部实现信息集成,将整个企业范围内不同部门、不同系统的信息流贯穿在一起,使得信息流保持通畅、准确、有效。企业的管理信息系统正向着集成化、自然化和用户参与的方向发展。

四、管理信息系统的差异性

管理信息系统的建立是根据企业的特点和用户需求建立的。对于不同的行业、不同的企业,其信息化发展程度、业务经营的范围、业务经营的性质、所拥有的信息资源和所处的行业竞争环境都各不相同,因而企业的信息化建设可以有千差万别的特点和内容。

在介绍管理信息系统的经典文献中,大都以企业资源规划系统(Enterprise Resource Planning System,ERP 系统)为例。ERP 系统选择一般企业的计划、供应、生产和销售组合系统,用于常规的制造业,比较有代表性。但对于选煤行业来说,实用价值较小。这在实践中已经得到验证。

选煤过程有其内在规律,是任何其他行业都不能比拟的。因此,选煤厂的信息管理系统应有的特点是:

① 专业性强,立足于选煤专业需要;

② 注重决策支持，利用选煤专业的专家知识，分析和解决选煤厂生产和管理的实际问题；

③ 信息综合集成，要最大限度集成包括在线和离线、生产和经营等在内的所有信息。

第二节　选煤厂的计算机管理历史与现状

20 世纪 80 年代以来，计算机在选煤行业中已经得到广泛应用，在选煤厂的计算机管理、生产系统计算机集中控制、过程模拟、工程计算与辅助设计等方面都取得了一定的成绩。

我国选煤行业工业计算机应用的起步就是从选煤厂管理开始的。人们尝试用计算机处理简单的计算工作。到 20 世纪 80 年代后期至 90 年代初，已经有一些比较成熟的成果获得社会的承认，如“选煤厂计算机辅助管理系统”、“选煤工艺计算软件包”、“选煤厂辅助设计系统”等。20 世纪 90 年代中期，选煤厂计算机应用软件研究处于相对的低潮，而生产系统的计算机集中控制研究迅速发展，并趋于成熟，同时选煤生产系统的在线检测和监测技术也相应发展起来。随着新世纪的到来，煤炭行业形势好转，我国“十五”计划提出，要用信息化带动工业化、用高新技术提升传统产业，选煤厂计算机应用又迎来了新的发展时期。

选煤厂计算机管理的发展，是随着计算机技术的发展水平变化的，主要有以下不同层次。

一、单机数据计算与报表处理

选煤厂计算机应用最初是从处理繁琐的数据计算开始的。煤质资料的计算和月综合报表的编制首先使用了计算机，主要优点是减轻了繁琐的手工劳动，减少了手工操作的人为错误，提高了工作效率，并且使一些人工难以做到的寻优等工作得以实现。这就是计算机管理的第一阶段——电子数据处理阶段。

（一）选煤工艺计算软件包

最著名的选煤厂单机版数据计算与报表处理软件是“选煤工艺计算软件包”。该软件集选煤常用计算方法和曲线绘制于一身，在选煤界有较大影响。该软件以煤质资料的计算为基础，以产品结构、工艺参数优化为研究对象，将其中复杂的计算和图形绘制工作通过计算机实现，同时可以根据市场（用户）对产品的不同要求，进行生产过程及其产品结构的优化处理，从而得到最优生产条件和最佳经济效益。系统打印的可选性和分配曲线均按原煤炭部部颁标准进行绘制，可直接用于月综合报表等正式报告中。

选煤工艺计算软件包已经在多家选煤厂使用。但其明显的不足是，数据不能网上共享，且每次计算都需要用户输入和记忆多个文件名。

（二）其他软件

平顶山选煤设计研究院研制的选煤计算软件，可以优化产品结构和生产指标，制订合理的产品结构；进行重选设备分选效果评定，绘制分配曲线，煤质资料整理，绘制粒度曲线和可选性曲线，分选指标的预测和优化；进行选煤工艺流程的计算，不受任何流程种类的限制，可计算任意流程的产率、处理量、灰分、硫分、水分、水量、悬浮液体积、悬浮液密度、悬浮液中的固体含量、悬浮液中的非磁性物含量、悬浮液中的磁性物含量、悬浮液固体中的非磁性物含量、悬浮液固体中的磁性物含量等各项指标。该软件主要用于选煤厂设计计算。

一些选煤厂自行开发研制的数据处理软件，如“煤质分析数据电算管理软件”、“选煤厂月综合实验煤质数据处理应用程序"等，可按国标输出报表、实验报告，在保证原始数据输入准确无误的前提下，确保报表的差错率为零，为数据分析和计算提供了快捷、准确的方法。

上述这些软件都针对特定的用途开发，针对性比较强。其不足也是数据不能网上共享，且功能有限。

二、基于数据库与网络的管理信息系统

基于计算机网络数据库的选煤厂计算机管理系统从20世纪90年代初期开始兴起，也就是计算机管理发展的第二阶段——管理信息系统阶段。到目前，已经有不同类型的选煤厂计算机管理网络系统问世。

（一）报表型

在已经建立的选煤厂计算机管理网络系统中，相当一部分属于报表型。如20世纪90年代初研制的"选煤厂微机局部网络信息管理系统"，"选煤厂计算机管理系统"对选煤厂的各种生产、经营等经济技术指标进行统计计算、报表打印输出、各种曲线绘制等。系统包括技术检查、全面质量管理、产品预测优化、工资和奖金、人事、成本、设备、配件、生产统计、销售、生产调度、国内外选煤信息、综合查询等。

一些选煤厂将各种日常使用的报表和矿井煤质报表详细地用微机进行报表打印。如商品煤的产量管理、机电设备管理和材料配件消耗管理，记录井下毛煤、井下可采煤和销煤等，对各种结构产品、质量（含灰分、水分、矸石率）、数量及经济效益（产值、利润）情况进行逐月统计。

系统构成的思路也不同，如"唐山矿业公司选煤厂生产管理系统"将系统按照"日报"、"月报"和"其他报表"的分类建立数据库系统。也有针对某一个职能部门建立的局部系统。

平顶山选煤设计研究院研制的"选煤厂计算机管理信息系统"，包括生产技术检查、生产调度管理、运销管理、生产计划统计、企业能源消耗管理、技术管理、机电设备管理、物资供应管理、人事工资管理、干部档案管理、安全检查管理、文档管理12个子系统。该系统在设计新选煤厂时配套使用，最终结果也是制作要求的报表。

（二）监视型

选煤厂计算机管理网络的另一类型是监视型，一般是与控制和检测系统相伴而生的。它利用控制和检测系统的实时信号，转换成数据信息，供用户查询或打印报表。它实际上只能在控制网中使用，并没有传递给管理信息网络。

"抚顺老虎台选煤厂生产过程的自动化控制与管理"是20世纪90年代初比较有代表性的系统，采用了多种检测元件，并建立了比较完整的监视型数据库。如浮选入料煤浆的闭环调节和浮选药剂添加量控制系统，利用流量计和密度计，可方便地对直接来自生产现场的工艺参数，如煤浆的流量、浓度、稀释水量、加药量等进行实时采集和微机处理，定时打印生产报表。该厂的鼓风机轴温、油压监测与自动保护系统，可实时显示鼓风机轴温、油压当前值、历史趋势曲线和柱状图。该厂的生产自动计量及显示系统，利用在原煤、产品煤胶带输送机上安装的核子秤，在总控制室计算机触敏屏幕上，实时动态显示每分钟各胶带输送机的载量和累计量，实现了生产的自动计量。

平顶山选煤设计研究院研究开发的"选煤厂微机监控管理系统"，以及其他单位研制的一些系统，都不同程度地实现了对选煤厂的主要工艺数据、设备运行状态、工艺系统自动化的工作状态进行信点采集和处理，以及动态显示、贮存和打印。

（三）集成型

集成型信息管理系统的代表作是中国矿业大学研究的 CIMS 系统。CIMS 中的信息管理系统将设备在线监视信息与各职能部门的管理信息集成起来，使选煤厂的信息管理相对更全面。

CIMS 中的信息管理系统包括设备管理子系统、工艺管理子系统和生产调度管理子系统。

设备管理体系结构分为厂级、调度级和车间级。厂级是设备管理体系的指挥部，建立设备购置管理模块、设备台账管理模块、设备检修管理模块、设备事故查询与统计模块、设备管理考核模块；调度级是管理每日作业情况、外运车皮情况，将有关设备运行参数的检测信息传到调度室，建立有调度辅助专家系统模块、设备运转状况监视模块、设备事故诊断模块等，通过现场经验及设备运行规律建立设备事故数据库，通过查询事故库和设备检修库来判别设备事故部位及事故原因，并提供事故的维修方法；车间级是选煤厂的基层设备管理组织，是设备信息的主要来源，建立有设备检修管理模块、设备事故管理模块、设备巡检管理模块、设备润滑管理模块等。

工艺管理系统包括工艺效果分析系统、月综合分析系统、单机检查系统、工艺分析系统和工艺优化参数系统等五个部分。

生产调度管理系统有生产任务分解、生产协调、生产过程监督与集控、质量监督、产量统计与分析五大功能。

三、决策支持系统

（一）决策支持系统的结构

决策支持系统是指在信息高度集成的基础上，具有智能分析和决策支持功能的信息管理系统。中国矿业大学矿物加工专业已经初步研究了决策支持型系统，建立了基于四库的决策支持型选煤厂信息管理系统。四库是指数据库、模型库、方法库和知识库系统。

数据库系统实际上是容纳了由数据集成平台集成的多系统、多层次、多类型的数据。数据集成平台包括常见的调度子系统、计划统计子系统、技术检查子系统、运销子系统、机电管理子系统、选煤子系统、技术科子系统、劳资子系统、人事管理子系统、财务子系统、企业管理子系统、供应科子系统、在线监视信息管理系统、综合查询系统及数据库管理子系统等。

模型库系统有一些具有支持不同层次决策活动的基本模型，其中有一些为支持频繁操作的单一模型，例如市场营销理论中的模型等；还有一些用于生成新模型的基本模块和基本要素。

方法库系统是具有扩充性的程序组件，它们可以和多种数据库相连，并有与应用有关的控制系统，它把特定应用的要求转换成相应的系统程序。例如，煤炭产品质量的基准换算方法、曲线拟合方法、多种优化计算方法等。

知识库系统由知识库和知识库管理系统两大部分构成，其中知识库包括厂内指标、价格信息、国家和行业标准以及专家知识四部分。其中，行业标准和厂内指标分别存放选煤生产质量评价指标体系，用以对生产过程进行评价；价格信息指企业产品价格；专家知识指一些以知识形式存放在系统中可供系统在决策过程中作为判断依据的事实或规则。知识库管理系统则负责知识的整理、查询与应用。

(二) 选煤厂决策支持系统中常用的计算

将选煤过程中的基本问题总结出一定的规律,用数学方法或其他特定方法表达出来,以便将计算机更深入地应用于选煤领域的管理、控制、工程设计和设备研制,以及寻求生产过程中问题的最优解,是数学模拟和优化的任务。今后选煤厂计算机应用的深度,主要取决于选煤过程数学模拟工作的深度。

选煤过程数学模拟工作已经进行了多年,取得了不少实际应用成果。选煤厂决策支持系统拟将已有的各种算法选择性地加以应用。

本节对已有的一些算法进行简单介绍。

1. 常用曲线的数学模拟

数学模拟最早开始于曲线模拟。在选煤行业中,有两种曲线使用最为广泛:一种是煤炭可选性曲线,它可以全面反映煤炭的可选性性质,并可以得出理论分选指标;另一种是分配曲线,它可以直观反映分选过程的完善程度。两种曲线的数学模拟研究已经比较成熟。

用生长曲线(S形)来表示煤炭可选性曲线,是目前使用最广泛的一种方法。所使用的生长曲线有:反正切(伊拉兹马斯)模型、双曲正切模型、复合双曲正切模型。该方法可使用原煤浮沉资料,在计算机上直接模拟出可选性曲线的五条曲线。

分配曲线广泛用于重力分选和分级过程的评价。分配曲线的模拟除可以用前述模拟可选性曲线所用的三种模型外,还可以使用韦伯模型和复合正态积分模型,该方法可以利用重选产品的浮沉资料,在计算机上计算出分配率,并选择五种模型之一进行分配曲线拟合。

最近还有人研究出,用高斯累积函数(Gaussian Cumulative)、Logistic Dose Response (LDR)、洛伦兹累积函数(Lorentzian Cumulative)、Extreme Value Cumulative、Asymmetric Sigmoidwutoaw 五种 S 形函数,拟合可选性曲线和分配曲线。

2. 过程模拟

选煤单元操作过程的模拟研究是过程控制的基础。由于各操作单元的过程机理和规律研究的欠缺,使得各单元操作过程的控制研究进展缓慢。近年来,选煤单元操作过程的模拟研究取得了一定进展。

跳汰过程是一个复杂过程,在生产中调节因素多,运动规律复杂,对该过程的模拟比较困难。在跳汰分选过程中,水流的运动特性直接影响跳汰机内物料的运动和分层的结果。有关跳汰过程中水流运动特性的研究一直在进行着。这些研究中,有按不等截面 U 形管中水流振动特性推导的非线性微分方程,有按工业生产实际跳汰机推导的实际跳汰水流运动微分方程,有用分段函数表达的水流运动方程,也有用流体运动学理论推导的运动微分方程,还有根据振动理论推导的水流运动位移、速度、加速度及受力方程。尽管研究的历史背景、条件、方法和手段不尽相同,但最终趋同于相似的结论,即水流运动微分方程表达应是二阶非齐次微分方程形式。关于跳汰床层中颗粒的运动模拟研究,有根据振动理论推导的颗粒运动位移、速度、加速度及受力方程,有颗粒运动经验公式。这些研究为跳汰分选过程控制打下了基础,有些已经在控制过程中得到应用。

空气重介流化床干法选煤过程的模拟,是根据分选机理和实验数据建立的多变量非线性系统模型,该模型表达了流化床的床高和床层中物料性质与床层密度的关系。

浮选过程模拟研究,有浮选泡沫图像研究,即针对工业现场实时采集的浮选泡沫图像研究不同的算法,以快速准确地识别泡沫图像的气泡个数和尺寸大小分布,以期用于浮选效果的判别；有关于浮选动力常数的研究，即浮选速率符合一阶动力学方程，并推导出浮选速率常数与捕收剂、起泡剂用量之间的数学模型。

浮选精煤的压滤过程模拟在近年来得到系统研究，通过正交实验，研究了入料浓度、入料细度、压榨压力与滤饼水分的关系，建立了线性回归方程，并尝试用该模型进行了压滤过程的控制。

煤泥水系统自动加药过程的模拟研究也在进行。通过实验室和现场实际控制系统，对煤泥水系统入料的流量、浓度、硬度等与絮凝剂和凝聚剂的添加量之间的关系进行了研究，取得了符合实际的数学模型。

3. 预测与优化

预测是根据历史资料、现有的生产水平、技术的发展方向，运用科学方法和手段，对事物的发展趋势做出估计和评价。优化则是在充分了解实际情况或在预测的基础上，从多个方案或结果中找出最优者的过程。

选煤过程中的预测和优化问题是时时存在的。例如当煤质变化、用户要求变化或新建选煤厂时，在某一条件下能得到什么样的产品，产率、灰分、利润如何等等，这是预测问题；许多组条件和结果中，哪一组是最好的，这是优化问题。

预测方法在选煤生产管理中常用，其方法已经在前面章节详细进行了介绍。

优化问题的研究主要在于使用的优化方法。例如"选煤工艺计算软件包"使用"正交法"、混合搜索法进行寻优；"大型矿区煤质与选煤系统计算机管理研究与应用"中采用"粒子群算法"、"0.618法"进行寻优等。

对选煤厂产品结构优化的研究，除上述方法之外，还有用灰色理论的预测决策方法、线性规划方法进行的研究等。

主再选是选煤流程结构的重要形式，其最佳配合的问题一直在研究中。有从主再选的分选密度配合角度进行的研究，主要针对跳汰分选方法，认为主再选的分选密度与跳汰机的 I 值有关；也有从最大产率角度进行的研究，提出了主再选配合获得最大精煤产率时主再选的精煤灰分关系模型，并认为该关系同样适合跳汰和重介选。

有一些文献侧重研究选煤过程的预测，如模块式流程参数预测研究，将常用选煤方法作为模块，根据不同的要求进行适当的组合，以适应各种流程预测的要求，在计算中，将 Excel 和 VB 结合起来，以方便数据处理。

还有的研究将优化方法运用于机械设备选型评价中，建立了选优决策矩阵和评价因素的加权系数矩阵，可方便地对设备选型方案进行定量评价。

4. 其他研究

选煤厂生产经营系统局部模型及管理方案的探讨，将选煤厂视为整体开路、局部自控的系统，建立了生产经营系统的逻辑模型和数学模型，提出多级控制方案，为生产系统管理的量化提出了思路。

用计算机进行煤炭特性与动力煤发热量之间关系的回归分析，建立了煤炭灰分、水分、挥发分等指标与发热量之间的回归方程，对煤炭质量检验有一定指导意义。

第三节　计算机管理的发展趋势

国家发展改革委办公厅发布了“关于组织实施工业自动化高技术产业化专项的公告”，对大型、流程型企业的综合信息化提出了具体要求，提出要开发软件系统和信息集成平台，将先进控制、装置优化、实时监控、生产管理、优化调度、应用软件等集成为一体，充分发挥现代化控制装备和计算机技术的作用，促进生产的发展，提高企业的经济效益。为了切实实现选煤厂综合信息化，需要充分认识选煤厂的特点，制定合理的选煤厂综合信息化框架，了解各部分发展现状，从而推动选煤厂综合自动化、信息化工作的进行。

一、选煤过程的特点

（一）过程的系统性和复杂性

选煤厂是一个复杂大系统。由于其复杂性，某一个子系统或环节的改变都会引起该层次、相关的子系统和层次，以至于整个系统的改变。因此，必须透彻分析系统内部各层次、各子系统的状态，以及它们之间的关系，从而站在整个系统的高度上解决系统内部存在的问题，使整个系统功能整体跃升。根据系统论的观点，选煤系统的定义如下：

系统 $Z(n)$是指由 n 个存在关联的部分 $e(1),\cdots,e(i),\cdots,e(n)$构成的整体，记为：

$$Z(n) = |E(n), Rz*|$$

$$E(n) = |e(i) \qquad i=1,2,\cdots,n\ ; n\geqslant 2|$$

其中，$Rz*$ 表示部分 $e(1),\cdots,e(i),\cdots,e(n)$间存在关联的集合。

对于系统 $Z(n)$：

① 其内部状态

$$S_{in} = (s_1, \cdots, s_i, \cdots, s_n)^T$$

$$s_i \in A_i \qquad (i=1,2,\cdots,n)$$

其中，s_i，A_i分别表示部分 $e(i)$ 的状态和状态空间。

② 其系统行为 HZ 是指系统 $Z(n)$的某种外部活动或表现，所以，HZ 是系统内部状态 Sin 和系统输入 R 的函数，即：

$$HZ = \Psi h(R, \mathrm{Sin})$$

③ 其系统状态 SZ 是指能够表征系统存在的状态，所以：

$$SZ = \Psi S(S, R, \mathrm{Sin})$$

其中，S 表示系统环境的状态。

根据系统定义，勾画出选煤厂大系统，如图 10-1 所示。由图 10-1 可以看出，整个系统是由多个相互关联的部分构成，形成不同层次和相互关系。

复杂性的研究是近年来兴起的新兴学科，标志着人们对自然和社会的认识进入了新的历史时期。关于复杂性的定义版本很多，下面给出一个较为简单的定义：

① 复杂性是客观事物的一种属性；

② 复杂性是客观事物层次间的一种跨越；

③ 复杂性是客观事物跨越层次的，不能用传统的科学学科理论直接还原的相互关系。

选煤厂是否为复杂系统，是否具有复杂性，可以根据定义直接进行判断。其主要依据是系统的各个层次、各部分是否具有跨越层次的、各个方向上的相互关系。

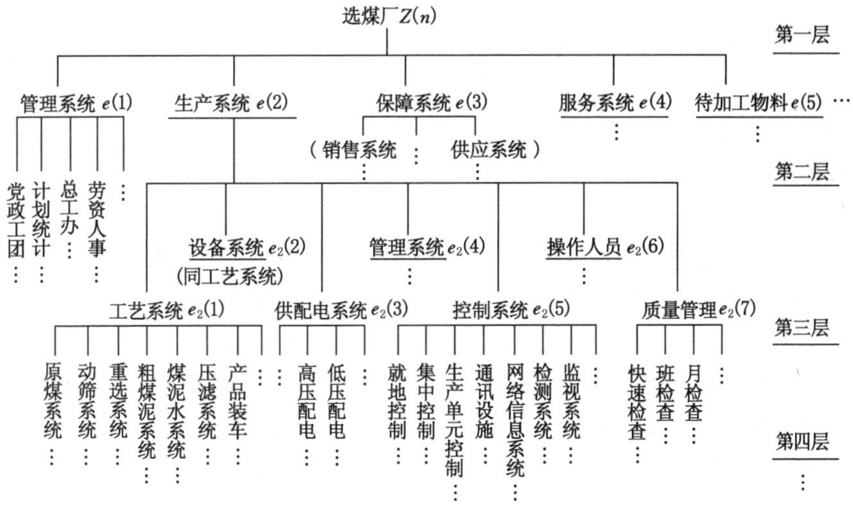

图 10-1　选煤厂系统图

选煤厂大系统各层次或子系统对其他层次或子系统有各种影响或干预关系。例如，工艺子系统中的各个子系统，受控制系统的控制，接受操作人员和配电系统的干预；同时，将质量信息传递给质量检查子系统，又由质量管理和销售子系统反馈信息指导生产等。根据上述复杂性的定义，可以看出，选煤系统的各层次和子系统之间的相互关系具有跨越层次、不能用传统的科学学科理论直接还原的特点，说明选煤系统是复杂系统。

选煤厂的系统性和复杂性必定反映在管理过程中，因此选煤厂的管理信息系统设计必定要考虑复杂系统内部的管理模型，尽可能理顺系统内部的关系，从而使所设计的信息系统满足实际工作的需要。

（二）流程型不可逆性

选煤过程是典型的流程型过程。原煤在井下开采后，经胶带输送机、箕斗提升到地面，进入选煤厂。从原煤准备车间，经破碎、筛分、分选、脱水、分级、装仓，直至装车外运，都是连续的生产线。生产的是大宗产品，不可能返工或中断。

在市场经济条件下，煤炭产品质量的要求也更严格，只有优质产品才能占领市场，保证企业生存。煤炭洗选加工是高度机械化的流程型生产线，有数个生产环节、几十种控制因素同时影响产品质量，且由于是生产大宗产品（约每小时几百吨至几千吨），不可能因质量问题返工，故产品质量控制尤为重要，稍有疏忽，便会产生大量不合格产品，导致严重经济损失。因此煤炭洗选产品质量的实时管理与在线控制是十分重要的。

（三）企业的独立与完整性

选煤厂是一个完整的企业，无论它是矿区型还是矿井型，其运作都要经过以下环节：

① 原料、设备、物资等的选择与采购；

② 进行市场预测与开拓；

③ 根据市场需求制订生产计划，优化工艺系统和操作参数；

④ 按计划组织生产；

⑤ 进行生产系统的维护和更新；

⑥ 产品检验、储存与销售；

⑦ 产品结构优化、用户反馈分析；

⑧ 成本核算与经营分析；

⑨ 企业经营策略研究；

⑩ 人员培训与使用；

⑪ 新技术应用研究。

由于选煤厂生产、经营、管理等集于一身，以及系统的相对边界清晰，选煤厂的独立性是显而易见的。在信息管理系统设计时，应将上述各方面考虑周全。

（四）专业的交叉性

由于选煤厂的独立性和完整性，选煤厂的运作涉及多个专业，包括选煤、机电、自动化、物流、运输、销售、财务、人力资源、统计、劳资、计算机等，各专业需要协同、互相依赖，而在选煤厂信息管理系统设计时，就需要了解各种知识，本身也是系统工程。

选煤是选煤厂的主导专业。因此，选煤厂的管理系统的灵魂应是选煤专业知识，包括日常技术管理、产品结构优化、工艺参数和指标优化、统计计算和效果评价、成本控制等。

其他专业虽然是辅助专业，但也有它们自身的规律，也会反过来制约选煤专业，例如设备的可靠运转、系统的自动控制等。

在选煤厂信息管理系统设计时，要考虑以选煤专业的信息为主，其他专业的信息也要相应纳入系统，形成多专业的信息集成。

（五）数据的海量与多样性

选煤厂作为一个流程型企业，其要求实时在线采集大量的生产过程数据、工艺质量数据、设备状态数据等，因此实现数据自动采集和进行有效信息的分析提取成为系统建设的一个重点。

选煤厂生产经营活动的综合优化过程，要求在选煤厂生产过程中实现生产设备运行智能监控、生产流程和工艺参数合理优化、产品质量管理有效测控等。

选煤厂的生产主要面向原煤库存，没有作业单的概念，它一般同时考虑生产能力和物料流程，其生产计划在现有条件下，一般由集团公司根据矿井生产情况分级别，分年、季、月制定，然后由厂进行分日、分班计划。

选煤厂生产过程的柔性是靠改变各设备间的物流分配和生产工艺参数来实现的，因此必须由先进的在线优化、控制技术来保证。

选煤厂的质量管理系统与生产过程优化系统、过程监控系统紧密相关，产品检验以抽样方式为主，采用统计质量控制，产品检验与生产过程控制，管理系统严格集成，密切配合。

在信息处理方面，选煤厂要求实时在线采集大量的生产过程数据、工艺质量数据、设备状态数据等，及时处理大量的动态数据，压缩保存历史数据，并以图表、图形的形式予以显示。这些处理要求很高的自治性，传统的模块设计很难有效实现。

在安全可靠性方面，选煤厂由于生产过程的连续性和处理量大，任何作业工作的好坏都要影响全厂的生产，甚至停产，同时生产过程中出现不合格产品，退回去重新加工几乎不可能。因此，安全可靠生产是选煤厂生产的首要任务，必须实现全生产过程的动态监控，这就要求系统具有一定的能动性和智能性。

在人的作用方面，选煤厂 CIMS 由于生产的连续性，更强调基础自动化的重要性，生产加工过程自动化程度较高，人的作用主要是监视生产装置的运行、调节运行参数等，一般不需要直接参与加工，因此要求系统具有友好接口和实时性。

二、选煤厂管理综合信息化框架的研究

（一）框架的整体外貌

根据煤炭企业实际情况，“大型复杂选煤过程综合信息化系统”应分集团公司和选煤厂两级，集团公司级系统主要任务是实现集团公司级的选煤、煤质管理信息的动态和静态统计、查询和决策支持；选煤厂级系统主要完成原始信息的收集、整理和上传（为公司的经营、计划统计、调度、运销、供应等部门提供数据），同时形成厂级的信息管理网络，供选煤厂和矿场的有关管理人员查询与决策支持。

1. 集团公司级系统

集团公司级系统主要分七个子系统：选煤生产实时监控监测子系统、数据统计与分析子系统、运销子系统、数据库管理子系统、煤质综合检验子系统、网上综合查询子系统、公司办公自动化 OA 子系统和决策支持子系统。

2. 厂级系统

选煤厂级系统主要包括：选煤过程控制系统、选煤过程监视检测系统、调度指挥系统、工业电视监视系统、产品质量反馈系统、煤田煤质信息系统、生产经营管理信息系统、过程模拟系统、生产分析及决策支持系统、综合查询系统及办公自动化系统十一个子系统（图10-2）。前四个子系统以硬件为主，形成一个选煤厂的整体监测和控制体系，并有部分实时分析软件完成信息的分析；后七个系统以软件为主，形成整体的信息管理和分析决策系统，完成生产经营的决策、指挥功能。

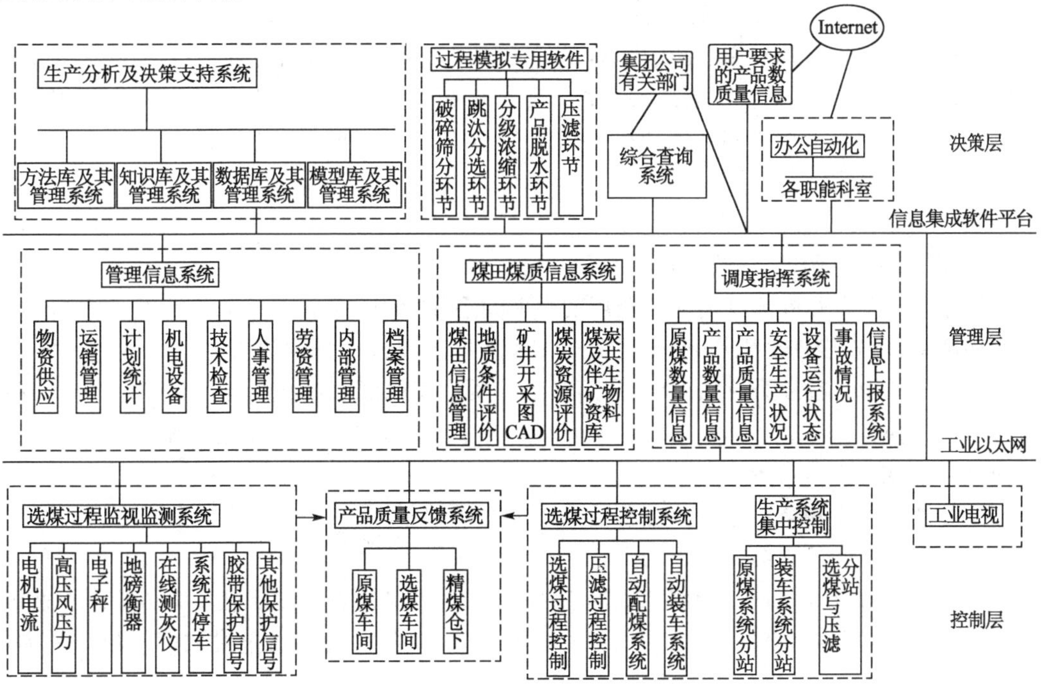

图 10-2　大型复杂选煤过程综合信息化厂级系统内容

系统的特点是集检测、控制、优化、调度、管理和决策等功能于一身，将包括系统控制、实时监控、生产管理、优化调度、应用软件等内容的软硬件集成为一体，形成相应的软件系统和信息集成软件平台。

（二）研究的具体内容

根据图 10-2 所示的大型复杂选煤过程综合信息化系统内容，选煤厂系统研究内容如下：

(1) 控制系统信息集成

控制系统信息集成主要包括全厂生产系统设备计算机集中控制系统、分选过程单元控制系统、自动配煤系统、自动装车系统等的控制状态信息收集。

(2) 检测与保护系统信息集成：

随着在线检测技术和设备的发展，对生产过程的在线检测和保护手段越来越完善。用于选煤过程的主要有：

① 在线灰分检测仪：在线检测中间产品和最终产品的灰分。

② 计量胶带秤：在线检测入料量、产品量等，用于衡量系统的生产量。

③ 皮带工况检测与保护装置：防止胶带跑偏、打滑、过载、撕裂等事故。

④ 电机工况检测与保护装置：在线监视运转设备工况，防止电机过电流、过热、过载等事故。

⑤ 大型振动筛工况检测与保护装置：防止振动筛过载、断裂等事故。

⑥ 料位、液位计：对仓、桶、池等容器的料位进行实时检测和信号传输。

⑦ 浓缩机浓度、浊度检测：防止浓缩机压耙子、溢流水浓度过大等。

⑧ 在线信息的集成可直接用于生产过程实时分析。

(3) 工业电视监视系统信息集成

选煤过程实现自动控制、在线检测，目的之一是减少人工消耗，提高工作效率。而无人值守的重要生产岗位，需要配备电视监视。工业电视监视系统由位于现场的摄像头、传输介质、监控电视、硬盘录像机和视频切换器等组成，实现选煤厂重要工作岗位、危险或污染岗位及重要设备的监视。

(4) 调度系统

选煤厂的生产调度，主要有以下几种功能：

① 控制：作为人机接口实现对全厂的控制过程的操作，各控制分站的人机交互控制台设在调度室，可直接控制生产系统起停车，配备控制上位机、大屏幕等。

② 信息传输：通过局域网，收集全厂产品数质量完成情况和设备运行状况，并与管理系统各单位交换信息；通过工业以太网，接收以图形、数字形式显示的各种参数检测指标，接受工业电视监视图像信号等。

这些功能的实现依赖于综合信息化系统的整体水平。

(5) 质量信息反馈系统

在线检测和计算机网络使得原本滞后 1～2 天的产品质量信息得到实时传输。在选煤、精煤仓、调度等重要生产岗位，分别设置电子显示屏，接收并显示通过局域网从煤质科实时传输的质量信息，指导岗位工人操作。

(6) 煤田煤质信息系统

该系统是选煤厂与矿井相联系、用于了解入选原料煤性质和变化趋势的通道。通过地质条件分析评价，煤炭资源评价，夹矸、断层情况评价等，预测近期一段时间内，生产指标和操作条件，组织生产。

(7) 生产经营管理信息系统

生产经营管理信息系统以信息利用为主要目的，除完成信息交换和日常报表工作外，还能够利用信息进行生产、经营情况分析，为决策支持打下基础。生产经营管理信息系统包括生产调度、运销、技术检查、物资供应、机电设备、计划统计、干部人事、劳动工资、技术档案及内部核算 10 个子系统，能够自动完成选煤厂相关职能科室和在线检测、控制的绝大多数信息处理工作，包括在线、离线数据输入、计算，建立台账、报表制作及传送，并能够进行修改、查询、打印及按指定时间段进行统计。

生产经营信息管理系统是整个信息系统的基础，为其他分系统，尤其是生产经营决策支持系统提供基础数据。

(8) 生产经营决策支持系统

该系统以提高企业经济效益为目标，利用计算机优化产品结构和生产指标，制订合理的产品结构，进行分选指标的预测和优化等。详细情况在本章第四节中介绍。

(9) 过程模拟专用软件

该软件对选煤生产的各个环节进行模拟，可以预测或检验各生产环节的生产情况。

① 破碎筛分环节模拟：建立设备运行参数、入料性质等与产品数质量间的数学关系，最终可根据设备运行参数，如筛子的振幅、筛孔、振动频率，破碎机的给、排料口宽度、转速等，预测产品数质量。

② 跳汰分选环节模拟：建立操作参数，如跳汰周期、风压、水量等与床层松散度、产品质量的关系模型，进而研究根据模型进行跳汰过程控制的策略和方法。

其他环节类似。

(10) 信息集成软件平台

通过综合查询、办公自动化等系统，将各种数据、信息集成在一起，便于各种应用、查询，以及对外发布。此系统要考虑多种信息形式，如图形、图像、在线和离线数据等的融合、传输、实时储存等技术。

三、选煤综合信息化发展趋势

综合信息化的最高境界，应当是通过实时检测、优化和分析决策，最终反馈控制生产。为达到此目的，选煤综合信息化应当分三层次建设：

第一层次，生产系统设备实现计算机集中起停车控制、生产参数在线检测和生产现场实时监视；

第二层次，建设集成信息平台，将(在线与离线)生产信息纳入计算机网络实时管理，根据网上的生产信息实现专家分析与决策，生产系统的主要环节实现单机过程控制；

第三层次，实现生产全过程的以专家分析与决策结果为基础，反馈生产控制。

目前，可以说第一层次的任务基本完成。本节介绍的内容应属第二层次，即将自动控制、实时监视监测、生产管理、优化调度、应用软件等集成为一体化，建设信息集成软件平台，使各种信息用于生产和经营管理的决策支持。

在实现第二层次的同时，考虑为第三层次奠定基础，尽可能研究相应的软硬件设施。

第四节　决策支持型管理信息系统示例

本节介绍在我国已经建设的决策支持型管理信息系统——“矿区煤质与选煤计算机综合管理系统”。经过硬件系统建设、软件开发、分阶段调试以及运行维护，这些系统已经正常运行数年。各相关部门结束了手工操作，实现了生产经营信息的计算机管理、网上传输和资源共享，并应用人工智能技术、现代管理理念和方法以及选煤专家知识，按照行业标准，实现生产分析决策支持功能。

一、系统结构与功能

决策支持型管理信息系统——“矿区煤质与选煤计算机综合管理系统”，将矿井最基层的煤质管理和选煤生产的在线、离线数据进行收集、整理、分析和集成，为决策支持提供完整数据平台，然后应用煤质和选煤专家知识，进行数据挖掘、整理和分析，实现决策支持功能。

信息化的最终目的是要提高管理和决策水平，使企业管理从经验走向科学化。所以，“矿区煤质与选煤计算机综合管理系统”以信息利用为主要目的，除完成信息交换和日常报表工作外，突出特点是能够利用信息进行生产、经营情况分析，并给出参考决策方案等。

（一）系统主要模块

软件系统分为国家级行业协会、集团公司、厂（矿）三级（图 10-3），各自完成不同的功能。与图 10-2 对比可知，该选煤厂的管理信息系统是选煤厂综合信息化总体框架中的几个分系统。

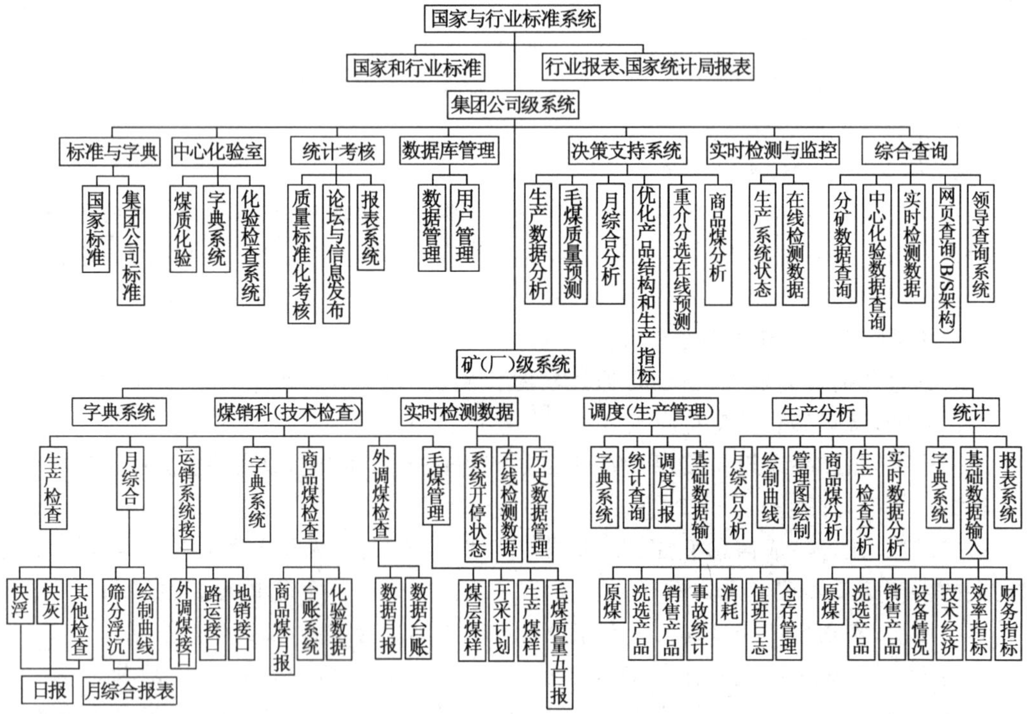

图 10-3　决策支持型选煤厂管理信息系统的结构

1. 国家级行业协会级

2. 集团公司级系统

集团公司级系统主要完成用户需求的任务：实现集团公司级的选煤、煤质管理信息的全面集成、动态和静态统计分析、查询及决策支持。

集团公司级模块分七个子系统：国家与行业标准字典管理系统、统计考核子系统、中心化验室子系统、公司分析与辅助决策支持子系统、综合查询子系统、与其他网络系统的接口子系统、系统管理子系统。

① 国家与行业标准字典管理系统：包括系统涉及的国家和行业标准的编码规则、扩展机制、系统选用机制等。

② 统计考核子系统：包括公司选煤煤质方面的各种数据统计，公司对厂矿的考核标准编制，以公司管理的口径对厂矿系统的信息进行分析，按照考核标准统计、打分等。

③ 中心化验室系统：包括全公司的化验抽查和质量抽查模块（含化验通报）、矿井煤质管理标准化检查模块、用户质量反馈模块等。

④ 分析与辅助决策支持子系统：包括按行业标准进行主要技术经济指标分析、对各矿原煤进行产品预测、分选方案制定、经济效益预测分析等。

⑤ 综合查询子系统：6 矿 5 厂的煤质选煤信息查询平台，包括用户管理、实时检测与控制信息查询、定格式报表查询、基础数据的自定义查询（包括图表）等，与厂矿级的生产分析系统一起，完成完整的分析与决策支持功能。

⑥ 与其他网络系统的接口子系统：主要是与原有的煤炭销售子系统进行数据交换，包括从销售网读取数据、自行补充化验数据等。

⑦ 系统管理子系统。包括系统的用户管理、数据库管理、数据自动备份等。

3. 矿（厂）级模块

矿井和选煤厂系统主要完成原始信息的收集、整理、分析和上传，同时形成厂级的信息管理网络，供选煤厂和矿的有关管理人员查询。厂、矿级系统对所收集到的各种数据进行整理后，按行业标准和专家知识进行一系列分析，帮助管理人员进行生产组织、管理和决策。

矿井和选煤厂系统主要包括矿级标准及标准字典、煤销科信息、实时检测数据、生产分析、调度信息统计信息六部分。每个部分又包括对应的多个子系统。

① 煤销科信息，包括选煤日常生产检查、商品煤检查、与集团公司运销网的接口、毛煤管理、月综合管理、外调煤管理、用户反馈等子系统。

② 调度信息，包括小时、班和日的入选原煤与产品信息、事故统计、仓储信息、消耗信息、日报、月报等。

③ 实时数据，包括系统开停车、原煤和精煤数量、灰分、介质密度、入料压力等信息。

④ 生产分析与决策支持，包括实时数据分析、重选效果在线预测、井下毛煤质量预测、采面素描图绘制、月综合分析、日常检查分析、商品煤分析、产品预测与优化等，并绘制各种专用曲线。

⑤ 标准字典，包括企业信息标准、统计信息标准、分析信息标准、质量信息标准等。

⑥ 运销接口，与原有的煤炭销售子系统进行数据交换，包括从销售网读取销售产品信息、化验数据输入、销售台账、日报、月报等。

（二）系统的特点

1. 煤质及选煤信息标准化集成平台建设

建立集团公司选煤、煤质信息的标准字典，实现信息的标准化管理，在此基础上，集成了集团公司内各矿和选煤厂生产、管理、离线和在线等不同类型数据；集成了集团公司内选煤、煤质、煤销、采煤等不同系统的生产数据；集成了选煤厂、矿、集团公司、国家和行业不同管理层次数据；实现了多类型、多系统、多层次选煤煤质信息的标准化集成。

2. 集团公司选煤生产过程的在线检测与控制信息的 web 实时查询

研制安全隔离式生产控制网向管理网单向数据传递的软硬件接口，实现各选煤厂 DCS 系统与集团公司局域网之间的数据安全传输；实现集团公司内选煤产品数量和质量的在线检测数据、生产系统开停车状态等实时、安全的网上传输，领导远程巡视。

3. 集团公司选煤产品质量的动态分析与选煤生产管理的决策支持功能

利用人工智能中专家系统和数据挖掘技术，进行数据分析，实现决策支持功能，主要有以下几方面：

① 用统计方法、趋势分析法对集团公司内各矿和选煤厂日常生产检查指标进行动态分析，绘制各种管理图，提供质量超标警示；

② 用专家知识对月综合煤质资料进行各项分析，自动给出各种分选指标，进行分选效果评价，自动绘制可选性曲线和分配曲线；

③ 用专家知识预测井下采煤工作面的综合毛煤质量指标、可选性分析，预测产量和产品结构、经济效益等，为管理决策提供依据；

④ 用聚类分析法，对照国家和行业标准，进行管理和经营指标分析，给出分析结果和建议，提高管理决策的科学性。

4. 选煤厂重选过程的实时分析与在线预测

利用在线检测数据实时计算回收率和生产效率；实现入选原煤密度组成和重介精煤产率、效率分选密度等的在线实时预测，与实际指标进行对比。

5. 跨多数据库平台实现数据交换与共享

建立选煤煤质网、煤销网、门户网之间的数据接口，实现跨 Oracle、Sqlserver、Access、控制组态软件自带等多数据库平台的数据交换与共享，数据流动通畅、快捷，为选煤厂全面信息化建设提供了可借鉴的经验。

二、分析与决策支持功能的实现

（一）系统的基本算法

1. 生产指标分析

生产指标分析模块具有对主要生产指标进行评价的功能。其过程是，决策人员从数据库中调出选定时间段的生产指标，之后与国家标准或者企业内标准进行对比，同时系统取出历史同期指标以及历史最好指标进行比较，并得出比较结论。其中历史最好指标是指针对具体一个选煤企业而言，某一生产指标在某一年达到的最好程度。国家/行业标准或厂内标准以知识的形式存储在知识库中。

对快速检查数据，进行最大值、最小值、均值、极差和标准差分析，计算公式为：

均值：n 个数据中的算术平均值 $\overline{x}$；

最大值：n 个数据中的最大值 $x_{\max}$；

最小值：n 个数据中的最小值 $x_{\min}$；

极差：$R = x_{\mathrm{ma}} - x_{\min}$；

标准偏差：n 个数据，$S = \sqrt{\dfrac{\sum_{i=1}^{n}(x_i - \overline{x})^2}{(n-1)}}$；

指标合格率：根据给定合格上下限进行对比，计算合格百分数。

快速检查数据分析采用聚类分析法。聚类分析是直接比较各事物之间的性质，将性质相近的归为一类，将性质差别较大的归入不同的类。判别分析则先根据已知类别的事物性质，利用某种技术建立函数式，然后对未知类别的新事物进行判断以将之归入已知的类别中。

通过快速检查分析，可以看出设备操作人员或班组的操作水平、操作习惯等，可及时对相关人员进行培训或经验总结。

2. 优化算法

产品结构与生产指标优化采用粒子群算法(Particle Swarm Optimization，PSO)。粒子群算法(PSO)是 Kennedy 和 Eberhart 于 1995 年提出的一种新的群集智能算法，它源于对鸟群捕食行为的研究，具有概念简单、易于实现、收敛速度快、全局优化能力强等特点。

PSO 中，每个优化问题的解都是搜索空间中的一只鸟，称之为“粒子”。所有的粒子都有一个由被优化的函数决定的适应值(fitness value)，每个粒子还有一个速度决定它们飞翔的方向和距离。

PSO 初始化为一群随机粒子(随机解)，然后通过迭代找到最优解。在每一次迭代中，粒子通过跟踪两个“极值”来更新自己。第一个就是粒子本身所找到的最优解，这个解叫做个体极值(pbest)；另一个极值是整个种群目前找到的最优解，这个极值是全局极值(gbest)。

在找到这两个最优值时，粒子根据如下的公式来更新自己的速度和新的位置：

$$v_i(t+1) = \omega \cdot v_i(t) + c_1 \cdot \mathrm{rand}_1(t) \cdot [\mathrm{pbest}_i(t) - x_i(t)] + c_2 \cdot \mathrm{rand}_2(t) \cdot [\mathrm{gbest}(t) - x_i(t)] \tag{10-1}$$

$$x_i(t+1) = x_i(t) + v_i(t+1) \tag{10-2}$$

式中，$i=1,2,\cdots,n$，n 是粒子的数目，c_1 和 c_2 为学习系数，ω 为惯性系数，$rand_1$ 和 $rand_2$ 为 $[0,1]$ 之间的单位随机数。$v(t)$ 是粒子的速度，$x(t)$ 是当前粒子的位置。

3. 线性规划

在目标已定，资源有限的情况下，线性规划方法是确定生产计划的有效方法，因此，本系统采用线性规划方法优化出建议生产指标。

需要指出的是，模型只是针对具体一个选煤厂而言的，对于不同的选煤厂，考虑到厂型、生产工艺流程、外部条件等因素的不同，所构建的线性规划模型自然也就不同。因此，这也是本系统需要建立模型管理模块的原因之一。

4. 曲线拟合与插值

曲线拟合与插值是用数学计算软件 Matlab 和 Delphi 软件混合编程实现的。

产品结构与生产指标优化系统总体开发是用 Delphi 实现的，而 Delphi 与 Matlab 软件本身没有提供数据互调的接口，结合国内外的相关资料和实际的开发经验，使用 COM 组件实现 Matlab 和 Delphi 的混合编程。Matlab COM Builder 是在 Matlab 6.5 版本中才开始提供的一个新工具,它提供了简单易用的图形化用户界面,帮助用户将 Matlab 的 M 函数文件自动、快速地转变为独立的进程内 COM 组件,以.DLL(ActiveX DLL)形式被装入到客户的进程空间中,可以供其他支持 COM 的编程语言调用,实现 Matlab 和其他编程语言的整合。

曲线拟合可以用 9 种数学模型实现。当拟合误差较大时,系统允许用户自行选用插值法绘制曲线。

通过 Matlab 和 Delphi 的混合编程,快速实现了可选性曲线、分配曲线、粒度特性曲线、错配物曲线以及可浮性曲线等的绘制。

(二) 生产分析与决策支持功能的实现

1. 日常生产检查分析

日常生产检查分析包括快灰数据分析、快浮数据分析、水分数据分析、班灰数据分析、样品间数据分析和结果查询。每一分析结果都对应有管理图、偏差计算、考核计算等,可以按人员、样品、班组、时间进行分析,并计算奖惩指标。

日常生产检查采用聚类分析,过程是:将日常生产检查数据按快灰、快浮、水分等分类,各类数据又可按人员、按生产环节划分;分类后的数据,再根据工艺要求进行合格率、超差率等计算,并分别对超差数据进行惩罚计算,最终完成对操作人员或班组的考核,分析比较每个人员的操作误差。

日常生产检查分析用到管理图分析,可直观地看到数据分布是否在要求范围内,以及分布规律、超限数据的情况。图 10-4 为一个管理图实例。

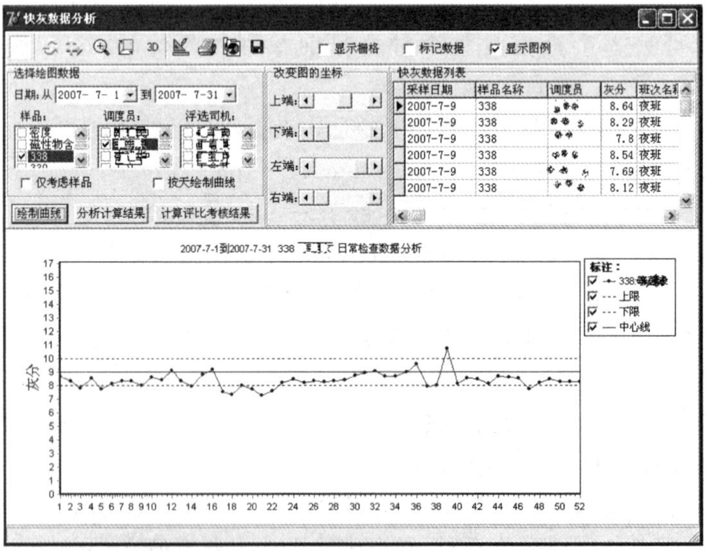

图 10-4　快灰数据管理图分析界面

2. 月综合分析

月综合分析包括月综合资料分析和全级浮沉资料分析,可绘制分配曲线、可选性曲线、错配物曲线、粒度曲线和可浮性曲线等,并通过数据集成平台取得必要的当月实际生产数据，如精煤实际产率、精煤实际灰分等，计算一系列的分析指标（表 10-1）。

表 10-1　由月综合分析得到的技术指标

序号	项　　目	序号	项　　目
1	实际精煤灰分（从月产品平衡表取得）	10	实际产率时的理论灰分
2	精煤实际产率（从月产品平衡表取得）	11	质量效率
3	月综合精煤灰分	12	实际分选密度（精煤段）
4	月综合精煤产率	13	实际分选密度 1 段（矸石段）
5	精煤理论产率（＋0.5）	14	E/I（精煤段）
6	精煤数量效率（＋0.5）	15	E/I（矸石段）
7	精煤数量效率（＋0）	16	煤泥含量
8	理论分选密度	17	浮选抽出率
9	±0.1 含量		

3. 商品煤分析

商品煤分析包括商品煤资料分析，按用户、产品品种、时间等绘制管理图、直方图等。通过分析，可得到各煤种的重量、灰分、水分、全硫等数据。

建立分用户质量标准，检索出分用户异常数据（超标），如超出质量标准的个数、批次（或调运单号）、灰分值、吨数、用户名等，分析原因。

实现用户质量反馈情况对比、分析及说明，可以输入用户反馈信息，与本矿化验数据对照。

4. 在线实时数据分析

在线实时数据分析是利用系统收集的在线实时数据和人工化验离线数据，对一些技术指标进行实时分析和对比。例如：① 快灰、瞬时原煤灰分、瞬时精煤灰分以及任意时段精煤平均灰分的实时显示与比较；② 原煤入选量、精煤产量与精煤产率的实时计算等。

表 10-2 列举了一些实时数据分析的内容。这些分析内容都可以用网页形式进行实时查询。

表 10-2　在线实时数据分析内容举例

序号	步　骤	说　明	补　充
1	实时灰分与快灰比较	瞬时值、平均值、快灰	曲线表示
2	实时精煤产率		可选择频率
3	实时产率、理论产率对比		
4	分选效率	理论的、实际的、预测的	
5	密度	循环介质密度、理论分选密度	

5. 产品和经济效益预测

产品预测包括分层原煤产品预测和经济效益分析，可以根据选择的产品灰分或分选密度进行产品预测，计算销售利润等。

在数据集成平台的数据库中，已经收集了大量的月综合、煤层煤样资料。进行预测计算时，进行下列步骤的操作：

① 选择欲预测原煤的时间、名称、粒度级、曲线绘制方式等。

② 选择欲使用的分配曲线的时间、资料的名称、粒度级、浮沉方式、浮沉方案、曲线绘制方式、产品数，如果产品数为三产品，则还应选择先出的产品。

③ 选择分选方法、设定的数据种类。

④ 如果设定的数据是精煤灰分，则输入想要得到的精煤灰分和中煤灰分；如果设定的数据是分选密度，则输入想要得到的低密度分选密度和高密度分选密度（如果是两产品，只需输入精煤灰分或分选密度）。

⑤ 单击“预测”，即可得到相应的预测结果。

6. 产品结构与指标优化

在选煤产品结构优化计算中，参数和变量的影响是巨大的。计算可能需要调节的参数和变量很多。在产品结构优化时，可能出现的需求情况有多种。要想提高选煤产品结构的质量，必须采用计算机技术和人工智能技术进行优化预测。

产品结构优化涉及许多约束条件，如原煤的可选性、煤种、产品价格等。在建立产品结构优化模型时，根据问题的性质不同而不同。

考虑到资源的合理利用，对稀缺煤种的选后精煤灰分范围适当提高，而对储量大的煤种，则尽可能降低其精煤灰分。在系统中，根据专家经验，为了保证正确模拟选煤实际情况，根据生产经验对不同分选设备和不同作业环节的分选密度给予了一定的限制。具体约束在计算时应根据所属问题性质具体确定。本项目优化计算使用粒子群优化算法。

7. 质量标准化考核

集团公司要对下属各选煤厂进行质量标准化考核，可以通过质量标准化考核模块实现。质量标准化考核模块将行业和企业质量标准化的标准预置在知识库里，并通过调用程序，与信息集成平台已经收集的各厂矿的信息数据库互联。

当进行考核时，点击厂矿名称，程序就自动进行相应的数据读取和对比计算，直接计算出各厂生产指标的达标率，计算奖惩指标。

系统的定制程序可以完成对各矿井考核项目的增加、修改、删除等工作。

8. 井下毛煤预测预报

煤田煤层工作面的煤质预测预报，是一件非常有意义的工作。它是根据煤层和采面的采样化验数据，预测采面中任意点或任意范围内的煤质数据，从而指导选煤生产。

毛煤预测预报软件的研究，主要解决三个问题：

第一，直观形象地定位各采样点在工作面、巷道上的位置，并将采点数据输入数据库；

第二，要求从示意图中直观形象地圈取欲预测的范围，从而确定所包含是哪些采点，然后调用数据库中的基础数据，计算出指定范围的预测结果；

第三，对回采完成的工作面，给出直观的断面素描图及测算原煤灰分；对指定范围的回采工作断面原煤灰分进行综合测算，确定素描图绘制及断面灰分的测算方法。

9. 重介分选指标在线预测和优化

重介分选指标在线预测和优化的目的是为重介系统的密度控制提供依据，实现根据原煤质量变化情况进行介质密度控制。

重介分选指标在线预测和优化模块的内容包括：在线检测信息与日常快速检查资料的整理和融合，数据可靠性的验证，可信的原煤资料的整理，原煤质量实时变化的特征表达，重介分选设备的性能参数收集与选择，重介分选指标在线预测与置信度检验，预测指标的应用。

此项研究工作还刚刚开始，有很多工作要做。这是根据原煤质量控制重介分选过程，实现重介分选过程智能控制的基础。

思　考　题

1. 什么是管理信息系统？什么是决策支持系统？两者有什么关系？
2. 选煤综合信息化发展的趋势是什么？
3. 你对选煤厂管理综合信息化框架有什么补充？

参考文献

[1] 曹长武. 电煤特性标准与应用指南[M]. 北京：中国标准出版社，2004.

[2] 曹长武. 火电厂煤质检测技术[M]. 北京：中国标准出版社，2002.

[3] 曹鹰，王国琰. 选煤厂微机监控管理系统[M]. 煤矿设计，1994，(10)：44-45.

[4] 柴保国，王新国. 选煤机械综合评价选优决策模型[M]. 煤矿机械，2001，(9)：12-13.

[5] 常大山，路迈西，等. 选煤厂计算机管理系统[J]. 选煤技术，1991，(6)：26-29.

[6] 陈武，唐辛，张希诚. 我国煤炭资源及其开发利用研究[J]. 煤炭经济研究，2003，(7)：6-11.

[7] 陈志强. 选煤厂生产经营系统局部模型及管理方案的探讨[J]. 煤炭加工与综合利用，2001，(3)：26-28.

[8] 程健，许世范，等. 选煤厂 CIMS 的工艺管理系统[J]. 煤矿自动化，2000，(2)：33-35.

[9] 程玉虎，孙伟，等. 基于 CIMS 环境的选煤厂管理信息系统的研究[J]. 中国矿业，2000，9(6)：57-60.

[10] 崔彤. 煤炭工业企业经济活动分析[M]. 徐州：中国矿业大学出版社，1989.

[11] 冯绍灌，等. 选煤厂微机信息管理[M]. 北京：煤炭工业出版社，1991.

[12] 冯绍灌，等. 老虎台选煤厂计算机辅助管理系统[J]. 选煤技术，1990，(2)：3-8.

[13] 冯绍灌，李梨栗，等. 选煤厂微机局部网络信息管理系统[J]. 计算机系统应用，1994，(2)：16-17.

[14] 傅毓维，张凌. 预测决策理论与方法[M]. 哈尔滨：哈尔滨工程大学出版社，2003.

[15] 高莉，郭西进. 基于 CSCW 的选煤厂生产调度管理系统[J]. 现代计算机，2001，(4)：51-54.

[16] 巩敦卫，许世范，等. CIMS 环境下选煤厂集成设备管理系统的研究[J]. 煤矿自动化，2000，(5)：13-15.

[17] 顾飞，刘述临. 高炉喷吹用煤的评价指标[J]. 炼铁，1999，18(5)：50-52.

[18] 郭德，康文泽. 跳汰主再洗最佳精煤灰分的确定[J]. 煤炭加工与综合利用，1995，(4)：9-12.

[19] 何亚群，刘怀宇. 选煤厂网络管理信息系统中公共数据库的设计[J]. 煤矿自动化，2000，(5)：11-12.

[20] 贺继林，顾长波，等. 计算机预测在模块式流程参数计算中的应用[J]. 选煤技术，2001，(4)：54-55.

[21] 贺继林. VBA 在选煤厂原煤分选预测中的应用[J]. 淮南工业学院学报，2001，21(1)：38-40.

[22] 霍森. 跳汰分选机理与在线检测控制的研究[D]. 北京：中国矿业大学北京校区，1999.

[23] 驾梅生,付尔基.现代企业管理学:基础与应用[M].上海:华东理工大学出版社,1998.
[24] 江燕茂.foxpro在选煤厂报表中的应用[J].选煤技术,2002,(2):47-48.
[25] 匡亚莉,邓建军,刘怀宇.决策支持型选煤厂管理信息系统的研究[J].选煤技术,2003,(6):107-109.
[26] 匡亚莉,祁泽民,符东旭,等.大型矿区煤质与选煤计算机综合管理系统(一)——系统的总体构架[J].选煤技术,2009,(3):70-74.
[27] 匡亚莉.跳汰分选机理及专家知识库研究[D].徐州:中国矿业大学,2002.
[28] 匡亚莉.复杂选煤过程综合自动化系统框架与实施现状[J].选煤技术,2005,(6).
[29] 李德波,李仁东,徐忠田.当前我国焦炭市场供应紧张及走势分析[J].煤炭经济研究,2004,(3):12-13.
[30] 李文华.煤质管理与经营[M].北京:中国标准出版社,2003.
[31] 李贤国,张荣曾.重力选矿原理[M].北京:煤炭工业出版社,1992.
[32] 李向利,张国良.煤炭采样制样理论与实践[M].北京:中国标准出版社,2001.
[33] 李延锋,郭志强.AutoLISP在工程设计中的应用[M].机械设计与制造,2001,(5):23-24.
[34] 李庄,等.预测决策方法[M].南宁:广西科学技术出版社,2005.
[35] 刘春,闫钦运,等.煤炭企业产品优化模型[J].选煤技术,2000,(4):5-7.
[36] 刘顺,等.选煤厂设计[M].北京:煤炭工业出版社,1987.
[37] 龙晓阳,吴炽,刘志武.高炉喷吹用煤粉粒度的研究[J].炼铁,2003,22(5):28-30.
[38] 路迈西.利用混合搜索法优化选煤分选指标[J].选煤技术,2002,(6):49-50.
[39] 路迈西.选煤厂技术管理[M].徐州:中国矿业大学出版社,2005.
[40] 路迈西.选煤厂经营管理[M].北京:煤炭工业出版社,1991.
[41] 路迈西.选煤分配曲线拟合误差分析[J].中国矿业学院学报,1985,(1):48-55.
[42] 路迈西.原煤可选性曲线的数学模拟[J].煤炭学报,1986,(2):13-19.
[43] 马林,罗国英.全面质量管理基本知识[M].北京:中国经济出版社,2003.
[44] 马政峰,吴铿,杨天钧.放宽高炉喷吹煤粉粒度的工业实验[J].北京科技大学学报,2003, 25(3):211-214.
[45] 倪建军,谢广元,等.精煤压滤产品水分的数学模型[J].选煤技术,2001,(5):24-25.
[46] 牛冲槐,程明娥.成本会计学[M].徐州:中国矿业大学出版社,2003.
[47] 齐小华,高福安.预测理论与方法[M].北京:北京广播学院出版社,1994.
[48] 荣瑞煊.对煤泥浮选稳态数学模型与模拟的研究[J].中国矿业学院学报,1985,(1).
[49] 萨梅林 H A.跳汰的理论及其应用[M].陈迹,徐顺民.译,北京:煤炭工业出版社,1980.
[50] 陶东平,王振生.论跳汰主再洗分选密度的最佳配合[J].中国矿业学院学报,1981,(2).
[51] 陶有俊,刘文礼,等.细粒煤浮选数学模型的研究[J].中国矿业大学学报,1999,28(5):425-428.
[52] 藤铸季,敏波,程华.现代企业管理学[M].上海:上海财经大学出版社,1997.

[53] 王关义.现代企业管理[M].北京:清华大学出版社,2007.
[54] 王立富,于景峰. 21世纪初期焦炭生产和炼焦技术发展的展望[J].冶金能源,2000,19(4):3-11.
[55] 王汝杰,石博强.现代设备管理[M].北京:冶金工业出版社,2008.
[56] 王树洪,王常玮,等.选煤厂信息管理系统[M].煤质技术,2002,(4):3-5.
[57] 王孝颖.选煤厂计算机监控及管理系统应用[J].煤炭工程,2002,(9):56-58.
[58] 王新照,魏高.选煤厂月综合实验煤质数据处理应用程序的设计[J].煤质技术,2001,(6):25-27.
[59] 王勇,路迈西,等.表征煤泥浮选泡沫图像特征的最佳色彩方案[J].中国矿业大学学报,2002, 31(6): 615-617.
[60] 王章国.矿区煤质与选煤信息标准化及数据挖掘研究[D].徐州:中国矿业大学,2010.
[61] 王振生,李寻.选煤厂生产技术管理[M].北京:煤炭工业出版社,1990.
[62] 王忠奎,张志连.抚顺老虎台选煤厂生产过程的自动化控制与管理[J].中国煤炭,1995,(4):40-45.
[63] 吴翠艳,田海英,等.唐山矿业公司选煤厂生产管理系统[J].选煤技术,2000,(4):48-50.
[64] 肖涌洪.煤质分析数据的电算管理及应用[J].西山科技,1997,(1):47-48.
[65] 谢昌纲,范素青,等. PM煤质选煤计算机管理信息系统[J].选煤技术,1999,(5):40-42.
[66] 谢昌纲,范素青,等. Windows环境下选煤厂计算机管理信息系统的建立[J].煤炭加工与综合利用,1999,(5):47-49.
[67] 谢广元.选矿学[M].徐州:中国矿业大学出版社,2001.
[68] 徐克绍.系统工程原理与方法[M].上海:上海科学普及出版社,1996.
[69] 徐涛.精煤压滤机压滤机理研究[D].徐州:中国矿业大学,2001.
[70] 薛峰.主要炼焦煤对焦炭质量的影响及要求[J].煤化工,2000,(11):51-53.
[71] 薛玉民,周明东.选煤厂信息管理系统的设计与实现[J].煤炭技术,2000,19(5):30-31.
[72] 严德崑.大型空气重介流化床机理建模与仿真[J].系统仿真学报,2001,13(3):342-343.
[73] 颜泽贤,等.复杂系统演化论[M].北京:人民出版社,1993.
[74] 杨善林.企业管理学[M].北京:高等教育出版社,2004.
[75] 杨耀双,刘碧云.设备管理[M].北京:机械工业出版社,2008.
[76] 叶大武.我国选煤的发展及其对策[C]//第十届全国煤炭分选及加工学术研讨会论文集,2004.
[77] 尹丽萍,肖霞.现代企业经营管理[M].北京:首都贸易大学出版社,2006.
[78] 曾荣.浮选泡沫图像边缘检测方法的研究[J].中国矿业大学学报,2002, 31(5):421-425.
[79] 张东晨.选煤厂生产管理的目标规划法[J].矿业科学技术,1993,(1):31-38.

[80] 张鸿庆,等. 现代企业管理[M]. 西安:西安交通大学出版社,1993.
[81] 张荣增,等. 跳汰机中脉动水流流体动力学研究[J]. 煤炭学报, 2002,27(6).
[82] 张西春,马学军. 动力煤发热量与工业分析指标间数学模型的研究[J]. 选煤技术, 2000, (4):8-10.
[83] 张振勇,李文华,徐振刚,等. 煤的配合加工与利用[M]. 徐州:中国矿业大学出版社, 2000.
[84] 章永青. 选煤厂企业管理[M]. 徐州:中国矿业大学出版社,1995.
[85] 赵朝勋. 选煤厂 CIMS 环境下决策支持系统研究[D]. 徐州:中国矿业大学,2003.
[86] 郑一雄,王晨. 八一矿选煤厂生产设备的计算机集控系统[J]. 选煤技术,1991,(4): 14-17.
[87] 中国煤炭加工利用协会. 选煤实用技术手册[M]. 徐州:中国矿业大学出版社,2008.
[88] 钟小军,等. 现代管理理论与方法[M]. 北京:国防工业出版社,2000.
[89] 周树杰,党群. 选煤厂生产调度信息系统[J]. 电脑学习,1989,(5):50-53.
[90] 竺清筑,石彩祥. 选煤厂煤质分析与技术检查[M]. 徐州:中国矿业大学出版社,2004.
[91] 左小德,等. 系统工程[M]. 广州: 暨南大学出版社, 2000.